建筑结构检测鉴定问答分析与工程实例

张国强　主　编
司道林　副主编

中国建筑工业出版社

图书在版编目（CIP）数据

建筑结构检测鉴定问答分析与工程实例/张国强主
编；司道林副主编 . -- 北京：中国建筑工业出版社，
2025.4. -- ISBN 978-7-112-31016-6

Ⅰ. TU3

中国国家版本馆 CIP 数据核字第 2025X24Q50 号

本书根据《既有建筑鉴定与加固通用规范》GB 55021—2021 等编写。主要内容包括：建筑
结构检测鉴定概论；建筑结构检测问答及分析，含建筑结构检测常见问题、砌体结构检测问答
及分析、混凝土结构检测问答及分析、钢结构检测问答及分析；建筑结构鉴定问答及分析，含
建筑结构鉴定常见问题、砌体结构鉴定问答及分析、混凝土结构鉴定问答及分析、钢结构鉴定
问答及分析；建筑结构检测鉴定工程实例（含砌体结构工程、混凝土结构工程、钢结构工程）。

本书供检测鉴定加固人员使用，并可供各层次院校的师生参考。

责任编辑：吕　娜　郭　栋
责任校对：张惠雯

建筑结构检测鉴定问答分析与工程实例

张国强　主　编

司道林　副主编

*

中国建筑工业出版社出版、发行（北京海淀三里河路9号）

各地新华书店、建筑书店经销

北京点击世代文化传媒有限公司制版

河北鹏润印刷有限公司印刷

*

开本：787毫米×1092毫米　1/16　印张：21½　字数：467千字

2025年6月第一版　2025年6月第一次印刷

定价：**89.00**元

ISBN 978-7-112-31016-6

（44486）

前言

P-R-E-F-A-C-E

当前，我国城镇化发展步入中后期，正从大基建时代一步步走到大维修时代。建筑结构作为建筑物的重要组成部分，承载着整个建筑的安全与稳定。随着时间推移受各种因素的影响建筑结构性能会出现下降或存在安全隐患，影响人民群众的生命财产安全，对建筑结构进行检测与鉴定至关重要。随着时代的转变，越来越多的技术人员投入既有建筑物的检测鉴定工作中。既有建筑的鉴定不同于新建工程的设计，相比新建建筑设计情况复杂多变，面对很多现实问题在规范中并无标准答案可寻。这就要求技术人员不仅需要具备强大的专业知识，还需要具备丰富的工程经验才能得心应手。

本书立足于建筑结构检测鉴定现状，以建筑结构检测、鉴定为主线，以各类检测技术手段方法作为建筑结构检测发现问题的"眼睛"，以建筑结构鉴定作为评估安全的"大脑"。为帮助广大从业人员提升建筑结构的检测鉴定能力，本书笔者首先结合现行国家相关技术规范分门别类系统地介绍了建筑结构检测和鉴定的基础知识，帮助大家建立一个整体知识框架和逻辑体系；然后，将实际工作中收集的同行、兄弟单位、设计单位、施工单位、监理单位、审图单位及政府质量监督部门提出的问题进行了总结归类整理，这些问题都是与工程实际紧密相连的问题，针对不同问题结合相关技术标准规范的规定、工程经验等进行了解答和分析，还列举了代表性的工程案例，有助于提高建筑结构检测鉴定从业人员解决实际问题的能力。

本书在编写过程中，参考了现行国家相关技术规范、各同行的研究及建筑云小盟、老陈聊房检等微信公众号的内容，在此不一一列举，仅向大家表示感谢和诚挚的敬意！由于编者学识经验有限，书中难免存在错误或不当之处，恳请读者不吝批评指正。同时，感谢徐岩和出版社编辑对本书在出版中提出的建议和辛苦付出。

编者

2024 年 9 月于山东建筑大学

目
C-O-N-T-E-N-T-S
录

第 1 章
建筑结构检测鉴定概论
001

第2章
建筑结构检测问答及分析
103

第3章
建筑结构鉴定问答及分析
145

第4章
建筑结构检测鉴定工程实例
203

第1章
建筑结构检测鉴定概论

　　建筑结构作为建筑物的重要组成部分，承载着整个建筑的安全与稳定。然而，随着时间的推移，建筑结构可能会受到各种因素的影响，如自然环境、使用方式、材料老化等，导致其性能下降或存在安全隐患。因此，对建筑结构进行定期的检测与鉴定至关重要。近些年来，房屋倒塌的事故不时发生。在分析倒塌原因时，房屋未能进行及时进行客观、公正的检测鉴定是一个重要因素。在实际工作中，我们遇到很多业主单位在咨询时说是对房屋进行检测，当我们进一步询问检测的目的时，说是要了解现状下房屋的安全性，其实是对房屋的安全性进行鉴定，这说明很多人对检测与鉴定还是分不清楚；这种情况在刚参加工作的年轻人身上也出现过。很多人认为，检测与鉴定是一回事。其实不然，检测与鉴定虽然紧密相连，但是又有区别。

1.1.1 建筑结构检测的定义

关于"检测"的定义，在各规章和技术规范标准里的规定如下：

在住房和城乡建设部 57 号令《建设工程质量检测管理办法》第二条中，对于"建筑工程质量检测"的定义如下："建筑工程质量检测是指在新建、扩建、改建房屋建筑工程活动中，依据国家有关法律、法规和标准，对建筑工程涉及结构安全、主要使用功能的检测项目，进入施工现场的建筑材料、建筑构配件、设备，以及工程实体质量等进行的检测"。

《工业建筑可靠性鉴定标准》GB 50144—2019 第 2.1.9 条，对于"检测"的定义如下："对既有结构的状况或性能所进行的检查、测量和检验等工作"。

《民用建筑可靠性鉴定标准》GB 50292—2015 第 2.1.12 条，对于"检测"的定义如下："对结构的状况或性能所进行的现场测量和取样试验等工作"。

《房屋建筑和市政基础设施工程质量检测技术管理规范》GB 50618—2011 第 2.0.1 条，对于"检测"的定义如下："按照相关规定的要求，采用试验、测试等技术手段确定建设工程的建筑材料、工程实体质量特性的活动"。

《建筑结构检测技术标准》GB/T 50344—2019 第 2.1.1 条，对于"建筑结构检测"的定义如下："为评定建筑结构工程的质量或鉴定既有结构的性能等所实施的检测工作"。

《混凝土结构现场检测技术标准》GB/T 50784—2013 第 2.1.1 条，对于"混凝土结构现场检测"的定义如下："对混凝土结构实体实施的原位检查、检验和测试以及对从结构实体中取得样品进行的检验和测试分析"。

《钢结构现场检测技术标准》GB/T 50621—2010 第 2.1.1 条，对于"现场检测"的定义如下："对钢结构实体实施的原位检查、测量和检验等工作"。

《危险房屋鉴定标准》JGJ 125—2016 第 2.1.4 条，对于"检测"的定义如下："对既有房屋的结构状况或性能所进行的检查、测量和检验等工作"。

通过对上述规章和各类技术规范文件中"检测"定义的分析，可认为检测为依据相关标准或者技术规范，利用仪器按照特定的方法在特定环境下以材料、产品的性能、质量和标准规定的各项参数为对象获得客观数据。

1.1.2 建筑结构鉴定的定义

关于"鉴定"的定义，在各技术规范、标准里的规定如下：

《工业建筑可靠性鉴定标准》GB 50144—2019 第 2.1.3 条，对于"可靠性鉴定"的定义如下："对既有工业建筑的安全性、使用性所进行的调查、检测、分析验算和评定等级技术活动。安全性包括承载能力和整体稳定性等，使用性包括适用性和耐久性"。

《民用建筑可靠性鉴定标准》GB 50292—2015 第 2.1.5 条，对于"鉴定"的定义如下："判定建筑物今后使用的可靠性程度所实施一系列活动"。

《建筑抗震鉴定标准》GB 50023—2009 第 2.1.4 条，对于"抗震鉴定"的定义如下："通过检查现有建筑的设计、施工质量和现状，按规定的抗震设防要求，对其在地震作用下的安全性进行评估"。

《房屋建筑和市政基础设施工程质量检测技术管理规范》GB 50618—2011 第 2.0.8 条，对于"鉴定"的定义如下："为建设工程结构性能可靠性鉴定（包括安全性鉴定和正常使用鉴定）提供技术评估依据进行测试的活动"。

《危险房屋鉴定标准》JGJ 125—2016 第 2.1.6 条，对于"危险性鉴定"的定义如下："实施一组工作活动，其目的在于判定被鉴定房屋的危险性程度"。

通过对上述各类技术规范文件中"鉴定"定义的分析，我们可以认为建筑结构鉴定则是基于检测结果，对建筑结构的可靠性、安全性或性能水平进行综合评估的过程。这一过程需要运用专业知识、经验和分析方法，对检测数据进行深入分析，判断建筑结构是否存在安全隐患，并提出相应的处理措施。

1.2　建筑结构鉴定的分类

建筑结构检测与鉴定是建筑结构安全评估的两个重要环节，两者相辅相成，缺一不可。检测为鉴定提供数据支持，是鉴定的基础；而鉴定则是对检测数据的深化和应用，是检测的目的和归宿。在实际工程中，检测与鉴定往往密切配合，共同确保建筑结构的安全与稳定。依据鉴定的目的，可分为在建和新建工程质量鉴定、既有建筑结构可靠性鉴定、未经抗震设防建筑的抗震性能鉴定、经过抗震设防建筑的抗震性能鉴定。上述各类型的鉴定之间既有相互联系又有本质区别，其联系是都需要对建筑物的工程实体施工质量进行检测，不同点在于需要根据不同的评价体系要求，给出实际结构是否安全的评价。

1.2.1　在建和新建工程质量鉴定

在建和新建工程的质量缺陷或不合格的检验批等对结构安全的影响有的是局部的，有的是带有全局的。例如，我们常见的现浇混凝土板产生的温度收缩裂缝，当对构件钢筋配置情况、混凝土强度、板厚、钢筋保护层厚度等结构实体施工质量符合设计图纸和规范规定的要求时，则不会对楼板的承载能力产生影响，不会影响安全使用，仅需要根据裂缝宽度和深度等采取相应的处理措施；对于近些年来出现的个别在建和新建工程中某一或几个楼层构件混凝土强度不符合设计要求，则应依据检测结果对构件进行承载力进行验算和整体结构抗震的验算，以确定对该结构及构件安全的影响和提出是否需要加固及其加固构件范围的意见。

因此，对在建和新建工程的质量缺陷、钢筋保护层厚度和因标准养护试件、同条件试块检验结果达不到设计要求者，首先应进行结构质量缺陷和所涉及构件实体施工质量的检测，只有检测结果不满足设计要求时才进行结构构件安全性鉴定。在建和新建工程施工质量检测结果的评价即合格标准的判定，应依据相应的结构工程施工质量验收规范。在建和新建工程结构安全性鉴定应依据该工程结构设计所应用的规范，即国家现行设计规范，而不能用《民用建筑可靠性鉴定标准》GB 50292—2015、《工业建筑可靠性鉴定标准》GB 50144—2019 和《建筑抗震鉴定标准》GB 55023—2009 来评价在建和新建工程结构的安全性。

1.2.2　既有建筑可靠性鉴定

目前，对于"既有建筑"的定义存在一些异议。《既有建筑鉴定与加固通用规范》GB 55021—2021 的相关条文可知，既有建筑为已建成可以验收的和已投入使用的建筑。根据上述定义，既有建筑分为两类：第一种为已建成可以验收的建筑：这个其实不是特别精确，因为存在一些疑点，比如什么叫"已建成"？"已建成"的标准是什么？"已建成"究竟指的是结构封顶，具备主体结构验收的条件，还是整个建筑完工，具备整体建筑的竣工验收条件？理论上，对于按正规流程建造，未竣工验收的建筑均属于新建建筑的范畴。通用规范关于"既有建筑"的定义在这一点上与"新建建筑"有所重合，其实是不妥当的。二是已投入使用的建筑：理论该类建筑包括了按正常的建设流程建造的，具有相关产权证明的建筑，包括曾经投入使用、目前空置的建筑等；也包括其他类型的，未经过正常的建设流程自行建造的建筑和其他由于种种原因，未取得相关产权证明，但已经投入使用的建筑，包括自建房、违章建筑、需要进行确权的建筑等。

根据相关资料，笔者认为既有建筑定义为已建成并通过验收或已投入使用的建筑，更为准确。很重要的一点就是该定义与"新建建筑"的范畴不会出现重合，也就不会出现实践中同一个建筑有两套评价体系的问题，同时也将违章建筑、需要进行确权的建筑等已经投入使用，但尚未通过竣工验收的建筑纳入既有建筑的范畴中，是符合实际工程需要的。

既有建筑的可靠性鉴定是对建筑的承载能力和整体稳定性等的安全性以及适用性和耐久性等的使用性所进行的调查、检测、分析、验算和评定等一系列活动。既有建筑的可靠性鉴定通常是指在恒荷载、活荷载、风荷载以及温度应力作用下的结构安全性、正常使用性和耐久性的评价。对于位于地震区、特殊地基土地区或特殊环境中既有建筑的可靠性鉴定，在满足通常的既有建筑可靠性鉴定的基础上，还应对是否满足结构整体抗震安全和特殊环境下的安全可靠作出评价。目前，既有建筑可靠性鉴定正在应用的现行规范是《民用建筑可靠性鉴定标准》GB 50292—2015、《工业建筑可靠性鉴定标准》GB 50144—2019 等。

1.2.3　建筑耐久性鉴定

根据《建筑结构可靠性设计统一标准》GB 50068—2018 的规定，耐久性极限状态对应于结构或结构构件在环境影响下出现的劣化达到耐久性能的某项规定限值或标志的状态；当结构或构件出现影响承载能力和正常使用的材料性能劣化，影响耐久性的裂缝、变形、缺口、外观、材料削弱等，影响耐久性能的其他特定状态，即认为超过了耐久性极限状态。结构耐久性的设计，应保证在环境作用和正常维护、使用条件下，结构或构件在设计使用年限内保持其适用性和安全性的能力；超过耐久性极限状态时，要么影响了结构的适用性，要么影响了结构的安全性，要么既影响了结构的适用性也影响了结构的安全性。

混凝土结构的耐久性按正常使用极限状态控制，特点是随时间发展因材料劣化而引起性能衰减。耐久性极限状态表现为：钢筋混凝土构件表面出现锈胀裂缝；预应力筋开始锈蚀；结构表面混凝土出现可见的耐久性损伤（酥裂、粉化等）。材料劣化进一步发展还可能引起构件承载力问题，甚至发生破坏。由于影响混凝土结构材料性能劣化的因素比较复杂，其规律不确定性很大，一般建筑结构的耐久性设计只能采用经验性的定性方法解决。混凝土结构和构件的耐久性极限状态可分为下列三种：钢筋开始锈蚀的极限状态、钢筋适量锈蚀的极限状态、混凝土表面轻微损伤的极限状态。

实际工程中，无论是混凝土冻融损伤、磨蚀、气蚀、腐蚀性物质侵蚀等和各类型钢材的锈蚀等，砌体的冻融损伤、有害物质侵蚀等和木材的开裂、腐朽、虫蛀等，都是比较容易进行检查和检测的，以使用极限作为耐久性的极限状态也基于这个道理。当评定时，发现超过使用极限状态的问题时，应进行结构或构件的安全性评定。

1.2.4　建筑抗震鉴定

我国的抗震防灾技术标准，经历了从无到有、从少到多、从个别到系列化的发展过程。这个过程，也是对技术立法重要意义的认识—提高—再认识—再提高的过程，充分说明抗震防灾技术立法是客观必需。1953 年开始的第一个五年计划期间，我国的 156 项重点工程是按苏联的抗震设防标准和规范设计的，为建设工程的抗震防灾做出了贡献。而一般的工程如按苏联的技术标准设计，采取抗震设防后土建投资会增加，当时国家经济比较困难，又未发生强烈地震，且对地震的危害还缺乏感性认识，于是规定一般的办公楼、学校、车站、码头和俱乐部等均不设防。执行的结果是，一般工业建筑也都不考虑抗震设防，当然更不会有我国自己的抗震技术标准。在 1959 年和 1964 年，我国曾两次编制过包括多种工程建设的《地震区建筑抗震设计规范（草案）》，但未正式颁发，只起指导和参考作用。在 1966 年邢台地震、1967 年河间地震后，随着人们对震害认识的提高和地震经验的积累，1974年才正式颁发《工业与民用建筑抗震设计规范（试行）》TJ 11—74。1976年唐山地震造成了近代世界地震史上少有的灾难，也全面推动了抗震防灾技术的发展，形势的发展要求我国的许多抗震技术标准进一步修订或制定，使抗震技术标准提高到了一个新的水平。随着人们对地震震害经验教训的不断积累和对结构地震反应机理的不断深入研究，先后制定、修订了《建筑抗震设计规范》《建筑抗震鉴定标准》等以抗震防灾为主要内容的一系列标准，基本形成了相对完善、特点鲜明的抗震防灾技术标准体系。

从我国建筑物抗震设计规范的发展历程来看，需要进行抗震鉴定的现有建筑主要为两类：一类是未经抗震设防的建筑工程，由于我国第一本正式颁布的抗震设计规范为1974年，在此之前建造的建筑工程不可能进行抗震设计；另一类为该地区已按《工业与民用建筑抗震设计规范》TJ 11—78、《建筑抗震设计规范》GBJ 11—89、《建筑抗震设计规范》GB 50011—2001、《建筑抗震设计规范》GB 50011—2010等抗震设计规范进行抗震设防的工程，由于建筑城市的抗震设防烈度提高了，则该城市的现有建筑应区分轻重缓急进行抗震鉴定。一些在建和新建工程由于没有按设计图纸施工或出现施工质量问题而达不到现行抗震设计规范的要求，则应按抗震设计规范的要求进行抗震鉴定和加固，而不能用建筑抗震鉴定标准去评价。这主要是建筑抗震鉴定标准对结构抗震性能和要求，要低于按建筑抗震设计规范的要求；因而，不可以按建筑抗震鉴定标准的要求去衡量新建工程，把不合格的工程验收为合格工程。在建筑抗震鉴定中，与建筑可靠性鉴定一样都应重视原始资料收集和建筑结构现状质量的调查以及必要的检测，这些是搞好鉴定的基础。由于结构的抗震性能不仅决定于结构构件的承载力，而且还决定于结构布置、结构体系的合理性以及结构抗震构造措施，因此，综合抗震能力分析是建筑抗震鉴定的特点，应依据建筑结构的现状质量、结构布置、结构体系、构造和抗震承载力等因素综合进行分析，对现有建筑的整体抗震性能作出评价，对不符合鉴定要求的建筑提出相应的维修、加固、改造或拆除等抗震减灾对策。

1.2.5 建筑灾后鉴定

房屋在经过地震、火灾、水灾、台风等灾害影响后，需要进行灾后鉴定。其首要目的是应急处理，对建筑结构安全性作快速判断，为抗灾救灾提供决策依据，防止出现次生灾害等，一般采用基于专家经验的快速鉴定方法。救灾结束后，对抗震或其他抗灾设防区的建筑由常规鉴定结合灾害特点进行鉴定，为后续结构处理提供依据。

1.3 建筑结构检测工作基本要求

无论是在建、新建工程的施工质量检测，还是既有建筑结构的性能评定等，均涉及建筑结构的安全。从事建筑结构检测时，必须严格遵守《建筑结构检测技术标准》GB/T 50344—2019 的规定。一般建筑结构检测包含接受委托、现场调查、制定检测方案、确认仪器设备状况、现场检测、补充检测、计算分析和结构评价、出具报告等，各个阶段都是不可缺少的。下面结合《建筑结构检测技术标准》GB/T 50344—2019 的规定，就检测工程基本要求给予说明。

1.3.1 现场及资料调查

在实施建筑结构检测（包括结构工程质量检测、既有结构性能检测和受外部人为因素影响的结构检测）前，应进行现场调查和资料调查。收集有关资料和了解建筑结构的状况，不仅有利于编写检测方案，而且还有助于确定检测的项目和重点，保证检测工作的顺利实施。当然，在实际工作中也会碰到特殊情况，无法进行现场调查或资料核查，如设计图纸缺失、施工资料缺失或不具备现场勘查条件等。如具备条件进行现场调查和资料调查时，应包括下列内容：

（1）收集被检测结构的工程地质勘察报告、竣工图或设计施工图、施工质量验收记录等资料；

（2）收集建筑结构使用期间的维修、检测、评定、加固和改造等资料；

（3）调查被检测建筑结构缺陷、损伤、维修和加固等实际状况；

（4）调查被检测建筑结构环境、用途或荷载等实际状况；

（5）向有关人员调查委托检测的原因以及资料调查和现场调查未能显现的问题。

1.3.2 建筑结构检测方案

1. 建筑结构检测方应根据检测目的、现场调查和资料调查情况编制，并征求委托方的意见，宜包括下列主要技术内容：

（1）工程概况或结构概况：这里的工程概况对应于工程质量的检测，应包括结构类型、建筑面积、总层数、设计、施工及监理单位和检测时工程的施工进度等；结构概况对应于既有结构性能的检测，除包括上述工程质量检测的相关内容外，还应包括结构的建筑年代和使用过程中的状况等；

（2）检测目的或委托方的检测要求；

（3）检测依据；

（4）检测项目、选用的检测方法和检测的数量；

（5）检测人员和仪器设备；

（6）检测工作进度计划；

（7）所需要的配合工作；

（8）检测中的安全措施和环保措施。

2. 检测所用的仪器设备

建筑结构检测所使用的仪器设备应符合仪器设备的精度应满足检测项目的要求；检测时仪器设备应在检定或校准周期内，并应处于正常状态。

3. 检测原始记录

建筑结构检测的原始记录应记录在专用记录纸上，并应信息完整、字迹清晰；原始记录的笔误应进行红改；当采用热敏输出记录时，宜附有原件的复印件；原始记录应由检测和记录等人员签字。

4. 现场检测注意事项

（1）现场检测时，应按已制定好的检测方案进行，采用随机抽样的原则选择布置构件和相应测区。当受现场条件限制，无法完全按照事先制定检测方案进行时，应与委托方沟通对检测方案进行修改并记录修改原因，并报检测单位技术负责人或该领域技术负责人批准认可。

（2）建筑结构检测现场取样检测运回到实验室的试件或试样，应予以标识并妥善保存，满足样品标识、传递、安全储存等规定。

（3）当发现检测数据数量不足或检测数据出现异常时，应补充检测或重新检测。

（4）采用局部破损的原位检测方法时，宜选择结构构件受力较小的部位，不应对结构或构件的性能造成明显的影响；在现场检测工作结束后，应及时修补因检测造成的结构或构件的局部损伤。

（5）对文物建筑和受到保护的建筑进行检测时，一旦受到损伤后很难按原样恢复，因此应避免对结构造成损伤。

（6）为便于建筑结构存在的问题能得到及时的处理，检测完成后应及时对检测数据进行计算分析，及时出具检测报告。

（7）结构工程质量的检测报告应做出所检测项目与设计文件要求的符合性判定。既有结构性能的检测报告应给出所检测项目的检测结论，可不必进行符合性判定。

（8）建筑结构检测报告应结论准确、用词规范、文字简练，对于当事方容易混淆的术语和概念可书面进行解释。

1.4　建筑结构检测方法

建筑结构检测方法的选择不仅涉及对结构是否产生损伤、是否与检测项目状况相适应，而且直接关系到是否反映出建筑结构的真实情况，会对建筑结构的安全评价产生明显影响。因此，应重视建筑结构检测方法的选择和应用。

1.4.1　检测方法选择原则

建筑结构的检测应根据检测目的、检测项目、建筑结构状况和现场条件，选择适用的检验、测试、观测和监测等方法；上述原则是相辅相成，互相辅助，缺一不可的。例如，检测目的决定着是全面检测还是局部检测，或是专项检测，不同的检测目的决定着检测项目的多少。建筑结构的状况决定着检测目的和检测项目的多少，对整体状况较差的建筑物需要进行全面鉴定，而对局部楼层（或部位）出现问题仅需要进行局部鉴定；对一幢建筑物而言，局部楼层（或部位）出现问题后的检测项目和数量会比状况良好的楼层要多；对一幢建筑物的局部楼层（或部位）而言，其出现问题周边构件需要进行全数检测，其他区域内仅需要进行抽样检测。

不同的检测项目会有不同的检测方法，同一检测项目也存在多种检测方法，选择检测方法必须统筹考虑检测目的、建筑结构状况、各检测方法的适用范围等。例如，混凝土抗压强度检测中有回弹法、钻芯法、超声法、回弹超声综合法、钻芯修正回弹法和龄期修正回弹法等可以选用。对于龄期不超过1100d的混凝土结构，当构件表面与内部混凝土一致，可选择回弹法；对于龄期超过1100d的混凝土结构，当构件表面与内部混凝土一致，可选择钻芯修正回弹法；仅对个别构件的混凝土抗压强度存在怀疑时，可采用钻芯法检测；日常检测对于龄期超过1000d且由于结构构造等原因无法采用取芯法对回弹结果进行修正的混凝土结构构件，可采用龄期修正回弹法，但该方法不适用于仲裁性检验。当适量抽检时，发现存在混凝土抗压强度比较低的构件时应进一步扩大检测面，如仍然无法按批进行评定，应根据检测结果重新划定检测批或进行全数检测，给出每个构件的强度推定值。

1.4.2　检测方法选择类型

根据《建筑结构检测技术标准》GB/T 50334—2019的相关规定，建筑结构检测方法的类型，可以分为以下几种：

（1）专门的检测技术标准规范规定的检测方法。该类型检测方法给出了该方法的适用范围、仪器设备要求、检测要求、检测结果计算评定和检测注意事项等。例如，《回弹法检测混凝土抗压强度技术规程》JGJ/T 23—2011、《钻芯法检测混凝土强度技术规程》JGJ/T 384—2016、《混凝土中钢筋检测技术标准》JGJ/T 152—2019 等。

（2）相关规范、技术标准规定或建议的检测方法。该类型检测方法分布在相关设计、加固或施工验收标准规范中作为一个章节或附录。例如，采用既有结构混凝土回弹龄期修正的规定，其检测方法在《混凝土结构加固设计规范》GB 50367—2013 附录 B 中；采用纤维复合材层间剪切强度测定方法，其检测方法在《建筑结构加固工程施工质量验收规范》GB 50550—2010 附录 N 中，等等。

（3）扩大有关检测标准适用范围的检测方法。该类型检测方法在国家现行有关标准规定已经给出，但对标准中给出的适用范围或对检测操作进行了扩大，应具有必备的验证和相应检测操作的检测细则。

（4）检测单位自行开发或引进的检测方法。该类型方法必须经过验证和对比，证明所开发或引进检测方法的正确性。一般情况下，应通过专家技术鉴定，并在实践过程中不断改进或完善。

1.4.3　检测方法选择注意事项

（1）结构工程质量的检测宜选用国家现行有关标准规定的直接测试方法；当选用国家现行有关标准规定的间接测试方法时，宜用直接测试方法的测试结果对间接测试方法的测试结果进行修正。直接测试方法数据的系统性不确定性（偏差）较小，间接测试方法数据的系统不确定性相对较大，容易引发争议。结构工程质量检测当有直接测试时，应优先（宜）选用直接测试方法。间接测试方法一般多为无损的，其测试数量相对较大，当采用两种方法结合时，可以优势互补。这里规定的直接测试方法和间接测试方法包括计数检验方法及计量检测的方法。从目前的情况看，并非所有的检测项目都有直接的测试方法，例如焊条的种类等；另外，有些质量问题未必一定要用直接法进行修正或验证，例如有关标准允许存在的焊缝内部缺陷等。

（2）既有结构性能的检测，当检测和评定为同一机构时，可采用下列方法进行：国家现行有关标准规定的方法；扩大国家现行有关标准规定的方法适用范围的检测方法；调整国家现行有关标准规定的方法操作措施的检测方法；检测单位自行开发或引进的检测方法。

（3）当采用国家现行有关标准规定的间接测试方法且该方法已经超出了适用范围或对检测操作进行调整时，应采用直接测试方法的测试结果对间接测试方法的测试结果进行验证或修正。

（4）调整国家现行有关标准规定的操作措施时，应符合的规定为：检测单位应有相应检测操作的检测细则；检测单位应事先告知委托方。

（5）采用自行开发或引进检测方法应符合的规定为：该方法必须通过技术鉴定，并应具有工程检测实践经验；该方法应事先与已有成熟方法进行比对试验；检测单位应有相应的检测细则；在检测方案中应予以说明，必要时应向委托方提供检测细则。

1.5 建筑结构检测抽样方案

建筑结构检测抽样方案的选择非常重要，不仅直接涉及检测数量，还涉及检测方案与结构现状的适应性，并对建筑结构安全评价有一定的影响。通过合理的抽样方案和抽样数量，达到对所检测的建筑材料和工程质量给出正确评价的检测目的。只要是抽样检测就存在错判概率和漏判概率。我们运用概率理论，根据所测对象的重要性及其性质等，确定较合理的错判概率和漏判概率。

1.5.1 施工质量验收时抽样方案

在《建筑工程施工质量验收统一标准》GB 50300—2013 中，给出了检验批的抽样方案，可根据检验项目的特点在下列抽样方案中选取：

1）计量、计数或计量—计数的抽样方案；

2）一次、二次或多次抽样方案；

3）对重要的检验项目，当有简易、快速的检验方法时，选用全数检验方案；

4）根据生产连续性和生产控制稳定性情况，采用调整型抽样方案；

5）经实践证明有效的抽样方案。

并给出了计量抽样的错判概率 α 和漏判概率 β 可按下列规定采取：

（1）主控项目：对应于合格质量水平的 α 和 β 均不宜超过 5%；

（2）一般项目：对应于合格质量水平的 α 不宜超过 5%，β 不宜超过 10%。

目前，与《建筑工程施工质量验收统一标准》GB 50300—2013 相配套的各专业施工质量验收规范并没有完全采用基于概率的抽样方案，而是沿用百分比抽样方案，检验批样本没有确定错判概率和漏判概率是随着检验批数量的多少而变化的。

1.5.2 既有建筑鉴定时抽样方案

在《建筑结构检测技术标准》GB/T 50344—2019 中，建筑结构检测宜根据委托方的要求、检测项目的特点综合下列方式确定检测对象和检测的数量：

1. 全数检测方案

例如，结构体系的构件布置和重要构造核查；支座节点和连接形式的核查；结构构件、支座节点和连接等可见缺陷和可见损伤现场检查；结构构件明显位移、变形和偏差的检查。上述核查工作并不包括具体参数的测定。

2. 对检测批随机抽样的方案

可分成计数检测、计量检测和材料性能的检测等多种形式。例如，结构与构件几何尺寸与尺寸偏差的检测，宜选用一次或二次计数抽样方案；检验批构件材料强度宜选用计量检测等。

3. 确定重要检测批的方案

例如，结构工程质量检测中有质量争议的检测批；存在严重施工质量缺陷的检测批；在全数检查或核查中发现存在严重质量问题的检测批。既有结构性能的检测中存在变形、损伤、裂缝、渗漏的构件；受到较大反复荷载或动力荷载作用的构件和连接；受到侵蚀性环境影响的构件、连接和节点等；容易受到磨损、冲撞损伤的构件；委托方怀疑有隐患的构件等。

4. 确定检测批重要检测项目和对象的方案

例如，既有结构性能的检测中存在变形、损伤、裂缝、渗漏的构件；受到较大反复荷载或动力荷载作用的构件和连接；受到侵蚀性环境影响的构件、连接和节点等；容易受到磨损、冲撞损伤的构件；委托方怀疑有隐患的构件等。

5. 针对委托方的要求采取结构专项检测技术的方案

例如，委托方指定检测对象或范围；因环境侵蚀或火灾、爆炸、高温以及人为因素等造成部分构件损伤时。上述检测结论不得扩大到未检测的构件或范围。

对于新建工程结构分部工程进行施工质量验收时，一般可按照相应结构工程施工质量验收规范规定的抽样方案。对于既有建筑工程的安全性、可靠性和抗震性能鉴定，可按照《建筑结构检测技术标准》GB/T 50344—2019 的规定进行。除上述之外，还应考虑重点检测区域与一般检测区域、重点检测楼层和主要受力构件与一般构件、重要检测项目与一般检测项目等之间抽样方案的区别。

1.6 建筑结构检测抽样数量与结果评定

1.6.1 建筑结构检测中检验批最小容量

建筑结构检测中，检验批中最小样本容量宜按照《建筑结构检测技术标准》GB/T 50344—2019 的规定（表 1.6.1-1）进行随机抽样。表 1.6.1-1 中的规定仅是样本容量的最小规定，以保证检测结果具有代表性；最小样本容量是下限规定，并不是最佳的样本容量，存在错判概率和漏判概率；由于实际工程的复杂性、多样性等，可根据工程具体情况和其他技术标准规定调整样本容量，但是样本容量不应小于表 1.6-1 的规定。

建筑结构抽样检测的最小样本容量　　　　　　　　　　表 1.6-1

检测批的容量	检测类别和样本最小容量			检测批的容量	检测类别和样本最小容量		
	A	B	C		A	B	C
3 ~ 8	2	2	3	281 ~ 500	20	50	80

检测批的容量	检测类别和样本最小容量			检测批的容量	检测类别和样本最小容量		
	A	B	C		A	B	C
9 ~ 15	2	3	5	501 ~ 1200	32	80	125
16 ~ 25	3	5	8	1201 ~ 3200	50	125	200
26 ~ 50	5	8	13	3201 ~ 10000	80	200	315
51 ~ 90	5	13	20	10001 ~ 35000	125	315	500
91 ~ 150	8	20	32	35001 ~ 150000	200	500	800
151 ~ 280	13	32	50	150001 ~ 500000	315	800	1250

注：检测类别 A 适用于一般项目施工质量的检测；可用于既有结构的一般项目检测；

　　检测类别 B 适用于主控项目施工质量的检测；可用于既有结构的重要项目检测；

　　检测类别 C 适用于结构工程施工的质量检测或复检；可用于存在问题较多既有结构的检测。

1.6.2　计数抽样检测符合性判定

结构工程质量的计数检测结果应按结构设计要求和结构工程施工依据的国家有关标准进行符合性判定。既有结构性能检测可将计数抽样符合性判定结论用于结构性能的分析。

（1）主控项目计数抽样检测批符合性判定应符合下列规定：正常一次抽样应按表 1.6-2 的规定进行符合性判定；正常二次抽样应按表 1.6-3 的规定进行符合性判定。

主控项目正常一次抽样的判定　　　　　　　　　　　表 1.6-2

样本容量	符合性判定数	不符合判定数	样本容量	符合性判定数	不符合判定数
2 ~ 5	0	1	80	7	8
8 ~ 13	1	2	125	10	11
20	2	3	200	15	16
32	3	4	≥ 125	22	23
50	4	5	—	—	—

主控项目正常二次抽样的判定　　　　　　　　　　　表 1.6-3

抽样次数与样本容量	符合性判定数	不符合判定数	抽样次数与样本容量	符合性判定数	不符合判定数
（1）2 ~ 6	0	1	（1）50 （2）100	3 8	6 9
（1）5 （2）10	0 1	2 2	（1）80 （2）160	5 12	9 13
（1）8 （2）16	0 1	2 2	（1）125 （2）250	7 18	11 19
（1）13 （2）26	0 3	3 4	（1）200 （2）400	11 27	16 28

续表

抽样次数与样本容量	符合性判定数	不符合判定数	抽样次数与样本容量	符合性判定数	不符合判定数
（1）20	1	3	（1）315	18	23
（2）40	3	4	（2）630	41	42
（1）32	2	4	—	—	—
（2）64	5	6	—	—	—

注:（1）和（2）表示抽样次数,（2）对应的样本容量为二次抽样的累计数量。

（2）一般项目计数抽样检测批符合性判定应符合下列规定:正常一次抽样应按表 1.6-4 的规定进行符合性判定;正常二次抽样应按表 1.6-5 的规定进行符合性判定。

一般项目正常一次抽样的判定　　　　　表 1.6-4

样本容量	符合性判定数	不符合判定数	样本容量	符合性判定数	不符合判定数
2～5	1	2	32	7	8
8	2	3	50	10	11
13	3	4	80	14	15
20	5	6	≥125	21	22

一般项目正常二次抽样的判定　　　　　表 1.6-5

抽样次数	样本容量	符合性判定数	不符合判定数	抽样次数	样本容量	符合性判定数	不符合判定数
（1）	2	0	2	（1）	80	11	16
（2）	4	1	2	（2）	160	26	27
（1）	3	0	2	（1）	125	11	16
（2）	6	1	2	（2）	250	26	27
（1）	5	0	3	（1）	200	11	16
（2）	10	3	4	（2）	400	26	27
（1）	8	1	3	（1）	315	11	16
（2）	16	4	5	（2）	630	26	27
（1）	13	2	5	（1）	500	11	16
（2）	26	6	7	（2）	1000	26	27
（1）	20	3	6	（1）	800	11	16
（2）	40	9	10	（2）	1600	26	27
（1）	32	5	9	（1）	1250	11	16
（2）	64	12	13	（2）	2500	26	27
（1）	50	7	11	（1）	2000	11	16
（2）	100	18	19	（2）	4000	26	27

注:（1）和（2）表示抽样次数,（2）对应的样本容量为二次抽样的累计数量。

1.6.3　计量抽样检测符合性判定

（1）结构工程材料强度计量检测结果的符合性判定应以建筑结构施工图的要求作为评定的基准。

（2）材料强度计量抽样检测批的检测结果宜提供推定区间；推定区间的置信度宜为 0.90，错判概率和漏判概率均宜为 0.05。推定区间的置信度也可为 0.85，漏判概率宜为 0.10，错判概率宜为 0.05。

（3）结构材料强度计量抽样检测批推定区间的上限值与下限值之差值，不宜大于材料相邻强度等级的差值和推定区间上限值与下限值算术平均值的 10% 两者中的较大值。

（4）当检测批的检测结果不能满足上述要求时，可提供单个构件的检测结果。

（5）检测批中的异常数据可予以舍弃；异常数据的舍弃应符合现行国家标准《数据的统计处理和解释　正态样本离群值的判断和处理》GB/T 4883—2008 的规定。

（6）检测批的标准差 σ 为未知时，材料强度计量抽样检测批 0.5 分位值的推定区间上限值和下限值可按下列公式计算：

$$\mu_1 = m + ks \qquad\qquad (1.6.3\text{-}1)$$

$$\mu_2 = m - ks \qquad\qquad (1.6.3\text{-}2)$$

式中　μ_1 —— 0.5 分位值推定区间的上限值；

　　　μ_2 —— 0.5 分位值推定区间的下限值；

　　　m —— 样本的平均值；

　　　s —— 样本标准差；

　　　k —— 推定系数，应符合表 1.6-6 的规定。

0.5 分位值标准差未知时推定区间上限值与下限值系数　　　　表 1.6-6

样本容量	0.5 分位值	
	k（0.05）	k（0.1）
5	0.953	0.686
6	0.823	0.603
7	0.734	0.544
8	0.670	0.500
9	0.620	0.466
10	0.580	0.437
11	0.546	0.414
12	0.518	0.394
13	0.494	0.376
14	0.473	0.361
15	0.455	0.347
16	0.438	0.335

续表

样本容量	0.5 分位值	
	$k(0.05)$	$k(0.1)$
17	0.423	0.324
18	0.410	0.314
19	0.398	0.305
20	0.387	0.297
21	0.376	0.289
22	0.367	0.282
23	0.358	0.276
24	0.350	0.269
25	0.342	0.264
26	0.335	0.258
27	0.328	0.253
28	0.322	0.248
29	0.316	0.244
30	0.310	0.239
31	0.305	0.235
32	0.300	0.231
33	0.295	0.228
34	0.290	0.224
35	0.286	0.221
36	0.282	0.218
37	0.276	0.215
38	0.274	0.212
39	0.270	0.209
40	0.266	0.206
41	0.263	0.204
42	0.260	0.201
43	0.257	0.199
44	0.253	0.196
45	0.250	0.194
46	0.248	0.192
47	0.245	0.190
48	0.242	0.188
49	0.240	0.186
50	0.237	0.184
60	0.216	0.167

续表

样本容量	0.5 分位值	
	$k(0.05)$	$k(0.1)$
70	0.199	0.155
80	0.186	0.144
90	0.175	0.136
100	0.166	0.129
110	0.158	0.123
120	0.151	0.118

（7）检测批的标准差 σ 为未知时，材料强度计量抽样检测批具有 95% 保证率标准值的推定区间上限值和下限值可按下列公式计算：

$$\chi_{k,1} = m - k_1 s \tag{1.6.3-3}$$

$$\chi_{k,2} = m - k_2 s \tag{1.6.3-4}$$

式中　$\chi_{k,1}$——标准值推定区间的上限值；

　　　$\chi_{k,2}$——标准值推定区间的下限值；

　　　m——样本的平均值；

　　　s——样本标准差；

　　k_1，k_2——推定系数，应符合表 1.6-7 的规定。

0.05 分位值标准差未知时推定区间上限值与下限值系数　　　表 1.6-7

样本容量	0.05 分位值			
	$k_1(0.05)$	$k_2(0.05)$	$k_1(0.1)$	$k_2(0.1)$
5	0.818	4.203	0.982	3.400
6	0.875	3.708	1.028	3.092
7	0.920	3.399	1.065	2.894
8	0.958	3.187	1.096	2.754
9	0.990	3.031	1.122	2.650
10	1.017	2.911	1.144	2.568
11	1.041	2.815	1.163	2.503
12	1.062	2.736	1.180	2.448
13	1.081	2.671	1.196	2.402
14	1.098	2.614	1.210	2.363
15	1.114	2.566	1.222	2.329

样本容量	0.05 分位值			
	k_1（0.05）	k_2（0.05）	k_1（0.1）	k_2（0.1）
16	1.128	2.524	1.234	2.299
17	1.141	2.486	1.244	2.272
18	1.153	2.453	1.254	2.249
19	1.164	2.423	1.263	2.227
20	1.175	2.396	1.271	2.208
21	1.184	2.371	1.279	2.190
22	1.193	2.349	1.286	2.174
23	1.202	2.328	1.293	2.159
24	1.210	2.309	1.300	2.145
25	1.217	2.292	1.306	2.132
26	1.225	2.275	1.311	2.120
27	1.231	2.260	1.317	2.109
28	1.238	2.246	1.322	2.099
29	1.244	2.232	1.327	2.089
30	1.250	2.220	1.332	2.080
31	1.255	2.208	1.336	2.071
32	1.261	2.197	1.341	2.063
33	1.266	2.186	1.345	2.055
34	1.271	2.176	1.349	2.048
35	1.276	2.167	1.352	2.041
36	1.280	2.158	1.356	2.034
37	1.284	2.149	1.360	2.028
38	1.289	2.141	1.363	2.022
39	1.293	2.133	1.366	2.016
40	1.297	2.125	1.369	2.010
41	1.300	2.118	1.372	2.005
42	1.304	2.111	1.375	2.000
43	1.308	2.105	1.378	1.995
44	1.311	2.098	1.381	1.990
45	1.314	2.092	1.383	1.986
46	1.317	2.086	1.386	1.981
47	1.321	2.081	1.389	1.977
48	1.324	2.075	1.391	1.973
49	1.327	2.070	1.393	1.969
50	1.329	2.065	1.396	1.965

续表

样本容量	0.05 分位值			
	k_1（0.05）	k_2（0.05）	k_1（0.1）	k_2（0.1）
60	1.354	2.022	1.415	1.933
70	1.374	1.990	1.431	1.909
80	1.390	1.964	1.444	1.890
90	1.403	1.944	1.454	1.874
100	1.414	1.927	1.463	1.861
110	1.424	1.912	1.471	1.850
120	1.433	1.899	1.478	1.841

（8）计量抽样检测批的判定，当设计要求相应数值小于或等于推定上限值时，可判定为符合设计要求；当设计要求相应数值大于推定上限值时，可判定为低于设计要求。

（9）既有结构的检测可将材料强度的检测结果用于结构性能的评定。

1.7 混凝土结构现场调查与检测

混凝土结构是目前建筑工程中较常见的，对混凝土结构工程的检测研究相对较深入。混凝土结构的现场检测可分为混凝土力学性能、长期性能、耐久性能、有害物质含量、缺陷、尺寸偏差与变形、钢筋配置情况、损伤情况、结构构件性能试验等项目。本节主要依据《混凝土结构现场检测技术标准》GB/T 50784—2013 的规定，介绍了常用的一些检测内容，适用于房屋建筑、市政工程和一般构筑物中混凝土结构的现场检测，不适用于轻骨料混凝土结构的现场检测。

1.7.1 混凝土抗压强度检测

混凝土结构设计参数是依据混凝土强度等级取值的，结构中混凝土不具备标准养护的条件，检测时的龄期又不能正好是 28d，各检测方法现场抽样检测提供的是检测龄期结构混凝土相当于 150mm 立方体试件抗压强度具有 95% 的特征值的推定值。混凝土抗压强度检测的测区或取样位置应布置在无缺陷、无损伤且具有代表性的部位；当发现构件存在缺陷、损伤或性能劣化现象时，应在检测报告中予以描述。当委托方有特定要求时，可对存在缺陷、损伤或性能劣化现象的部位进行混凝土抗压强度的专项检测。

1）混凝土抗压强度可采用回弹法、超声—回弹综合法、后装拔出法、后锚固法等间接法进行现场检测。当具备钻芯法检测条件时，宜采用钻芯法对间接法检测结果进行修正或验证。

2）混凝土抗压强度现场检测的操作和单个构件混凝土抗压强度特征值的推定，应按《混凝土结构现场检测技术标准》GB/T 50784—2013 附录 A 执行。

3）当采取钻芯法对间接法检测结果进行修正时，芯样样本宜按《混凝土结构现场检测技术标准》GB/T 50784—2013 附录 B 的规定进行异常值的判别和处理。

4）采用钻芯法对间接法检测结果进行修正应按《混凝土结构现场检测技术标准》GB/T 50784—2013 附录 C 执行。

5）批量检测混凝土抗压强度时，宜采取分层计量抽样方法。检验批受检构件数量可按下列方法确定：

（1）按相应的检测技术规程的规定确定；

（2）按委托方的要求确定；

（3）按《混凝土结构现场检测技术标准》GB/T 50784—2013 表 3.4.4 的规定确定。

6）检验批测区总数或芯样总数应满足推定区间限值要求，确定检验批测区数量时宜考虑受检混凝土抗压强度的变异性。当不能确定混凝土抗压强度变异性时，可取混凝土抗压强度变异系数为 0.15，来确定检验批测区数量。

7）当不需要提供每个受检构件混凝土强度推定值且总测区数满足推定区间限值要求时，每个构件布置的测区数量可适当减少，但不宜少于 3 个。

8）混凝土抗压强度的批量检测应符合下列规定：

（1）将混凝土抗压强度和质量状况相近的同类构件划分为一个检验批。

（2）按《混凝土结构现场检测技术标准》GB/T 50784—2013 第 4.2.6 条，确定受检构件数量。

（3）在检验批中随机选取受检构件，按预先确定的测区数或芯样总数在每个构件上均匀布置测区或取样点，按选定的方法进行测试，得到每个测区或每个芯样的混凝土换算强度。

9）批量检测混凝土抗压强度时，样本换算强度平均值和样本换算强度标准差应按下列公式计算：

$$m_{f_{cu}^c} = \frac{1}{n}\sum_{i=1}^{n} f_{cu,i}^c \tag{1.7.1-1}$$

$$s_{f_{cu}^c} = \sqrt{\frac{\sum_{i=1}^{n}(f_{cu,i}^c - m_{f_{cu}^c})^2}{n-1}} \tag{1.7.1-2}$$

式中　$m_{f_{cu}^c}$——样本换算强度平均值，精确至 0.1MPa；

n——样本容量，取获得换算强度的测区总数或芯样总数；

$f_{cu,i}^c$——测区或芯样换算强度值，精确至 0.1MPa；

$s_{f_{cu}^c}$——样本换算强度标准差，精确至 0.01MPa。

10）批量检测混凝土抗压强度时，检验批混凝土抗压强度推定区间上限值、下限值、上限与下限差值及其均值应按下列公式计算：

$$f_{cu,u} = m_{f_{cu}^c} - k_{0.05,u} s_{f_{cu}^c} \qquad (1.7.1\text{-}3)$$

$$f_{cu,l} = m_{f_{cu}^c} - k_{0.05,l} s_{f_{cu}^c} \qquad (1.7.1\text{-}4)$$

$$\Delta_{f_{cu,e}} = f_{c,u} - f_{c,l} \qquad (1.7.1\text{-}5)$$

$$m_{\Delta f} = \frac{f_{cu,u} + f_{cu,l}^*}{2} \qquad (1.7.1\text{-}6)$$

式中 $f_{cu,u}$——推定区间上限值，精确至 0.1MPa；

$f_{cu,l}$——推定区间下限值，精确至 0.1MPa；

$\Delta_{f_{cu,e}}$——推定区间上限与下限的差值，精确至 0.1MPa；

$m_{\Delta f}$——推定区间上限与下限的均值，精确至 0.1MPa。

11）检验批混凝土抗压强度的推定应符合下列规定：

（1）当推定区间上限与下限差值不大于 5.0MPa 和 $0.1m_{\Delta f}$ 两者之间的较大值时，检验批混凝土抗压强度推定值可根据实际情况在推定区间内取值。

（2）当推定区间上限与下限差值大于 5.0MPa 和 $0.1m_{\Delta f}$ 两者之间的较大值时，宜采取增加样本容量进行补充检测或细分检验批进行补充检测或重新检测。进行处理，直至满足本条第（1）款的规定。

（3）当推定区间上限与下限差值大于 5.0MPa 和 $0.1m_{\Delta f}$ 两者之间的较大值且不具备本条第（2）款条件时，不宜进行批量推定。

（4）工程质量检测时，当检验批混凝土抗压强度推定值不小于设计要求的混凝土抗压强度等级时，可判定检验批混凝土抗压强度符合设计要求。

（5）结构性能检测时，可采用检验批混凝土抗压强度推定值作为结构复核的依据。

1.7.2 构件缺陷检测

混凝土构件缺陷检测分为外观缺陷检测和内部缺陷检测。混凝土构件外观缺陷应按现行国家标准《混凝土结构工程施工质量验收规范》GB 50204—2015 的有关规定进行分类，并判定其严重程度。

1. 外观缺陷检测

1）现场检测时，宜对受检范围内构件外观缺陷进行全数检查；当不具备全数检查条件时，应注明未检查的构件或区域。

2）混凝土构件外观缺陷的相关参数可根据缺陷的情况按下列方法检测：

（1）露筋长度可用钢尺或卷尺量测；

（2）孔洞直径可用钢尺量测，孔洞深度可用游标卡尺量测；

（3）蜂窝和疏松的位置和范围可用钢尺或卷尺量测，委托方有要求时，可通过剔凿、成孔等方法量测蜂窝深度；

（4）麻面、掉皮、起砂的位置和范围可用钢尺或卷尺测量；

（5）表面裂缝的最大宽度可用裂缝专用测量仪器量测，表面裂缝长度可用钢尺或卷尺量测。

3）混凝土构件外观缺陷应按缺陷类别进行分类汇总，汇总结果可用列表或图示的方式表述，并宜反映外观缺陷在受检范围内的分布特征。

2. 内部缺陷检测

1）对怀疑存在内部缺陷的构件或区域宜进行全数检测，当不具备全数检测条件时，可根据约定抽样原则选择下列构件或部位进行检测：

（1）重要的构件或部位；

（2）外观缺陷严重的构件或部位。

2）混凝土构件内部缺陷宜采用超声法进行双面对测，当仅有一个可测面时，可采用冲击回波法和电磁波反射法进行检测，对于判别困难的区域应进行钻芯验证或剔凿验证。

3）超声法检测混凝土构件内部缺陷时声学参数的测量应符合下列规定：

（1）应根据检测要求和现场操作条件，确定缺陷测试部位（简称测位）；

（2）测位混凝土表面应清洁、平整，必要时可用砂轮磨平或用高强度快凝砂浆抹平；抹平砂浆应与待测混凝土良好粘结；

（3）在满足首波幅度测读精度的条件下，应选择较高频率的换能器；

（4）换能器应通过耦合剂与混凝土测试表面保持紧密结合，耦合层内不应夹杂泥沙或空气；

（5）检测时，应避免超声传播路径与内部钢筋轴线平行；当无法避免时，应使测线与该钢筋的最小距离不小于超声测距的 1/6；

（6）应根据测距大小和混凝土外观质量，设置仪器发射电压、采样频率等参数；检测同一测位时，仪器参数宜保持不变；

（7）应读取并记录声时、波幅和主频值，必要时存取波形；

（8）检测中出现可疑数据时应及时查找原因，必要时应进行复测校核或加密测点补测。

4）超声法检测混凝土构件内部不密实区，可按《混凝土结构现场检测技术标准》GB/T 50784—2013 附录 D 的有关规定进行。

5）超声法检测混凝土构件裂缝深度，可按《混凝土结构现场检测技术标准》GB/T 50784—2013 附录 E 的有关规定进行。

6）混凝土构件内部缺陷检测，应提供有关测位的选择方式、位置、外观质量描述以及缺陷的性质和分布特征等信息。

1.7.3　钢筋配置情况检测

混凝土中的钢筋检测可分为钢筋数量和间距、混凝土保护层厚度、钢筋直径、钢筋力学性能及钢筋锈蚀状况等检测项目。混凝土中的钢筋宜采用原位实测法检测；采用间接法检测时，宜通过原位实测法或取样实测法进行验证，并可根据验证结果进行适当的修正。

1. 钢筋数量和间距检测

1）混凝土中钢筋数量和间距可采用钢筋探测仪或雷达仪进行检测，仪器性能和操作要求应符合现行行业标准《混凝土中钢筋检测技术标准》JGJ/T 152—2019 的有关规定。

2）当遇到下列情况之一时，应采取剔凿验证的措施：

（1）相邻钢筋过密，钢筋间最小净距小于钢筋保护层厚度；

（2）混凝土（包括饰面层）含有或存在可能造成误判的金属组分或金属件；

（3）钢筋数量或间距的测试结果与设计要求有较大偏差；

（4）缺少相关验收资料。

3）检测梁、柱类构件主筋数量和间距时，应符合下列规定：

（1）测试部位应避开其他金属材料和较强的铁磁性材料，表面应清洁、平整；

（2）应将构件测试面一侧所有主筋逐一检出，并在构件表面标注出每个检出钢筋的相应位置；

（3）应测量和记录每个检出钢筋的相对位置。

4）检测墙、板类构件钢筋数量和间距时应符合下列规定：

（1）在构件上随机选择测试部位，测试部位应避开其他金属材料和较强的铁磁性材料，表面应清洁、平整；

（2）在每个测试部位连续检出 7 根钢筋，少于 7 根钢筋时应全部检出，并宜在构件表面标注出每个检出钢筋的相应位置；

（3）应测量和记录每个检出钢筋的相对位置；

（4）可根据第一根钢筋和最后一根钢筋的位置，确定这两个钢筋的距离，计算出钢筋的平均间距；

（5）必要时，应计算钢筋的数量。

5）梁、柱类构件箍筋可按《混凝土结构现场检测技术标准》GB/T 50784—2013第 9.2.4 条检测。当存在箍筋加密区时，宜将加密区内箍筋全部测出。

6）单个构件的符合性判定应符合下列规定：

（1）梁、柱类构件主筋实测根数少于设计根数时，该构件配筋应判定为不符合设计要求；

（2）梁、柱类构件主筋的平均间距与设计要求的偏差大于相关标准规定的允许偏差时，该构件配筋应判定为不符合设计要求；

（3）墙、板类构件钢筋的平均间距与设计要求的偏差大于相关标准规定的允许偏差时，该构件配筋应判定为不符合设计要求；

（4）梁、柱类构件的箍筋，可按墙、板类构件钢筋进行判定。

7）批量检测钢筋数量和间距时应符合下列规定：

（1）将设计文件中钢筋配置要求相同的构件作为一个检验批；

（2）按《混凝土结构现场检测技术标准》GB/T 50784—2013 表 3.4.4 的规定，确定抽检构件的数量；

（3）随机选取受检构件；

（4）按《混凝土结构现场检测技术标准》GB/T 50784—2013 第 9.2.3 条或第 9.2.4 条的方法，对单个构件进行检测；

（5）按《混凝土结构现场检测技术标准》GB/T 50784—2013 第 9.2.6 条，对受检构件逐一进行符合性判定。

8）对检验批符合性判定应符合下列规定：

（1）根据检验批中受检构件的数量和其中不符合构件的数量应按《混凝土结构现场检测技术标准》GB/T 50784—2013 表 3.4.5-1 进行检验批符合性判定；

（2）对于梁、柱类构件，检验批中一个构件的主筋实测根数少于设计根数，该批应直接判为不符合设计要求；

（3）对于墙、板类构件，当出现受检构件的钢筋间距偏差大于偏差允许值 1.5 倍时，该批应直接判为不符合设计要求；

（4）对于判定为符合设计要求的检验批，可建议采用设计的钢筋数量和间距进行结构性能评定；对于判定为不符合设计要求的检验批，宜细分检验批后重新检测或进行全数检测。当不能进行重新检测或全数检测时，可建议采用最不利检测值进行结构性能评定。

2. 混凝土保护层厚度检测

1）混凝土保护层厚度宜采用钢筋探测仪进行检测，并应通过剔凿原位检测法进行验证。

2）剔凿原位检测混凝土保护层厚度应符合下列规定：

（1）采用钢筋探测仪确定钢筋的位置；

（2）在钢筋位置上垂直于混凝土表面成孔；

（3）以钢筋表面至构件混凝土表面的垂直距离作为该测点的保护层厚度测试值。

3）采用剔凿原位检测法进行验证时，应符合下列规定：

（1）应采用钢筋探测仪检测混凝土保护层厚度；

（2）在已测定保护层厚度的钢筋上进行剔凿验证，验证点数不应少于《混凝土结构现场检测技术标准》GB/T 50784—2013 表 3.4.4 中 B 类且不应少于 3 点；构件上能直接量测混凝土保护层厚度的点可计为验证点；

（3）应将剔凿原位检测结果与对应位置钢筋探测仪检测结果进行比较，当两者的差异不超过 ±2mm 时，判定两个测试结果无明显差异；

（4）当检验批有明显差异校准点数在《混凝土结构现场检测技术标准》GB/T 50784—2013 表 3.4.5-2 控制的范围之内时，可直接采用钢筋探测仪检测结果；

（5）当检验批有明显差异校准点数超过《混凝土结构现场检测技术标准》GB/T 50784—2013 表 3.4.5-2 控制的范围时，应对钢筋探测仪量测的保护层厚度进行修正；当不能修正时，应采取剔凿原位检测的措施。

4）工程质量检测时，混凝土保护层厚度的抽检数量及合格判定规则，宜按现行国家标准《混凝土结构工程施工质量验收规范》GB 50204—2015 的有关规定执行。

5）结构性能检测时，检验批混凝土保护层厚度检测应符合下列规定：

（1）应将设计要求的混凝土保护层厚度相同的同类构件作为一个检验批，按《混凝土结构现场检测技术标准》GB/T 50784—2013 表 3.4.4 中 A 类确定受检构件的数量；

（2）随机抽取构件，对于梁、柱类，应对全部纵向受力钢筋混凝土保护层厚度进行检测；对于墙、板类，应抽取不少于 6 根钢筋（少于 6 根钢筋时应全检）进行混凝土保护层厚度检测；

（3）将各受检钢筋混凝土保护层厚度检测值按《混凝土结构现场检测技术标准》GB/T 50784—2013 第 3.4.7 条的计算均值推定区间；

（4）当均值推定区间上限值与下限值的差值不大于其均值的 10% 时，该批钢筋混凝土保护层厚度的检测值可按推定区间的上限值或下限值确定；

（5）当均值推定区间上限值与下限值的差值大于其均值的 10% 时，宜补充检测或重新划分检验批进行检测。当不具备补充检测或重新检测条件时，应以最不利检测值作为该检验批的混凝土保护层厚度检测值。

3. 混凝土中钢筋直径检测

1）混凝土中钢筋直径宜采用原位实测法检测；当需要取得钢筋截面积精确值时，应采取取样称量法进行检测或采取取样称量法对原位实测法进行验证。当验证表明检测精度满足要求时，可采用钢筋探测仪检测钢筋公称直径。

2）原位实测法检测混凝土中，钢筋直径应符合下列规定：

（1）采用钢筋探测仪确定待检钢筋位置，剔除混凝土保护层，露出钢筋；

（2）用游标卡尺测量钢筋直径，测量精确到 0.1mm；

（3）同一部位应重复测量 3 次，将 3 次测量结果的平均值作为该测点钢筋直径的检测值。

3）取样称量法检测钢筋直径应符合下列规定：

（1）确定待检测的钢筋位置，沿钢筋走向凿开混凝土保护层，截除长度不小于 300mm 的钢筋试件；

（2）清理钢筋表面的混凝土，用 12% 盐酸溶液进行酸洗，经清水漂净后，用石灰水中和，再以清水冲洗干净；擦干后在干燥器中至少存放 4h，用天平称重；

（3）钢筋实际直径按下式计算：

$$d = 12.74\sqrt{w/l} \qquad (1.7.3\text{-}1)$$

式中　d——钢筋实际直径，精确至 0.01mm；

　　　w——钢筋试件重量，精确至 0.01g；

　　　l——钢筋试件长度，精确至 0.1mm。

4）采用钢筋探测仪检测钢筋公称直径，应符合现行行业标准《混凝土中钢筋检测技术标准》JGJ/T 152—2019 的有关规定。

5）检验批钢筋直径检测应符合下列规定：

（1）检验批应按钢筋进场批次划分；当不能确定钢筋进场批次时，宜将同一楼层或同一施工段中相同规格的钢筋作为一个检验批；

（2）应随机抽取 5 个构件，每个构件抽检 1 根；

（3）应采用原位实测法进行检测；

（4）应将各受检钢筋直径检测值与相应钢筋产品标准进行比较，确定该受检钢筋直径是否符合要求；

（5）当检验批受检钢筋直径均符合要求时，应判定该检验批钢筋直径符合要求；当检验批存在 1 根或 1 根以上受检钢筋直径不符合要求时，应判定该检验批钢筋直径不符合要求；

（6）对于判定为符合要求的检验批，可建议采用设计的钢筋直径参数进行结构性能评定；对于判定为不符合要求的检验批，宜补充检测或重新划分检验批进行检测。当不具备补充检测或重新检测条件时，应以最小检测值作为该批钢筋直径的检测值。

4. 构件中钢筋锈蚀状况检测

1）混凝土中钢筋锈蚀状况应在对使用环境和结构现状进行调查并分类的基础上，按约定抽样原则进行检测。

2）混凝土中钢筋锈蚀状况宜采用原位检测、取样检测等直接法进行检测。当采用混凝土电阻率、混凝土中钢筋电位、锈蚀电流、裂缝宽度等参数间接推定混凝土中钢筋锈蚀状况时，应采用直接检测法进行验证。

3）原位检测可采用游标卡尺直接量测钢筋的剩余直径、蚀坑深度、长度及锈蚀物的厚度，推算钢筋的截面损失率。取样检测可通过截取钢筋，按《混凝土结构现场检测技术标准》GB/T 50784—2013 第 9.4.3 条，检测剩余直径并计算钢筋的截面损失率。

4）钢筋的截面损失率应按下式进行计算，当钢筋的截面损失率大于 5%，应按《混凝土结构现场检测技术标准》GB/T 50784—2013 第 9.6 节进行锈蚀钢筋的力学性能检测。

$$l_{s,a} = (d/d_s)^2 \times 100\% \qquad (1.7.3\text{-}2)$$

式中 d——钢筋直径实测值,精确至 0.1mm;

d_s——钢筋公称直径;

$l_{s,a}$——钢筋的截面损失率,精确至 0.1%。

5)混凝土中钢筋电位的检测应符合现行行业标准《混凝土中钢筋检测技术标准》JGJ/T 152—2019 的有关规定。

6)混凝土的电阻率宜采用四电极混凝土电阻率检测仪进行检测;混凝土中钢筋锈蚀电流宜采用基于线形极化原理的检测仪器进行检测。检测时,应按相关仪器说明进行操作。

7)采用综合分析判定方法检测裂缝宽度、钢筋保护层厚度、混凝土强度、混凝土碳化深度、混凝土中有害物质含量等参数时,应符合《混凝土结构现场检测技术标准》GB/T 50784—2013 的相关规定。

5. 钢筋力学性能检测

1)混凝土中钢筋的力学性能应采用取样法进行检测,截取钢筋试件应符合下列规定:

(1)截取钢筋时应采取必要措施,确保受检构件和结构的安全;

(2)钢筋截取位置宜选在应力较小的部位;

(3)钢筋试件的长度应满足钢筋力学性能试验方法的要求。

2)需要进行批量检测时,检验批应根据进场批次进行划分;当无法确定进场批次或无法确定进场批次与结构中位置的对应关系时,检验批宜以同一楼层或同一施工段中的同类构件划分。

3)工程质量检测时,钢筋抽检数量和合格判定规则应按相关产品标准的要求执行。对于判定为符合要求的检验批,可采用设计规范规定的钢筋力学性能参数进行结构性能评定;对于判定为不符合要求的检验批,应提供每个受检钢筋力的检测数据。必要时,建议进行结构性能检测。

4)结构性能检测时,检验批钢筋力学性能检测应符合下列规定:

(1)将配置有同一规格钢筋的构件作为一个检验批,并应按《混凝土结构现场检测技术标准》GB/T 50784—2013 表 3.4.4,确定受检构件的数量;

(2)随机抽取构件,每个构件截取 1 根钢筋,截取钢筋总数不应少于 6 根;当检测结果仅用于验证时,可随机截取 2 根钢筋进行力学性能检验;

(3)应将各受检钢筋力学性能检测值按《混凝土结构现场检测技术标准》GB/T 50784—2013 第 3.4.7 条,计算特征值推定区间;

(4)当特征值推定区间上限值与下限值的差值不大于其均值的 10% 时,该批钢筋力学性能检测值可按推定区间下限值确定;当特征值推定区间上限值与下限值的差值大于其均值的 10% 时,宜补充检测或重新划分检验批进行检测。当不具备补充检测或重新检测条件时,应以最小检测值作为该批钢筋力学性能检测值。

5)受损钢筋的力学性能宜在损伤状况调查基础上分类进行检测,同一损伤类别中的钢筋应根据约定抽样原则选取，并宜取力学参数的最低检测值作为该类别受损钢筋力学性能的检测值。

1.7.4　构件截面尺寸及变形检测

构件尺寸偏差与变形检测，可分为截面尺寸及偏差、倾斜、挠度、裂缝和地基沉降等检测项目。检测构件尺寸偏差与变形时，应采取措施消除构件表面抹灰层、装修层等造成的影响。工程质量检测时，检验批的划分、抽样方法及判别规则应符合现行国家标准《混凝土结构工程施工质量验收规范》GB 50204—2015 的有关规定。地基沉降的检测应符合现行行业标准《建筑变形测量规范》JGJ 8—2016 的有关规定。

1. 构件截面尺寸及其偏差检测

1）单个构件截面尺寸及其偏差的检测应符合下列规定：

（1）对于等截面构件和截面尺寸均匀变化的变截面构件，应分别在构件的中部和两端量取截面尺寸；对于其他变截面构件，应选取构件端部、截面突变的位置量取截面尺寸；

（2）应将每个测点的尺寸实测值与设计图纸规定的尺寸进行比较，计算每个测点的尺寸偏差值；

（3）应将构件尺寸实测值作为该构件截面尺寸的代表值。

2）批量构件截面尺寸及其偏差的检测应符合下列规定：

（1）将同一楼层、结构缝或施工段中设计截面尺寸相同的同类型构件划为同一检验批；

（2）在检验批中随机选取构件，按《混凝土结构现场检测技术标准》GB/T 50784—2013 第 3.4.4 条的有关规定确定受检构件数量；

（3）按《混凝土结构现场检测技术标准》GB/T 50784—2013 第 8.2.1 条，对每个受检构件进行检测。

3）结构性能检测时，检验批构件截面尺寸的推定应符合下列规定：

（1）应按《混凝土结构现场检测技术标准》GB/T 50784—2013 第 3.4.5 条，进行符合性判定；

（2）当检验批判定为符合且受检构件的尺寸偏差最大值不大于偏差允许值的 1.5 倍时，可设计的截面尺寸作为该批构件截面尺寸的推定值；

（3）当检验批判定为不符合或检验批判定为符合但受检构件的尺寸偏差最大值大于偏差允许值的 1.5 倍时，宜全数检测或重新划分检验批进行检测；

（4）当不具备全数检测或重新划分检验批检测条件时，宜以最不利检测值作为该批构件尺寸的推定值。

2. 构件倾斜检测

1）构件倾斜检测时宜对受检范围内存在倾斜变形的构件进行全数检测。当不具备全数检测条件时，可根据约定抽样原则选择下列构件进行检测：

（1）重要的构件；

（2）轴压比较大的构件；

（3）偏心受压构件；

（4）倾斜较大的构件。

2）构件倾斜检测应符合下列规定：

（1）构件倾斜可采用经纬仪、激光准直仪或吊坠的方法检测，当构件高度小于10m时，可使用经纬仪或吊坠测量；当构件高度大于或等于10m时，应使用经纬仪或激光准直仪测量；

（2）检测时，应消除施工偏差或截面尺寸变化造成的影响；

（3）检测时，宜分别检测构件在所有相交轴线方向的倾斜，并提供各个方向的倾斜值。

3）倾斜检测应提供构件上端对于下端的偏离尺寸及其与构件高度的比值。

3.构件挠度检测

1）构件挠度检测时，宜对受检范围内存在挠度变形的构件进行全数检测。当不具备全数检测条件时，可根据约定抽样原则选择下列构件进行检测：

（1）重要的构件；

（2）跨度较大的构件；

（3）外观质量差或损伤严重的构件；

（4）变形较大的构件。

2）构件挠度检测应符合下列规定：

（1）构件挠度可采用水准仪或拉线的方法进行检测；

（2）检测时，宜消除施工偏差或截面尺寸变化造成的影响；

（3）检测时，应提供跨中最大挠度值和受检构件的计算跨度值。当需要得到受检构件挠度曲线时，应沿跨度方向等间距布置不少于5个测点。

3）当需要确定受检构件荷载—挠度变化曲线时，宜采用百分表、挠度计、位移传感器等设备直接测量挠度值。

4.构件裂缝检测

1）裂缝检测时，宜对受检范围内存在裂缝的构件进行全数检测。当不具备全数检测条件时，可根据约定抽样原则选择下列构件进行检测：

（1）重要的构件；

（2）裂缝较多或裂缝宽度较大的构件；

（3）存在变形的构件。

2）裂缝检测时，宜区分受力裂缝和非受力裂缝。

3）裂缝检测宜符合下列规定：

（1）对构件上存在的裂缝宜进行全数检查，并记录每条裂缝的长度、走向和位置；当构件存在的裂缝较多时，可用示意图表示裂缝的分布特征；

（2）对于构件上较宽的裂缝，宜检测裂缝宽度；

（3）必要时，可选择较宽的裂缝检测裂缝深度；

（4）对于处于变化中或快速发展中的裂缝，宜进行监测。

1.7.5 有害物质含量检测

1. 一般规定

1）结构混凝土中的有害物质含量宜通过化学分析方法测定，有害物质或其反应产物的分布情况也可通过岩相分析方法测定。

2）测定有害物质含量时，应将有害物质区分为混入和渗入两种类型。

3）受检区域应在现场查勘的基础上确定或由委托方指定。

4）对受检区域混凝土中的有害物质含量进行总体评价时，取样位置应在该区域混凝土中随机确定；每个区域混凝土钻取芯样不应少于 3 个，芯样直径不应小于最大骨料粒径的两倍，且不应小于 100mm。芯样长度宜贯穿整个构件，或不应小于 100mm。

5）当需要确定受检区域不同深度混凝土中有害物质含量时，可将钻取的芯样从外到里分层切割，同一受检区域中的所有芯样分层切割规则应保持一致。

6）对已确认存在的有害物质，宜通过取样试验检验其对混凝土的作用效应。当确认存在的有害物质含量超过相关标准要求时，应通过取样试验确定其对混凝土的可能影响。

7）通过取样试验检验有害物质对混凝土的作用效应时，宜在不怀疑存在有害物质的部位钻取芯样进行比对。

8）对某一特定部位进行评价时，宜在出现明显质量缺陷或损伤的位置取样，其检测结果不宜用于评价该部位以外的混凝土。

2. 氯离子含量检测

1）混凝土中氯离子含量的检测结果宜用混凝土中氯离子与硅酸盐水泥用量之比表示，当不能确定混凝土中硅酸盐水泥用量时，可用混凝土中氯离子与胶凝材料用量之比表示。

2）混凝土氯离子含量测定所用试样的制备应符合下列规定：

（1）将混凝土试件破碎，剔除石子；

（2）将试样缩分至 100g，研磨至全部通过 0.08mm 的筛；

（3）用磁铁吸出试样中的金属铁屑；

（4）将试样置于 105～110℃烘箱中烘干 2h，取出后放入干燥器中冷却至室温备用。

3）试样中氯离子含量的化学分析应符合现行国家标准《建筑结构检测技术标准》GB/T 50344—2019 的有关规定。

4）混凝土中氯离子与硅酸盐水泥用量的百分数应按下式计算：

$$P_{Cl,P} = P_{Cl,m} / P_{p,m} \times 100\% \tag{1.7.5-1}$$

式中 $P_{Cl,P}$——混凝土中氯离子与硅酸盐水泥用量的质量百分数;

$\quad\quad P_{Cl,m}$——按《混凝土结构现场检测技术标准》GB/T 50784—2013 第 6.2.3 条测定的试样中氯离子的质量百分数;

$\quad\quad P_{p,m}$——试样中硅酸盐水泥的质量百分数。

5)当不能确定试样中硅酸盐水泥的质量百分数时,混凝土中氯离子与胶凝材料的质量百分数可按下式计算:

$$P_{Cl,t} = P_{Cl,m} / \lambda_c \quad\quad\quad (1.7.5\text{-}2)$$

式中 $P_{Cl,t}$——氯离子与胶凝材料的质量百分数;

$\quad\quad \lambda_c$——根据混凝土配合比确定的混凝土中胶凝材料与砂浆的质量比。

3. 混凝土中碱含量检测

1)混凝土中碱含量应以单位体积混凝土中碱含量表示。

2)混凝土碱含量测定所用试样的制备应符合《混凝土结构现场检测技术标准》GB/T 50784—2013 第 6.2.2 条的规定。

3)混凝土总碱含量的检测应按符合下列规定:

(1)混凝土总碱含量的检测操作应符合现行国家标准《水泥化学分析方法》GB/T 176—2017 的有关规定;

(2)样品中氧化钾质量分数、氧化钠质量分数和氧化钠当量质量分数应按下列公式计算:

$$w_{K_2O} = \frac{m_{K_2O}}{m_s \times 1000} \times 100 \quad\quad\quad (1.7.5\text{-}3)$$

$$w_{Na_2O} = \frac{m_{Na_2O}}{m_s \times 1000} \times 100 \qu\quad\quad (1.7.5\text{-}4)$$

$$w_{Na_2O,eq} = w_{Na_2O} + 0.658 w_{K_2O} \qu\quad\quad (1.7.5\text{-}5)$$

式中 w_{K_2O}——样品中氧化钾的质量分数(%);

$\quad\quad w_{Na_2O}$——样品中氧化钠的质量分数(%);

$\quad\quad w_{Na_2O,eq}$——样品中氧化钠当量的质量分数,即样品的碱含量(%);

$\quad\quad m_{K_2O}$——100mL 被检测溶液中氧化钾的含量(mg);

$\quad\quad m_{Na_2O}$——100mL 被检测溶液中氧化钠的含量(mg);

$\quad\quad m_s$——样品的质量(g)。

(3)样品中氧化钠当量质量分数的检测值应以 3 次测试结果的平均值表示;

(4)单位体积混凝土中总碱含量应按下式计算:

$$m_{a,s} = \frac{\rho(m_{cor} - m_c)}{m_{cor}} \times \bar{w}_{Na_2O,eq} \qquad (1.7.5\text{-}6)$$

式中　$m_{a,s}$——单位体积混凝土中总碱含量（kg）；

　　　　ρ——芯样的密度（kg/m³），按实测值；无实测值时，取 2500kg/m³；

　　　m_{cor}——芯样的质量（g）；

　　　　m_c——芯样中骨料的质量（g）；

$\bar{w}_{Na_2O,eq}$——样品中氧化钠当量的质量分数的检测值（%）。

4）混凝土可溶性碱含量的检测应按符合下列规定：

（1）准确称取 25.0g（精确至 0.01g）样品放入 500mL 锥形瓶中，加入 300mL 蒸馏水，用振荡器振荡 3h 或 80℃水浴锅中用磁力搅拌器搅拌 2h，然后在弱真空条件下用布氏漏斗过滤。将滤液转移到一个 500mL 的容量瓶中，加水至刻度。

（2）混凝土可溶性碱含量的检测操作应符合现行国家标准《水泥化学分析方法》GB/T 176—2017 的有关规定。

（3）样品中氧化钾质量分数、氧化钠质量分数和氧化钠当量质量分数应按下列公式计算：

$$w_{K_2O}^s = \frac{m_{K_2O}}{m_s \times 1000} \times 100 \qquad (1.7.5\text{-}7)$$

$$w_{Na_2O}^s = \frac{m_{Na_2O}}{m_s \times 1000} \times 100 \qquad (1.7.5\text{-}8)$$

$$w_{Na_2O_{eq}}^s = w_{Na_2O}^s + 0.658 w_{K_2O}^s \qquad (1.7.5\text{-}9)$$

式中　$w_{K_2O}^s$——样品中可溶性氧化钾的质量分数（%）；

　　　$w_{Na_2O}^s$——样品中可溶性氧化钠的质量分数（%）；

　　$w_{Na_2O_{eq}}^s$——样品中可溶性氧化钠当量的质量分数，即样品的可溶性碱含量（%）。

（4）样品中氧化钠当量质量分数的检测值应以 3 次测试结果的平均值表示。

（5）单位体积中混凝土中可溶性碱含量应按下式计算：

$$m_{a,s} = \frac{\rho(m_{cor} - m_c)}{m_{cor}} \times \bar{w}_{Na_2O,eq} \qquad (1.7.5\text{-}10)$$

式中　$m_{a,s}$——单位体积混凝土中的可溶性碱含量（kg）。

4. 取样检验碱骨料反应的危害性

1）当混凝土碱含量检测值超过相应规范要求时，应采取检验骨料碱活性或检验试件膨胀率的方法检验是否存在碱骨料反应引起的潜在危害。

2）混凝土中骨料碱活性可按下列步骤进行检验：

（1）将钻取的芯样破碎后，挑出石子；

（2）将 3 个芯样的石子充分混合后破碎，用筛筛取 0.15 ~ 0.63mm 的部分作试验用料；

（3）按现行行业标准《普通混凝土用砂、石质量及检验方法标准》JGJ 52—2006 的有关规定检验骨料的膨胀率；

（4）当骨料膨胀值小于 0.1% 时，可判定受检混凝土中骨料的膨胀率符合检验标准的要求；

（5）当骨料膨胀值不小于 0.1% 时，可取样检验试件膨胀率。

3）试件膨胀率检验法的取样及试样的加工应符合下列规定：

（1）从受检区域随机钻取直径不小于 75mm 的芯样，芯样的长度不应小于 275mm，芯样数量不应少于 3 个；

（2）将无明显缺陷的芯样加工成长度为（275 ± 3）mm 的试样，并应在端面安装直径为 5 ~ 7mm、长度为 25mm 的不锈钢测头。

4）试件膨胀率应按下列规定检验：

（1）应按现行国家标准《混凝土长期性能和耐久性能试验方法标准》GB/T 50082—2024 的有关规定进行检验。

（2）单个试件的膨胀率可按下式计算：

$$\varepsilon_t = (L_t - L_0)/(L_0 - 2\Delta)\times100 \tag{1.7.5-11}$$

式中　ε_t ——试件在 t_d 的膨胀率，精确至 0.001%；

　　　L_t ——试件在 t_d 的长度（mm）；

　　　L_0 ——试件的基准长度（mm）；

　　　Δ ——测头长度（mm）。

（3）可以 3 个试件膨胀率的算术平均值作为该测试期的膨胀率检测值。

（4）每次检测时，应观察试件开裂、变形、渗出物和反应生成物及变化情况。

5）当检验周期超过 52 周且膨胀率小于 0.04% 时，可停止检验并判定受检混凝土未见碱骨料反应的潜在危害。

6）当出现下列情况之一且检验周期不超过 52 周时，可停止检验并判定受检混凝土存在碱骨料反应所引起的潜在危害：

（1）混凝土试件膨胀率超过 0.04%；

（2）混凝土试件开裂或反应生成物大量增加。

5. 取样检验游离氧化钙的危害性

1）当安定性存在疑问的水泥用于混凝土结构后或混凝土外观质量检查发现可能存在游离氧化钙不良影响时，可采取取样检验的方法检验是否存在游离氧化钙引起的潜在危害。

2）检验所用试件的制备应符合下列规定：

（1）按约定抽样方法在怀疑区域钻取混凝土芯样，芯样的直径为 70 ~ 100mm，同一部位同时钻取两个芯样，同一受检区域应取得上述混凝土芯样三组；

（2）在每个芯样上截取一个无外观缺陷、厚度为 10mm 的薄片试件，同时将芯样加工成高径比为 1.0 的抗压试件，抗压试件不应存在钢筋或明显的外观缺陷。

3）试件的检测应符合下列规定：

（1）将所有薄片和取自同一部位的 2 个抗压试件中的 1 个放入沸煮箱的试架上进行沸煮，调整好沸煮箱内的水位，使能保证在整个沸煮过程中都超过试件，不需要中途添补试验用水，同时又能保证在（30 ± 5）min 内升至沸腾；将试样放在沸煮箱的试架上，在（30 ± 5）min 内加热至沸，恒沸 6h，关闭沸煮箱自然降至室温；

（2）对沸煮过的试件进行外观检查；

（3）将沸煮过的抗压试件晾置 3d，并与对应的未沸煮的抗压试件同时进行抗压强度测试；

（4）每组试件抗压强度变化率和所有试件抗压强度变化率的平均值应按下列公式计算：

$$\xi_{cor,i} = \left(f_{cor,i}^* - f_{cor,i} \right) \big/ f_{cor,i}^* \times 100 \qquad (1.7.5\text{-}12)$$

$$\xi_{cor,m} = \frac{1}{3} \sum_{i=1}^{3} \xi_{cor,i} \qquad (1.7.5\text{-}13)$$

式中　$\xi_{cor,i}$ ——第 i 组试件抗压强度变化率（%）；

　　$f_{cor,i}$ ——第 i 组沸煮试件抗压强度（MPa）；

　　$f_{cor,i}^*$ ——第 i 组未沸煮芯样试件抗压强度（MPa）；

　　$\xi_{cor,m}$ ——试件抗压强度变化率的平均值（%）。

4）当出现下列情况之一时，可判定游离氧化钙对混凝土质量有潜在危害：

（1）有两个或两个以上沸煮试件（包括薄片试件和芯样试件）出现开裂、疏松或崩溃等现象。

（2）试件抗压强度变化率的平均值大于 30%。

（3）仅有一个薄片试件出现开裂、疏松或崩溃等现象，并有一组试件抗压强度变化率大于 30%。

1.7.6　构件损伤检测

1. 一般规定

1）混凝土构件的损伤可分为火灾损伤、环境作用损伤和偶然作用损伤等。

2）混凝土构件的损伤检测应在损伤原因识别的基础上，根据损伤程度选择检测项目和相应的检测方法。

3）对损伤结构进行全面检测前，应检查可能出现的结构坍塌、构件或配件脱落等安全隐患，并应对检测现场可能存在的有毒、有害物质等进行调查。

4）对于碰撞等偶然作用造成的局部损伤，可记录损伤的位置与损伤的程度。

5）混凝土构件的受损伤影响层厚度可按《混凝土结构现场检测技术标准》GB/T 50784—2013 附录 F、附录 G 的有关规定进行检测。

2. 火灾损伤检测

1）混凝土结构的火灾损伤检测，应通过全面的外观检查将损伤识别为下列五种状态：未受火灾影响；表面或表层性能劣化；构件损伤；构件破坏；局部坍塌。

2）未受火灾影响状态的识别特征应为装饰层完好或仅出现被熏黑现象。对该状态的区域可选取少量构件进行混凝土强度、构件尺寸和构件钢筋配置情况的抽查。

3）表面或表层性能劣化状态的识别特征应为装饰层脱落、构件混凝土被熏黑或混凝土表面颜色改变。

4）对表面或表层性能劣化状态的区域，除应按《混凝土结构现场检测技术标准》GB/T 50784—2013 第 10.2.2 条进行检测外，宜进行下列专项的检测：受影响层厚度；可能存在的空鼓区域；受影响层的混凝土力学性能。

5）对构件损伤状态的识别特征应为混凝土出现龟裂、剥落、钢筋外露等，但构件不应有超过有关规范限值的位移与变形。

6）对构件损伤状态的区域除进行适量的常规检测外，宜进行下列项目的专项检测：

（1）逐个记录损伤的位置或面积；

（2）逐个检测损伤的程度，检测裂缝的宽度或深度，检测混凝土损伤层的厚度；

（3）检测损伤层混凝土力学性能；

（4）取样检测钢筋力学性能；

（5）梁板类构件可能存在的挠度和墙柱类构件可能存在的倾斜。

7）构件破坏状态的识别特征应为梁板类构件产生明显不可恢复性变形、严重开裂，墙柱类构件产生明显的倾斜和梁柱节点出现位移或破坏。

8）对构件破坏状态的区域应对构件逐个予以说明并取得现场的影像资料，检测构件的位移或变形。

9）对于已坍塌部分，可进行范围的描述并取得现场情况的影像资料。

10）对于难以现场检测的性能参数时，评估火场温度对其的影响，可采取模拟试验的方法。

3. 环境作用损伤检测

1）遇到下列情况之一时，可对环境作用造成的构件损伤进行检测：

（1）硬化混凝土遭受冻融影响；

（2）新拌混凝土遭受冻害影响；

（3）硫酸盐侵蚀的环境；

（4）高温、高湿环境；

（5）造成钢筋锈蚀的一般环境和氯盐侵蚀环境；

（6）化学物质影响环境；

（7）生物侵蚀环境；

（8）气蚀和磨损条件。

2）环境作用损伤的检测，应通过外观检查将其识别成下列四种状态：

（1）未见材料性能劣化；

（2）存在材料性能劣化；

（3）出现构件损伤；

（4）构件结构性能受到严重影响。

3）现场检查时，宜以下列现象或状况作为未见构件材料性能劣化状态的识别依据：

（1）建筑装饰层完好无损；

（2）构件抹灰层完好无损；

（3）构件混凝土暴露但不存在遭受环境作用的条件。

4）现场检查时宜以下列现象或状况作为存在材料性能劣化状态的识别依据：

（1）构件混凝土暴露在室外环境中且使用年数较长；

（2）构件混凝土暴露在室外环境中且有附着的生物；

（3）构件浸泡在水中；

（4）出现渗水的构件；

（5）直接与土接触的部分；

（6）直接暴露在水流或高速气流的部分；

（7）直接暴露在侵蚀性气体或液体中的构件；

（8）受到摩擦影响的表面；

（9）冬期施工且未采取蓄热养护措施构件的表层。

5）对存在材料性能劣化状态区域的检测应包括下列项目：

（1）外观状态检查；

（2）性能受影响层厚度检测；

（3）影响层混凝土力学性能检测。

6）当需要推定碳化等造成的材料性能劣化区域剩余使用年限时，可按《混凝土结构现场检测技术标准》GB/T 50784—2013 第 11 章进行检验。

7）现场检查时，宜以下列现象或状况作为出现损伤构件状态的识别依据，出现损伤的构件应评定为达耐久性极限状态的构件。

（1）构件出现裂缝，包括顺筋裂缝、贯通断面裂缝和表面裂纹和龟裂；

（2）混凝土保护层脱落；

（3）构件混凝土出现起砂现象；

（4）构件混凝土水泥石脱落；

（5）裸露的钢筋出现锈蚀现象。

8）出现损伤构件的检测项目宜包括损伤的面积、深度和位置，必要时应提出进行构件承载力评定的建议。

9）现场检查时，宜以下列现象或状况作为构件结构性能受到严重影响状态的识别依据；对于受到严重影响的构件，应建议进行构件承载力评定：

（1）混凝土大面积剥落；

（2）钢筋明显锈蚀；

（3）构件出现明显的不可恢复性变形。

10）对于受到严重影响的构件，宜进行下列项目的检测：

（1）钢筋锈蚀量及锈蚀钢筋的力学性能；

（2）混凝土损伤深度、面积与位置；

（3）构件变形的检测。

1.7.7　结构构件性能检测

1. 一般规定

1）结构构件性能检验可分为静载检验和动力测试。

2）结构构件性能检验时，应根据现场调查、检测和计算分析的结果，预测检验过程中结构的性能，并应考虑相邻的结构构件、组件或整个结构之间的影响。

3）现场批量生产的预制构件结构性能检验应符合现行国家标准《混凝土结构工程施工质量验收规范》GB 50204—2015 的有关规定。

2. 静载检验

1）静载检验可分为结构构件的适用性检验、安全性检验和承载力检验。

2）静载检验构件应按约定抽样原则从结构实体中选取，选取时应综合考虑下列因素：

（1）该构件计算受力最不利；

（2）该构件施工质量较差、缺陷较多或病害及损伤较严重；

（3）便于搭设脚手架，设置测点或实施加载。

3）静载检验所用仪器仪表的精度要求、安装调试以及数据的测读和记录，应符合现行国家标准《混凝土结构试验方法标准》GB/T 50152—2012 的有关规定。

4）静载检验所用荷载和加载图式应符合计算简图；当采用等效荷载时，应对等效荷载产生的差别作适当修正。

5）确定检验荷载应符合下列规定：

（1）结构构件适用性检验荷载应根据结构构件正常使用极限状态荷载短期效应组合的设计值和加载图式经换算确定。荷载短期效应组合的设计值应按现行国家标准《建筑结构荷载规范》GB 50009—2012 的有关规定计算确定，或由设计文件提供。

（2）结构构件安全性检验荷载应根据结构构件承载能力极限状态荷载效应组合的设计值和加载图式经换算确定。荷载效应组合的设计值应按现行国家标准《建筑结构荷载规范》GB 50009—2012 的有关规定计算确定，或由设计文件提供。

（3）结构构件承载力检验荷载应根据结构构件承载能力极限状态荷载效应组合的设计值、加载图式和承载力检验标志经换算确定。

（4）当设计有专门要求时，宜采用设计要求的检验荷载值。

6）静载检验应选择下列基本观测项目进行观测：

（1）构件的最大挠度；

（2）支座处的位移；

（3）控制截面应变；

（4）裂缝的出现与扩展情况。

7）进行结构构件适用性检验时，尚应根据委托方的要求选择下列参数进行观测：

（1）装饰装修层的应变；

（2）管线位移和变形；

（3）设备的相对位移及运行情况。

8）检验荷载应分级施加，每级荷载、累积荷载及其作用下观测数据的数值应通过计算分析确定。

9）静载检验时，可选择下列指标作为停止加载工作的标志：

（1）控制测点变形达到或超过规范允许值；

（2）控制测点应变达到或超过计算理论值；

（3）出现裂缝或裂缝宽度超过规范允许值；

（4）出现检验标志；

（5）检验荷载超过计算值。

10）每级荷载施加后应稳定测读相应的测试数据并及时与计算值进行比较，观察构件、支承的表面情况，必要时应观察相邻构件、附属设备与设施等的状态变化。当出现《混凝土结构现场检测技术标准》GB/T 50784—2013 第 12.2.9 条的现象时，可停止加载。

11）全部荷载加完后或停止加载工作后应进行下列工作：

（1）应分级卸载，测读数据，观察并记录构件表面情况；

（2）卸除全部荷载并达到变形恢复持续时间后，应再次测读数据，观察并记录表面情况。

12）当按现行国家标准《混凝土结构设计标准》GB/T 50010—2010 规定的挠度允许值进行检验时，挠度数据整理应符合下列规定：

（1）消除支座沉降影响后实测的跨中最大挠度应按下式计算：

$$a_q^0 = \mu_m^0 - \frac{\mu_l^0 + \mu_r^0}{2} \qquad （1.7.7\text{-}1）$$

式中　　a_q^0——消除支座沉降影响后实测的跨中最大挠度；

　　　　μ_l^0——左端支座的沉降位移实测值；

μ_r^0——右端支座的沉降位移实测值；

μ_m^0——包括支座沉降在内的跨中挠度实测值。

（2）考虑自重等修正后的跨中最大挠度可按下式计算：

$$a_s^0 = (a_q^0 + a_g^c)\psi \qquad （1.7.7\text{-}2）$$

式中　a_s^0——考虑自重等修正后的跨中最大挠度；

　　　a_g^c——构件自重和加载设备重产生的跨中挠度值；

　　　ψ——用等效集中荷载代替均布荷载时的修正系数。

（3）考虑自重等修正后的跨中最大挠度可按下式计算：

$$a_g^0 = \frac{M_g}{M_b} a_b^0 \qquad （1.7.7\text{-}3）$$

式中　M_g——构件自重和加载设备重产生的跨中弯矩值；

　M_b、a_b^0——从外加荷载开始至弯矩—挠度曲线出现拐点的前级荷载产生的跨中弯矩值和跨中挠度实测值。

（4）构件长期挠度可按下式计算：

$$a_l^0 = \frac{M_l(\theta - 1) + M_s}{M_s} \qquad （1.7.7\text{-}4）$$

式中　a_l^0——构件长期挠度值；

　　　M_l——按荷载长期效应组合计算的弯矩值；

　　　M_s——按荷载短期效应组合计算的弯矩值；

　　　θ——考虑荷载长期效应组合对挠度增大的影响系数。

（5）确定受弯构件的弹性挠度曲线，可采用有限差分法，此时测点数目不应少于5个。

13）静载检验检测报告除应满足《混凝土结构现场检测技术标准》GB/T 50784—2013 第 3.5.3 条要求外，还应提供下列内容：

（1）检验过程描述；

（2）测点布置、荷载简图；

（3）主要测点相对残余变形；

（4）主要测点实测变形与荷载的关系曲线；

（5）主要测点实测变形与相应的理论计算值的对照表及关系曲线。

14）静载检验结果可按下列规定进行评定：

（1）在构件适用性检验荷载作用下，经修正后的实测挠度值和裂缝宽度不应大于现行国家标准《混凝土结构设计标准》GB/T 50010—2010 等相关设计规范要求的限值、附属设备、设施未出现影响正常使用的状态。此时，受检构件适用性可评定为满足要求。

（2）在构件安全性检验荷载作用下，当受检构件无明显破坏迹象，实测挠度值满足实测挠度值小于相应的理论计算值、实测挠度与荷载基本保持线性关系、构件残余挠度不大于最大挠度的 20% 时，可评定受检构件安全性满足要求。

15）结构构件承载力的荷载检验应按下列规定进行：

（1）宜将受检构件从结构中移出，在场地附近按现行国家标准《混凝土结构工程施工质量验收规范》GB 50204—2015 的有关规定进行检验。

（2）确有把握时，构件承载力的检验可在原位进行，完成检验目标后应迅速卸载。

（3）构件极限状态承载能力荷载检验停止加载或合格性判定指标，应按现行国家标准《混凝土结构试验方法标准》GB/T 50152—2012 中相应承载力极限状态的标志确定。

3. 动力测试

1）动力测试可适用于结构动力特性测试和结构动力反应的检测。

2）结构动力特性测试宜选用脉动试验法，在满足测试要求的前提下，也可选用初位移等其他激振方法。

3）混凝土结构动力反应宜选用可稳定再现的动荷载作为检验荷载。当需要确定基桩施工、设备运行等非标准动荷载作用下的动力反应时，应对该动荷载的再现性进行约定。

4）动力测试的测试系统，可采用电磁式测试系统、压电式测试系统、电阻应变式测试系统或光电式测试系统。在选择测试系统时，应注意选择测振仪器的技术指标，使传感器、放大器、记录装置组成的测试系统的灵敏度、动态范围、幅频特性和幅值范围等技术指标满足被测结构动力特性范围的要求。

5）动力测试前，应对测试系统的灵敏度、幅频特性、相频特性线性度等进行标定，标定宜采用系统标定。

6）结构动力特性测试时，测点布置应结合混凝土结构形式综合确定，并宜避开振型的节点。

7）检测结构振型时，可选用下列方法：

（1）在所要检测混凝土结构振型的峰、谷点上布设测振传感器，用放大特性相同的多路放大器和记录特性相同的多路记录仪，同时测记各测点的振动响应信号。

（2）将结构分成若干段，选择某一分界点作为参考点，在参考点和各分界点分别布设测振传感器（拾振器），用放大特性相同的多路放大器和记录特性相同的多路记录仪，同时测记各测点的振动响应信号。

8）结构动力特性测试的数据处理，应符合下列规定：

（1）时域数据处理：对记录的测试数据应进行零点漂移、记录波形和记录长度的检验；被测试结构的自振周期，可在记录曲线上比较规则的波形段内取有限个周期的平均值；被测试结构的阻尼比，可按自由衰减曲线求取；在采用稳态正弦波激振时，可根据实测的共振曲线采用半功率点法求取；被测试结构各测点的幅值，应采用记录信号幅值除以测试系统的增益，并应按此求得振型。

（2）频域数据处理：对频域中的数据应采用滤波、零均值化方法进行处理；被测试结构的自振频率，可采用自谱分析或傅里叶谱分析方法求取；被测试结构的阻尼比，宜采用自相关函数分析、曲线拟合法或半功率点法确定；被测试结构的振型，宜采用白谱分析、互谱分析或传递函数分析方法确定；对于复杂结构的测试数据，宜采用谱分析、相关分析或传递函数分析等方法进行分析。

1.8 砌体结构现场调查与检测

在我国既有建筑中，砌体结构房屋占有很大比重，在安全性鉴定、可靠性鉴定、抗震鉴定时，往往需要进行现场检测。砌体结构的现场检测可分为砌筑块材、砌筑砂浆、砌体强度、砌筑质量与构造以及损伤与变形等项目。本节主要依据《砌体结构现场检测技术标准》GB/T 50315—2011、《建筑结构检测技术标准》GB/T 50344—2019 的规定，介绍了常用的一些检测内容，适用于砌体工程中砖砌体、砌筑砂浆和砌筑块材的现场检测和强度推定。

1.8.1 砌筑块材强度检测

1. 回弹法检测普通烧结砖抗压强度

烧结砖回弹法采用专用回弹仪检测烧结普通砖或烧结多孔砖表面的硬度，根据回弹值推定其抗压强度的方法；属原位无损检测，测区选择不受限制；回弹仪有定型产品，性能较稳定，操作简便；检测部位的装修面层仅局部损伤。本标准所给出的全国统一检测强度曲线可用于强度为 6~30MPa 的烧结普通砖和烧结多孔砖的检测；当超出《砌体结构现场检测技术标准》GB/T 50315—2011 全国统一检测强度曲线的检测强度范围时，应进行验证后使用，或制定专用曲线。

回弹法检测烧结砖抗压强度应符合下列规定：

1）烧结砖回弹法适用于推定烧结普通砖砌体或烧结多孔砖砌体中砖的抗压强度，不适用于推定表面已风化或遭受冻害、环境侵蚀的烧结普通砖砌体或烧结多孔砖砌体中砖的抗压强度。检测时，应用回弹仪测试砖表面硬度，并应将砖回弹值换算成砖抗压强度。

2）每个检测单元中应随机选择 10 个测区。每个测区的面积不宜小于 $1.0m^2$，应在其中随机选择 10 块条面向外的砖作为 10 个测位供回弹测试。选择的砖与砖墙边缘的距离应大于 250mm。

3）烧结砖回弹法的测试设备，宜采用示值系统为指针直读式的砖回弹仪。

砖回弹仪的主要技术性能指标，应符合表 1.8-1 的要求。

砖回弹仪主要技术性能指标　　　　　　　　　　　　　　表 1.8-1

项目	指标
标称动能（J）	0.735
指针摩擦力（N）	0.5 ± 0.1
弹击杆端部球面半径（mm）	25 ± 1.0
钢砧率定值（R）	74 ± 2

由于回弹仪在使用过程中，因检修、零件松动、拉簧疲劳、遭受撞击等都可能改变其标准状态，因而应做好砖回弹仪的检定和保养，定期由专业检定单位对仪器进行检定。

4）砖回弹仪在工程检测前后，均应在钢砧上进行率定测试。

5）被检测砖应为外观质量合格的完整砖。受潮或被雨淋湿后的砖进行回弹，回弹值会降低；且被检测砖平整、清洁与否，对回弹值亦有较大的影响。故砖的条面应干燥、清洁、平整，不应有饰面层、粉刷层。必要时，可用砂轮清除表面的杂物，并应磨平测面，同时应用毛刷刷去粉尘。在每块砖的测面上应均匀布置 5 个弹击点。选定弹击点时，应避开砖表面的缺陷。相邻两弹击点的间距不应小于 20mm，弹击点离砖边缘不应小于 20mm，每一弹击点应只能弹击一次，回弹值读数应估读至 1。测试时，回弹仪应处于水平状态，其轴线应垂直于砖的测面。

6）单个测位的回弹值，应取 5 个弹击点回弹值的平均值。第 i 测区第 j 个测位的抗压强度换算值，应按下列公式计算：

（1）烧结普通砖：

$$f_{1ij} = 2 \times 10^{-2} R^2 - 0.45R + 1.25 \tag{1.8.1-1}$$

（2）烧结多孔砖：

$$f_{1ij} = 1.70 \times 10^{-3} R^{2.48} \tag{1.8.1-2}$$

式中　f_{1ij}——第 i 测区第 j 个测位的抗压强度换算值（MPa）；

　　　R——第 i 测区第 j 个测位的平均回弹值。

7）测区的砖抗压强度平均值，应按下式计算：

$$f_{1i} = \frac{1}{10} \sum_{j=1}^{n_1} f_{1ij} \tag{1.8.1-3}$$

8）检测数据中的歧离值和统计离群值，应按现行国家标准《数据的统计处理和解释　正态样本离群值的判断和处理》GB/T 4883—2008 中有关格拉布斯检验法或狄克逊检验法检出和剔除。检出水平 α 应取 0.05，剔除水平 α 应取 0.01；不得随意舍去歧离值，从技术或物理上找到产生离群原因时，应予剔除；未找到技术或物理上的原因时，则不应剔除。

9）本检测方法给出每个测点的检检测强度度值 f_{ij}，以及每一测区的强度平均值 f_i，并应以测区强度平均值 f_i 作为代表值。每一检测单元的强度平均值、标准差和变异系数，应按下列公式计算：

$$f_{1.m} = \frac{1}{n_2} \sum_{i=1}^{n_2} f_{1i} \tag{1.8.1-4}$$

$$s = \sqrt{\frac{\sum_{i=1}^{n_2} (f_{1.m} - f_{1i})^2}{n_2 - 1}} \tag{1.8.1-5}$$

$$\delta = \frac{s}{f_{1.m}} \tag{1.8.1-6}$$

式中　$f_{1.m}$——同一检测单元的检测烧结砖抗压强度强度平均值（MPa）；

　　　n_2——同一检测单元的测区数；

　　　f_{1i}——测区的强度代表值（MPa）；

　　　s——同一检测单元，按 n_2 个测区计算的强度标准差（MPa）；

　　　δ——同一检测单元的强度变异系数。

10）既有砌体工程，当采用回弹法检测烧结砖抗压强度时，每一检测单元的砖抗压强度等级，应符合下列要求：

当变异系数 $\delta \leqslant 0.21$ 时，应按表 1.8-2、表 1.8-3 中抗压强度平均值 $f_{1.m}$、抗压强度标准值 f_{1k} 推定每一检测单元的砖抗压强度等级。当变异系数 $\delta > 0.21$ 时，应按表 1.8-2、表 1.8-3 中抗压强度平均值 $f_{1.m}$、以测区为单位统计的抗压强度最小值 $f_{1.min}$ 推定每一测区的砖抗压强度等级。每一检测单元的砖抗压强度标准值，应按下式计算：

$$f_{1k} = f_{1.m} - 1.8s \tag{1.8.1-7}$$

式中　f_{1k}——同一检测单元的砖抗压强度标准值（MPa）。

烧结普通砖抗压强度等级的推定　　　　　　　　　　　表 1.8-2

抗压强度推定等级	抗压强度平均值 $f_{1.m} \geqslant$	变异系数 $\delta \leqslant 0.21$	变异系数 $\delta > 0.21$
		抗压强度标准值 $f_{1k} \geqslant$	抗压强度的最小值 $f_{1.min} \geqslant$
MU25	25.0	18.0	22.0
MU20	20.0	14.0	16.0

续表

抗压强度推定等级	抗压强度平均值 $f_{1.m} \geqslant$	变异系数 $\delta \leqslant 0.21$	变异系数 $\delta > 0.21$
		抗压强度标准值 $f_{1k} \geqslant$	抗压强度的最小值 $f_{1.min} \geqslant$
MU15	15.0	10.0	12.0
MU10	10.0	6.5	7.5
MU7.5	7.5	5.0	5.5

烧结多孔砖抗压强度等级的推定 表 1.8-3

抗压强度推定等级	抗压强度平均值 $f_{1.m} \geqslant$	变异系数 $\delta \leqslant 0.21$	变异系数 $\delta > 0.21$
		抗压强度标准值 $f_{1k} \geqslant$	抗压强度的最小值 $f_{1.min} \geqslant$
MU30	30.0	22.0	25.0
MU25	25.0	18.0	22.0
MU20	20.0	14.0	16.0
MU15	15.0	10.0	12.0
MU10	10.0	6.5	7.5

2. 混凝土砌块等砌筑块材的强度检测

混凝土砌块、非烧结砖等砌筑块材的强度检测，应以现场取样后试验室检测为主，辅以回弹法普查检测材料的均质性。

1.8.2 砌筑砂浆强度检测

砌体工程检测砌筑砂浆强度的现场检测方法，可采用推出法、筒压法、砂浆片剪切法、砂浆回弹法、点荷法、砂浆片局压法。

1. 推出法

推出法是采用推出仪从墙体上水平推出单块丁砖，测得水平推力及推出砖下的砂浆饱满度，以此推定砌筑砂浆抗压强度的方法。其属原位检测，直接在墙体上测试，检测结果综合反映了材料质量和施工质量；设备较轻便；检测部位局部破损；适用于检测 240mm 厚烧结普通砖、烧结多孔砖、蒸压灰砂砖或蒸压粉煤灰砖墙体的砂浆强度；当水平灰缝的砂浆饱满度低于 65% 时，不宜选用。所测砂浆的强度宜为 1 ~ 15MPa。

1）推出法检测时，应将推出仪安放在墙体的孔洞内。推出仪应由钢制部件、传感器、推出力峰值测定仪等组成。

2）选择测点应符合下列要求：测点宜均匀布置在墙上，并应避开施工中的预留洞口。被推丁砖的承压面可采用砂轮磨平，并应清理干净。被推丁砖下的水平灰缝厚度应为 8 ~ 12mm。测试前，被推丁砖应编号并详细记录墙体的外观情况。

3）推出仪的主要技术指标应符合表 1.8-4 的要求。

推出仪的主要技术指标 表 1.8-4

项目	指标	项目	指标
额定推力（kN）	30	额定行程（mm）	80
相对测量范围（%）	20~80	示值相对误差（%）	±3

4）力值显示仪器或仪表应符合下列要求：最小分辨值应为 0.05kN，力值范围应为 0~30kN。应具有测力峰值保持功能。仪器读数显示应稳定，在 4h 内的读数漂移应小于 0.05kN。

5）取出被推丁砖上部的两块顺砖（图 1.8-1），应符合下列要求：应使用冲击钻在图 1.8-1 所示 A 点打出约 40mm 的孔洞。应使用锯条自 A 点至 B 点锯开灰缝。应将扁铲打入上一层灰缝，并取出两块顺砖。应使用锯条锯切被推砖两侧的竖向灰缝，并且直至下皮砖顶面。开洞及清缝时，不得扰动被推丁砖。

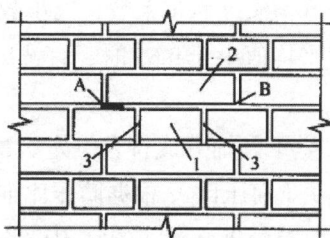

图 1.8-1 试件加工步骤示意

1—被推丁砖；2—被取出的两块顺砖；3—掏空的竖缝

6）安装推出仪，应使用钢尺测量前梁两端与墙面距离，误差应小于 3mm。传感器的作用点，在水平方向应位于被推丁砖中间；铅垂方向距被推丁砖下表面之上的距离，普通砖应为 15mm，多孔砖应为 40mm。旋转加荷螺杆对试件施加荷载时，加荷速度宜控制在 5kN/min。当被推丁砖和砌体之间发生相对位移时，应认定试件达到破坏状态，并应记录推出力。取下被推丁砖时，应使用百格网测试砂浆饱满度。

7）单个测区的推出力平均值，应按下式计算：

$$N_i = \xi_{2i} \frac{1}{n_1} \sum_{j=1}^{n_1} N_{ij} \tag{1.8.2-1}$$

式中 N_i ——第 i 个测区的推出力平均值（kN），精确至 0.01kN；

　　　N_{ij} ——第 i 个测区第 j 块测试砖的推出力峰值（kN）；

　　　ξ_{2i} ——砖品种的修正系数，对烧结普通砖和烧结多孔砖，取 1.00；对蒸压灰砂砖或蒸压粉煤灰砖，取 1.14。

8）测区的砂浆饱满度平均值，应按下式计算：

$$B_i = \frac{1}{n_1}\sum_{j=1}^{n_1} B_{ij}$$　　　　　　　（1.8.2-2）

式中　B_i——第 i 个测区的砂浆饱满度平均值，以小数计；

　　　B_{ij}——第 i 个测区第 j 块测试砖下的砂浆饱满度实测值，以小数计。

9）当测区的砂浆饱满度平均值不小于 0.65 时，测区的砂浆强度平均值，应按下列公式计算：

$$f_{2i} = 0.30(\frac{N_i}{\xi_{3i}})^{1.19}$$　　　　　　　（1.8.2-3）

$$\xi_{3i} = 0.45B_i^2 + 0.90B_i$$　　　　　　　（1.8.2-4）

式中　f_{2i}——第 i 个测区的砂浆强度平均值（MPa）；

　　　ξ_{3i}——推出法的砂浆强度饱满度修正系数，以小数计。

10）当测区的砂浆饱满度平均值小于 0.65 时，宜选用其他方法推定砂浆强度。

2. 筒压法

筒压法将取样砂浆破碎、烘干并筛分成符合一定级配要求的颗粒，装入承压筒并施加筒压荷载，检测其破损程度（筒压比），根据筒压比推定砌筑砂浆抗压强度的方法。其属取样检测；仅需要利用一般混凝土试验室的常用设备；取样部位局部损伤；适用于推定烧结普通砖或烧结多孔砖砌体中砌筑砂浆的强度，不适用于推定高温、长期浸水、遭受火灾、环境侵蚀等砌筑砂浆的强度。所测砂浆品种应包括中砂、细砂配制的水泥砂浆，特细砂配制的水泥砂浆，中砂、细砂配制的水泥石灰混合砂浆，中砂、细砂配制的水泥粉煤灰砂浆，石灰石质石粉砂与中砂、细砂混合配制的水泥石灰混合砂浆和水泥砂浆。所测砂浆强度范围应为 2.5～20MPa。

1）承压筒可用普通碳素钢或合金钢制作，也可用测定轻骨料筒压强度的承压筒代替。水泥跳桌技术指标，应符合现行国家标准《水泥胶砂流动度测定方法》GB/T 2419—2005 的有关规定。其他设备和仪器应包括 50～100kN 的压力试验机或万能试验机；砂摇筛机；干燥箱；孔径为 5mm、10mm、15mm（或边长为 4.75mm、9.5mm、16mm）的标准砂石筛（包括筛盖和底盘）；称量为 1kg、感量为 0.1g 的托盘天平。

2）在每一测区，应从距墙表面 20mm 以里的水平灰缝中凿取砂浆约 4000g，砂浆片（块）的最小厚度不得小于 5mm。各个测区的砂浆样品应分别放置并编号，不得混淆。

3）使用手锤击碎样品时，应筛取 5～15mm 的砂浆颗粒约 3kg，在（105±5）℃的温度下烘干至恒重，并待冷却至室温后备用。

4）每次应取烘干样品约 1kg，置于孔径 5mm、10mm、15mm（或边长 4.75mm、9.5mm、16mm）标准筛所组成的套筛中，机械摇筛 2min 或手工摇筛 1.5min；应称取粒级 5～10mm（4.75～9.5mm）和 10～15mm（9.5～16mm）的砂浆颗粒各 250g，混

合均匀后作为一个试样；应制备三个试样。

5）每个试样应分两次装入承压筒。每次宜装 1/2，应在水泥跳桌上跳振 5 次。第二次装料并跳振后，应整平表面。无水泥跳桌时，可按砂、石紧密体积密度的测试方法颠击密实。

6）将装试样的承压筒置于试验机上时，应再次检查承压筒内的砂浆试样表面是否平整，稍有不平时，应整平；应盖上承压盖，并应按 0.5～1.0kN/s 加荷速度或 20～40s 内均匀加荷至规定的筒压荷载值后，立即卸荷。不同品种砂浆的筒压荷载值，应符合下列要求：

（1）水泥砂浆、石粉砂浆应为 20kN；

（2）特细砂水泥砂浆应为 10kN；

（3）水泥石灰混合砂浆、粉煤灰砂浆应为 10kN。

7）施加荷载过程中，出现承压盖倾斜状况时，应立即停止测试，并检查承压盖是否受损（变形），以及承压筒内砂浆试样表面是否平整。出现承压盖受损（变形）情况时，应更换承压盖并重新制备试样。

8）将施压后的试样倒入由孔径 5（4.75）mm 和 10（9.5）mm 标准筛组成的套筛中时，应装入摇筛机摇筛 2min 或人工摇筛 1.5min，并筛至每隔 5s 的筛出量基本相符。

9）应称量各筛筛余试样的质量，并精确至 0.1g。各筛的分计筛余量和底盘剩余量的总和，与筛分前的试样质量相比，相对差值不得超过试样质量的 0.5%；当超过时，应重新进行测试。

10）标准试样的筒压比，应按下式计算：

$$\eta_{ij} = \frac{t_1 + t_2}{t_1 + t_2 + t_3} \tag{1.8.2-5}$$

式中　　　η_{ij}——第 i 个测区中第 j 个试样的筒压比，以小数计；

$t_1 + t_2 + t_3$——分别为孔径 5（4.75）mm、10（9.5）mm 筛的分计筛余量和底盘中剩余量（g）。

11）测区的砂浆筒压比，应按下式计算：

$$\eta_i = \frac{1}{3}(\eta_{i1} + \eta_{i2} + \eta_{i3}) \tag{1.8.2-6}$$

式中　　　η_i——第 i 个测区的砂浆筒压比平均值，以小数计，精确至 0.01；

$\eta_{i1} + \eta_{i2} + \eta_{i3}$——分别为第 i 个测区三个标准砂浆试样的筒压比。

12）测区的砂浆强度平均值应按下列公式计算：

水泥砂浆：$f_{2i} = 34.58\eta_i^{2.06}$ (1.8.2-7)

特细砂水泥砂浆：$f_{2i} = 21.36\eta_i^{3.07}$ (1.8.2-8)

水泥石灰混合砂浆：$f_{2i} = 6.0\eta_i + 11.0\eta_i^{2.0}$ (1.8.2-9)

粉煤灰砂浆：$f_{2i} = 2.52 - 9.40\eta_i + 32.80\eta_i^{2.0}$ （1.8.2-10）

石粉砂浆：$f_{2i} = 2.70 - 13.90\eta_i + 44.90\eta_i^{2.0}$ （1.8.2-11）

3. 砂浆片剪切法

砂浆片剪切法采用砂浆检测强度仪检测砂浆片的抗剪强度，以此推定砌筑砂浆抗压强度的方法；属取样检测；专用的砂浆检测强度仪及其标定仪，较为轻便；测试工作较简便；取样部位局部损伤；适用于检测烧结普通砖和烧结多孔砖墙体中的砂浆强度。

1）从每个测点处，宜取出两个砂浆片，应一片用于检测、一片备用。

2）砂浆检测强度仪的主要技术指标应符合表 1.8-5 的要求。

砂浆检测强度仪主要技术指标　　　　　　　　　　　表 1.8-5

项目		指标
上下刀片刃口厚度（mm）		1.8 ± 0.02
上下刀片中心间距（mm）		2.2 ± 0.05
测试荷载 N_v 范围（N）		40 ~ 1400
示值相对误差（%）		± 3
刀片行程	上刀片（mm）	>30
	下刀片（mm）	>3
刀片刃口面平面度（mm）		0.02
刀片刃口棱角线直线度（mm）		0.02
刀片刃口棱角垂直度（mm）		0.02
刀片刃口硬度（HRC）		55 ~ 58

3）砂浆检测强度标定仪的主要技术指标应符合表 1.8-6 的要求。

砂浆检测强度标定仪主要技术指标　　　　　　　　　　　表 1.8-6

项目	指标
标定荷载 N_b 范围（N）	40 ~ 1400
示值相对误差（%）	± 1
N_b 作用点偏离下刀片中心线距离（mm）	± 0.2

4）制备砂浆片试件，应符合下列要求：

（1）从测点处的单块砖大面上取下的原状砂浆大片，应编号并分别放入密封袋内。

（2）一个测区的墙面尺寸宜为 0.5m × 0.5m。同一个测区的砂浆片，应加工成尺寸接近的片状体，大面、条面应均匀平整，单个试件的各向尺寸，厚度应为 7 ~ 15mm，宽度应为 15 ~ 50mm，长度应按净跨度不小于 22mm 确定。

（3）试件加工完毕，应放入密封袋内。

5）砂浆试件含水率，应与砌体正常工作时的含水率基本一致。试件呈冻结状态时，应缓慢升温解冻。

6）砂浆片试件的剪切测试，应符合下列程序：

（1）应调平砂浆检测强度仪，并使水准泡居中；

（2）应将砂浆片试件置于砂浆检测强度仪内，并用上刀片压紧；

（3）应开动砂浆检测强度仪，并对试件匀速连续施加荷载，加荷速度不宜大于10N/s，直至试件破坏。

7）试件未沿刀片刃口破坏时，此次测试应作废，应取备用试件补测。试件破坏后，应记读压力表指针读数，并换算成剪切荷载值。

8）用游标卡尺或最小刻度为0.5mm的钢板尺量测试件破坏截面尺寸时，应每个方向量测两次，并分别取平均值。

9）砂浆片试件的抗剪强度，应按下式计算：

$$\tau_{ij} = 0.95 \frac{V_{ij}}{A_{ij}} \tag{1.8.2-12}$$

式中　τ_{ij}——第 i 个测区第 j 个砂浆片试件的抗剪强度（MPa）；

　　　V_{ij}——试件的抗剪荷载值（N）；

　　　A_{ij}——试件破坏截面面积（mm^2）。

10）测区的砂浆片抗剪强度平均值，应按下式计算：

$$\tau_i = \frac{1}{n_i} \sum_{j=1}^{n_i} \tau_{ij} \tag{1.8.2-13}$$

式中　τ_i——第 i 个测区的砂浆片抗剪强度平均值（MPa）。

11）测区的砂浆抗压强度平均值，应按下式计算：

$$f_{2i} = 7.17\tau_i \tag{1.8.2-14}$$

12）当测区的砂浆抗剪强度低于0.3MPa时，应对式（1.8.2-14）的计算结果乘以表1.8-7的修正系数。

低强砂浆的修正系数				表1.8-7
z_1（MPa）	>0.30	0.25	0.20	<0.15
修正系数	1.00	0.86	0.75	0.35

4. 砂浆回弹法

砂浆回弹法是采用砂浆回弹仪检测墙体、柱中砂浆表面的硬度，根据回弹值和碳化深度推定其强度的方法。其属原位无损检测，测区选择不受限制；回弹仪有定型产品，性能较稳定，操作简便；检测部位的装修面层仅局部损伤；适用于检测烧结普通砖和烧结多孔砖墙体中的砂浆强度，砂浆强度均质性检查，不适用于砂浆强度小于 2MPa 的墙体；水平灰缝表面粗糙且难以磨平时，不得采用。检测时，应用回弹仪测试砂浆表面硬度，并用浓度为 1%～2% 的酚酞酒精溶液测试砂浆碳化深度，以回弹值和碳化深度两项指标换算为砂浆强度。

1）检测前，应宏观检查砌筑砂浆质量，水平灰缝内部的砂浆与其表面的砂浆质量基本一致。墙体水平灰缝砌筑不饱满或表面粗糙且无法磨平时，不得采用砂浆回弹法检测砂浆强度。

2）测位宜选在承重墙的可测面上，并应避开门窗洞口及预埋件等附近的墙体。墙面上每个测位的面积宜大于 $0.3m^2$。

3）砂浆回弹仪的主要技术性能指标应符合表 1.8-8 的要求，其示值系统宜为指针直读式。

砂浆回弹仪主要技术性能指标 表 1.8-8

项目	指标
标称动能（J）	0.196
指针摩擦力（N）	0.5±0.1
弹击杆端部球面半径（mm）	25±1.0
钢砧率定值（R）	74±2

砂浆回弹仪的检定和保养，应按国家现行有关回弹仪的检定标准执行。

4）砂浆回弹仪在工程检测前后，均应在钢砧上进行率定测试。

5）测位处应按下列要求进行处理：

（1）粉刷层、勾缝砂浆、污物等应清除干净。

（2）弹击点处的砂浆表面，应仔细打磨平整并除去浮灰。

（3）磨掉表面砂浆的深度应为 5～10mm，且不小于 5mm。

6）每个测位内应均匀布置 12 个弹击点。选定弹击点，应避开砖的边缘、灰缝中的气孔或松动的砂浆。相邻两弹击点的间距不应小于 20mm。在每个弹击点上，应使用回弹仪连续弹击 3 次，第 1、2 次不读数，仅记读第 3 次回弹值，回弹值读数估读至 1。测试过程中，回弹仪应始终处于水平状态，其轴线垂直于砂浆表面且不得移位。

7）在每一测位内，应选择 3 处灰缝，并采用工具在测区表面打凿出直径约 10mm 的孔洞，其深度大于砌筑砂浆的碳化深度。应清除孔洞中的粉末和碎屑，且不得用水擦洗，然后采用浓度为 1%～2% 的酚酞酒精溶液滴在孔洞内壁边缘处。当已碳化与未碳化界限清晰时，应采用碳化深度测定仪或游标卡尺测量已碳化与未碳化砂浆交界面到灰缝表面的垂直距离。

8）从每个测位的 12 个回弹值中，应分别剔除最大值、最小值，将余下的 10 个回弹值计算算术平均值，以 R 表示并精确至 0.1。每个测位的平均碳化深度，应取该测位各次测量值的算术平均值，以 d 表示并精确至 0.5mm。

9）第 i 个测区第 j 个测位的砂浆强度换算值，应根据该测位的平均回弹值和平均碳化深度值，分别按下列公式计算：

$d \leqslant 1.0mm$ 时：$f_{2ij} = 13.97 \times 10^{-5} R^{3.57}$ （1.8.2-15）

$1.0mm < d < 3.0mm$ 时：$f_{2ij} = 4.85 \times 10^{-4} R^{3.04}$ （1.8.2-16）

$d \geqslant 3.0mm$ 时：$f_{2ij} = 6.34 \times 10^{-5} R^{3.50}$ （1.8.2-17）

式中 f_{2ij} ——第 i 个测区第 j 个测位的砂浆强度值（MPa）；

d ——第 i 个测区第 j 个测位的平均碳化深度（mm）；

R ——第 i 测区第 j 个测位的平均回弹值。

10）测区的砂浆抗压强度平均值，应按下式计算：

$$f_{2i} = \frac{1}{n_1} \sum_{j=1}^{n_1} f_{2ij}$$ （1.8.2-18）

5. 点荷法

点荷法是在砂浆片的大面上施加点荷载，推定砌筑砂浆抗压强度的方法。其属取样检测；测试工作较简便；取样部位局部损伤；适用于检测烧结普通砖和烧结多孔砖墙体中的砂浆强度，不适用于砂浆强度小于 2MPa 的墙体。

1）从每个测点处，宜取出两个砂浆大片，应一片用于检测、一片备用。

2）测试设备应采用额定压力较小的压力试验机，最小读数盘宜为 50kN 以内。

3）压力试验机的加荷附件，应符合下列要求：

（1）钢质加荷头应为内角为 60° 的圆锥体，锥底直径应为 40mm，锥体高度应为 30mm；锥体的头部应为半径为 5mm 的截球体，锥球高度应为 3mm；其他尺寸可自定。加荷头应为 2 个。

（2）加荷头与试验机的连接方法，可根据试验机的具体情况确定，宜将连接件与加荷头设计为一个整体附件。在符合《砌体工程现场检测技术标准》GB/T 50315—2011 第 13.2.2 条要求的前提下，也可采用其他专用加荷附件或专用仪器。

4）制备试件，应符合下列要求：

（1）从每个测点处剥离出砂浆大片。

（2）加工或选取的砂浆试件应符合下列要求：厚度为 5~12mm；预估荷载作用半径为 15~25mm；大面应平整，但其边缘可不要求非常规则。

（3）在砂浆试件上应画出作用点，并量测其厚度，精确至 0.1mm。

5）在小吨位压力试验机上、下压板上应分别安装上、下加荷头，两个加荷头对齐。

6）将砂浆试件水平放置在下加荷头上时，上、下加荷头应对准预先画好的作用点，并使上加荷头轻轻压紧试件，然后缓慢匀速施加荷载至试件破坏。加荷速度宜控制试件在 1min 左右破坏，应记录荷载值，并精确至 0.1kN。

7）应将破坏后的试件拼接成原样，测量荷载实际作用点中心到试件破坏线边缘的最短距离，即荷载作用半径，应精确至 0.1mm。

8）砂浆试件的抗压强度换算值，应按下列公式计算：

$$f_{2ij} = (33.30\xi_{4ij}\xi_{5ij}N_{ij} - 1.10)^{1.09} \qquad (1.8.2\text{-}19)$$

$$\xi_{4ij} = \frac{1}{0.05r_{ij} + 1} \qquad (1.8.2\text{-}20)$$

$$\xi_{5ij} = \frac{1}{0.03t_{ij}(0.10t_{ij} + 1) + 0.40} \qquad (1.8.2\text{-}21)$$

式中 N_{ij} ——点荷载值（kN）；

     ξ_{4ij} ——荷载作用半径修正系数；

     ξ_{5ij} ——试件厚度修正系数；

     r_{ij} ——荷载作用半径（mm）；

     t_{ij} ——试件厚度（mm）。

9）测区的砂浆抗压强度平均值，应按《砌体工程现场检测技术标准》GB/T 50315—2011 式（12.4.4）计算。

6. 强度推定

1）检测数据中的歧离值和统计离群值，应按现行国家标准《数据的统计处理和解释 正态样本离群值的判断和处理》GB/T 4883—2008 中有关格拉布斯检验法或狄克逊检验法检出和剔除。检出水平 α 应取 0.05，剔除水平 α 应取 0.01；不得随意舍去歧离值，从技术或物理上找到产生离群原因时，应予剔除；未找到技术或物理上的原因时，则不应剔除。

2）这里的各种检测方法，给出每个测点的检检测强度度值 f_{ij}，以及每一测区的强度平均值 f_i，并应以测区强度平均值 f_i 作为代表值。

3）一检测单元的强度平均值、标准差和变异系数，应按下列公式计算：

$$f_{2,\mathrm{m}} = \frac{1}{n_2}\sum_{i=1}^{n_2} f_{2i} \qquad (1.8.2\text{-}22)$$

$$s = \sqrt{\frac{\sum_{i=1}^{n_2}(f_{2,\mathrm{m}} - f_{2i})^2}{n_2 - 1}} \qquad (1.8.2\text{-}23)$$

$$\delta = \frac{s}{f_{2,\mathrm{m}}} \qquad (1.8.2\text{-}24)$$

式中 $f_{2,m}$ ——同一检测单元的检测砂浆抗压强度平均值（MPa）；

n_2 ——同一检测单元的测区数；

f_{2i} ——测区的强度代表值（MPa）；

s ——同一检测单元，按 n_2 个测区计算的强度标准差（MPa）；

δ ——同一检测单元的强度变异系数。

4）对在建或新建砌体工程，当需要推定砌筑砂浆抗压强度值时，可按下列公式计算：

（1）当测区数 n_2 不小于6时，应取下列公式中的较小值：

$$f_2' = 0.91 f_{2,m} \qquad (1.8.2\text{-}25)$$

$$f_2' = 1.18 f_{2,min} \qquad (1.8.2\text{-}26)$$

式中 f_2' ——砌筑砂浆抗压强度推定值（MPa）；

$f_{2,min}$ ——同一检测单元，测区砂浆抗压强度的最小值（MPa）。

（2）当测区数 n_2 小于6时，可按下式计算：

$$f_2' = f_{2,min} \qquad (1.8.2\text{-}27)$$

5）对既有砌体工程，当需要推定砌筑砂浆抗压强度值时，应符合下列要求：

（1）按国家标准《砌体工程施工质量验收规范》GB 50203—2002及之前实施的砌体工程施工质量验收规范的有关规定修建时，应按下列公式计算：

当测区数 n_2 不小于6时，应取下列公式中的较小值：

$$f_2' = f_{2,m} \qquad (1.8.2\text{-}28)$$

$$f_2' = 1.33 f_{2,min} \qquad (1.8.2\text{-}29)$$

当测区数 n_2 小于6时，可按下式计算：

$$f_2' = f_{2,min} \qquad (1.8.2\text{-}30)$$

（2）按《砌体结构工程施工质量验收规范》GB 50203—2011的有关规定修建时，可按《砌体工程现场检测技术标准》GB/T 50315—2011第15.0.4条的规定，推定砌筑砂浆强度值。

6）当砌筑砂浆强度检测结果小于2MPa或大于15MPa时，不宜给出具体检测值，可仅给出检测值范围 $f_2 < 2MPa$ 或 $f_2 > 15MPa$。

7）砌筑砂浆强度的推定值，宜相当于被测墙体所用块体作底模的同龄期、同条件养护的砂浆试块强度。

1.8.3 砌体强度检测

砌体强度的检测分为间接法和直接法。间接法是通过分别对砌体中块材和砌筑砂浆的强度进行检测，考虑砂浆的饱满程度及砌筑质量，通过拟合的计算公式推定砌筑块材和砌筑砂浆的值来计算砌体强度。直接法是直接在墙体上检测某一项单项强度，可通过取样方法或现场原位的方法检测。砌体工程现场原位法检测砌体强度可采用原位轴压法、扁顶法、切制抗压试件法；检测砌体抗剪强度可采用原位单剪法、原位双剪法。

1. 原位轴压法

原位轴压法是采用原位压力机在墙体上进行抗压测试，检测砌体抗压强度的方法。其属原位检测，直接在墙体上测试，检测结果综合反映了材料质量和施工质量；直观性、可比性较强；设备较重；检测部位有较大局部破损；适用于检测普通砖和多孔砖砌体的抗压强度，火灾、环境侵蚀后的砌体剩余抗压强度检测时槽间砌体每侧的墙体宽度不应小于1.5m，测点宜选在墙体长度方向的中部，限用于240mm厚砖墙。

1）测试部位应具有代表性，并应符合下列要求：

（1）测试部位宜选在墙体中部距楼、地面1m左右的高度处；槽间砌体每侧的墙体宽度不应小于1.5m。

（2）同一墙体上，测点不宜多于1个，且宜选在沿墙体长度的中间部位；多于1个时，其水平净距不得小于2.0m。

（3）测试部位不得选在挑梁下、应力集中部位以及墙梁的墙体计算高度范围内。

2）原位压力机的主要技术指标，应符合表1.8-9的要求。

原位压力机主要技术指标　　　　　　　　　　表1.8-9

项目	指标		
	450型	600型	800型
额定压力（kN）	400	550	750
极限压力（kN）	450	600	800
额定行程（mm）	15	15	15
极限行程（mm）	20	20	20
示值相对误差（%）	±3	±3	±3

原位压力机的力值，应每半年校验一次。

3）在测点上开凿水平槽孔时，应符合下列要求：

（1）上、下水平槽的尺寸应符合表1.8-10的要求。

水平槽尺寸（mm）　　　　　　　　　　表 1.8-10

名称	长度	厚度	高度
上水平槽	250	240	70
下水平槽	250	240	≥ 110

（2）上、下水平槽孔应对齐。普通砖砌体，槽间砌体高度应为 7 皮砖；多孔砖砌体，槽间砌体高度应为 5 皮砖。

（3）开槽时，应避免扰动四周的砌体；槽间砌体的承压面应修平整。

4）在槽孔间安放原位压力机时，应符合下列要求：

（1）在上槽内的下表面和扁式千斤顶的顶面，应分别均匀铺设湿细砂或石膏等材料的垫层，垫层厚度可取 10mm。

（2）应将反力板置于上槽孔，扁式千斤顶置于下槽孔；应安放四根钢拉杆，并使两个承压板上下对齐后，沿对角两两均匀拧紧螺母并调整其平行度；四根钢拉杆的上下螺母间的净距误差不应大于 2mm。

（3）正式测试前，应进行试加荷载测试，试加荷载值可取预估破坏荷载的 10%。应检查测试系统的灵活性和可靠性，以及上下压板和砌体受压面接触是否均匀密实。经试加荷载，测试系统正常后应卸荷，并开始正式测试。

5）正式测试时，应分级加荷。每级荷载可取预估破坏荷载的 10%，并应在 1 ~ 1.5min 内均匀加完，然后恒载 2min。加荷至预估破坏荷载的 80% 后，应按原定加荷速度连续加荷，直至槽间砌体破坏。当槽间砌体裂缝急剧扩展和增多，油压表的指针明显回退时，槽间砌体达到极限状态。

6）测试过程中，发现上下压板与砌体承压面因接触不良，致使槽间砌体呈局部受压或偏心受压状态时，应停止测试，并调整测试装置重新测试。无法调整时，应更换测点。

7）测试过程中，应仔细观察槽间砌体初裂裂缝与裂缝开展情况，并记录逐级荷载下的油压表读数、测点位置、裂缝随荷载变化情况简图等。

8）根据槽间砌体初裂和破坏时的油压表读数，应分别减去油压表的初始读数，并按原位压力机的校验结果，计算槽间砌体的初裂荷载值和破坏荷载值。

9）槽间砌体的抗压强度，应按下式计算：

$$f_{uij} = \frac{N_{uij}}{A_{ij}}$$ 　　　　　　　　（1.8.3-1）

式中　f_{uij} ——第 i 个测区第 j 个测点槽间砌体的抗压强度（MPa）；

　　　N_{uij} ——第 i 个测区第 j 个测点槽间砌体的受压破坏荷载值（N）；

　　　A_{ij} ——第 i 个测区第 j 个测点槽间砌体的受压面积（mm²）。

10）槽间砌体抗压强度换算为标准砌体的抗压强度，应按下列公式计算：

$$f_{mij} = \frac{f_{uij}}{\xi_{1ij}} \tag{1.8.3-2}$$

$$\xi_{1ij} = 1.25 + 0.60\sigma_{0ij} \tag{1.8.3-3}$$

式中 f_{mij}——第 i 个测区第 j 个测点的标准砌体抗压强度换算值（MPa）；

ξ_{1ij}——原位轴压法的无量纲的强度换算系数；

σ_{0ij}——该测点上部墙体的压应力（MPa），其值可按墙体实际所承受的荷载标准值计算。

11）测区的砌体抗压强度平均值，应按下式计算：

$$f_{mi} = \frac{1}{n_1}\sum_{j=1}^{n_1} f_{mij} \tag{1.8.3-4}$$

式中 f_{mi}——第 i 个测区的砌体抗压强度平均值（MPa）；

n_1——第 i 个测区的测点数。

2. 扁顶法

扁顶法是采用扁式液压千斤顶在墙体上进行抗压测试，检测砌体的受压应力、弹性模量、抗压强度的方法。其属原位检测，直接在墙体上测试，检测结果综合反映了材料质量和施工质量；直观性、可比性较强；扁顶重复使用率较低；砌体强度较高或轴向变形较大时，难以测出抗压强度；设备较轻；检测部位有较大局部破损；适用于检测普通砖和多孔砖砌体的抗压强度，检测古建筑和重要建筑的受压工作应力，检测砌体弹性模量，火灾、环境侵蚀后的砌体剩余抗压强度；检测时槽间砌体每侧的墙体宽度不应小于 1.5m；测点宜选在墙体长度方向的中部，不适用于测试墙体破坏荷载大于 400kN 的墙体。

1）扁顶应由 1mm 厚合金钢板焊接而成，总厚度宜为 5～7mm，大面尺寸分别宜为 250mm×250mm、250mm×380mm、380mm×380mm 和 380mm×500mm。250mm×250mm 和 250mm×380mm 的扁顶可用于 240mm 厚的墙体，380mm×380mm 和 380mm×500mm 的扁顶可用于 370mm 厚的墙体。

2）扁顶的主要技术指标，应符合表 1.8-11 的要求。

扁顶的主要技术指标 表 1.8-11

项目	指标
额定压力（kN）	400
极限压力（kN）	480
额定行程（mm）	10
极限行程（mm）	15
示值相对误差（%）	±3

每次使用前，应校验扁顶的力值。

3）手持式应变仪和千分表的主要技术指标，应符合表 1.8-12 的要求。

手持式应变仪和千分表的主要技术指标（mm） 表 1.8-12

项目	指标
行程	1～3
分辨率	0.001

4）测试墙体的受压工作应力时，应符合下列要求：

（1）在选定的墙体上，应标出水平槽的位置，并应牢固粘贴两对变形测量的脚标。脚标应位于水平槽正中并跨越该槽；普通砖砌体脚标之间的距离应相隔 4 条水平灰缝，宜取 250mm；多孔砖砌体脚标之间的距离应相隔 3 条水平灰缝，宜取 270～300mm。

（2）使用手持应变仪或千分表在脚标上测量砌体变形的初读数时，应测量 3 次，并取其平均值。

（3）在标出水平槽位置处，应剔除水平灰缝内的砂浆。水平槽的尺寸应略大于扁顶尺寸。开凿时，不应损伤测点部位的墙体及变形测量脚标。槽的四周应清理平整，并除去灰渣。

（4）使用手持式应变仪或千分表在脚标上测量开槽后的砌体变形值时，应待读数稳定后，再进行下一步的测试工作。

（5）在槽内安装扁顶，扁顶上下两面宜垫尺寸相同的钢垫板，并应连接测试设备的油路。

（6）正式测试前的试加荷载测试，应符合《砌体工程现场检测技术标准》GB/T 50315—2011 第 4.3.2 条第 3 款的规定。

（7）正式测试时，应分级加荷。每级荷载应为预估破坏荷载值的 5%，并在 1.5～2min 内均匀加完，恒载 2min 后测读变形值。当变形值接近开槽前的读数时，应适当减小加荷级差，并直至实测变形值达到开槽前的读数，然后卸荷。

5）实测墙体的砌体抗压强度或受压弹性模量时，应符合下列要求：

（1）在完成墙体的受压工作应力测试后，应开凿第二条水平槽，上下槽应互相平行、对齐。当选用 250mm×250mm 扁顶时，普通砖砌体两槽之间的距离应相隔 7 皮砖；多孔砖砌体两槽之间的距离应相隔 5 皮砖。当选用 250mm×380mm 扁顶时，普通砖砌体两槽之间的距离应相隔 8 皮砖；多孔砖砌体两槽之间的距离应相隔 6 皮砖。遇有灰缝不规则或砂浆强度较高而难以凿槽时，可在槽孔处取出 1 皮砖，安装扁顶时应采用钢制楔形垫块调整其间隙。

（2）应按《砌体工程现场检测技术标准》GB/T 50315—2011 第 5.3.1 条第 5 款的规定在上下槽内安装顶。

（3）试加荷载，应符合《砌体工程现场检测技术标准》GB/T 50315—2011 第 4.3.2

条第 3 款的规定。

（4）正式测试时，加荷方法应符合《砌体工程现场检测技术标准》GB/T 50315—2011 第 4.3.3 条的规定。

（5）当槽间砌体上部压应力小于 0.2MPa 时，应加设反力平衡架后再进行测试。当槽间砌体上部压应力不小于 0.2MPa 时，也宜加设反力平衡架后再进行测试。反力平衡架可由两块反力板和四根钢拉杆组成。

6）当测试砌体受压弹性模量时，尚应符合下列要求：

（1）应在槽间砌体两侧各粘贴一对变形测量脚标，脚标应位于槽间砌体的中部。普通砖砌体脚标之间的距离应相隔 4 条水平灰缝，宜取 250mm；多孔砖砌体脚标之间的距离应相隔 3 条水平灰缝，宜取 270 ~ 300mm。测试前应记录标距值，并应精确至 0.1mm。

（2）正式测试前，应反复施加 10% 的预估破坏荷载，其次数不宜少于 3 次。

（3）测试时，加荷方法应符合《砌体工程现场检测技术标准》GB/T 50315—2011 第 4.3.3 条的要求，并应测记逐级荷载下的变形值。

（4）累计加荷的应力上限不宜大于槽间砌体极限抗压强度的 50%。

7）当仅测定砌体抗压强度时，应同时开凿两条水平槽，并应按《砌体工程现场检测技术标准》GB/T 50315—2011 第 5.3.2 条的要求进行测试。

8）测试记录内容应包括描绘测点布置图、墙体砌筑方式、扁顶位置、脚标位置、轴向变形值、逐级荷载下的油压表读数、裂缝随荷载变化情况简图等。

9）数据分析时，应根据扁顶力值的校验结果，将油压表读数换算为测试荷载值。

10）墙体的受压工作应力，应等于按《砌体工程现场检测技术标准》GB/T 50315—2011 第 5.3.1 条规定实测变形值达到开凿前的读数时所对应的应力值。

11）砌体在有侧向约束情况下的受压弹性模量，应按现行国家标准《砌体基本力学性能试验方法标准》GB/T 50129—2011 的有关规定计算；当换算为标准砌体的受压弹性模量时，计算结果应乘以换算系数 0.85。

12）槽间砌体的抗压强度，应按《砌体工程现场检测技术标准》GB/T 50315—2011 式（4.4.2）计算。

13）槽间砌体抗压强度换算为标准砌体的抗压强度，应按《砌体工程现场检测技术标准》GB/T 50315—2011 式（4.4.3-1）和式（4.4.3-2）计算。

14）测区的砌体抗压强度平均值，应按《砌体工程现场检测技术标准》GB/T 50315—2011 式（4.4.4）计算。

3. 切制抗压试件法

切制抗压试件法从墙体上切割、取出外形几何尺寸为标准抗压砌体试件，运至试验室进行抗压测试的方法；属取样检测，检测结果综合反映了材料质量和施工质量；试件尺寸与标准抗压试件相同；直观性、可比性较强；设备较重，现场取样时有水污染；取样部位有较大局部破损；需要切割、搬运试件；检测结果不须换算；适用于检测普通砖和多孔砖砌体的抗压强度，火灾、环境侵蚀后的砌体剩余抗压强度；检测时取样部位每侧的墙体宽度不应小于1.5m，且应为墙体长度方向的中部或受力较小处。检测时，应使用电动切割机，在砖墙上切割两条竖缝，竖缝间距可取370mm或490mm，应人工取出与标准砌体抗压试件尺寸相同的试件，并运至试验室。砌体抗压测试应按现行国家标准《砌体基本力学性能试验方法标准》GB/T 50129—2011的有关规定执行。

1）在砖墙上选择切制试件的部位，应符合《砌体工程现场检测技术标准》GB/T 50315—2011第4.1.2条的要求。

2）当宏观检查墙体的砌筑质量差或砌筑砂浆强度等级低于M2.5（含M2.5）时，不宜选用切制抗压试件法。

3）切割墙体竖向通缝的切割机，应符合下列要求：

（1）机架应有足够的强度、刚度、稳定性；

（2）切割机应操作灵活，并且固定和移动方便；

（3）切割机的锯切深度不应小于240mm；

（4）切割机上的电动机、导线及其连接的接点应具有良好的防潮性能；

（5）切割机宜配备水冷却系统。

4）测试设备应选择适宜吨位的长柱压力试验机，其精度（示值的相对误差）不应大于2%。预估抗压试件的破坏荷载值，应为压力试验机额定压力的20%～80%。

5）选取切制试件的部位后，应按现行国家标准《砌体基本力学性能试验方法标准》GB/T 50129—2011的有关规定，确定试件高度H和试件宽度b，并标出切割线。在选择切割线时，宜选取竖向灰缝上、下对齐的部位。

6）应在拟切制试件上、下两端各钻两个孔，并将拟切制试件捆绑牢固，也可采用其他适宜的临时固定方法。

7）应将切割机的锯片（锯条）对准切割线，并垂直于墙面，然后启动切割机，并且在砖墙上切出两条竖缝。切割过程中，切割机不得偏转和移位，并应使锯片（锯条）处于连续水冷却状态。

8）应凿掉切制试件顶部的一皮砖；适当凿取试件底部砂浆并伸进撬棍，将水平灰缝撬松动，然后应小心抬出试件。试件搬运过程中，应防止碰撞并采取减小振动的措施。需要长距离运输试件时，宜用草绳等材料紧密捆绑试件。

9）试件运至试验室后，应将试件上下表面大致修理平整；应在预先找平的钢垫板上坐浆，然后将试件放在钢垫板上；试件顶面应用1∶3水泥砂浆找平。试件上、下表面的砂浆应在自然养护3d后，再进行抗压测试。测量试件受压变形值时，应在宽侧面上粘贴安装百分表的表座。

10）量测试件截面尺寸时，除应符合现行国家标准《砌体基本力学性能试验方法标准》GB/T 50129—2011的有关规定外，在量测长边尺寸时，尚应除去长边两端残留的竖缝砂浆。

11）切制试件的抗压试验步骤，应包括试件在试验机底板上的对中方法、试件顶面找平方法、加荷制度、裂缝观察、初裂荷载及破坏荷载等检测及测试事项，均应符合现行国家标准《砌体基本力学性能试验方法标准》GB/T 50129—2011 的有关规定。

12）单个切制试件的抗压强度，应按《砌体工程现场检测技术标准》GB/T 50315—2011 式（4.4.2）计算。

13）测区的砌体抗压强度平均值，应按《砌体工程现场检测技术标准》GB/T 50315—2011 式（4.4.4）计算。

14）计算结果表示被测墙体的实际抗压强度值，不应乘以强度调整系数。

4. 原位单剪法

原位单剪法是在墙体上沿单个水平灰缝进行抗剪测试，检测砌体抗剪强度的方法。其属原位检测，直接在墙体上测试，检测结果综合反映了材料质量和施工质量；直观性强；检测部位有较大局部破损；适用于检测各种砖砌体的抗剪强度；检测时测点选在窗下墙部位，且承受反作用力的墙体应有足够的长度。

1）检测时，测试部位宜选在窗洞口或其他洞口下三皮砖范围内。试件的加工过程中，应避免扰动被测灰缝。测试部位不应选在后砌窗下墙处，且其施工质量应具有代表性。

2）测试设备应包括螺旋千斤顶或卧式液压千斤顶、荷载传感器及数字荷载表等。试件的预估破坏荷载值应为千斤顶、传感器最大测量值的 20%~80%。检测前，应标定荷载传感器及数字荷载表，其示值相对误差不应大于 2%。

3）在选定的墙体上，应采用振动较小的工具加工切口，现浇钢筋混凝土传力件的混凝土强度等级不应低于 C15。

4）测量被测灰缝的受剪面尺寸，应精确至 1mm。安装千斤顶及测试仪表，千斤顶的加力轴线与被测灰缝顶面应对齐。

5）加荷时应匀速施加水平荷载，并应控制试件在 2~5min 内破坏。当试件沿受剪面滑动、千斤顶开始卸荷时，应判定试件达到破坏状态；应记录破坏荷载值，并结束测试；应在预定剪切面（灰缝）破坏，测试有效。

6）加荷测试结束后，应翻转已破坏的试件，检查剪切面破坏特征及砌体砌筑质量，并详细记录。

7）数据分析时，应根据测试仪表的校验结果，进行荷载换算并精确至 10N。

8）砌体的沿通缝截面抗剪强度应按下式计算：

$$f_{vij} = \frac{N_{vij}}{A_{vij}}$$

（1.8.3-5）

式中　f_{vij}——第 i 个测区第 j 个测点的砌体沿通缝截面抗剪强度（MPa）；

　　　N_{vij}——第 i 个测区第 j 个测点的抗剪破坏荷载（N）；

　　　A_{vij}——第 i 个测区第 j 个测点的受剪面积（mm²）。

9）测区的砌体沿通缝截面抗剪强度平均值，应按下式计算：

$$f_{vi} = \frac{1}{n_1} \sum_{j=1}^{n_1} f_{vij}$$

（1.8.3-6）

式中　f_{vi}——第 i 个测区的砌体沿通缝截面抗剪强度平均值（MPa）。

5. 原位双剪法

原位双剪法是采用原位剪切仪在墙体上对单块或双块顺砖进行双面抗剪测试，检测砌体抗剪强度的方法。其属原位检测，直接在墙体上测试，检测结果综合反映了材料质量和施工质量；直观性较强；设备较轻便；检测部位局部破损；适用于检测烧结普通砖和烧结多孔砖砌体的抗剪强度。检测时，应将原位剪切仪的主机安放在墙体的槽孔内，并以一块或两块并列完整的顺砖及其上下两条水平灰缝作为一个测点（试件）。

1）原位双剪法宜选用释放或可忽略受剪面上部压应力 σ_0 作用的测试方案；当上部压应力 σ_0 较大且可较准确计算时，也可选用在上部压应力 σ_0 作用下的测试方案。

2）在测区内选择测点，应符合下列要求：

（1）测区应随机布置 n_1 个测点，对原位单砖双剪法，在墙体两面的测点数量宜接近或相等。

（2）试件两个受剪面的水平灰缝厚度应为 8～12mm。

（3）门、窗洞口侧边 120mm 范围内、后补的施工洞口和经修补的砌体、独立砖柱部位，不应布设测点。

（4）同一墙体的各测点之间，水平方向净距不应小于 1.5m，垂直方向净距不应小于 0.5m，并且不应在同一水平位置或纵向位置。

3）原位剪切仪的主机应为一个附有活动承压钢板的小型千斤顶。

4）原位剪切仪的主要技术指标应符合表 1.8-13 的规定。

原位剪切仪主要技术指标　　表 1.8-13

项目	指标	
	75 型	150 型
额定推力（kN）	75	150
相对测量范围（%）	20～80	
额定行程（mm）	>20	
示值相对误差（%）	±3	

5）安放原位剪切仪主机的孔洞，应开在墙体边缘的远端或中部。当采用带有上部压应力 σ_0 作用的测试方案时，应制备出安放主机的孔洞，并应清除四周的灰缝。原位单砖双剪试件的孔洞截面尺寸，普通砖砌体不得小于 115mm×65mm；多孔砖砌体不得小于 115mm×110mm。原位双砖双剪试件的孔洞截面尺寸，普通砖砌体不得小于 240mm×65mm；多孔砖砌体不得小于 240mm×110mm；应掏空、清除剪切试件另一端

的竖缝。

6）当采用释放试件上部压应力 σ_0 的测试方案时，掏空试件顶部两皮砖之上的一条水平灰缝，掏空范围应由剪切试件的两端向上按45°角扩散至灰缝，掏空长度应大于620mm，深度应大于240mm。

7）试件两端的灰缝应清理干净。开凿清理过程中，严禁扰动试件；发现被推砖块有明显缺棱掉角或上、下灰缝有松动现象时，应舍去该试件。被推砖的承压面应平整，不平时应用扁砂轮等工具磨平。

8）测试时，应将剪切仪主机放入开凿好的孔洞中，并使仪器的承压板与试件的砖块顶面重合，仪器轴线与砖块轴线吻合。开凿孔洞过长时，在仪器尾部应另加垫块。

9）操作剪切仪，应匀速施加水平荷载，并且直至试件和砌体之间产生相对位移，试件达到破坏状态。加荷的全过程宜为 1~3min。

10）记录试件破坏时剪切仪测力计的最大读数，应精确至0.1个分度值。采用无量纲指示仪表的剪切仪时，尚应按剪切仪的校验结果换算成以 N 为单位的破坏荷载。

11）烧结普通砖砌体单砖双剪法和双砖双剪法试件沿通缝截面的抗剪强度，应按下式计算：

$$f_{vij} = \frac{0.32 N_{vij}}{A_{vij}} - 0.70\sigma_{0ij}$$

（1.8.3-7）

式中　A_{vij}——第 i 个测区第 j 个测点单个灰缝受剪截面的面积（mm²）；
　　　σ_{0ij}——该测点上部墙体的压应力（MPa），当忽略上部压应力作用或释放上部压应力时，取为0。

12）烧结多孔砖砌体单砖双剪法和双砖双剪法试件沿通缝截面的抗剪强度，应按下式计算：

$$f_{vij} = \frac{0.29 N_{vij}}{A_{vij}} - 0.70\sigma_{0ij}$$

（1.8.3-8）

式中　A_{vij}——第 i 个测区第 j 个测点单个灰缝受剪截面的面积（mm²）；
　　　σ_{0ij}——该测点上部墙体的压应力（MPa），当忽略上部压应力作用或释放上部压应力时，取为0。

13）测区的砌体沿通缝截面抗剪强度平均值，应按《砌体工程现场检测技术标准》GB/T 50315—2011 式（7.4.3）计算。

6. 强度推定

1）检测数据中的歧离值和统计离群值，应按现行国家标准《数据的统计处理和解释 正态样本离群值的判断和处理》GB/T 4883—2008 中有关格拉布斯检验法或狄克逊检验法检出和剔除。检出水平 α 应取0.05，剔除水平 α 应取0.01；不得随意舍去歧离值，从技术或物理上找到产生离群原因时，应予剔除；未找到技术或物理上的原因时，则不应剔除。

2）这里的各种检测方法，给出每个测点的检检测强度度值 f_{ij}，以及每一测区的强度平均值 f_i，并应以测区强度平均值 f_i 作为代表值。

3）一检测单元的强度平均值、标准差和变异系数，应按下列公式计算：

$$f_{\mathrm{m}} = \frac{1}{n_2} \sum_{i=1}^{n_2} f_i \qquad (1.8.3\text{-}9)$$

$$s = \sqrt{\frac{\sum_{i=1}^{n_2}(f_{\mathrm{m}} - f_i)^2}{n_2 - 1}} \qquad (1.8.3\text{-}10)$$

$$\delta = \frac{s}{f_{\mathrm{m}}} \qquad (1.8.3\text{-}11)$$

式中　f_{m}——同一检测单元的检测烧结砖抗压强度平均值（MPa）；

　　　n_2——同一检测单元的测区数；

　　　f_i——测区的强度代表值（MPa）；当检测砌体抗压强度时，f_i 即为 $f_{\mathrm{m}i}$；当检测砌体抗剪强度时，f_i 即为 $f_{\mathrm{v}i}$；

　　　s——同一检测单元，按 n_2 个测区计算的强度标准差（MPa）；

　　　δ——同一检测单元的强度变异系数。

4）当需要推定每一检测单元的砌体抗压强度标准值或砌体沿通缝截面的抗剪强度标准值时，应分别按下列要求进行推定：

（1）当测区数 n_2 不小于 6 时，可按下列公式推定：

$$f_{\mathrm{k}} = f_{\mathrm{m}} - k \cdot s \qquad (1.8.3\text{-}12)$$

$$f_{\mathrm{v,k}} = f_{\mathrm{v,m}} - k \cdot s \qquad (1.8.3\text{-}13)$$

式中　f_{k}——砌体抗压强度标准值（MPa）；

　　　f_{m}——同一检测单元的砌体抗压强度平均值（MPa）；

　　　$f_{\mathrm{v,k}}$——砌体抗剪强度标准值（MPa）；

　　　$f_{\mathrm{v,m}}$——同一检测单元的砌体沿通缝截面的抗剪强度平均值（MPa）；

　　　k——与 α、C、n_2 有关的强度标准值计算系数，应按表 1.8-14 取值；

　　　α——确定强度标准值所取的概率分布下分位数，取 0.05；

　　　C——置信水平，取 0.60。

n_2	6	7	8	9	10	12	15	18
计算系数 表 1.8-14								
k	1.947	0.908	1.880	1.858	1.841	1.816	1.790	1.773
n_2	20	25	30	35	40	45	50	—
k	1.764	1.748	1.736	1.728	1.721	1.716	1.712	—

（2）当测区数 n_2 小于 6 时，可按下列公式推定：

$$f_k = f_{mi,\min} \qquad (1.8.3\text{-}14)$$

$$f_{v,k} = f_{vi,\min} \qquad (1.8.3\text{-}15)$$

式中　$f_{mi,\min}$——同一检测单元中，测区砌体抗压强度的最小值（MPa）；

　　　$f_{vi,\min}$——同一检测单元中，测区砌体抗剪强度的最小值（MPa）。

（3）每一检测单元的砌体抗压强度或抗剪强度，当检测结果的变异系数 δ 分别大于 0.2 或 0.25 时，不宜直接按式（1.8.3-12）或式（1.8.3-13）计算，应检查检测结果离散性较大的原因。若查明系混入不同母体所致，宜分别进行统计，并应分别按式（1.8.3-12）~式（1.8.3-15）确定本标准值。如确系变异系数过大，则应按式（1.8.3-14）和式（1.8.3-15）确定本标准值。

1.8.4　砌筑质量与构造

这里主要依据《建筑结构检测技术标准》GB/T 50344—2019 的规定，对砌筑质量与构造的检测内容进行介绍。

1. 砌筑质量

砌筑质量可分为砌筑方法、灰缝质量和砌筑偏差等检测分项。

1）砌体结构砌筑方法的检测，可分为上下错缝、内外搭砌、留槎、洞口和柱的包心砌法等。

2）砌体结构的上下错缝、内外搭砌和柱的砌法可依据国家现行有关标准的规定对照砌筑构件实际情况进行检测。检测按现行国家标准《砌体结构工程施工质量验收规范》GB 50203—2011 中第 5.3.1 条的规定：砖砌体组砌方法应正确，内外搭砌，上、下错缝。清水墙、窗间墙无通缝；混水墙中不得有长度大于 300mm 的通缝，长度 200～300mm 的通缝每间不超过 3 处，且不得位于同一面墙体上。砖柱不得采用包心砌法。抽检数量：每检验批抽查不应少于 5 处。检验方法：观察检查。砌体组砌方法抽检每处应为 3～5m。

3）砌体的留槎和施工洞口的处置措施，可通过砌体开裂情况进行判定。

4）砌体结构砌筑质量的符合性判定或评定应符合下列规定：

结构工程质量的检测应按结构建造时的国家有关标准的规定对检测结论进行符合

性判定。

既有结构的检测应在相关性能的评定中体现砌筑质量的不利影响。

5）灰缝质量的灰缝厚度代表值、灰缝平直程度和灰缝饱满程度等的检测应符合下列规定：

灰缝厚度代表值按现行国家标准《砌体结构工程施工质量验收规范》GB 50203—2011 第5.3.2条的规定：砖砌体的灰缝应横平竖直，厚薄均匀，水平灰缝厚度及竖向灰缝宽度宜为10mm，但不应小于8mm，也不应大于12mm。抽检数量：每检验批抽查不应少于5处。检验方法：水平灰缝厚度用尺量10皮砖砌体高度折算；竖向灰缝宽度用尺量2m砌体长度折算。

灰缝平直度检测按现行国家标准《砌体结构工程施工质量验收规范》GB 50203—2011 表5.3.3的规定：清水墙水平灰缝平直度允许偏差为7mm；混水墙水平灰缝平直度允许偏差为10mm；检验方法：拉5m线和尺检查；抽查数量：不应少于5处。

灰缝饱满度的检测按现行国家标准《砌体结构工程施工质量验收规范》GB 50203—2011 第5.2.2条的规定：砌体灰缝砂浆应密实饱满，砖墙水平灰缝的砂浆饱满度不得低于80%；砖柱水平灰缝和竖向灰缝饱满度不得低于90%。抽检数量：每检验批抽查不应少于5处。检验方法：用百格网检查砖底面与砂浆的粘结痕迹面积，每处检测3块砖，取其平均值。可采用下列方法进行检测：利用工具表面检查的方法；取样检测的方法。

6）砌体结构灰缝质量的检测结论应按下列规定进行符合性判定或推定：结构工程质量的检测应按结构建造时国家有关标准的规定对检测结论进行符合性判定。既有结构的检测应在推定砌体强度时使用适当的折减系数。

7）砌筑偏差、构件垂直度和轴线偏差可按现行国家标准《砌体结构工程施工质量验收规范》GB 50203—2011规定的方法（表1.8-15）和《建筑结构检测技术标准》GB/T 50344—2019第3章规定的方法进行检测。

砖砌体尺寸、位置的允许偏差及检验　　　　表 1.8-15

项次	项目			允许偏差（mm）	检验方法	抽检数量
1	轴线位移			10	用经纬仪或用其他测量仪器检查	承重墙、柱全数检查
2	基础、墙、柱顶面标高			±15	用水准仪和尺检查	不应少于5处
3	墙面垂直度	每层		5	用2m托线板检查	不应少于5处
		全高	≤10m	10	用经纬仪、吊线和尺或用其他测量仪器检查	外墙全部阳角
			>10m	20		
4	表面平整度	清水墙、柱		5	用2m靠尺和楔形塞尺检查	不应少于5处
		混水墙、柱		8		

项次	项目		允许偏差（mm）	检验方法	抽检数量
5	水平灰缝平直度	清水墙	7	拉 5m 线和尺检查	不应少于 5 处
		混水墙	10		
6	门窗洞口高、宽（后塞口）		±10	用尺检查	不应少于 5 处
7	外墙上下窗口偏移		20	以底层窗口为准，用经纬仪或吊线检查	不应少于 5 处
8	清水墙游丁走缝		20	以每层第一皮砖为准，用吊线和尺检查	不应少于 5 处

8）在结构作用效应计算时，应考虑砌筑偏差对作用效应的影响。

2. 砌筑结构构造

砌体结构的构造可分为基本构造、结构构造和配筋砌体构造等检测分项。

1）砌体结构基本构造的构件高厚比、梁垫的设置、构件搁置长度和构件间的连接可采用观察、剔凿检查、尺量和使用专用仪器测试等方法进行检测。

2）结构构造中的圈梁、构造柱或芯柱的设置可通过观察、测定构件中的钢筋和局部剔凿方法判定；混凝土构造的质量或性能可按《建筑结构检测技术标准》GB/T 50344—2019 第 4 章的相关规定进行检测。

3）砌体中的钢筋，可按下列方法进行检测：钢筋的配置与锈蚀可按《建筑结构检测技术标准》GB/T 50344—2019 第 4 章规定的方法进行检测；砌体中拉结筋的间距，应取 2 ~ 3 个连续间距的平均值作为代表值化学植筋的锚固力，应按现行国家标准《砌体结构工程施工质量验收规范》GB 50203—2011 第 9.2.3 条的规定：填充墙与承重墙、柱、梁的连接钢筋，当采用化学植筋的连接方式时，应进行实体检测。锚固钢筋拉拔试验的轴向受拉非破坏承载力检验值应为 6.0kN。抽检钢筋在检验值作用下应基材无裂缝、钢筋无滑移宏观裂损现象；持荷 2min 期间荷载值降低不大于 5%。检验批验收可按《砌体结构工程施工质量验收规范》GB 50203—2011 表 B.0.1 通过正常检验一次、二次抽样判定。填充墙砌体植筋锚固力检测记录可按《砌体结构工程施工质量验收规范》GB 50203—2011 表 C.0.1 填写。抽检数量：按表 1.8-16 确定。检验方法：原位试验检查。

检验批抽检锚固钢筋样本最小容量 表 1.8-16

检验批的容量	样本最小容量	检验批的容量	样本最小容量
≤ 90	5	281 ~ 500	20
91 ~ 150	8	501 ~ 1200	32
151 ~ 280	13	1201 ~ 3200	50

4）结构工程质量的检测应按结构建造时国家有关标准的规定对结构构造的检测结

论进行符合性判定；既有结构性能的评定应把结构构造存在问题的部位作为重点评定的对象。

1.8.5　结构构件的损伤

砌体结构的损伤可分为裂缝、环境侵蚀损伤和灾害损伤、钢筋和钢配件锈蚀等检测分项。

1. 结构构件裂缝的检测

1）砌体结构的裂缝可按下列方法进行检测：裂缝的长度可采用尺量、数砖的皮数等方法确定，裂缝的宽度可采用裂缝卡、裂缝检测仪确定，裂缝的深度可通过观察、打孔或取样的方法确定；裂缝的位置、数量和实测情况应予以记录；砌筑方法、留槎、洞口、线管及预制构件影响产生的裂缝应剔除构件抹灰确定。

2）砌体结构的裂缝可按现行行业标准《建筑工程裂缝防治技术规程》JGJ/T 317—2014 的规定判定原因和后续检测项目。

3）当判定为地基不均匀变形造成的裂缝时，应进行下列检测：进行结构沉降的观测，可按《建筑结构检测技术标准》GB/T 50344—2019 第 3 章规定的方法进行观测；进行结构倾斜的测量，可按《建筑结构检测技术标准》GB/T 50344—2019 第 3 章规定的方法进行测量；测定结构的累计沉降差；裂缝的发展情况，可采取监测或持续观察的方法。

4）当判定为结构承载力不足造成的竖向受压贯通裂缝时，应进行构件承载力的验算。

5）对于判定为局部承压的裂缝，应进行砌体局部承压的验算。

6）当判定为太阳辐射热裂缝时，应进行下列检测：局部防水渗漏的检查；屋面保温隔热层的检测；墙体局部倾斜的检测。

7）当判定为温度裂缝时，应进行下列检测和调查：调查当地气温的变化情况；调查墙体的保温情况；核查房屋伸缩缝的间距；核查建筑内部的热源等情况。

2. 结构构件损伤的检测

1）砌体结构的侵蚀损伤可分为环境作用的损伤、化学物质侵蚀的损伤和火灾等造成的损伤。

2）砌体结构的冻融损伤可在下列部位查找：容易出现积水和积雪的部位；砌体房屋勒脚出现破损的部位；墙体出现渗漏的部位；散水部位等。

3）土壤中有害物质侵蚀的影响可在砌体防潮层与室外地坪之间查找。

4）砌体结构的化学物质侵蚀损伤可在有相应侵蚀性物质处查找。

5）当砌体结构出现环境作用和化学物质侵蚀损伤时，应判定砌体结构已出现耐久性极限状态的标志。

6）对于火灾的影响，应通过全面的调查将过火砌体结构识别为下列五种状况：未遭受火灾影响；表层受到影响；表面出现损伤；构件出现破坏现象；局部倒塌。

7）砌体结构的损伤情况可采取下列检测方法：损伤的部位可用轴线和楼层表示；

损伤的面积可用钢卷尺、测距仪测定；损伤影响深度和程度可用游标卡尺等，结合剔凿的方法确定。

8）对表层受到火灾影响的砌筑块材，可采用下列回弹法比较的方法测试火灾的影响程度：对遭受火灾等影响和未遭受火灾等影响的同样使用环境、同样设计强度等级的砌筑块材，可分别进行回弹法的测试；每个测试区域的砌筑块材回弹测试的数量可为10~15个；测试时砌筑块材的干燥程度不应有明显的差异，且弹击角度应相同；回弹测试值的代表值宜分别取各区域回弹测试值的总平均值；当遭受影响块材的回弹代表值大于或等于未遭受影响块材的代表值时，可评价为火灾对砌筑块材的影响不明显；当遭受影响块材的回弹代表值小于未遭受影响块材的代表值时，可评价为影响明显，但尚未达到明显损伤的程度；砌筑块材表层强度受影响程度可用回弹代表值的比值确定。

9）当砌体构件的水平灰缝存在膨胀性裂缝且灰缝对应有钢筋时，应检查灰缝中钢筋的锈蚀情况。

10）当存在灰缝中钢筋的锈蚀现象时，应取样检测砌筑砂浆中氯离子的含量。

1.9 钢结构现场调查与检测

钢结构由于具有材料强度高、自重轻、塑性和韧性好、材质均匀、便于工厂生产和机械化施工、便于拆卸、施工工期短、优越的抗震性能、无污染、可再生、节能、安全，符合建筑可持续发展的原则等优点，现在被广泛地采用。钢结构的现场检测可分为外观质量检测、表面质量磁粉检测、表面质量渗透检测、内部缺陷超声检测、高强度螺栓终拧扭矩检测、变形检测、钢材厚度检测、钢材品种检测、防腐涂层厚度检测、防火涂层厚度检测、钢结构动力特性检测等项目。本节主要是依据《钢结构现场检测技术标准》GB/T 50621—2010 的规定，介绍了常用的一些检测内容，适用于钢结构中有关连接、变形、钢材厚度、钢材品种、涂装厚度、动力特性等的现场检测及检测结果的评价。

1.9.1 外观质量检测

1）直接目视检测时，眼睛与被检工件表面的距离不得大于 600mm，视线与被检工件表面所成的夹角不得小于 30°，并宜从多个角度对工件进行观察。

2）被测工件表面的照明亮度不宜低于 160lx；当对细小缺陷进行鉴别时，照明亮度不得低于 540lx。

3）对细小缺陷进行鉴别时，可使用 2~6 倍的放大镜。

4）对焊缝的外形尺寸，可用焊缝检验尺进行测量。

5）钢材表面不应有裂纹、折叠、夹层，钢材端边或断口处不应有分层、夹渣等缺陷。

6）当钢材的表面有锈蚀、麻点或划伤等缺陷时，其深度不得大于该钢材厚度负偏差值的 1/2。

7）焊缝外观质量的目视检测应在焊缝清理完毕后进行，焊缝及焊缝附近区域不得有焊渣及飞溅物。焊缝焊后目视检测的内容应包括焊缝外观质量、焊缝尺寸，其外观质量及尺寸允许偏差应符合现行国家标准《钢结构工程施工质量验收标准》GB 50205—2020 的有关规定。

8）高强度螺栓连接副终拧后，螺栓丝扣外露应为 2～3 扣，其中允许有 10% 的螺栓丝扣外露 1 扣或 4 扣；扭剪型高强度螺栓连接副终拧后，未拧掉梅花头的螺栓数不宜多于该节点总螺栓数的 5%。

9）涂层不应有漏涂，表面不应存在脱皮、泛锈、龟裂和起泡等缺陷，不应出现裂缝，涂层应均匀，无明显皱皮、流坠、乳突、针眼和气泡等。涂层与钢基材之间和各涂层之间应粘结牢固，无空鼓、脱层、明显凹陷、粉化松散和浮浆等缺陷。

1.9.2 表面质量磁粉检测

表面质量磁粉检测适用于铁磁性材料熔化焊焊缝表面或近表面缺陷的检测。

1）磁粉探伤装置应根据被测工件的形状、尺寸和表面状态选择，并应满足检测灵敏度的要求。对于磁轭法检测装置，当极间距离为 150mm、磁极与试件表面间隙为 0.5mm 时，其交流电磁轭提升力应大于 45N，直流电磁轭提升力应大于 177N。对接管子和其他特殊试件焊缝的检测，可采用线圈法、平行电缆法等。对于铸钢件，可采用通过支杆直接通电的触头法，触头间距宜为 75～200mm。

2）磁悬液施加装置应能均匀地喷洒磁悬液到试件上。磁粉探伤仪的其他装置应符合现行国家标准《无损检测 磁粉检测 第 3 部分：设备》GB/T 15822.3—2024 的有关规定。磁粉检测中的磁悬液可选用油剂或水剂作为载液。常用的油剂可选用无味煤油、变压器油、煤油与变压器油的混合液；常用的水剂可选用含有润滑剂、防锈剂、消泡剂等的水溶液。

3）配制磁悬液时，应先将磁粉或磁膏用少量载液调成均匀状，再在连续搅拌中缓慢加入所需载液，应使磁粉均匀弥散在载液中，直至磁粉和载液达到规定比例。磁悬液的检验应按现行国家标准《无损检测 磁粉检测 第 2 部分：检测介质》GB/T 15822.2—2024 规定的方法进行。

4）对用非荧光磁粉配置的磁悬液，磁粉配制浓度宜为 10～25g/L；对用荧光磁粉配置的磁悬液，磁粉配制浓度宜为 1～2g/L。用荧光磁悬液检测时，应采用黑光灯照射装置。当照射距离试件表面为 380mm 时，测定紫外线辐射强度不应小于 10W/m²。

5）检查磁粉探伤装置、磁悬液的综合性能及检定被检区域内磁场的分布规律等可用灵敏度试片进行测试。A 型灵敏度试片应采用 100μm 厚的软磁材料制成；型号有 1 号、2 号和 3 号三种，其人工槽深度应分别为 15μm、30μm 和 60μm。A 型灵敏度试片的几何尺寸应符合《钢结构现场检测技术标准》GB/T 50621—2010 第 5.2.10 条的规定。

6）当磁粉检测中使用 A 型灵敏度试片有困难时，可用与 A 型材质和灵敏度相同的 C 型灵敏度试片代替。C 型灵敏度试片厚度应为 50μm，人工槽深度应为 15μm，其几何尺寸应符合《钢结构现场检测技术标准》GB/T 50621—2010 第 5.2.11 条的规定。

7）在连续磁化法中使用的灵敏度试片，应将刻有人工槽的一侧与被检试件表面紧贴。可在灵敏度试片边缘用胶带粘贴，但胶带不得覆盖试片上的人工槽。

8）磁粉检测应按照预处理、磁化、施加磁悬液、磁痕观察与记录、后处理等步骤进行。预处理应符合下列要求：

（1）应对试件探伤面进行清理，清除检测区域内试件上的附着物（油漆、油脂、涂料、焊接飞浅、氧化皮等）；在对焊缝进行磁粉检测时，清理区域应由焊缝向两侧母材方向各延伸 20mm 的范围；

（2）根据工件表面的状况、试件使用要求，选用油剂载液或水剂载液；

（3）根据现场条件、灵敏度要求，确定用非荧光磁粉或荧光磁粉；

（4）根据被测试件的形状、尺寸选定磁化方法。

9）磁化应符合下列规定：

（1）磁化时，磁场方向宜与探测的缺陷方向垂直，与探伤面平行；

（2）当无法确定缺陷方向或有多个方向的缺陷时，应采用旋转磁场或采用两次不同方向的磁化方法；采用两次不同方向的磁化时，两次磁化方向间应垂直；

（3）检测时，应先放置灵敏度试片在试件表面，检验磁场强度和方向以及操作方法是否正确；

（4）用磁轭检测时，应有覆盖区，磁轭每次移动的覆盖部分应在 10 ~ 20mm 之间；

（5）用触头法检测时，每次磁化的长度宜为 75 ~ 200mm；检测过程中，应保持触头端干净，触头与被检表面接触应良好，电极下宜采用衬垫；

（6）探伤装置在被检部位放稳后方可接通电源，移去时应先断开电源。

10）在施加磁悬液时，可先喷洒一遍磁悬液使被测部位表面湿润，在磁化时再次喷洒磁悬液。磁悬液宜喷洒在行进方向的前方，磁化应一直持续到磁粉施加完成为止，形成的磁痕不应被流动的液体所破坏。

11）磁痕观察与记录应按下列要求进行：

（1）磁痕的观察应在磁悬液施加形成磁痕后立即进行；

（2）采用非荧光磁粉时，应在能清楚识别磁痕的自然光或灯光下进行观察（观察面亮度应大于 500lx）；采用荧光磁粉时，应使用符合《钢结构现场检测技术标准》GB/T 50621—2010 第 5.2.8 条规定的黑光灯装置，并应在能识别荧光磁痕的亮度下进行观察（观察面亮度应小于 20lx）；

（3）应对磁痕进行分析判断，区分缺陷磁痕和非缺陷磁痕；

（4）可采用照相、绘图等方法记录缺陷的磁痕。

12）检测完成后，应按下列要求进行后处理：

（1）被测试件因剩磁而影响使用时，应及时进行退磁；

（2）对被测部位表面应清除磁粉并清洗干净，必要时应进行防锈处理。

13）磁粉检测可允许有线型缺陷和圆型缺陷存在。当缺陷磁痕为裂纹缺陷时，应直接评定为不合格。评定为不合格时，应对其进行返修，返修后应进行复检。返修复检部位应在检测报告的检测结果中标明。

1.9.3　表面质量渗透检测

表面质量渗透检测适用于钢结构焊缝表面开口性缺陷的检测。

1）渗透剂、清洗剂、显像剂等渗透检测剂的质量应符合无损检测渗透检测用材料的有关规定。并宜采用成品套装喷罐式渗透检测剂。采用喷罐式渗透检测剂时，其喷罐表面不得有锈蚀，喷罐不得出现泄漏。应使用同一厂家生产的同一系列配套渗透检测剂，不得将不同种类的检测剂混合使用。

2）现场检测宜采用非荧光着色渗透检测，渗透剂可采用喷罐式的水洗型或溶剂去除型，显像剂可采用快干式的湿显像剂。

3）渗透检测应配备铝合金试块（A型对比试块）和不锈钢镀铬试块（B型灵敏度试块），其技术要求应符合现行行业标准《无损检测　渗透试体通用规范》JB/T 6064—2015的有关规定。

4）试块的选用应符合下列规定：

（1）当进行不同渗透检测剂的灵敏度对比试验、同种渗透检测剂在不同环境温度条件下的灵敏度对比试验时，应选用铝合金试块（A型对比试块）；

（2）当检验渗透检测剂系统灵敏度是否满足要求及操作工艺正确性时，应选用不锈钢镀铬试块（B型灵敏度试块）。

5）试块灵敏度的分级应符合下列规定：

（1）当采用不同灵敏度的渗透检测剂系统进行渗透检测时，不锈钢镀铬试块（B型灵敏度试块）上可显示的裂纹区号应符合表1.9-1的规定；

不同灵敏度等级下显示的裂纹区号　　　　　　　　　　　表1.9-1

检测系统的灵敏度	显示的裂纹区号	检测系统的灵敏度	显示的裂纹区号
低	2~3	高	4~5
中	3~4	—	—

（2）不锈钢镀铬试块（B型灵敏度试块）裂纹区的长径显示尺寸应符合表1.9-2的规定。

不锈钢镀铬试块裂纹区的长径显示尺寸　　　　　　　　　表1.9-2

裂纹区号	1	2	3	4	5
裂纹长径（mm）	5.5~6.5	3.7~4.5	2.7~3.5	1.6~2.4	0.8~1.6

6）检测灵敏度等级的选择应符合下列规定：

（1）焊缝及热影响区应采用"中灵敏度"检测，使其在不锈钢镀铬试块（B型灵敏度试块）中可清晰显示"3～4"号裂纹；

（2）焊缝母材机加工坡口、不锈钢工件应采用"高灵敏度"检测，使其在不锈钢镀铬试块（B型灵敏度试块）中可清晰显示"4～5"号裂纹。

7）渗透检测应按照预处理、施加渗透剂、去除多余渗透剂、干燥、施加显像剂、观察与记录、后处理等步骤进行。

8）预处理应符合下列规定：

（1）对检测面上的铁锈、氧化皮、焊接飞溅物、油污以及涂料应进行清理。应清理从检测部位边缘向外扩展30mm的范围；机加工检测面的表面粗糙度（Ra）不宜大于12.5μm，非机械加工面的粗糙度不得影响检测结果；

（2）对清理完毕的检测面应进行清洗；检测面应充分干燥后，方可施加渗透剂。

9）施加渗透剂时，可采用喷涂、刷涂等方法，使被检测部位完全被渗透剂所覆盖。在环境及工件温度为10～50℃的条件下，保持湿润状态不应少于10min。

10）去除多余渗透剂时，可先用无绒洁净布进行擦拭。在擦除检测面上大部分多余的渗透剂后，再用蘸有清洗剂的纸巾或布在检测面上朝一个方向擦洗，直至将检测面上残留的渗透剂全部擦净。

11）清洗处理后的检测面，经自然干燥或用布、纸擦干或用压缩空气吹干。干燥时间宜控制在5～10min之间。

12）宜使用喷罐型的快干湿式显像剂进行显像。使用前应充分摇动，喷嘴宜控制在距检测面300～400mm处进行喷涂，喷涂方向宜与被检测面成30°～40°的夹角。喷涂应薄而均匀，不应在同一处多次喷涂，不得将湿式显像剂倾倒至被检面上。

13）迹痕观察与记录应按下列要求进行：

（1）施加显像剂后宜停留7～30min后，方可在光线充足的条件下观察迹痕显示情况；

（2）当检测面较大时，可分区域检测；

（3）对细小迹痕，可用5～10倍放大镜进行观察；

（4）缺陷的迹痕可采用照相、绘图、粘贴等方法记录。

14）检测完成后，应将检测面清理干净。

15）渗透检测可允许有线形缺陷和圆形缺陷存在。当缺陷迹痕为裂纹缺陷时，应直接评定为不合格。评定为不合格时，应对其进行返修。返修后应进行复检。返修复检部位应在检测报告的检测结果中标明。

1.9.4 内部缺陷超声检测

内部缺陷超声检测适用于母材厚度不小于8mm、曲率半径不小于160mm的碳素结构钢和低合金高强度结构钢对接全熔透焊缝，使用A型脉冲反射法手工超声波的质量检测。对于母材壁厚为 4～8mm、曲率半径为 60～160mm 的钢管对接焊缝与相贯节点焊缝，应按照现行行业标准《钢结构超声波探伤及质量分级法》JG/T 203—2007 的有关规定执行。

1）根据质量要求，检验等级可按下列规定划分为 A、B、C 三级：

（1）A 级检验：采用一种角度探头在焊缝的单面单侧进行检验，只对允许扫查到的焊缝截面进行探测。一般可不要求作横向缺陷的检验。母材厚度大于 50mm 时，不得采用 A 级检验。

（2）B 级检验：宜采用一种角度探头在焊缝的单面双侧进行检验，对整个焊缝截面进行探测。母材厚度大于 100mm 时，应采用双面双侧检验；当受构件的几何条件限制时，可在焊缝的双面单侧采用两种角度的探头进行探伤；条件允许时，要求作横向缺陷的检验。

（3）C 级检验：至少应采用两种角度探头在焊缝的单面双侧进行检验，且应同时作两个扫查方向和两种探头角度的横向缺陷检验。母材厚度大于 100mm 时，宜采用双面双侧检验。

2）钢结构焊缝质量的超声波探伤检验等级应根据工件的材质、结构、焊接方法、受力状态选择。当结构设计和施工上无特别规定时，钢结构焊缝质量的超声波探伤检验等级宜选用 B 级。

3）钢结构中 T 形接头、角接接头的超声波检测，除用平板焊缝中提供的各种方法外，尚应考虑到各种缺陷的可能性。在选择探伤面和探头时，宜使声束垂直于该焊缝中的主要缺陷。在对 T 形接头、角接接头进行超声波检测时，探伤面和探头的选择应符合《钢结构现场检测技术标准》GB/T 50621—2010 附录 D 的规定。

4）模拟式和数字式的 A 型脉冲反射式超声仪的主要技术指标应符合表 1.9-3 的规定。

A 型脉冲反射式超声仪的主要技术指标 表 1.9-3

仪器部件	项目	技术指标
超声仪主机	工作频率	2～5MHz
	水平线性	≤ 1%
	垂直线性	≤ 5%
	衰减器或增益器总调节量	≥ 80dB
	衰减器或增益器每档步进量	≤ 2dB
	衰减器或增益器任意 12dB 内误差	≤ ±1dB
探头	声束轴线水平偏离角	≤ 2°
	折射角偏差	≤ 2°
	前沿偏差	≤ 1mm

续表

仪器部件	项目	技术指标
超声仪主机与探头的系统	在达到所需要的最大检测声程时，其有效灵敏度余量	≥ 10dB
	远场分辨率	直探头：≥ 30dB 斜探头：≥ 6dB

5）超声仪、探头及系统性能的检查应按现行行业标准《无损检测　A 型脉冲反射式超声检测系统工作性能测试方法》JB/T 9214—2010 规定的方法测试，其周期检查项目及时间应符合表 1.9-4 的规定。

超声仪、探头及系统性能的周期检查项目及时间　　　表 1.9-4

检查项目	检查时间
前沿距离折射角或 K 值偏离角	开始使用及每隔 5 个工作日
灵敏度余量分辨率	开始使用、修理后及每隔 1 个月
超声仪的水平线性超声仪的垂直线性	开始使用、修理后及每隔 3 个月

6）探头的选择应符合下列规定：

（1）纵波直探头的晶片直径宜在 10 ~ 20mm 的范围内，频率宜为 1.0 ~ 5.0MHz。

（2）横波斜探头应选用在钢中的折射角为 45°、60°、70° 或 K 值为 1.0、1.5、2.0、2.5、3.0 的横波斜探头，其频率宜为 2.0 ~ 5.0MHz。

（3）纵波双晶探头两晶片之间的声绝缘应良好，且晶片的面积不应小于 150mm^2。

（4）探伤面与斜探头的折射角 β（或 K 值）应根据材料厚度、焊缝坡口形式等因素选择，检测不同板厚所用探头角度宜按表 1.9-5 采用。

不同板厚所用探头角度　　　表 1.9-5

板厚 8（mm）	检验等级			探伤法	推荐的折射角 β（K 值）
	A 级	B 级	C 级		
8 ~ 25	单面单侧	单面双侧或双面单侧		直射法及一次反射法	70°（K2.5）
25 ~ 50					70° 或 60°（K2.5 或 K2.0）
50 ~ 100	—			直射法	45° 和 60° 并用或 45° 和 70° 并用 （K1.0 和 K2.0 并用或 K1.0 和 K2.5 并用）
>100	—	双面双侧			45° 和 60° 并用 （K1.0 和 K2.0 并用）

7）标准试块的制作技术要求应符合现行行业标准《无损检测　渗透试体通用规范》JB/T 6064—2015 的有关规定。

8）对比试块的形状和尺寸应与《钢结构现场检测技术标准》GB/T 50621—2010

第 7.2.5 条的要求相符。对比试块应采用与被检测材料相同或声学特性相近的钢材制成。

9）检测前，应对超声仪的主要技术指标（如斜探头入射点、斜率 K 值或角度）进行检查确认；应根据所测工件的尺寸调整仪器时基线，并应绘制距离 - 波幅（DAC）曲线。

10）距离 - 波幅（DAC）曲线应由选用的仪器、探头系统在对比试块上的实测数据绘制而成。当探伤面曲率半径 R 小于等于 $W^2/4$ 时，距离 - 波幅（DAC）曲线的绘制应在曲面对比试块上进行。距离 - 波幅（DAC）曲线的绘制应符合下列要求：

（1）绘制成的距离 - 波幅曲线应符合《钢结构现场检测技术标准》GB/T 50621—2010 第 7.3.2 条的规定，应由评定线 EL、定量线 SL 和判废线 RL 组成。评定线与定量线之间（包括评定线）的区域规定为Ⅰ区，定量线与判废线之间（包括定量线）的区域规定为Ⅱ区，判废线及其以上区域规定为Ⅲ区。

（2）不同检验等级所对应的灵敏度要求应符合表 1.9-6 的规定。表中的 DAC 应以 $\phi 3$ 横通孔作为标准反射体绘制距离 - 波幅曲线（即 DAC 曲线）。在满足被检工件最大测试厚度的整个范围内绘制的距离 - 波幅曲线在探伤仪荧光屏上的高度不得低于满刻度的 20%。

距离 - 波幅曲线的灵敏度　　　　　　　　　　　表 1.9-6

距离 - 波幅曲线板厚（mm） 检验等级	A 级	B 级	C 级
	8 ~ 50	8 ~ 300	8 ~ 300
判废线	DAC	DAC-4dB	DAC-2dB
定量线	DAC-10dB	DAC-10dB	DAC-8dB
评定线	DAC-16dB	DAC-16dB	DAC-14dB

11）超声波检测应包括探测面的修整、涂抹耦合剂、探伤作业、缺陷的评定等步骤。

12）检测前应对探测面进行修整或打磨，清除焊接飞溅、油垢及其他杂质，表面粗糙度不应超过 6.3μm。当采用一次反射或串列式扫查检测时，一侧修整或打磨区域宽度应大于 $2.5K\delta$；当采用直射检测时，一侧修整或打磨区域宽度应大于 $1.5K\delta$。

13）应根据工件的不同厚度选择仪器时基线水平、深度或声程的调节。当探伤面为平面或曲率半径 R 大于 $W^2/4$ 时，可在对比试块上进行时基线的调节；当探伤面曲率半径 R 小于等于 $W^2/4$ 时，探头楔块应磨成与工件曲面相吻合的形状，反射体的布置可参照对比试块确定，试块宽度应按下式进行计算：

$$b \geqslant 2\lambda S / D_e \qquad (1.9.4\text{-}1)$$

式中　b——试块宽度（mm）；

λ——波长（mm）；

S——声程（mm）；

D_e——声源有效直径（mm）。

14）当受检工件的表面耦合损失及材质衰减与试块不同时，宜考虑表面补偿或材质补偿。

15）耦合剂应具有良好透声性和适宜流动性，不应对材料和人体有损伤作用，同时应便于检测后清理。当工件处于水平面上检测时，宜选用液体类耦合剂；当工件处于竖立面检测时，宜选用糊状类耦合剂。

16）探伤灵敏度不应低于评定线灵敏度。扫查速度不应大于150mm/s，相邻两次探头移动区域应保持有探头宽度10%的重叠。在查找缺陷时，扫查方式可选用锯齿形扫查、斜平行扫查和平行扫查。为确定缺陷的位置、方向、形状，观察缺陷动态波形，可采用前后、左右、转角和环绕四种探头扫查方式。

17）对所有反射波幅超过定量线的缺陷，均应确定其位置、最大反射波幅所在区域和缺陷指示长度。缺陷指示长度的测定可采用以下两种方法：

（1）当缺陷反射波只有一个高点时，宜用降低6dB相对灵敏度法测定其长度；

（2）当缺陷反射波有多个高点时，则宜以缺陷两端反射波极大值之处的波高降低6dB之间探头的移动距离，作为缺陷的指示长度；

（3）当缺陷反射波在Ⅰ区未达到定量线时，如探伤者认为有必要记录时，可将探头左右移动，使缺陷反射波幅降低到评定线，以此测定缺陷的指示长度。

18）在确定缺陷类型时，可将探头对准缺陷作平动和转动扫查，观察波形的相应变化，并可结合操作者的工程经验作出判断。

19）位于DAC曲线Ⅱ区的非危险性缺陷，其指示长度小于10mm时，可按5mm计。在检测范围内，相邻两个缺陷间距不大于8mm时，两个缺陷指示长度之和作为单个缺陷的指示长度；相邻两个缺陷间距大于8mm时，两个缺陷分别计算各自指示长度。

20）最大反射波幅位于Ⅱ区的非危险性缺陷，可根据缺陷指示长度 ΔL 进行评级。不同检验等级，不同焊缝质量评定等级的缺陷指示长度限值应符合表1.9-7的规定。

焊缝质量评定等级的缺陷指示长度限值（mm） 表 1.9-7

检验等级	评定等级	A 级	B 级	C 级
	板厚（mm）	8～50	8～300	8～300
Ⅱ		$3\delta/4$，最小12	$2\delta/3$，最小12，最大50	$\delta/2$，最小10，最大30
Ⅲ		δ，最小20	$3\delta/4$，最小16，最大75	$2\delta/3$，最小12，最大50
Ⅳ		超过Ⅲ级者		

注：焊缝两侧母材厚度 δ 不同时，取较薄侧母材厚度。

21）最大反射波幅不超过评定线（未达到Ⅰ区）的缺陷应评为Ⅰ级。最大反射波幅超过评定线，但低于定量线的非裂纹类缺陷应评为Ⅰ级。最大反射波幅超过评定线的缺陷，检测人员判定为裂纹等危害性缺陷时，无论其波幅和尺寸如何均应评定为Ⅳ级。除了非危险性的点状缺陷外，最大反射波幅位于Ⅲ区的缺陷，无论其指示长度如何，均应评定为Ⅳ级。

22）不合格的缺陷应进行返修，返修部位及热影响区应重新进行检测与评定。

1.9.5 高强度螺栓终拧扭矩检测

高强度螺栓终拧扭矩检测适合于钢结构高强度螺栓连接副终拧扭矩（以下简称高强度螺栓终拧扭矩）的检测。对高强度螺栓终拧扭矩的施工质量检测，应在终拧 1h 之后、48h 之内完成。

1）扭矩扳手示值相对误差的绝对值不得大于测试扭矩值的 3%。扭矩扳手宜具有峰值保持功能。

2）扭矩扳手的最大量程应根据高强度螺栓的型号、规格进行选择。工作值宜控制在被选用扳手量限值 20% ~ 80% 的范围内。

3）在对高强度螺栓的终拧扭矩进行检测前，应清除螺栓及周边涂层。螺栓表面有锈蚀时，应进行除锈处理。

4）对高强度螺栓终拧扭矩的检测，应经外观检查或小锤敲击检查合格后进行。

5）高强度螺栓终拧扭矩检测时，先在螺尾端头和螺母相对位置画线，然后将螺母拧松 60°，再用扭矩扳手重新拧紧 60° ~ 62°，此时的扭矩值应作为高强度螺栓终拧扭矩的实测值。

6）检测时，施加的作用力应位于扭矩扳手手柄尾端，用力应均匀、缓慢。除有专用配套的加长柄或套管外，不得在尾部加长柄或套管的情况下，测定高强度螺栓的终拧扭矩。

7）扭矩扳手经使用后，应擦拭干净放入盒内。

8）长期不用的扭矩扳手，在使用前应先预加载 3 次，使内部工作机构被润滑油均匀润滑。

9）高强度螺栓终拧扭矩的实测值宜在（0.9 ~ 1.1）T_c 的范围内。

10）小锤敲击检查发现有松动的高强度螺栓，应直接判定其终拧扭矩不合格。

1.9.6 变形检测

变形检测适用于钢结构或构件变形检测。变形检测可分为结构整体垂直度、整体平面弯曲以及构件垂直度、弯曲变形、跨中挠度等项目。在对钢结构或构件变形进行检测前，宜先清除饰面层；当构件各测试点饰面层厚度接近，且不明显影响评定结果，可不清除饰面层。

1）钢结构或构件变形的测量可采用水准仪、经纬仪、激光垂准仪或全站仪等仪器。

2）用于钢结构或构件变形的测量仪器及其精度宜符合现行行业标准《建筑变形测量规范》JGJ 8—2016 的有关规定，变形测量级别可按三级考虑。

3）应以设置辅助基准线的方法，测量结构或构件的变形；对变截面构件和有预起拱的结构或构件，尚应考虑其初始位置的影响。

4）测量尺寸不大于 6m 的钢构件变形，可用拉线、吊线坠的方法，并应符合下列规定：

（1）测量构件弯曲变形时，从构件两端拉紧一根细钢丝或细线，然后测量跨中位置构件与拉线之间的距离，该数值即为构件的变形。

（2）测量构件的垂直度时，从构件上端吊一线坠直至构件下端。当线坠处于静止状态后，测量吊坠中心与构件下端的距离，该数值即为构件的顶端侧向水平位移。

5）测量跨度大于 6m 的钢构件挠度，宜采用全站仪或水准仪，并按下列方法进行检测：

（1）钢构件挠度观测点应沿构件的轴线或边线布设，每一构件不得少于 3 点；

（2）将全站仪或水准仪测得的两端和跨中的读数相比较，可求得构件的跨中挠度；

（3）钢网架结构总拼完成及屋面工程完成后的挠度值检测，对跨度 24m 及以下钢网架结构测量下弦中央一点；对跨度 24m 以上钢网架结构测量下弦中央一点及各向下弦跨度的四等分点。

6）尺寸大于 6m 的钢构件垂直度、侧向弯曲矢高以及钢结构整体垂直度与整体平面弯曲宜采用全站仪或经纬仪检测。可用计算测点间的相对位置差的方法来计算垂直度或弯曲度，也可采用通过仪器引出基准线，放置量尺直接读取数值的方法。

7）当测量结构或构件垂直度时，仪器应架设在与倾斜方向成正交的方向线上，且宜距被测目标 1~2 倍目标高度的位置。

8）钢构件、钢结构安装主体垂直度检测，应测量钢构件、钢结构安装主体顶部相对于底部的水平位移与高差，并分别计算垂直度及倾斜方向。

9）当用全站仪检测，且现场光线不佳、起灰尘、有振动时，应用其他仪器对全站仪的测量结果进行对比判断。

10）在建钢结构或构件变形应符合设计要求和现行国家标准《钢结构工程施工质量验收标准》GB 50205—2020、《钢结构设计标准》GB 50017—2017 等的有关规定。

11）既有钢结构或构件变形应符合现行国家标准《民用建筑可靠性鉴定标准》GB 50292—2015、《工业建筑可靠性鉴定标准》GB 50144—2019 等的有关规定。

1.9.7 钢材厚度检测

钢材厚度检测适用于超声波原理测量钢结构构件的厚度。钢材的厚度应在构件的 3 个不同部位进行测量，取 3 处测试值的平均值作为钢材厚度的代表值。对于受腐蚀后的构件厚度，应将腐蚀层除净、露出金属光泽后再进行测量。

1）超声测厚仪的主要技术指标应符合表 1.9-8 的规定。

超声测厚仪的主要技术指标　　　　　　　　　　　　　　表 1.9-8

项目	技术指标
显示最小单位	0.1mm
工作频率	5MHz
测量范围	板材：1.2 ~ 200mm，管材下限：920 × 3
测量误差	±（8/100+0.1）mm，δ 为被测构件的厚度
灵敏度	能检出距探测面 80mm，直径 2mm 的平底孔

2）超声测厚仪应随机配有校准用的标准块。

3）在对钢结构钢材厚度进行检测前，应清除表面油漆层、氧化皮、锈蚀等，并打磨至露出金属光泽。

4）检测前应预设声速，并应用随机标准块对仪器进行校准，经校准后方可进行测试。

5）将耦合剂涂于被测处，耦合剂可用机油、化学浆糊等。在测量小直径管壁厚度或工件表面较粗糙时，可选用黏度较大的甘油。

6）将探头与被测构件耦合即可测量，接触耦合时间宜保持 1 ~ 2s。在同一位置，宜将探头转过 90° 后作二次测量，取二次的平均值作为该部位的代表值。在测量管材壁厚时，宜使探头中间的隔声层与管子轴线平行。

7）测厚仪使用完毕后，应擦去探头及仪器上的耦合剂和污垢，保持仪器的清洁。

8）钢材的厚度偏差应以设计图纸规定的尺寸为基准进行计算，并符合相应产品标准的规定。

1.9.8　钢材品种检测

采用化学成分分析方法判断国产结构钢钢材的品种。取样所用工具、机械、容器等应预先进行清洗。

1）钢材取样时，应避开钢结构在制作、安装过程中有可能受切割火焰、焊接等热影响的部位。

2）在取样部位可用钢锉打磨构件表面，除去表面油漆、锈斑，直至露出金属光泽。

3）屑状试样宜采用电钻钻取。同一构件钢材宜选取 3 个不同部位进行取样，每个部位的试样重量不宜少于 5g。取样过程中应避免过热而引起屑状试样发蓝、发黑的现象，也不得使用水、油或其他滑油剂。取样时，宜去掉钢材表面 1mm 以内的浅层试样。

4）宜采用化学分析法测定试样中 C、Mn、Si、S、P 五元素的含量。对于低合金高强度结构钢，必要时可进一步测定试样中 V、Nb、Ti 三元素的含量。

5）采用化学分析法测定钢材中 C、Mn、Si、S、P、V、Nb、Ti 等元素的含量时，其操作与测定应符合现行国家标准《钢铁 总碳硫含量的测定 高频感应炉燃烧后红外吸收法（常规方法）》GB/T 20123—2006 和《钢铁及合金化学分析方法 离子交换分离 -

溴邻苯三酚红光度法测定钽量》GB/T 223.42—1985 中相应元素化学分析方法的有关规定。

6）钢材的品种应根据钢材中 C、Mn、Si、S、P 五元素或 C、Mn、Si、S、P、V、Nb、Ti 八元素的含量，对照现行国家标准《碳素结构钢》GB/T 700—2006、《低合金高强度结构钢》GB/T 1591—2018 中的化学成分含量进行判别。

1.9.9　防腐涂层厚度检测

钢结构防腐涂层厚度的检测检测应在涂层干燥后进行。检测时构件的表面不应有结露。

1）同一构件应检测 5 处，每处应检测 3 个相距 50mm 的测点。测点部位的涂层应与钢材附着良好。

2）使用涂层测厚仪检测时，应避免电磁干扰。

3）防腐涂层厚度检测，应经外观检查合格后进行。

4）涂层测厚仪的最大量程不应小于 1200μm，最小分辨率不应大于 2μm，示值相对误差不应大于 3%。

5）测试构件的曲率半径应符合仪器的使用要求。在弯曲试件的表面上测量时，应考虑其对测试准确度的影响。

6）确定的检测位置应有代表性，在检测区域内分布宜均匀。检测前，应清除测试点表面的防火涂层、灰尘、油污等。

7）检测前对仪器应进行校准。校准宜采用二点校准，经校准后方可测试。

8）应使用与被测构件基体金属具有相同性质的标准片对仪器进行校准，也可用待涂覆构件进行校准。检测期间关机再开机后，应对仪器重新校准。

9）测试时，测点距构件边缘或内转角处的距离不宜小于 20mm。探头与测点表面应垂直接触，接触时间宜保持 1～2s，读取仪器显示的测量值，对测量值应进行打印或记录。

10）每处 3 个测点的涂层厚度平均值不应小于设计厚度的 85%，同一构件上 15 个测点的涂层厚度平均值不应小于设计厚度。

11）当设计对涂层厚度无要求时，涂层干漆膜总厚度：室外应为 150μm，室内应为 125μm，其允许偏差应为 −25μm。

1.9.10　防火涂层厚度检测

钢结构厚型防火涂层厚度检测的检测应在涂层干燥后进行。

1）楼板和墙体的防火涂层厚度检测，可选两相邻纵、横轴线相交的面积为一个构件，在其对角线上，按每米长度选 1 个测点，每个构件不应少于 5 个测点。

2）梁、柱构件的防火涂层厚度检测，在构件长度内每隔 3m 取一个截面，且每个构件不应少于 2 个截面。对梁、柱构件的检测截面，宜按照《钢结构现场检测技术标准》

GB/T 50621—2010 第 13.1.4 条的规定布置测点。

3）防火涂层厚度检测，应经外观检查合格后进行。

4）对防火涂层的厚度可采用探针和卡尺进行检测，用于检测的卡尺尾部应有可外伸的窄片。测量设备的量程应大于被测的防火涂层厚度。

5）检测设备的分辨率不应低于 0.5mm。

6）检测前应清除测试点表面的灰尘、附着物等，并应避开构件的连接部位。

7）在测点处，应将仪器的探针或窄片垂直插入防火涂层直至钢材防腐涂层表面，并记录标尺读数，测试值应精确到 0.5mm。

8）当探针不易插入防火涂层内部时，可采取防火涂层局部剥除的方法进行检测。剥除面积不宜大于 15mm × 15mm。

9）同一截面上各测点厚度的平均值不应小于设计厚度的 85%，构件上所有测点厚度的平均值不应小于设计厚度。

1.9.11　钢结构动力特性检测

钢结构动力特性的检测通过测试结构动力输入处和响应处的应变、位移、速度或加速度等时程信号，可获取结构的自振频率、模态振型、阻尼等结构动力性能参数。

1）符合下列情况之一的钢结构，宜对结构动力特性进行检测：

（1）需要进行抗震、抗风、工作环境或其他激励下的动力响应计算的结构；

（2）需要通过动力参数进行结构损伤识别和故障诊断的结构；

（3）在某种动力作用下，局部动力响应过大的结构。

2）应根据被测参数选择合适的位移计、速度计、加速度计和应变计，被测频率应落在传感器的频率响应范围内。

3）检测前应根据预估被测参数的最大幅值，选择合适的传感器和动态信号测试仪的量程范围，并应提高输出信号的信噪比。

4）动态信号测试仪应具备低通滤波，低通滤波截止频率应小于采样频率的 0.4 倍，并应防止信号发生频率混淆。

5）动态信号测试系统的精度、分辨率、线性度、时漂等参数，应符合国家现行有关标准的要求。

6）检测前应根据检测目的制定检测方案，必要时应进行计算。根据方案准备适合的信号测试系统。

7）结构动力特性检测可采用环境随机振动激励法。对于仅需要获得结构基本模态的，可采用初始位移法、重物撞击法等方法。如结构模态密集或结构特别重要且条件许可时，可采用稳态正弦激振方法或频率扫描法。对于大型复杂结构，宜采用多点激励法。对于单点激励法测试结果，必要时可采用多点激励法进行校核。

8）根据振动频率，确定动态信号测试仪采样间隔和采样时长；采样频率应满足采样定理的基本要求。

9）确定传感器的安装方式，安装谐振频率要远高于测试频率。

10）传感器安装位置宜避开振型节点和反节点处。

11）结构动力特性测试作业时，应保证不产生对结构性能有明显影响的损伤，也应避免环境对测试系统的干扰。

12）数据处理前，应对记录的信号进行零点漂移、波形和信号起始相位的检验。

13）对记录的信号可进行截断、去直流、积分、微分和数字滤波等信号预处理。

14）根据激励方式和结构特点，可选择时域、频域方法或小波分析等信号处理方法。

15）采用频域方法进行数据处理时，宜根据信号类型选择不同的窗函数处理。

16）检测数据处理后，应根据需要提供所测结构的自振频率、阻尼比和振型以及动力反应最大幅值、时程曲线、频谱曲线等分析结果。

1.10 民用建筑鉴定的规定

根据《民用建筑可靠性鉴定标准》GB 50292—2015 的规定，民用建筑鉴定对象可为整幢建筑或所划分的相对独立的鉴定单元，也可为其中某一子单元或某一构件集。鉴定的目标使用年限，应根据该民用建筑的使用史、当前安全状况和今后维护制度，由建筑产权人和鉴定机构共同商定。对需要采取加固措施的建筑，其目标使用年限应按现行相关结构加固设计规范的规定确定。

1.10.1 鉴定程序及工作内容

1. 民用建筑的鉴定程序

可按图 1.10-1 进行。从框图可知，这是一种系统性鉴定的工作程序。执行时，可根据问题的性质进行具体安排。例如：若遇到简单的问题，可予以适当简化；若遇到特殊的问题，可进行必要的调整和补充。

2. 工作内容

民用建筑可靠性鉴定的目的、范围和内容，应根据委托方提出的鉴定原因和要求，经初步调查后确定。

1）初步调查包括下列基本工作内容：

（1）查阅图纸资料。包括岩土工程勘察报告、设计计算书、设计变更记录、施工图、施工及施工变更记录、竣工图、竣工质检及包括隐蔽工程验收记录的验收文件、定点观测记录、事故处理报告、维修记录、历次加固改造图纸等。

（2）查询建筑物历史。包括原始施工、历次修缮、加固、改造、用途变更、使用

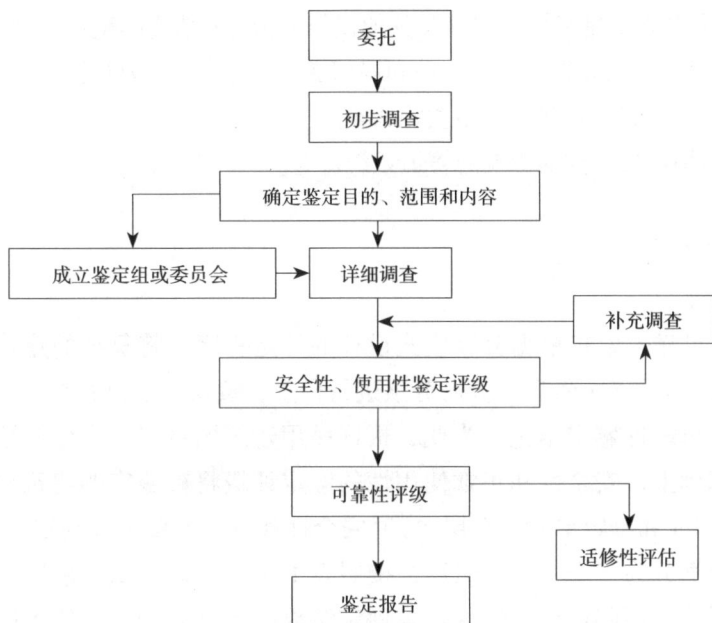

图 1.10-1　鉴定程序

条件改变以及受灾等情况。

（3）考察现场。按资料核对实物现状，调查建筑物实际使用条件和内外环境、查看已发现的问题、听取有关人员的意见等。

（4）填写初步调查表，并宜按《民用建筑可靠性鉴定标准》GB 50292—2015 附录 A 的格式填写。

（5）制定详细调查计划及检测、试验工作大纲并提出需要由委托方完成的准备工作。

2）详细调查根据实际需要，选择下列工作内容：

1）结构体系基本情况勘察：结构布置及结构形式；圈梁、构造柱、拉结件、支撑或其他抗侧力系统的布置；结构支承或支座构造；构件及其连接构造；结构细部尺寸及其他有关的几何参数。

2）结构使用条件调查核实：结构上的作用（荷载）；建筑物内外环境；使用史，包括荷载史、灾害史。

3）地基基础，包括桩基础的调查与检测：场地类别与地基土，包括土层分布及下卧层情况；地基稳定性；地基变形及其在上部结构中的反应；地基承载力的近位测试及室内力学性能试验；基础和桩的工作状态评估，当条件许可时，也可针对开裂、腐蚀或其他损坏等情况进行开挖检查；其他因素，包括地下水抽降、地基浸水、水质恶化、土壤腐蚀等的影响或作用。

4）材料性能检测分析：结构构件材料；连接材料；其他材料。

5）承重结构检查：构件和连接件的几何参数；构件及其连接的工作情况；结构支

承或支座的工作情况；建筑物的裂缝及其他损伤的情况；结构的整体牢固性；建筑物侧向位移，包括上部结构倾斜、基础转动和局部变形；结构的动力特性。

6）围护系统的安全状况和使用功能调查。

7）易受结构位移、变形影响的管道系统调查。

1.10.2 鉴定评级

1. 鉴定评级

民用建筑可靠性鉴定根据分级模式设计的评定程序，将复杂的建筑结构体系分为相对简单的若干层次；然后，分层分项进行检查，逐层逐步进行综合，以取得能满足实用要求的可靠性鉴定结论。为此，根据民用建筑的特点，在分析结构失效过程逻辑关系的基础上，安全性和正常使用性的鉴定评级将被鉴定的建筑物划分为构件（含连接）、子单元和鉴定单元三个层次，对安全性和可靠性鉴定分别划分为四个等级，对使用性鉴定划分为三个等级。然后，按照表 1.10-1 的规定每一层次各检查项目从第一层构件开始，逐层进行，依次检查评定结果确定其安全性、使用性和可靠性的等级。

各层次可靠性鉴定评级，应以该层次安全性和使用性的评定结果为依据综合确定。每一层次的可靠性等级应分为四级。当仅要求鉴定某层次的安全性或使用性时，检查和评定工作可只进行到该层次相应程序规定的步骤。在民用建筑可靠性鉴定过程中，当发现调查资料不足时，应及时组织补充调查。

可靠性鉴定评级的层次、等级划分、工作步骤和内容 表 1.10-1

层次		一	二	三
层名		构件	子单元	鉴定单元
	等级	a_u、b_u、c_u、d_u	A_u、B_u、C_u、D_u	A_{su}、B_{su}、C_{su}、D_{su}
安全性鉴定	地基基础	—	地基变形评级	地基基础评级
		按同类材料构件各检查项目评定单个基础等级	边坡场地稳定性评级	
			地基承载力评级	
	上部承重结构	按承载能力、构造、不适于承载的位移或损伤等检查项目评定单个构件等级	每种构件集评级	上部承重结构评级
			结构侧向位移评级	鉴定单元评级
		—	按结构布置、支撑、圈梁、结构间连系等检查项目评定结构整体性等级	
	围护系统承重部分	按上部承重结构检测项目及步骤评定围护系统承重部分各层次安全性等级		

层次		一	二		三
层名		构件	子单元		鉴定单元
使用性鉴定	等级	a_s、b_s、c_s	A_s、B_s、C_s		A_{ss}、B_{ss}、C_{ss}
	地基基础	—	按上部承重结构和围护系统工作状态评估地基基础等级		鉴定单元正常使用性评级
	上部承重结构	按位移、裂缝、风化、锈蚀等检查项目评定单个构件等级	每种构件集评级	上部承重结构评级	
			结构侧向位移评级		
	围护系统功能	—	按屋面防水、吊顶、墙、门窗、地下防水及其他防护设施等检查项目评定围护系统功能等级	围护系统评级	
		按上部承重结构检查项目及步骤评定围护系统承重部分各层次使用性等级			
可靠性鉴定	等级	a、b、c、d	A、B、C、D		Ⅰ、Ⅱ、Ⅲ、Ⅳ
	地基基础	以同层次安全性和正常使用性评定结果并列表达，或按《民用建筑可靠性鉴定标准》GB 50292—2015 规定的原则确定其可靠性等级			鉴定单元可靠性评级
	上部承重结构				
	围护系统				

注：1. 表中地基基础包括桩基和桩。

2. 表中使用性鉴定包括适用性鉴定和耐久性鉴定；对专项鉴定，耐久性等级符号也可按《民用建筑可靠性鉴定标准》GB 50292—2015 第 2.2.2 条的规定采用。

民用建筑适修性评估，应按每一子单元和鉴定单元分别进行，且评估结果应以不同的适修性等级表示。民用建筑耐久年限的评估，其鉴定结论宜归在使用性鉴定报告中。民用建筑可靠性鉴定工作完成后，应提出鉴定报告。

2. 鉴定评级标准

1）民用建筑安全性鉴定评级的各层次分级标准，应按表 1.10-2 的规定采用。

民用建筑安全性鉴定评级的各层次分级标准　　　　表 1.10-2

层次	鉴定对象	等级	分级标准	处理要求
一	单个构件或其检查项目	a_u	安全性符合《民用建筑可靠性鉴定标准》GB 50292—2015 对 a_u 级的规定，具有足够的承载能力	不必采取施
		b_u	安全性略低于《民用建筑可靠性鉴定标准》GB 50292—2015 对 a_u 级的规定，尚不显著影响承载能力	可不采取施
		c_u	安全性不符合《民用建筑可靠性鉴定标准》GB 50292—2015 对 a_u 级的规定，显著影响承载能力	应采取措施
		d_u	安全性不符合《民用建筑可靠性鉴定标准》GB 50292—2015 对 a_u 级的规定，已严重影响承载能力	必须及时或立即采取措施

层次	鉴定对象	等级	分级标准	处理要求
二	子单元或子单元中的某种构件集	A_u	安全性符合《民用建筑可靠性鉴定标准》GB 50292—2015 对 A_u 级的规定，不影响整体承载	可能有个别一般构件应采取措施
		B_u	安全性略低于《民用建筑可靠性鉴定标准》GB 50292—2015 对 A_u 级的规定，尚不显著影响整体承载	可能有极少数构件应采取措施
		C_u	安全性不符合《民用建筑可靠性鉴定标准》GB 50292—2015 对 A_u 级的规定，显著影响整体承载	应采取措施且可能有极少数构件必须立即采取措施
		D_u	安全性极不符合《民用建筑可靠性鉴定标准》GB 50292—2015 对 A_u 级的规定，严重影响整体承载	必须立即采取措施
三	鉴定单元	A_{su}	安全性符合《民用建筑可靠性鉴定标准》GB 50292—2015 对 A_{su} 级的规定，不影响整体承载	可能有极少数一般构件应采取措施
		B_{su}	安全性略低于《民用建筑可靠性鉴定标准》GB 50292—2015 对 A_{su} 级的规定，尚不显著影响整体承载	可能有极少数构件应采取措施
		C_{su}	安全性不符合《民用建筑可靠性鉴定标准》GB 50292—2015 对 A_{su} 级的规定，显著影响整体承载	应采取措施且可能有极少数构件必须及时采取措施
		D_{su}	安全性严重不符合《民用建筑可靠性鉴定标准》GB 50292—2015 对 A_{su} 级的规定，严重影响整体承载	必须立即采取措施

注：1. 本标准对 a_u 级和 A_u 级的具体规定以及对其他各级不符合该规定的允许程度，分别由《民用建筑可靠性鉴定标准》GB 50292—2015 第 5 章、第 7 章及第 9 章给出；

2. 表中关于"不必采取措施"和"可不采取措施"的规定，仅对安全性鉴定而言，不包括使用性鉴定所要求采取的措施。

2）民用建筑使用性鉴定评级的各层次分级标准，应按表 1.10-3 的规定采用。

民用建筑使用性鉴定评级的各层次分级标准 表 1.10-3

层次	鉴定对象	等级	分级标准	处理要求
一	单个构件或其检查项目	a_s	使用性符合《民用建筑可靠性鉴定标准》GB 50292—2015 对 a_s 级的规定，具有正常的使用功能	不必采取措施
		b_s	使用性略低于《民用建筑可靠性鉴定标准》GB 50292—2015 对 a_s 级的规定，尚不显著影响使用功能	可不采取措施
		c_s	使用性不符合《民用建筑可靠性鉴定标准》GB 50292—2015 对 a_s 级的规定，显著影响使用功能	应采取措施
二	子单元或子单元中的某种构件集	A_s	使用性符合《民用建筑可靠性鉴定标准》GB 50292—2015 对 A_s 级的规定，不影响整体使用功能	可能有极少数一般构件应采取措施
		B_s	使用性略低于《民用建筑可靠性鉴定标准》GB 50292—2015 对 A_s 级的规定，尚不显著影响整体使用功能	可能有极少数构件应采取措施
		C_s	使用性不符合《民用建筑可靠性鉴定标准》GB 50292—2015 对 A_s 级的规定，显著影响整体使用功能	应采取措施
三	鉴定单元	A_{ss}	使用性符合《民用建筑可靠性鉴定标准》GB 50292—2015 对 A_{ss} 级的规定，不影响整体使用功能	可能有极少数一般构件应采取措施
		B_{ss}	使用性略低于《民用建筑可靠性鉴定标准》GB 50292—2015 对 A_{ss} 级的规定，尚不显著影响整体使用功能	可能有极少数构件应采取措施

层次	鉴定对象	等级	分级标准	处理要求
三	鉴定单元	C_{ss}	使用性不符合《民用建筑可靠性鉴定标准》GB 50292—2015 对 A_{ss} 级的规定,显著影响整体使用功能	应采取措施

注:1.《民用建筑可靠性鉴定标准》GB 50292—2015 对 a_s 级和 A_s 级的具体规定以及对其他各级不符合该规定的允许程度,分别由《民用建筑可靠性鉴定标准》GB 50292—2015 第 6 章、第 8 章及第 9 章给出;

　　2. 表中关于"不必采取措施"和"可不采取措施"的规定,仅对使用性鉴定而言,不包括安全性鉴定所要求采取的措施;

　　3. 当仅对耐久性问题进行专项鉴定时,表中"使用性"可直接改称为"耐久性"。

3)民用建筑可靠性鉴定评级的各层次分级标准,应按表 1.10-4 的规定采用。

民用建筑可靠性鉴定评级的各层次分级标准　　　　　表 1.10-4

层次	鉴定对象	等级	分级标准	处理要求
一	单个构件或其检查项目	a	可靠性符合《民用建筑可靠性鉴定标准》GB 50292—2015 对 a 级的规定,具有正常的承载功能和使用功能	不必采取措施
		b	可靠性略低于《民用建筑可靠性鉴定标准》GB 50292—2015 对 a 级的规定,尚不显著影响承载功能和使用功能	可不采取措施
		c	可靠性不符合《民用建筑可靠性鉴定标准》GB 50292—2015 对 a 级的规定,显著影响承载功能和使用功能	应采取措施
		d	可靠性极不符合《民用建筑可靠性鉴定标准》GB 50292—2015 对 a 级的规定,已严重影响安全	必须及时或立即采取措施
二	子单元或子单元中的某种构件集	A	可靠性符合《民用建筑可靠性鉴定标准》GB 50292—2015 对 A 级的规定,不影响整体承载功能和使用功能	可能有个别一般构件应采取措施
		B	可靠性略低于《民用建筑可靠性鉴定标准》GB 50292—2015 对 A 级的规定,但尚不显著影响整体承载功能和使用功能	可能有极少数构件应采取措施
		C	可靠性不符合《民用建筑可靠性鉴定标准》GB 50292—2015 对 A 级的规定,显著影响整体承载功能和使用功能	应采取措施,且可能有极少数构件必须及时采取措施
		D	可靠性极不符合《民用建筑可靠性鉴定标准》GB 50292—2015 对 A 级的规定,已严重影响安全	必须及时或立即采取措施
三	鉴定单元	I	可靠性符合《民用建筑可靠性鉴定标准》GB 50292—2015 对 I 级的规定,不影响整体承载功能和使用功能	可能有极少数一般构件应在安全性或使用性方面采取措施
		II	可靠性略低于《民用建筑可靠性鉴定标准》GB 50292—2015 对 I 级的规定,尚不显著影响整体承载功能和使用功能	可能有极少数构件应在安全性或使用性方面采取措施
		III	可靠性不符合《民用建筑可靠性鉴定标准》GB 50292—2015 对 I 级的规定,显著影响整体承载功能和使用功能	应采取措施,且可能有极少数构件必须及时采取措施
		IV	可靠性极不符合《民用建筑可靠性鉴定标准》GB 50292—2015 对 I 级的规定,已严重影响安全	必须及时或立即采取措施

注:《民用建筑可靠性鉴定标准》GB 50292—2015 对 a 级、A 级及 I 级的具体分级界限以及对其他各级超出该界限的允许程度,分别由《民用建筑可靠性鉴定标准》GB 50292—2015 第 10 章作出规定。

4）民用建筑子单元或鉴定单元适修性评定的分级标准，应按表 1.10-5 的规定采用。

民用建筑子单元或鉴定单元适修性评定的分级标准 表 1.10-5

等级	分级标准
A$_r$	易修，修后功能可达到现行设计标准的规定；所需总费用远低于新建的造价；适修性好，应予修复
B$_r$	稍难修，但修后尚能恢复或接近恢复原功能；所需总费用不到新建造价的 70%；适修性尚好，宜予修复
C$_r$	难修，修后需降低使用功能，或限制使用条件，或所需总费用为新建造价的 70% 以上；适修性差，是否有保留价值，取决于其重要性和使用要求
D$_r$	该鉴定对象已严重残损，或修后功能极差，已无利用价值，或所需费用接近甚至超过新建造价，适修性很差；除文物、历史、艺术及纪念性建筑外，宜予拆除重建

1.10.3　施工验收资料缺失的房屋鉴定

在实际工程中，经常遇到施工验收资料缺失的房屋，此类型鉴定应包括建筑工程基础及上部结构实体质量的检验与评定；当检验难以按现行有关施工质量验收规范执行时，则应进行结构安全性鉴定。建造在抗震设防区缺少施工验收资料房屋的鉴定，还应进行抗震鉴定。

1. 结构实体检测

1）施工质量检测，应符合下列规定：

（1）对结构不存在过大变形、损伤和严重外观质量缺陷的情况，其实体工程质量检测可仅抽取少量试样。当抽样检验结果满足相应专业验收规范规定时，可评定为施工质量合格；当抽样检验结果不满足相应专业验收规范规定的，应按以下（2）的规定进行抽样检验和评定。

（2）对于结构存在过大变形、损伤和严重外观质量缺陷的，地基基础和上部结构实体质量的检测内容、抽样数量和合格标准，应符合国家现行各专业施工质量验收规范的规定。

2）房屋的施工质量评定，应以地基基础和上部结构实体质量的检测结果为依据进行评定，并应符合下列规定：

（1）对主控项目和一般项目的抽样检验合格；或虽有少数项目不合格，但已按国家现行施工质量验收规范的规定采取了技术措施予以整改；整改后检验合格的建筑工程，可评为质量验收合格。

（2）对实体质量检测结果为质量验收不合格的建筑工程应按《民用建筑可靠性鉴定标准》GB 50292—2015 第 F.2 节的规定进行安全性鉴定与抗震鉴定。

2. 房屋安全与抗震鉴定

1）施工验收资料缺失的房屋，当补检实体质量不合格时，则应根据详细调查、检测结果，对承重结构、构件的承载能力与抗震能力进行验算和构造鉴定。

2）施工验收资料缺失的房屋结构，其安全性鉴定与抗震鉴定，应符合下列规定：

（1）应依据调查、检测结果进行建筑结构可靠性和抗震性能分析，并兼顾建筑物结构的缺陷和损伤现状对结构安全性、抗震性能及耐久性能的影响。

（2）当按《民用建筑可靠性鉴定标准》GB 50292—2015 的规定和要求对未经竣工验收的房屋进行安全性鉴定时，应以 a 级和 A_u 级为合格标准。

（3）应按结构体系、结构布置、结构抗震承载力、整体性构造等进行分析，给出抗震能力综合鉴定结果。

（4）当未经竣工验收房屋满足《民用建筑可靠性鉴定标准》GB 50292—2015 中 a 级和 A_u 级标准和抗震能力综合要求时，应予以验收；当不满足 a 级和 A_u 级标准或不满足抗震能力综合要求时，应进行加固处理，并应对加固处理部分重新进行施工质量验收和房屋结构安全性鉴定与抗震鉴定。

1.10.4　民用建筑抗灾及火灾后鉴定

对抗震或其他抗灾设防区的民用建筑，其抗灾及灾后恢复重建前的检测与鉴定均应与《民用建筑可靠性鉴定标准》GB 50292—2015 的结构可靠性鉴定相结合。房屋建筑灾后鉴定可按《民用建筑可靠性鉴定标准》GB 50292—2015 附录 G 的规定进行。

1. 一般要求

对房屋建筑灾后的应急勘查评估应划分建筑物破坏等级。当某类受损建筑物的破坏等级划分无明确规定时，可根据灾损建筑物的特点，按下列原则划分为五个等级：

1）基本完好级。其宏观表征为：地基基础保持稳定；承重构件及抗侧向作用构件完好；结构构造及连接保持完好；个别非承重构件可能有轻微损坏；附属构件、配件或其固定、连接件可能有轻微损伤；结构未发生倾斜或超过规定的变形。一般不需要修理即可继续使用。

2）轻微损坏级。其宏观表征为：地基基础保持稳定；个别承重构件或抗侧向作用构件出现轻微裂缝；个别部位的结构构造及连接可能受到轻度损伤，尚不影响结构共同工作和构件受力；个别非承重构件可能有明显损坏；结构未发生影响使用安全的倾斜或变形；附属构件、配件或其固定、连接件可能有不同程度损坏。经一般修理后可继续使用。

3）中等破坏级。其宏观表征为：地基基础尚保持稳定；多数承重构件或抗侧向作用构件出现裂缝，部分存在明显裂缝；不少部位构造的连接受到损伤，部分非承重构件严重破坏。经立即采取临时加固措施后，可以有限制地使用。在恢复重建阶段，经鉴定加固后可继续使用。

4）严重破坏级。其宏观表征为：地基基础受到损坏；多数承重构件严重破坏；结构构造及连接受到严重损坏；结构整体牢固性受到威胁；局部结构濒临坍塌；无法保证建筑物安全，一般情况下应予以拆除。当该建筑有保留价值时，须立即采取排险措施并封闭现场，为日后全面加固保持现状。

5）局部或整体倒塌级。其宏观表征为：多数承重构件和抗侧向作用构件毁坏引起的建筑物倾倒或局部坍塌。对局部坍塌严重的结构应及时予以拆除，以防演变为整体坍塌或坍塌范围扩大而危及生命和财产安全。

房屋建筑灾后的检测鉴定与处理应符合下列规定：房屋建筑灾后检测鉴定与处理应在判定预计灾害对结构不会再造成破坏后进行。应根据灾害的特点进行结构检测、结构可靠性鉴定、灾损鉴定及灾损处理等。结构可靠性鉴定应符合《民用建筑可靠性鉴定标准》GB 50292—2015 的规定，抗灾鉴定应符合相应的国家现行抗灾鉴定标准的规定。

2. 检测鉴定

1）建筑物在处理前，应通过检测鉴定确定灾后结构现有的承载能力、抗灾能力和使用功能。灾损鉴定应与结构可靠性鉴定相结合。

2）建筑物灾后的检测，应对建筑物损伤现状进行调查。对中等破坏程度以内有加固修复价值的房屋建筑，应进行结构构件材料强度、配筋、结构构件变形及损伤部位与程度的检测。对严重破坏的房屋建筑，可仅进行结构破坏程度的检查与检测。

3）建筑物的灾损与可靠性检测应针对不同灾害的特点，选取适宜的检测方法和有代表性的取样部位，并应重视对损伤严重部位和抗灾主要构件的检测。

4）建筑物的灾损与可靠性鉴定，应根据其损伤特点，结合建筑物的具体情况和需要确定，宜包括地基基础、上部结构、围护结构与非结构构件鉴定。

5）建筑物灾后的结构分析应符合下列规定：

（1）结构检测分析与校核应考虑灾损后结构的材料力学性能、连接状态、结构几何形状变化和构件的变形及损伤等。

（2）应调查核实结构上实际作用的荷载以及风、地震、冰雪等作用的情况。

（3）结构或构件的材料强度、几何参数应按实测结果取值。

6）建筑物灾后鉴定应符合下列规定：

（1）对地震灾害，应按现行国家标准《建筑抗震鉴定标准》GB 50023—2009 进行鉴定；对其他灾害，应按国家现行有关抗灾标准的规定进行鉴定。

（2）应对影响灾损建筑物抗灾能力的因素进行综合分析，并给出明确的鉴定结论和处理建议。

（3）对严重破坏的建筑物，应根据处理难度、处理后能否满抗灾设防要求以及处理费用等，综合给出加固处理或拆除重建的评估意见。

对加油站、加气站和储存可燃、易爆危险源的建筑物以及邻近的建筑物，其安全性鉴定应包括结构整体牢固性的鉴定。对必须防范人为破坏的重要建筑物，其安全性鉴定应包括结构构件抗爆能力的鉴定。

1.10.5 地下工程施工对邻近建筑安全影响的鉴定

1）当地下工程施工对邻近建筑的安全可能造成影响时，应进行下列调查、检测和鉴定：

（1）地下工程支护结构的变形、位移状况及其对邻近建筑安全的影响；

（2）地下水的控制状况及其失效对邻近建筑安全的影响；

（3）建筑物的变形、损伤状况及其对结构安全性的影响。

2）地下工程支护结构和地下水控制措施的安全性鉴定，应符合现行国家标准《建筑地基基础设计规范》GB 50007—2011 及《建筑地基基础工程施工质量验收标准》GB 50202—2018 的有关规定。

3）受地下工程施工影响的建筑，其安全性鉴定可按《民用建筑可靠性鉴定标准》GB 50292—2015 附录 H 的有关规定进行。

（1）基坑或沟渠工程施工对建筑安全影响的区域，可根据基坑或沟渠侧边距建筑基础底面侧边的最近水平距离 B 与基坑或沟渠底面到建筑基础底面垂直距离 H 的比值划分为两类：Ⅰ类影响区的 $B/H>1$；Ⅱ类影响区的 $B/H \leqslant 1$（图 1.10-2、图 1.10-3）。

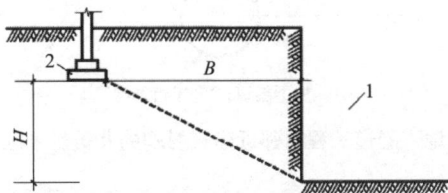

1—基坑或沟渠；2—建筑基础

图 1.10-2 基坑或沟渠工程对邻近建筑基础影响的Ⅰ类影响区（$B/H>1$）

注：当建筑基础为桩基时，对距离 B 和 H 的测定，则将"基础底面"改为"桩基外边桩端"。

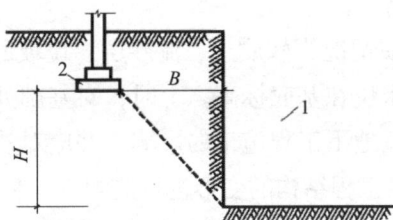

1—基坑或沟渠；2—建筑基础

图 1.10-3 基坑或沟渠工程对邻近建筑基础影响的Ⅱ类影响区（$B/H \leqslant 1$）

（2）地下隧道工程施工对建筑安全影响的区域，可根据地下隧道侧边距建筑基础底面侧边的最近水平距离 B 与地下隧道水平中心线距建筑基础底面垂直距离 H 的比值划分为两类：Ⅰ类影响区的 $B/H>1$；Ⅱ类影响区的 $B/H \leqslant 1$（图 1.10-4、图 1.10-5）。

（3）当建筑基础处于Ⅰ类影响区范围时，基坑、沟渠或地下隧道工程施工对建筑安全影响鉴定应符合下列规定：

A. 当所在区域工程地质情况为中密~密实的碎石土、砂土，可塑~坚硬黏性土；地下工程深度范围内无地下水，或地下水位虽在基底标高之上，但易疏干或采取止水帷幕措施时，建筑结构安全性鉴定可不考虑邻近地下工程施工的影响。

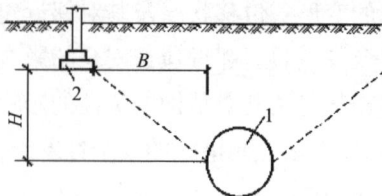

1—地下隧道；2—建筑基础

图 1.10-4　地下隧道工程对邻近建筑影响的Ⅰ类影响区，$B/H>1$

注：当建筑基础为桩基时，对距离 B 和 H 的测定，则将"基础底面"改为"桩基外边桩端"。

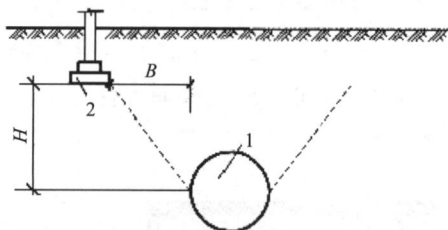

1—地下隧道；2—建筑基础

图 1.10-5　地下隧道工程对邻近建筑影响的Ⅱ类影响区，$B/H \leqslant 1$

B. 当所在区域工程地质情况为稍密以下碎石土、砂土和填土，软塑~流塑黏性土；地下水位在基底标高之上且不易疏干时，对基础处于Ⅰ类影响区范围内的建筑结构安全性鉴定，宜根据建筑到地下工程的距离、支护方法和降水措施等，综合确定是否考虑邻近地下工程施工的影响。

C. 当所在区域工程地质情况为软质土、流砂层、垃圾回填土、河道、水塘等复杂和不利地质条件，且地下水位在基底标高之上时，对基础处于Ⅰ类影响区范围内的建筑结构安全鉴定应考虑邻近地下工程施工的影响，并应对建筑主体结构损坏及变形和地下隧道、基坑支护或沟渠工程结构的变形进行监测。

4）当建筑基础处于Ⅱ类影响区范围时，建筑结构安全鉴定应考虑邻近地下工程施工的影响，并应对建筑主体结构损坏及变形和地下隧道、基坑支护或沟渠结构的变形进行监测。

5）考虑周边邻近地下工程施工对建筑结构安全的影响时，其调查工作除应符合《民用建筑可靠性鉴定标准》GB 50292—2015 第 3.2 节有关条款的规定外，还应通过调查取得下列资料：

（1）邻近地下工程岩土工程勘察报告和地下工程设计图、地下工程施工方案与技术措施及专家评审意见。

（2）已进行的地下工程施工进度和质量控制、验收记录。

（3）已进行的建筑和地下工程支护结构变形监测记录。

6）当基坑、沟渠或地下隧道工程施工过程中出现明显地下水渗漏或采用了降水等措施造成周围地表的沉陷和邻近建筑基础不均匀沉降时，应对周围建筑进行损坏与变形的监测并采取防护措施；当遇到下列严重影响建筑结构安全情况之一时，应立即停止地下工程施工，并应对地下工程结构和建筑结构采取应急措施：

（1）基坑支护结构的最大水平变形值已大于基坑支护设计允许值，或水平变形速率已连续3d大于3mm/d。

（2）基坑支护结构的支撑或锚杆体系中有个别构件出现应力骤增、压屈、断裂、松弛或拔出的迹象。

（3）地下隧道工程施工引起的地表沉降大于30mm，或沉降速率已连续3d大于3mm/d。

（4）建筑的不均匀沉降已大于现行国家标准《建筑地基基础设计规范》GB 50007—2011规定的允许沉降差，或沉降速率已连续3d大于1mm/d，且有变快趋势；建筑物上部结构的沉降裂缝发展显著；砌体的裂缝宽度大于3mm；预制构件连接部位的裂缝宽度大于1.5mm；现浇结构个别部分也已开始出现沉降裂缝。

（5）基坑底部或周围土体出现少量流砂、涌土、隆起、陷落等迹象。

7）当地下工程施工未考虑对周边邻近建筑物的安全影响，而在事后发现建筑物有疑似其影响的裂缝、变形或其他损坏时，应立即由独立的检测、鉴定机构对建筑物进行可靠性鉴定，并应对判定为地下工程施工所造成损伤的结构、构件及时采取加固、修复措施。

1.11 工业建筑鉴定的规定

根据《工业建筑可靠性鉴定标准》GB 50144—2019的相关规定，工业建筑鉴定对象可以是工业建筑整体或相对独立的鉴定单元，亦可是结构系统或结构构件。鉴定的目标使用年限，应根据工业建筑的使用历史、当前的技术状况和今后的维修使用计划，由委托方和鉴定方共同商定。对鉴定对象不同的鉴定单元，可确定不同的目标使用年限。

1.11.1 鉴定程序及工作内容

1. 鉴定程序

工业建筑可靠性鉴定，按照规定的程序进行（图1.11-1）。鉴定程序中鉴定的目的、范围和内容，明确由委托方提出，并与鉴定方协商；在鉴定过程中，为保证鉴定工作的准确性，发现收集的资料不足时，应及时进行补充调整和检测。对于专项鉴定，建议原则上按照可靠性鉴定程序，仅需要对部分工作内容围绕鉴定的专项问题特定要求进行适当调整,如将"可靠性分析"调整为"结构分析与计算","可靠性鉴定评级"调整为"鉴定评级"等。

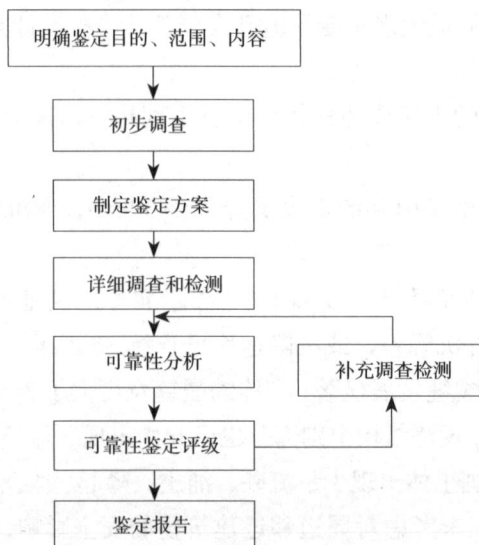

图 1.11-1 可靠性鉴定程序

2. 工作内容

工业建筑的可靠性鉴定的目的、范围和内容,应由委托方提出,并与鉴定方协商后确定。这是做好后续各部分工作的前提条件。

1)初步调查是进入现场进行详细调查、检测需要做好的必要准备工作;对于比较复杂或陌生的工程项目要做好初步调查,才能编制出符合实际要求的鉴定方案,指导下一步的工作;宜包括下列工作内容,可根据实际情况的需要进行选择:

(1)查阅原设计施工资料,包括工程地质勘察报告、设计计算书、设计施工图、设计变更记录、施工及施工洽商记录、竣工资料等;

(2)调查工业建筑的历史情况,包括历次检查观测记录、历次维修加固或改造资料、用途变更、使用条件改变、事故处理及遭受灾害等情况;

(3)考察现场,应调查工业建筑的现状、使用条件、内外环境、存在的问题。

2)鉴定方案应根据鉴定目的、范围、内容及初步调查结果制定,应包括鉴定依据、详细调查和检测内容、检测方法、工作进度计划及需要委托方完成的准备配合工作等。

3)详细调查和检测绝大部分工作需要在现场完成。工程实践证明,做好现场调查和检测工作,才能获得可靠的数据,为下一步可靠性分析、验算与评定打好基础。详细调查和检测工作的质量,决定着可靠性鉴定工作的好坏的关键环节。宜包括下列工作内容,可根据实际情况的需要进行选择:

（1）调查结构上的作用和环境中的不利因素；

（2）检查结构布置和构造、支撑系统、结构构件及连接情况；

（3）检测结构材料的实际性能和构件的几何参数，还可通过荷载试验检验结构或构件的实际性能；

（4）调查或测量地基的变形，检查地基变形对上部承重结构、围护结构系统及吊车运行等的影响；还可开挖基础检查、补充勘察或进行现场地基承载能力试验；

（5）检测上部承重结构或构件、支撑杆件及其连接存在的缺陷和损伤、裂缝、变形或偏差、腐蚀、老化等；

（6）检查围护结构系统的安全状况和使用功能；

（7）检查构筑物特殊功能结构系统的安全状况和使用功能；

（8）上部承重结构整体或局部有明显振动时，应测试结构或构件的动力反应和动力特性。

4）可靠性分析应根据详细调查和检测结果，对建筑的结构构件、结构系统、鉴定单元进行结构分析与验算、评定，是确保正确进行结构可靠性鉴定评级的基础。可靠性分析包含两个重要组成部分：一是结构分析、结构或构件的校核分析，即对结构进行作用效应分析和结构抗力及其他性能分析，以及对结构或构件按承载能力极限状态和正常使用极限状态进行校核分析；二是对结构构件所存在问题的原因和影响分析，如对结构存在质量缺陷或损伤，分析其产生原因和对结构构件性能的影响。

5）在工业建筑可靠性鉴定过程中发现调查检测资料不足时，应及时进行补充调查、检测。

1.11.2　鉴定评级

1. 鉴定评级体系

工业建筑物可靠性鉴定的评定体系，仍然采用纵向分层横向分级逐步综合的鉴定评级模式，详见表 1.11-1。可靠性鉴定评级仍划分为三个层次，最高层次为鉴定单元，中间层次为结构系统，最低层次（即基础层次）为构件。

考虑到地基基础的问题性质、评定项目内容等与上部承重结构有许多不同，结构布置和支撑系统属于上部承重结构范畴并起到加强整体性的作用，所以将地基基础与上部承重结构分开，将结构布置和支撑系统归入上部承重结构中作为整体性的评定项目，从而形成地基基础、上部承重结构和围护结构三个结构系统。最高层次鉴定单元仍保持原来的可靠性鉴定评级，以满足业主整体技术管理的需要，并沿用以往行之有效的工业建筑管理模式，中间层次和基础层次，即结构系统和构件的可靠性鉴定评级，包括安全性等级和使用性等级的评定，以满足结构实际技术处理上能分清问题（是安全问题还是正常使用问题）进行具体处理的需要；安全性分为四级，使用性分为三级，可靠性分为四级。

工业建筑可靠性鉴定评级的层次、等级划分及项目内容　　　表 1.11-1

层次	I	II		III
层名	鉴定单元	结构系统		构件
可靠性鉴定	一、二、三、四	B、C、D		a、b、c、d
	建筑物整体或某一区段	安全性评定	地基基础	地基变形 斜坡稳定性	承载能力 构造和连接
				承载功能	
			上部承重结构	整体性	
				承载功能	
			围护结构	承载功能 构造连接	
		使用性鉴定	A、B、C		a、b、c
			地基基础	影响上部结构正常使用的地基变形	变形或偏差裂缝 缺陷和损伤、腐蚀、老化
			上部承重结构	使用状况 使用功能	
				位移或变形	
			围护系统	使用状况 使用功能	

注:1. 工业建筑结构整体或局部有明显不利影响的振动、耐久性损伤、腐蚀、变形时,应考虑其对上部承重结构安全性、使用性的影响进行评定。

　　2. 构筑物由于结构形式多样,其特殊功能结构系统可靠性评定应按《工业建筑可靠性鉴定标准》GB 50144—2019 第 9 章的规定进行,但应符合本表的评级层次和分级原则。

专项鉴定可按可靠性鉴定程序进行,具体工作内容应符合专项鉴定的要求。可靠性鉴定及专项鉴定工作完成后,应提出鉴定报告。

2. 鉴定评级标准

对工业建筑鉴定单元的可靠性评级标准,按照 3 个层次的鉴定评级标准,即构件、结构系统和鉴定单元。

1)工业建筑构件的可靠性鉴定评级应按下列规定评定:构件的安全性评级标准应符合表 1.11-2 的规定;构件的使用性评级标准应符合表 1.11-3 的规定;构件的可靠性评级标准应符合表 1.11-4 的规定。

构件的安全性评级标准　　　表 1.11-2

级别	分级标准	是否采取措施
a 级	符合国家现行标准的安全性要求,安全	不必采取措施
b 级	略低于国家现行标准的安全性要求,不影响安全	可不采取措施
c 级	不符合国家现行标准的安全性要求,影响安全	应采取措施
d 级	极不符合国家现行标准的安全性要求,已严重影响安全	必须立即采取措施

构件的使用性评级标准 表 1.11-3

级别	分级标准	是否采取措施
a 级	符合国家现行标准的正常使用要求，在目标使用年限内能正常使用	不必采取措施
b 级	略低于国家现行标准的正常使用要求，在目标使用年限内尚不明显影响正常使用	可不采取措施
c 级	不符合国家现行标准的正常使用要求，在目标使用年限内明显影响正常使用	应采取措施

构件的可靠性评级标准 表 1.11-4

级别	分级标准	是否采取措施
a 级	符合国家现行标准的可靠性要求，安全适用	不必采取措施
b 级	略低于国家现行标准的可靠性要求，能安全适用	可采取措施
c 级	不符合国家现行标准的可靠性要求，影响安全或影响正常使用	应采取措施
d 级	极不符合国家现行标准的可靠性要求，已严重影响安全	必须立即采取措施

2）工业建筑结构系统的可靠性鉴定评级应按下列规定评定：结构系统的安全性评级标准应符合表 1.11-5 的规定；结构系统的使用性评级标准应符合表 1.11-6 的规定。结构系统的可靠性评级标准应符合表 1.11-7 的规定。

结构系统的安全性评级标准 表 1.11-5

级别	分级标准	是否采取措施
A 级	符合国家现行标准的安全性要求，不影响整体安全	不必采取措施或有个别次要构件宜采取适当措施
B 级	略低于国家现行标准的安全性要求，尚不明显影响整体安全	可不采取措施或有极少数构件应采取措施
C 级	不符合国家现行标准的安全性要求，影响整体安全	应采取措施或有极少数构件应立即采取措施
D 级	极不符合国家现行标准的安全性要求，已严重影响整体安全	必须立即采取措施

结构系统的使用性评级标准 表 1.11-6

级别	分级标准	是否采取措施
A 级	符合国家现行标准的正常使用要求，在目标使用年限内不影响整体正常使用	不必采取措施或有个别次要构件宜采取适当措施
B 级	略低于国家现行标准的正常使用要求，在目标使用年限内尚不明显影响整体正常使用	可能有少数构件应采取措施
C 级	不符合国家现行标准的正常使用要求，在目标使用年限内明显影响整体正常使用	应采取措施

结构系统的可靠性评级标准　　　　表 1.11-7

级别	分级标准	是否采取措施
A 级	符合国家现行标准的可靠性要求，不影响整体安全，可正常使用	不必采取措施或有个别次要构件宜采取适当措施
B 级	略低于国家现行标准的可靠性要求，尚不明显影响整体安全，不影响正常使用	可不采取措施或有极少数构件应采取措施
C 级	不符合国家现行标准的可靠性要求，或影响整体安全，或影响正常使用	应采取措施，或有极少数构件应立即采取措施
D 级	极不符合国家现行标准的可靠性要求，已严重影响整体安全，不能正常使用	必须立即采取措施

3）工业建筑鉴定单元的可靠性鉴定评级应按下列规定评定：鉴定单元的安全性评级标准应符合表 1.11-8 的规定；鉴定单元的使用性评级标准应符合表 1.11-9 的规定；鉴定单元的可靠性评级标准应符合表 1.11-10 的规定。

鉴定单元的安全性评级标准　　　　表 1.11-8

级别	分级标准	是否采取措施
一级	符合国家现行标准的安全性要求，不影响整体安全	可不采取措施或有极少数次要构件宜采取适当措施
二级	略低于国家现行标准的安全性要求，尚不明显影响整体安全	可有极少数构件应采取措施
三级	不符合国家现行标准的安全性要求，影响整体安全	应采取措施，可能有极少数构件应立即采取措施
四级	极不符合国家现行标准的安全性要求，已严重影响整体安全	必须立即采取措施

鉴定单元的使用性评级标准　　　　表 1.11-9

级别	分级标准	是否采取措施
一级	符合国家现行标准的正常使用要求，在目标使用年限内不影响整体正常使用	不必采取措施或有极少数次要构件宜采取适当措施
二级	略低于国家现行标准的正常使用要求，在目标使用年限内尚不明显影响整体正常使用	可有少数构件应采取措施
三级	不符合国家现行标准的正常使用要求，在目标使用年限内明显影响整体正常使用	应采取措施

鉴定单元的可靠性评级标准　　　　表 1.11-10

级别	分级标准	是否采取措施
一级	符合国家现行标准的可靠性要求，不影响整体安全，可正常使用	可不采取措施或有极少数次要构件宜采取适当措施
二级	略低于国家现行标准的可靠性要求，尚不明显影响整体安全，不影响正常使用	可有极少数构件应采取措施

级别	分级标准	是否采取措施
三级	不符合国家现行标准的可靠性要求，影响整体安全，影响正常使用	应采取措施，可能有极少数构件应立即采取措施
四级	极不符合国家现行标准的可靠性要求，已严重影响整体安全，不能正常使用	必须立即采取措施

1.12　建筑抗震鉴定的规定

根据《建筑抗震鉴定标准》GB 50023—2009 的相关规定，对除古建筑、新建建筑、危险建筑以外，迄今仍在使用的既有建筑进行抗震鉴定。基本规定如下：

1.12.1　建筑抗震鉴定内容

1. 现有建筑的抗震鉴定内容

应包括下列内容：

（1）搜集建筑的勘察报告、施工和竣工验收的相关原始资料；当资料不全时，应根据鉴定的需要进行补充实测。

（2）调查建筑现状与原始资料相符合的程度、施工质量和维护状况，发现相关的非抗震缺陷。

（3）根据各类建筑结构的特点、结构布置、构造和抗震承载力等因素，采用相应的逐级鉴定方法，进行综合抗震能力分析。

（4）对现有建筑整体抗震性能作出评价，对符合抗震鉴定要求的建筑应说明其后续使用年限，对不符合抗震鉴定要求的建筑提出相应的抗震减灾对策和处理意见。

2. 现有建筑的抗震鉴定应根据不同的情况区别对待

1）建筑结构类型不同的结构，其检查的重点、项目内容和要求不同，应采用不同的鉴定方法。

2）对重点部位与一般部位，应按不同的要求进行检查和鉴定。

注：重点部位指影响该类建筑结构整体抗震性能的关键部位和易导致局部倒塌伤人的构件、部件，以及地震时可能造成次生灾害的部位。

3）对抗震性能有整体影响的构件和仅有局部影响的构件，在综合抗震能力分析时应分别对待。

1.12.2　建筑抗震鉴定要求

1）抗震鉴定分为两级。第一级鉴定应以宏观控制和构造鉴定为主进行综合评价，第二级鉴定应以抗震验算为主结合构造影响进行综合评价。

A 类建筑的抗震鉴定，当符合第一级鉴定的各项要求时，建筑可评为满足抗震鉴定要求，不再进行第二级鉴定；当不符合第一级鉴定要求时，除《建筑抗震鉴定标准》GB 50023—2009 各章有明确规定的情况外，应由第二级鉴定作出判断。

B 类建筑的抗震鉴定，应检查其抗震措施和现有抗震承载力再作出判断。当抗震措施不满足鉴定要求而现有抗震承载力较高时，可通过构造影响系数进行综合抗震能力的评定；当抗震措施鉴定满足要求时，主要抗侧力构件的抗震承载力不低于规定的95%、次要抗侧力构件的抗震承载力不低于规定的90%，也可不要求进行加固处理。

2）现有建筑宏观控制和构造鉴定的基本内容及要求，应符合下列规定：

（1）当建筑的平立面、质量、刚度分布和墙体等抗侧力构件的布置在平面内明显不对称时，应进行地震扭转效应不利影响的分析；当结构竖向构件上下不连续或刚度沿高度分布突变时，应找出薄弱部位并按相应的要求鉴定。

（2）检查结构体系，应找出其破坏会导致整个体系丧失抗震能力或丧失对重力的承载能力的部件或构件；当房屋有错层或不同类型结构体系相连时，应提高其相应部位的抗震鉴定要求。

（3）检查结构材料实际达到的强度等级，当低于规定的最低要求时，应提出采取相应的抗震减灾对策。

（4）多层建筑的高度和层数，应符合《建筑抗震鉴定标准》GB 50023—2009 各章规定的最大值限值要求。

（5）当结构构件的尺寸、截面形式等不利于抗震时，宜提高该构件的配筋等构造抗震鉴定要求。

（6）结构构件的连接构造应满足结构整体性的要求；装配式厂房应有较完整的支撑系统。

（7）非结构构件与主体结构的连接构造应满足不倒塌伤人的要求；位于出入口及人流通道等处，应有可靠的连接。

（8）当建筑场地位于不利地段时，尚应符合地基基础的有关鉴定要求。

3.6 度和《建筑抗震鉴定标准》GB 50023—2009 各章有具体规定时，可不进行抗震验算；当 6 度第一级鉴定不满足时，可通过抗震验算进行综合抗震能力评定；其他情况，至少在两个主轴方向分别按本标准各章规定的具体方法进行结构的抗震验算。

当《建筑抗震鉴定标准》GB 50023—2009 未给出具体方法时，可采用现行国家标准《建筑抗震设计标准》GB/T 50011—2010 规定的方法，按下式进行结构构件抗震验算：

$$S \leqslant R / \gamma_{Ra} \qquad (1.12.2\text{-}1)$$

式中　S——结构构件内力（轴向力、剪力、弯矩等）组合的设计值；计算时，有关的荷载、地震作用、作用分项系数、组合值系数，应按现行国家标准《建筑抗震设计标准》GB/T 50011—2010 的规定采用；其中，场地的设计特征周期可按表 1.12-1 确定，地震作用效应（内力）调整系数应按本标准各章的规定采用，8、9 度的大跨度和长悬臂结构应计算竖向地震作用。

R——结构构件承载力设计值，按现行国家标准《建筑抗震设计标准》GB/T 50011—2010 的规定采用；其中，各类结构材料强度的设计指标应按《建筑抗震鉴定标准》GB 55023—2009 附录 A 采用，材料强度等级按现场实际情况确定。

γ_{Ra}——抗震鉴定的承载力调整系数，除《建筑抗震鉴定标准》GB 55023—2009 各章节另有规定外，一般情况下，可按现行国家标准《建筑抗震设计标准》GB/T 50011—2010 的承载力抗震调整系数值采用。A 类建筑抗震鉴定时，钢筋混凝土构件应按现行国家标准《建筑抗震设计标准》GB/T 50011—2010 承载力抗震调整系数值的 0.85 倍采用。

特征周期值（s）　　　　　　　　　　　　　　　　表 1.12-1

设计地震分组	场地类别			
	I	II	III	IV
第一组、二组	0.20	0.30	0.40	0.65
第三组	0.25	0.40	0.55	0.85

3）现有建筑的抗震鉴定要求，可根据建筑所在场地、地基和基础等的有利和不利因素，作下列调整：

（1）I 类场地上的丙类建筑，7~9 度时，构造要求可降低一度。

（2）IV 类场地、复杂地形、严重不均匀土层上的建筑以及同一建筑单元存在不同类型基础时，可提高抗震鉴定要求。

（3）建筑场地为 III、IV 类时，对设计基本地震加速度 0.15g 和 0.30g 的地区，各类建筑的抗震构造措施要求宜分别按抗震设防烈度 8 度（0.20g）和 9 度（0.40g）采用。

（4）有全地下室、箱形基础、筏形基础和桩基的建筑，可降低上部结构的抗震鉴定要求。

（5）对密集的建筑，包括防震缝两侧的建筑，应提高相关部位的抗震鉴定要求。

4）对不符合鉴定要求的建筑，可根据其不符合要求的程度、部位对结构整体抗震性能影响的大小，以及有关的非抗震缺陷等实际情况，结合使用要求、城市规划和加固难易等因素的分析，提出相应的维修、加固、改变用途或更新等抗震减灾对策。

第2章
建筑结构检测问答及分析

　　无论是在建、新建工程的施工质量检测还是既有建筑结构的性能评定等，均涉及建筑结构的安全。从事建筑结构检测时，必须严格遵守《建筑结构检测技术标准》GB/T 50344—2019 的规定。一般建筑结构检测包含接受委托、现场调查、制定检测方案、确认仪器设备状况、现场检测、补充检测、计算分析和结构评价、出具报告等，各个阶段都是不可缺少的。

2.1 建筑结构检测常见问题

2.1.1 单个构件如何划分?

【答】1. 民用建筑可靠性鉴定时, 根据《民用建筑可靠性鉴定标准》GB 50292—2015 附录 B 的规定进行划分。

民用建筑的单个构件, 应按下列方式进行划分:

1)基础

(1)独立基础, 一个基础为一个构件;

(2)柱下条形基础, 一个柱间的一轴线为一个构件;

(3)墙下条形基础, 一个自然间的一轴线为一个构件;

(4)带壁柱墙下条形基础, 按计算单元的划分确定;

(5)单桩, 一根为一个构件;

(6)群桩, 一个承台及其所含的基桩为一个构件;

(7)筏形基础和箱形基础, 一个计算单元为一个构件。

2)墙体

(1)砌筑的横墙, 一层高、一自然间的一轴线为一个构件;

(2)砌筑的纵墙(不带壁柱), 一层高、一自然间的一轴线为一个构件;

(3)带壁柱的墙, 按计算单元的划分确定;

(4)剪力墙, 按计算单元的划分确定。

3)柱

(1)整截面柱, 一层、一根为一个构件;

(2)组合柱, 一层、整根为一个构件。

4)梁式构件, 一跨、一根为一个构件; 若为连续梁时, 可取一整根为一个构件。

5)杆, 以仅承受拉力或压力的一根杆为一个构件。

6)板

(1)预制板, 一块为一构件;

(2)现浇板, 按计算单元的划分确定;

(3)组合楼板, 一个柱间为一构件;

(4)木楼板、木屋面板, 一开间为一个构件。

7)桁架、拱架, 一榀为一个构件。

8)网架、折板和壳, 一个计算单元为一个构件。

9)柔性构件, 两个节点间仅承受拉力的一根连续的索、杆、棒等为一个构件。

这里所划分的单个构件, 应包括构件本身及其连接、节点。

2. 工业建筑可靠性鉴定时，根据《工业建筑可靠性鉴定标准》GB 50144—2019 中附录 A 的规定进行划分。

工业建筑的单个构件，应按表 2.1-1 的规定进行划分。

单个构件的划分　　　　　　　　　　　　　　　表 2.1-1

构件类型			构件划分
基础	独立基础		一个基础为一个构件
	柱下条形基础		一个柱间的基础为一构件
	墙下条形基础		一个自然间的基础为一构件
	带壁柱墙下条形基础		按计算单元的划分确定
	桩基础	单桩	一根为一构件
		群桩	一个承台及其所含的基桩为一构件
	筏形基础	梁板式筏形基础	一个计算单元的底板或基础梁
		平板式筏形基础	一个计算单元的底板
柱	实腹柱		一层、一根为一构件
	组合柱		一层、一根为一构件
	双肢或多肢柱		一整根（即含所有柱肢）为一构件，如混凝土双肢柱、格构式钢柱
	分离式柱		一肢为一构件
	混合柱		一整根柱为一构件，如下柱为混凝土柱、上柱为钢柱
梁式构件	桁架、拱架		一榀为一构件
	简支梁		一跨、一根为一构件
	连续梁		一整根为一构件
墙	砌筑的横墙		一层高、一自然间的一横轴线或纵轴线间的一个墙段为一构件
	砌筑的纵墙（不带壁柱）		一层高、一自然间的一纵轴线或横轴线间的一个墙段为一构件
	带壁柱的墙		按计算单元的划分确定
板（瓦）	预制板		一块为一构件
	现浇板		按计算单元的划分确定
	组合楼板		一个柱间为一构件
	轻型屋面（彩色钢板瓦、瓦楞铁、石棉板瓦等）		一个柱间为一构件
折板、壳			一个计算单元为一构件
网架（壳）			一个计算杆件或节点

3. 危险性鉴定时，根据《危险房屋鉴定标准》JGJ 125—2016 第 5.1.1 条，单个构件的划分应符合下列规定：

1）基础应包括下列内容：

（1）独立基础以一个基础为一个构件；

（2）柱下条形基础以一个柱间的一轴线为一个构件；

（3）墙下条形基础以一个自然间的一轴线为一个构件；

（4）带壁柱墙下条形基础按计算单元的划分确定；

（5）单桩以一根为一个构件；

（6）群桩以一个承台及其所含的基桩为一个构件；

（7）筏形基础和箱形基础以一个计算单元为一个构件。

2）墙体应包括下列内容：

（1）砌筑的横墙以一层高、一自然间的一轴线为一个构件；

（2）砌筑的纵墙（不带壁柱）以一层高、一自然间的一轴线为一个构件；

（3）带壁柱的墙按计算单元的划分确定；

（4）剪力墙按计算单元的划分确定。

3）柱应包括下列内容：

（1）整截面柱以一层、一根为一个构件；

（2）组合柱以层、整根（即含所有柱肢和缀板）为一个构件。

4）梁式构件应以一跨、一根为一个构件；若为连续梁时，可取一整根为一个构件。

5）杆（包括支撑）应以仅承受拉力或压力的一根杆为一个构件。

6）板应包括下列内容：

（1）现浇板按计算单元的划分确定；

（2）预制板以梁、墙、屋架等主要构件围合的一个区域为一个构件；

（3）木楼板以一开间为一个构件。

7）桁架、拱架应以一榀为一个构件。

8）网架、折板和壳应以一个计算单元为一个构件。

9）柔性构件应以两个节点间仅承受拉力的一根连续的索、杆等，为一个构件。

【分析】房屋的构件是指组成房屋整体结构的基本单元，一般是指承受各种作用的单个结构构件，也可以是由若干杆件或构件组成的组合构件，作为房屋鉴定标准的一个重要基本元素，在后面的评定过程中起到至关重要的作用。首先，应明确对结构单个构件的划分方法。"自然间"是指按结构计算单元划分确定，具体是指房屋结构平面中，承重墙或梁围成的闭合体。

2.1.2 检测方案包含哪些内容？

【答】根据《建筑结构检测技术标准》GB/T 50344—2019 第 3.2.4 条，建筑结构的检测方案宜包括下列主要技术内容：

（1）工程概况或结构概况：这里的工程概况对应于工程质量的检测，应包括结构类型、建筑面积、总层数、设计、施工及监理单位和检测时工程的施工进度等；结构概况对应于既有结构性能的检测，除包括上述工程质量检测的相关内容外，还应包括结构的建筑年代和使用过程中的状况等。

（2）检测目的或委托方的检测要求。

（3）检测依据。

（4）检测项目、选用的检测方法和检测的数量。

（5）检测人员和仪器设备。

（6）检测工作进度计划。

（7）所需要的配合工作。

（8）检测中的安全措施和环保措施。

【分析】建筑结构检测方案应根据检测目的、现场调查和资料调查情况编制，并征求委托方的意见；现场调查和资料调查应包括下列内容：收集被检测结构的工程地质勘察报告、竣工图或设计施工图、施工质量验收记录等资料；收集建筑结构使用期间的维修、检测、评定、加固和改造等资料；调查被检测建筑结构缺陷、损伤、维修和加固等实际状况；调查被检测建筑结构环境、用途或荷载等的实际状况；向有关人员调查委托检测的原因以及资料调查和现场调查未能显现的问题。

2.1.3 检测方法有哪些类型？

【答】依据现行国家技术标准规范等的相关规定，建筑结构检测方法的类型，可以分为以下几种：

（1）专门的检测技术标准规范规定的检测方法。该类型检测方法给出了该方法的适用范围、仪器设备要求、检测要求、检测结果计算评定和检测注意事项等。例如，《回弹法检测混凝土抗压强度技术规程》JGJ/T 23—2011、《钻芯法检测混凝土强度技术规程》JGJ/T 384—2016、《混凝土中钢筋检测技术标准》JGJ/T 152—2019 等。

（2）相关规范、技术标准规定或建议的检测方法。该类型检测方法分布在相关设计、加固或施工验收标准规范中作为一个章节或附录。例如，采用既有结构混凝土回弹龄期修正的规定，其检测方法在《混凝土结构加固设计规范》GB 50367—2013 附录 B 中；采用纤维复合材层间剪切强度测定方法，其检测方法在《建筑结构加固工程施工质量验收规范》GB 50550—2010 附录 N 中等。

（3）扩大有关检测标准适用范围的检测方法。该类型检测方法在国家现行有关标准规定已经给出，但对标准中给出的适用范围或对检测操作进行了扩大，应具有必备的验证和相应的检测操作的检测细则。

（4）检测单位自行开发或引进的检测方法。该类型方法必须经过验证和对比，证明所开发或引进检测方法的正确性，一般情况下应通过专家技术鉴定，并在实践过程中不断改进或完善。

【分析】当采用国家现行有关标准规定的间接测试方法且该方法已经超出了适用范围或对检测操作进行调整时，应采用直接测试方法测试结果对间接测试方法的测试结果进行验证或修正。调整国家现行有关标准规定的操作措施时，应符合下列规定：检测单位应有相应检测操作的检测细则；检测单位应事先告知委托方。采用自行开发或引进检测方法应符合下列规定：该方法必须通过技术鉴定，并应具有工程检测实践经验；该方法应事先与已有成熟方法进行比对试验；检测单位应有相应的检测细则；在检测方案中应予以说明，必要时应向委托方提供检测细则。

2.1.4 检测方法如何选择?

【答】根据《建筑结构检测技术标准》GB/T 50344—2019 第 3.3.2 条的规定：结构工程质量的检测宜选用国家现行有关标准规定的直接测试方法；当选用国家现行有关标准规定的间接测试方法时，宜用直接测试方法的测试结果对间接测试方法的测试结果进行修正。

【分析】直接测试方法数据的系统性不确定性（偏差）较小，间接测试方法数据的系统不确定性相对较大，容易引发争议。结构工程质量检测当有直接测试时，应优先（宜）选用直接测试方法。间接测试方法一般多为无损的，其测试数量相对较大。当采用两种方法结合时，可以优势互补。这里规定的直接测试方法和间接测试方法包括计数检验方法和计量检测方法。从目前的情况看，并非所有的检测项目都有直接的测试方法，例如焊条的种类等；另外，有些质量问题未必一定要用直接法进行修正或验证，例如有关标准允许存在的焊缝内部的缺陷等。

2.1.5 抽样方案如何确定?

【答】1. 在《建筑工程施工质量验收统一标准》GB 50300—2013 中给出了检验批的抽样方案，可根据检验项目的特点在下列抽样方案中选取：

（1）计量、计数或计量—计数的抽样方案；

（2）一次、二次或多次抽样方案；

（3）对重要的检验项目，当有简易、快速的检验方法时，选用全数检验方案；

（4）根据生产连续性和生产控制稳定性情况，采用调整型抽样方案；

（5）经实践证明有效的抽样方案。

并且，给出了计量抽样的错判概率 α 和漏判概率 β 可按下列规定采取：

（1）主控项目：对应于合格质量水平的 α 和 β 均不宜超过 5%；

（2）一般项目：对应于合格质量水平的 α 不宜超过 5%，β 不宜超过 10%。

2. 在《建筑结构检测技术标准》GB/T 50344—2019 中，建筑结构检测宜根据委托方的要求、检测项目的特点，综合下列方式确定检测对象和检测数量：

（1）全数检测方案：例如，结构体系的构件布置和重要构造核查；支座节点和连接形式的核查；结构构件、支座节点和连接等可见缺陷和可见损伤现场检查；结构构件明显位移、变形和偏差的检查。上述核查工作并不包括具体参数的测定。

（2）对检测批随机抽样的方案：可分成计数检测、计量检测和材料性能的检测等多种形式。例如，结构与构件几何尺寸与尺寸偏差的检测，宜选用一次或二次计数抽样方案；检测批构件材料强度宜选用计量检测等。

（3）确定重要检测批的方案：例如，结构工程质量检测中有质量争议的检测批；存在严重施工质量缺陷的检测批；在全数检查或核查中发现存在严重质量问题的检测批。既有结构性能的检测中存在变形、损伤、裂缝、渗漏的构件；受到较大反复荷载或动力荷载作用的构件和连接；受到侵蚀性环境影响的构件、连接和节点等；容易受到磨损、冲撞损伤的构件；委托方怀疑有隐患的构件等。

（4）确定检测批重要检测项目和对象的方案：例如，既有结构性能的检测中存在变形、损伤、裂缝、渗漏的构件；受到较大反复荷载或动力荷载作用的构件和连接；受到侵蚀性环境影响的构件、连接和节点等；容易受到磨损、冲撞损伤的构件；委托方怀疑有隐患的构件等。

（5）针对委托方的要求采取结构专项检测技术的方案：例如，委托方指定检测对象或范围；因环境侵蚀或火灾、爆炸、高温以及人为因素等造成部分构件损伤时。上述检测结论不得扩大到未检测的构件或范围。

【分析】建筑结构检测抽样方案的选择非常重要，不仅直接涉及检测数量，还涉及检测方案与结构现状的适应性，并对建筑结构安全评价有一定的影响。通过合理的抽样方案和抽样数量，达到对所检测的建筑材料和工程质量给出正确评价的检测目的。只要是抽样检测，就存在错判概率和漏判概率。我们运用概率理论，根据所测对象的重要性及其性质等，确定较合理的错判概率和漏判概率。目前，与《建筑工程施工质量验收统一标准》GB 50300—2013 相配套的各专业施工质量验收规范并没有完全采用基于概率的抽样方案，而是沿用百分比抽样方案，检验批样本没有确定错判概率和漏判概率是随着检验批数量的多少而变化的。

对于新建工程结构分部工程，进行施工质量验收时，一般可按照相应结构工程施工质量验收规范规定的抽样方案。对于既有建筑工程的安全性、可靠性和抗震性能鉴定，可按照《建筑结构检测技术标准》GB/T 50344—2019 的规定进行。除上述之外，还应考虑重点检测区域与一般检测区域、重点检测楼层和主要受力构件与一般构件、重要检测项目与一般检测项目等之间抽样方案的区别。

2.1.6 《建筑结构检测技术标准》GB/T 50344—2019 中既有结构重要项目、一般项目指什么？

【答】根据《建筑结构检测技术标准》GB/T 50344—2019 第3.3.10 条的条文说明，既有结构的一般项目对应于施工质量验收规范的一般项目；重要项目对应于主控项目。

【分析】重要项目、一般项目的含义与施工验收规范保持一致，对于安全性鉴定和抗震鉴定而言，一般都是按照至少 B 类的要求进行抽样。

2.1.7 新旧规范如何衔接?

【答】1. 新规范是强制性规范,在新规范实施日期之后签订建设工程设计合同的项目,应按照新规范进行设计;在新规范实施日期之前已经签订建设工程设计合同的项目,鼓励按照新规范执行。对有条件的项目,也鼓励按照新规范执行。

2. 新规范是推荐性标准,推荐使用,自愿采用,不强制执行。

【分析】新规范发布后,会有一个具体的实施日期,比如本规范自某年某月某日起执行。但是,这主要是针对该日期后的新开工工程,通常以施工许可证的日期为准。对于此日期前已经开工建设的工程,为了保持现场质量验收和工程资料的连续性,仍然允许继续采用原标准,直到工程竣工。如果这些工程希望改用新规范,应通过各方协商解决。

2.1.8 新旧规范过渡时期,如何选用?

【答】1. 国家标准发布后实施前,企业可以选择执行原国家标准或者新国家标准。新国家标准实施后,原国家标准同时废止。

2. 在新旧规范过渡时期出现质量问题,如果涉及的条文内容未发生实质性改变,可从旧或从新;如果涉及的条文内容发生实质性改变,遵循从旧兼从轻原则。

【分析】新的国家标准从发布到实施有个过程,按照《中华人民共和国标准化法》第二十五条的规定,不符合强制性标准的产品、服务,不得生产、销售、进口或者提供。需要指出的是,这里提到的强制性标准指的是现行有效的标准。《强制性国家标准管理办法》规定,新强制性国家标准实施后,原强制性国家标准同时废止。也就是说,新强制性标准实施后,意味着原强制性标准就废止了,不再是现行有效标准。新发布的强制性标准都给予了一定的实施过渡期。之所以设定过渡期,既是为企业开展技术改造、顺利过渡到生产(或提供)满足新标准的产品(或服务)留出时间,也是为消化已经上市的产品留出时间。

2.1.9 垂直构件的倾斜等同于层间位移吗?

【答】根据《建筑结构检测技术标准》GB/T 50344—2019 第 3.4.17 条的规定,在结构的评定中不得将垂直构件的倾斜作为层间位移使用;第 3.4.18 条的规定,构件的层间位移应通过计算分析确定。

【分析】层间位移是荷载作用达到规定值时的变形,倾斜有可能是施工偏差、尺寸偏差等;计算层间位移时,应考虑各构件的倾斜带来的影响。

2.1.10 结构和构件倾斜检测需要求两个垂直方向的矢量和吗?

【答】根据实际工程的检测目的和依据标准,确定是否求两个方向的矢量和。

1. 依据《混凝土结构现场检测技术标准》GB/T 50784—2013 的相关规定,构件倾斜宜分别检测构件两个垂直方向的倾斜量,不须求两个方向倾斜的矢量和。

2. 依据《建筑结构检测技术标准》GB/T 50344—2019 的相关规定，结构和构件的主体倾斜检测宜选用平距法，测出每对上下观测点标志间的水平位移分量，再按矢量相加法求得倾斜量和倾斜方向。

【分析】用测量仪器来测定建筑物的基础和主体结构倾斜变化的工作，称为倾斜观测。建筑物主体的倾斜观测，应测定建筑物顶部观测点相对于底部观测点的偏移值，再根据建筑物的高度，计算建筑物主体的倾斜率。

根据《混凝土结构现场检测技术标准》GB/T 50784—2013 第 8.3.2 条的规定，构件倾斜可采用经纬仪、激光准直仪或吊坠的方法检测。当构件高度小于 10m 时，可使用经纬仪或吊坠测量；当构件高度大于或等于 10m 时，应使用经纬仪或激光准直仪测量；检测时宜分别检测构件在所有相交轴线方向的倾斜，并提供各个方向的倾斜值；第 8.3.3 条的规定，倾斜检测应提供构件上端对于下端的偏离尺寸及其与构件高度的比值。

根据《建筑结构检测技术标准》GB/T 50344—2019 附录 D.0.3 的规定，平距法检测宜使用免棱镜全站仪；观测时，测站点宜选在与倾斜方向一致的方向线上距照准目标 1.5 ~ 2.0 倍目标高度的固定位置；测站点的数量不宜少于 2 个；在每测站安置全站仪时，上下观测点应沿建筑主体竖直线，在顶部和底部上下对应布设；测出每对上下观测点标志间的水平位移分量，再按矢量相加法求得倾斜量和倾斜方向；对于高层建筑，每测站宜适当增加沿建筑主体竖直线的观测点，确定倾斜方向。

2.1.11　舒适度检测如何进行？

【答】可以采用激励试验去检测，仪器可以采用加速度传感器。比如，对于楼板，可以采用在单人跳、群体跳、多人行走情况下检测其振动情况；对于一些石化类的设备基础，可以采用重物、锤击、重力吊挂等方法对其进行激励；大地脉冲法的干扰因素还是比较多的，因为地球本身就是运动的，因此要采用外部激励的方法检测。

【分析】《混凝土结构通用规范》GB 55008—2021 和《组合结构通用规范》GB 55004—2021 只要求需要进行楼盖竖向振动下的舒适度验算内容，没有提及具体验算要求和计算方法；对于高层建筑，《高层建筑混凝土结构技术规程》JGJ 3—2010 第 3.7.7 条要求，楼盖结构应具有适宜的舒适度。楼盖结构的竖向振动频率不宜小于 3Hz，竖向振动加速度峰值不应超过表 3.7.7 的限值。《混凝土结构设计标准》GB/T 50010—2010 第 3.4.6 条对于竖向自振频率有规定：对混凝土楼盖结构应根据使用功能的要求进行竖向自振频率验算，并宜符合下列要求：住宅和公寓不宜低于 5Hz；办公楼和旅馆不宜低于 4Hz；大跨度公共建筑不宜低于 3Hz。此时，多高层结构可以参考这里的限值要求。楼面的舒适度不符合要求时，加固尽量还是对结构本身的加固，如楼面高度的增加、增强。如果不能实现，可以采用 TMD 系统。

2.1.12 什么情况需要进行建筑结构检测?

【答】根据《建筑结构检测技术标准》GB/T 50344—2019第3.1.2条,遇有下列情况时,应委托第三方检测机构进行结构工程质量的检测:

（1）国家现行有关标准规定的检测;

（2）结构工程送样检验的数量不足或有关检验资料缺失;

（3）施工质量送样检验或有关方自检的结果未达到设计要求;

（4）对施工质量有怀疑或争议;

（5）发生质量或安全事故;

（6）工程质量保险要求实施的检测;

（7）对既有建筑结构的工程质量有怀疑或争议;

（8）未按规定进行施工质量验收的结构。

【分析】根据《建筑结构检测技术标准》GB/T 50344—2019第3.1.2条的条文说明,此条规定了应实施建筑结构工程质量检测的情况。此条第（1）款是指国家现行有关验收标准规定的不能由施工企业等自检,应委托第三方检测机构进行检测的项目。此条第（3）款的自检包括施工方、监理方等实施的检验、测试和检查。此条第（4）款的"对施工质量有怀疑"包括质量监督部门抽查等发现的问题。此条第（7）款表明,对既有结构的工程施工质量有争议时,也要按照结构工程质量检测的规则进行检测。此条第（8）款是指没有按照有关法律和法规进行施工质量验收的建筑结构工程。

2.1.13 工程质量检测机构有权对工程质量进行合格性评定吗?

【答】根据《建筑结构检测技术标准》GB/T 50344—2019第3.1.2条的规定,结构工程质量的检测应进行检测结论的符合性判定;检测机构无权对工程质量合格与否作出评判。

【分析】1.本条明确了结构工程质量检测的特殊要求,所谓符合性判定是指符合设计要求评定。第三方检测机构不宜直接进行合格性评定。建设工程的竣工验收是指发包人在收到承包人的竣工验收申请报告后,组织勘察、设计、监理、施工等单位,依照有关法律、法规以及工程建设规范、标准的规定,对工程是否符合设计文件要求和合同约定的各项内容进行检验,并评价工程是否验收合格的过程。由此可见,建设工程竣工验收的组织者是发包人,参与者包括勘察、设计、监理、施工等单位,竣工验收程序启动的前提是施工单位提交竣工报告验收的内容为建设工程合格（设计要求、合同约定、建设规范标准）。

2.根据《建设工程质量管理条例》第十六条的规定:建设工程竣工验收应当具备下列条件:（一）完成建设工程设计和合同约定的各项内容;（二）有完整的技术档案和施工管理资料;（三）有工程使用的主要建筑材料、建筑构配件和设备的进场试验报告;（四）有勘察、设计、施工、工程监理等单位分别签署的质量合格文件;（五）有施工单位签署的工程保修书。建设工程经验收合格的，方可交付使用。

根据《建设工程质量管理条例》第四十九条的规定：建设单位应当自建设工程竣工验收合格之日起 15 日内，将建设工程竣工验收报告和规划、公安消防、环保等部门出具的认可文件或者准许使用文件报建设行政主管部门或者其他有关部门备案。建设行政主管部门或者其他有关部门发现建设单位在竣工验收过程中有违反国家有关建设工程质量管理规定行为的，责令停止使用，重新组织竣工验收。

从《建设工程质量管理条例》现有的规定来看，也是建设工程竣工验收应该是平等地位的合同主体基于法律规定以及合同约定自主进行的一种行为，为上述平等主体对施工单位是否全面履行合同义务，建设工程质量是否符合合同约定的一种确认，具有民事法律行为的性质，其效力及于合同各方。也就是说，建设单位是建设工程竣工验收的组织者，也是建设工程竣工验收结论的责任承担者，而政府行政主管部门并非直接参与建设工程的竣工验收，只是对建设单位的验收行为进行监督管理，并对建设工程的竣工验收报告实行备案制度。参与验收的各方对竣工验收达成一致意见的，工程即为竣工验收合格。有权确认工程质量合格与否的是参与建设活动的有关单位，检测机构无权对工程质量合格与否作出评判。

2.1.14 既有建筑倾斜检测的是建筑物实际倾斜吗？

【答】由于该测量房屋缺少既有建筑竣工时的原始数据，包含一定的施工误差，有沉降造成的倾斜，也有水平荷载作用产生的侧向位移，并非真正实际的倾斜；该方法是无法区分的。

【分析】在进行鉴定时，经常测量房屋的倾斜、不均匀沉降、竖向构件垂直度、水平构件挠度变形等内容。目前，一般采用全站仪测量房屋角部棱线顶部相对于底部的水平位移，从而计算出房屋整体的倾斜率和倾斜方向。

2.1.15 缺失原始沉降观测资料的建筑如何测量其不均匀沉降？

【答】建筑的原始沉降观测资料缺失时，只能通过测量预设原为水平面的基准面的相对高差来反映房屋的不均匀沉降现状。

【分析】在进行鉴定时，经常测量房屋的倾斜、不均匀沉降、竖向构件垂直度、水平构件挠度变形等内容。测量不均匀沉降时，基准面可选勒脚线、窗台面、外墙水平装饰线条、楼面等，一般选取一层顶楼面板底及梁底较多。

2.2 砌体结构检测问答及分析

2.2.1 贯入法检测砌筑砂浆抗压强度测钉质量怎么保证？

【答】依据《贯入法检测砌筑砂浆抗压强度技术规程》JGJ/T 136—2017 第 3.1.6 条，测钉和测钉量规的几何尺寸可由检测单位自行测量核查。以 100 根测钉为一个批次计，随机抽取 3 根进行测量，不足 100 根按一个批次计。抽取的测钉都合格时，则该批测钉合格；否则，应逐根核查测钉的几何尺寸，选取合格的测钉使用。

【分析】通过一定数量的抽检来保证测钉的质量。

2.2.2 《砌体工程现场检测技术标准》GB/T 50315—2011 对于采用回弹法检测烧结砖强度的，测区数量如何选择？

【答】1. 根据《砌体工程现场检测技术标准》GB/T 50315—2011 的规定，当检测对象为整栋建筑物或建筑物的一部分时，应将其划分为一个或若干个可以独立进行分析的结构单元，每一结构单元应划分为若干个检测单元。每个检测单元中应随机选择 10 个测区。每个测区的面积不宜小于 1.0m²，应在其中随机选择 10 块条面向外的砖作为 10 个测位供回弹测试。选择的砖与砖墙边缘的距离应大于 250mm。砖回弹法每检测单元应该取 10 片墙体。

2. 根据《砌体工程现场检测技术标准》GB/T 50315—2011 第 3.3.2 条的规定，每一检测单元内，不宜少于 6 个测区，应将单个构件（单片墙体、柱）作为一个测区。该条的测区和测点的数量主要依据砌体工程质量的检测需要，检测成本（工程量），与现有检验与验收标准的衔接，以及各检测方法的科研工作基础，运用数理统计理论做出的统一规定，不宜少于 6 个测区，还应满足各检测方法的单独要求，不应采用。

【分析】《烧结普通砖》GB/T 5101—2017 和《烧结多孔砖和多孔砌块》GB/T 13544—2011 规定，进行砖的强度试验时，试样的数量为 10 块砖，由 10 块砖的抗压强度平均值、强度标准值、变异系数或单块砖最小抗压强度值来评定砖的抗压强度等级。因此，规定每一检测单元中回弹测区数应为 10 个，且每个测区总测位数应为 10 个。

2.2.3 回弹法检测砌筑砂浆抗压强度，为什么回弹同一测点需要弹击三次？

【答】《砌体工程现场检测技术标准》GB/T 50315—2011 第 12.3.3 条的规定：在每个弹击点上，应使用回弹仪连续弹击 3 次，第 1、2 次不应读数，应仅记读第 3 次回弹值，回弹值读数应估读至 1。该标准检测强度的回归公式是按此确定的，故回弹的同一测点需要弹击三次。

【分析】在常用砂浆的强度范围内，每个弹击点的回弹值随着连续弹击次数的增加而逐步提高。经第三次弹击后，其提高幅度趋于稳定。如果仅弹击一次，读数不稳定，而且对低强砂浆，回弹仪往往不起跳；弹击 3 次与 5 次相比，回弹值差异约为 5%。由此选定：每个弹击点连续弹击 3 次，仅读记第 3 次的回弹值。

2.2.4 石灰砂浆抗压强度现场怎么检测？

【答】目前，仅有赵福志、李占鸿、周云发表的论文《贯入法检测石灰砂浆抗压强度方法研究》对石灰砂浆的贯入检测开展了具体的研究。其研究成果摘录于表 2.2-1。研究表明：仅在贯入值为 10mm 以上时，石灰砂浆与水泥混合砂浆贯入曲线才比较接近，而实测贯入值普遍在 7mm 以下。在这一范围内，两者相对偏差均在 80% 以上。

石灰砂浆与 0.8 倍水泥混合砂浆贯入数据 表 2.2-1

贯入深度 /mm	石灰砂浆抗压强度 /MPa	水泥混合砂浆抗压强度 /MPa	水泥混合砂浆抗压强度 ×0.8/MPa	相对偏差 /%
3	1.47	14.5	11.6	689.1
3.5	1.41	10.4	8.32	490.1
4	1.34	7.8	6.24	365.7
4.5	1.28	6	4.8	275.0
5	1.23	4.8	3.84	212.2
5.5	1.17	3.9	3.12	166.7
6	1.12	3.2	2.56	128.6
6.5	1.07	2.7	2.16	101.9
7	1.02	2.3	1.84	80.4
7.5	0.97	2	1.6	64.9
8	0.93	1.7	1.36	46.2
8.5	0.89	1.5	1.2	34.8
9	0.85	1.3	1.04	22.4
9.5	0.81	1.2	0.96	18.5
10	0.77	1.1	0.88	14.3
10.5	0.74	1	0.8	8.1
11	0.71	0.9	0.72	1.4
11.5	0.67	0.8	0.64	−4.5
12	0.64	0.7	0.56	−12.5
12.5	0.61	0.7	0.56	−8.2
13	0.59	0.6	0.48	−18.6
13.5	0.56	0.6	0.48	−14.3
14	0.54	0.5	0.1	−25.9

【分析】该方法不能出具盖资质章的检测报告，且应在合同内和委托方约定清楚需要采用非标方法进行相关的评定工作。

2.2.5　回弹法和贯入法检测砌筑砂浆的抗压强度应如何评定?

【答】对不同建造年代的房屋,回弹法和贯入法对砌筑砂浆抗压强度的评定方法是不同的。由于我国现行的各类检测标准对砂浆强度的评估方法均来源于上述的施工质量验收规范。为了与验收规范相协调,以《砌体工程现场检测技术标准》GB/T 50315—2011 为例,对砂浆强度的评估方法也做了相应的调整,对应于第 15.0.4 条和第 15.0.5 条,具体如下:

15.0.4 对在建或新建砌体工程,当需推定砌筑砂浆抗压强度值时,可按下列公式计算:

1. 当测区数 n_2 不小于 6 时,应取下列公式中的较小值:

$$f_2' = 0.91 f_{2,m}$$

$$f_2' = 1.18 f_{2,min}$$

式中　f_2'——砌筑砂浆抗压强度推定值(MPa);

$f_{2,min}$——同一检测单元,测区砂浆抗压强度的最小值(MPa)。

2. 当测区数 n_2 小于 6 时,可按下式计算:

$$f_2' = f_{2,min}$$

15.0.5 对既有砌体工程,当需推定砌筑砂浆抗压强度值时,应符合下列要求:

1. 按国家标准《砌体工程施工质量验收规范》GB 50203—2002 及之前实施的砌体工程施工质量验收规范的有关规定修建时,应按下列公式计算:

当测区数 n_2 不小于 6 时,应取下列公式中的较小值:

$$f_2' = f_{2,m}$$

$$f_2' = 1.33 f_{2,min}$$

当测区数 n_2 小于 6 时,可按下式计算:

$$f_2' = f_{2,min}$$

2. 按《砌体结构工程施工质量验收规范》GB 50203—2011 的有关规定修建时,可按《砌体工程现场检测技术标准》GB/T 50315—2011 第 15.0.4 条的规定推定砌筑砂浆强度值。

【分析】《砌体结构工程施工质量验收规范》GB 50203—2011 及之前实施的砌体结构工程施工质量验收规范，对砌筑砂浆强度的评估方法基本一致：同一检验批砂浆试块抗压强度平均值必须大于或等于设计强度等级所对应的立方体抗压强度；同一验收批砂浆试块抗压强度的最小一组平均值必须大于或等于设计强度等级所对应的立方体抗压强度的 0.75 倍。最新版的《砌体结构工程施工质量验收规范》GB 50203—2011 对砂浆强度的评估方法做了大幅的变动：同一验收批砂浆试块强度平均值应大于或等于设计强度等级值的 1.10 倍；同一验收批砂浆试块抗压强度的最小一组平均值应大于或等于设计强度等级值的 85%。《砌体工程现场检测技术标准》GB/T 50315—2011 中对砂浆强度的评估方法采用的是"老人老办法，新人新办法"。即对于执行过去版本的砌体结构工程施工质量验收规范的工程，其强度推定按相应年度实施的规范进行，这是大家在日常检测工作需要注意的。

2.2.6 墙体采用双面钢筋网砂浆面层加固后，如何检测砌体砂浆强度和砖强度？

【答】实际工程中，经常遇到对原来加固后的房屋进行检测鉴定，就需要对墙体材料强度进行检测。一般可采取以下两种方法：一是该工程原来的加固前的鉴定报告、加固设计图纸、加固施工验收资料等齐全完整，且该工程使用过程中未遭受损伤，构件工作正常使用，定期检查，未改变使用条件、使用功能，未进行降低结构性能的改造，可依据原鉴定报告的材料强度进行检测。二是不满足第一种情况或加固后使用在 10 年以上的局部破坏，采用砂浆回弹法、点荷法、贯入法、筒压法等方法对砌筑砂浆抗压强度进行检测；采用回弹法等方法检测砖的抗压强度。

【分析】使用条件、使用环境未发生变化时，一般短时间内材料强度不会有很明显的变化。

2.2.7 墙体检测时，为什么烧结砖强度的检测结果是强度等级而砌筑砂浆的强度检测结果是强度推定值？

【答】在砌体结构现场检测中，检测报告对烧结砖强度的检测结果推定是块材的强度等级，而砌筑砂浆强度检测结果给出的是强度推定值。这主要是由于砌筑砂浆的强度等级用标准试验方法测得 28d 龄期的抗压强度值确定，超过 28d 龄期后只能给出强度值而不能进行强度等级的评定。烧结砖的抗压强度等级评定与龄期无关。

【分析】砂浆强度等级是以边长为 70.7mm 的立方体试块，在标准养护条件（温度 20℃ ±2℃、相对湿度为 90% 以上）下，用标准试验方法测得 28d 龄期的抗压强度值（单位为 MPa）确定。

117

2.2.8 砖砌体的水平灰缝厚度和竖向灰缝宽度怎么检测？

【答】水平灰缝厚度检验方法用尺量5皮小砌块的高度折算；竖向灰缝宽度用尺量2m砌体长度折算。

【分析】根据《砌体结构工程施工质量验收规范》GB 50203—2011 第5.3.2条的条文说明的规定，灰缝横平竖直，厚薄均匀，不仅使砌体表面美观，又使砌体的变形及传力均匀。此外，灰缝厚度增厚砌体抗压强度降低，反之则砌体抗压强度提高；灰缝过薄将使块体间的粘结不良，产生局部挤压现象，也会降低砌体强度。湖南大学曾研究砌体灰缝厚度对砌体抗压强度的影响，对国内外的一些试验数据进行回归分析后得出影响系数公式。根据该公式分析，对普通砖砌体而言，与标准水平灰粉厚度10mm相比较，12mm水平灰缝厚度砌体的抗压强度降低5.4%；8mm水平灰缝厚度砌体的抗压强度提高6.1%。对多孔砖砌体，其变化幅度还要大些，与标准水平灰缝厚度10mm相比较，12mm水平灰缝厚度砌体的抗压强度降低9.1%；8mm水平灰缝厚度砌体的抗压强度提高11.1%。故墙体的水平灰缝厚度和竖向灰缝宽度宜为10mm，但不应小于8mm，也不应大于12mm。砌体竖向灰缝宽度过宽或过窄不仅影响观感质量，而且易造成灰缝砂浆饱满度较差，影响砌体的使用功能、整体性及降低砌体的抗剪强度。

2.2.9 填充墙的后锚固植筋非破损拉拔验收试验，检验批的抽取检验数量怎么确定？

【答】根据《砌体结构工程施工质量验收规范》GB 50203—2011 第9.2.3条的规定，填充墙与承重墙、柱、梁的连接钢筋，当采用化学植筋的连接方式时，应进行实体检测。锚固钢筋拉拔试验的轴向受拉非破坏承载力检验值应为6.0kN。抽检钢筋在检验值作用下，应基材无裂缝、钢筋无滑移宏观裂损现象；持荷2min期间荷载值降低不大于5%。检验批验收可按《砌体结构工程施工质量验收规范》GB 50203—2011 表B.0.1通过正常检验一次、二次抽样判定。抽检数量：按表2.2-2确定。检验方法：原位试验检查。

检验批抽检锚固钢筋样本最小容量　　　　　　　表 2.2-2

检验批容量	样本最小容量	检验批容量	样本最小容量
≤ 90	5	281 ~ 500	20
91 ~ 150	8	501 ~ 1200	32
151 ~ 280	13	1201 ~ 3200	50

【分析】近年来，填充墙与承重墙、柱、梁、板之间的拉结钢筋，施工中常采用后植筋。这种施工方法虽然方便，但常常因锚固胶或灌浆料质量问题，钻孔、清孔、注胶或灌浆操作不规范，使钢筋锚固不牢，起不到应有的拉结作用。同时，对填充墙植筋的锚固力检测的抽检数量及施工验收无相关规定，从而使填充墙后植拉结筋的施工质量验

收流于形式。因此，在本次规范修订中，修编组从确保工程质量考虑，增加应对填充墙的后植拉结钢筋进行现场非破坏性检验。检验荷载值系根据现行行业标准《混凝土结构后锚固技术规程》JGJ 145—2013 确定，并按下式计算：

$$N_t = 0.90 A_s f_{yk}$$

式中　N_t——后植筋锚固承载力荷载检验值；

　　　　A_s——锚筋截面面积（以钢筋直径 6mm 计）；

　　　　f_{yk}——锚筋屈服强度标准值。

　　填充墙与承重墙、柱、梁、板之间的拉结钢筋锚固质量的判定，系参照现行国家标准《建筑结构检测技术标准》GB/T 50344—2019 计数抽样检测时对主控项目的检测判定规定。

2.2.10　历史建筑砌体结构的砂浆强度如何进行检测推定？

【答】由于历史建筑砌体结构中砂浆的多样性，采用回弹法检测面临很多问题。参照天津市《历史风貌建筑安全性鉴定规程》DB12/T 571—2015 提出，对砌筑砂浆抗压强度检测方法采用剪切法或原位双剪法，不宜采用回弹法检测。

　　考虑到历史建筑保护要求，不能过多地进行破损性检测。在实测样本有限且离散的条件下，参照彭斌等《基于贝叶斯方法的历史建筑砌体抗压强度推定》一文，采用贝叶斯方法可以解决现场实测信息量不足时历史建筑砌体抗压强度的推定。

【分析】历史建筑砌体结构中块体和砂浆以及砌筑方式等都有其特殊性，很多时候无法与《砌体结构设计规范》GB 50003—2011 中块体和砂浆的规格和类型、特点砌筑方式、强度的统计规律等相同，就不能用块体和砂浆的强度直接确定砌体抗压和抗剪强度值。一是做针对性研究；二是调查有关研究成果的基础上做合理的分析推断；三是采用《砌体工程现场检测技术标准》GB/T 50315—2011 中的破损性检测方法。

2.3　混凝土结构检测问答及分析

2.3.1　墙柱类构件钢筋保护层厚度允许偏差怎么确定？

【答】墙类构件钢筋设置与板类构件相似，柱类构件钢筋设置与梁类构件相似建议墙可参考板，柱参考梁。对墙、板类构件钢筋保护层厚度允许偏差为 +8mm，–5mm；梁、柱类构件钢筋保护层厚度允许偏差为 +10mm，–7mm。

【分析】钢筋保护层厚度是钢筋混凝土结构中一项常规、必检项目；钢筋保护层厚度大小对构件的受力性能和耐久性能有直接影响。墙类构件钢筋设置与板类构件相似，柱类构件钢筋设置与梁类构件相似。

根据《混凝土结构工程施工质量验收规范》GB 50204—2015 附录 E 第 E.0.4 条，仅对梁板类构件的纵向受力钢筋保护层厚度的允许偏差做出规定：对板类为 +8mm，–5mm；梁类为 +10mm，–7mm；而未对竖向受力构件的钢筋保护层厚度检测提出要求。墙类构件钢筋设置与板类构件相似，柱类构件钢筋设置与梁类构件相似建议墙可参考板，柱参考梁。

根据《混凝土工程结构实体检测鉴定技术标准》DB37/T 5220—2022 附录第 A.0.5 条，结构实体纵向受力钢筋保护层厚度的允许偏差："对墙、板类为 +8mm，–5mm；梁、柱类为 +10mm，–7mm"。

2.3.2 结构实体钢筋保护层厚度检验，如何理解对于每根钢筋应选取有代表性的部位量测 3 点取平均值？

【答】依据《混凝土结构工程施工质量验收规范》GB 50204—2015 附录 E 的条文说明，"有代表性的部位"是指该处钢筋保护层厚度可能对构件承载力或耐久性有显著影响的部位。考虑到检测的准确性，本条要求对每根选取的钢筋选择有代表性的不同部位量测 3 点取平均值。

【分析】"有代表性的部位"可理解为悬挑梁板为构件顶部纵向受力钢筋；非悬挑梁为梁底纵向钢筋；非悬挑板的板顶受力钢筋考虑到施工扰动等不利因素影响较大，为板顶受力钢筋。

2.3.3 钢筋保护层厚度检测中，梁类构件钢筋保护层厚度需要加上箍筋直径吗？

【答】《混凝土结构工程施工质量验收规范》GB 50204—2015 附录 E 第 E.0.4 条仅对梁板类构件的纵向受力钢筋保护层厚度的允许偏差做出规定，加上箍筋的直径才是纵向受力钢筋保护层厚度。

【分析】设计图纸中，注明相应环境类别下的混凝土保护层厚度为最外层钢筋的保护层厚度，箍筋位于纵向钢筋外侧；如果检测纵向受力钢筋的保护层厚度，应为设计钢筋保护层厚度 + 箍筋直径。

2.3.4 钢筋保护层厚度检测 90% 合格率，按检测点还是根平均值？

【答】依据《混凝土结构工程施工质量验收规范》GB 50204—2015 附录第 E.0.5 条，梁类、板类构件纵向受力钢筋的保护层厚度应分别进行验收，并应符合下列规定：当全部钢筋保护层厚度检验的合格率为 90% 及以上时，可判为合格；当全部钢筋保护层厚度检验的合格率小于 90% 但不小于 80% 时，可再抽取相同数量的构件进行检验；当按两次抽样总和计算的合格率为 90% 及以上时，仍可判为合格。从规范条文规定来看，上述合格率均用根平均值数据来统计。

2.3.5 钢筋保护层厚度检测1.5倍允许偏差，按检测点还是根平均值?

【答】依据《混凝土结构工程施工质量验收规范》GB 50204—2015 附录第 E.0.5 条，梁类、板类构件纵向受力钢筋的保护层厚度应分别进行验收，并应符合下列规定：每次抽样检验结果中不合格点的最大偏差均不应大于《混凝土结构工程施工质量验收规范》GB 50204—2015 附录第 E.0.4 条规定允许偏差的 1.5 倍。从规范条文规定来看，上述 1.5 倍允许偏差为不合格点的最大偏差，用的是一根钢筋的每个检测点（两侧测量读数的平均值）的数据来统计。

2.3.6 混凝土抗压强度按检验批检测时，龄期相近如何理解?

【答】参考文恒武编著的《回弹法检测混凝土抗压强度应用技术手册》里面的第七章，龄期相近指同批构件浇筑龄期前后相差不超过 15%。在划分抽样检测的范围时，一般可按混凝土浇筑龄期的前后相差在 15% 以内控制，超过 15% 时另划分检测范围或按单个构件检测。

【分析】因为"一批"结构或构件，施工延续时间较长，而回弹法测试一般在一天或几天内的短时期内完成。评定的混凝土抗压强度时，是在一天或几天内该结构或构件所达到的"及时强度"。对于施工延续时间较长、对同一设计强度的混凝土来说，如果用在相同几天内测试的"及时强度"来评定这"一批"结构或构件的强度，显然是不符合实际情况的。

2.3.7 回弹法检测混凝土抗压强度，为什么回弹的同一测点只能弹击一次?

【答】回弹法的基本原理在一定的冲击能量下，弹击杆冲击混凝土表面，混凝土表面产生塑性变形消耗一部分功，另一部分功通过混凝土的弹性变形传回给弹击杆，由动能转化为弹簧势能。同一测点只能弹击一次，再次弹击时就不是原来的混凝土表面了；若重复弹击，则后者回弹值高于前者。

【分析】混凝土强度越高，表面硬度越大，塑性变形越小；若重复弹击则后者回弹值高于前者，这是因为经弹击后该局部位置较密实，再弹击时吸收的能量较小，从而使回弹值偏高。

2.3.8 回弹法检测混凝土抗压强度，为什么回弹仪使用前后都必须进行率定?

【答】钢砧率定值是回弹仪的主要性能指标，是统一回弹仪标准状态的必要条件。因此，回弹仪每次在使用前和使用后必须进行率定，以便发现和解决回弹仪使用中出现的问题。

【分析】钢砧率定的作用主要是：

（1）检验回弹仪的冲击能力是否等于或接近于 2.207J。

（2）能较灵活地反映出弹击杆、中心导杆和弹击锤的加工精度以及工作时是否在同一轴线上；若不符合要求，则率定值低于78，影响测试值。

（3）转动呈标准状态回弹仪的弹击杆在中心导杆内的位置，可检验回弹仪本身测试的稳定性。当各个方向在钢砧上的率定值均为80±2时，即表示该台回弹仪的测试性能是稳定的。

（4）在回弹仪其他条件符合要求的情况下，用来检验回弹仪经使用后内部零件有无损坏或出现某些障碍（包括传动部分及冲击面有无污物等）。出现上述情况时，率定值偏低且稳定性差。

2.3.9 在混凝土结构实体验收检测中，混凝土板厚是必检项目吗？

【答】根据《混凝土结构工程施工质量验收规范》GB 50204—2015 第 10.1.1 条的规定，对涉及混凝土结构安全的有代表性的部位应进行结构实体检验。结构实体检验包括混凝土强度、钢筋保护层厚度、结构位置与尺寸偏差以及合同约定的项目。结构实体检验应由监理单位组织施工单位实施，并见证实施过程。施工单位应制定结构实体检验专项方案，并经监理单位审核批准后实施。除结构位置与尺寸偏差外的结构实体检验项目，应由具有相应资质的检测机构完成。

【分析】根据《混凝土结构工程施工质量验收规范》GB 50204—2015 附录 F 第 F.0.2 条，混凝土板厚属于结构实体位置与尺寸偏差的检验项目，因此在混凝土结构实体验收检测中，混凝土板厚是必检项目，可以由第三方检测机构检测，也可以由施工单位自检。

2.3.10 结构实体检测中必须用回弹法检测混凝土抗压强度吗？

【答】回弹法检测混凝土强度不是必检测项,验收还是看同条件试块抗压强度检测报告；如果没有同条件试块抗压报告或结果不合格，需要采用回弹—取芯综合法进行实体的强度检测；各地区可能出了自己的规定，执行还得看各地区的要求。

【分析】根据《混凝土结构工程施工质量验收规范》GB 50204—2015 中第 10.1.2 条的规定：结构实体混凝土强度应按不同强度等级分别检验，检验方法宜采用同条件养护试件方法；当未取得同条件养护试件强度或同条件养护试件强度不符合要求时，可采用回弹—取芯法进行检验。结构实体混凝土同条件养护试件强度检验应符合本规范附录 C 的规定；结构实体混凝土回弹—取芯法强度检验应符合本规范附录 D 的规定。

2.3.11 混凝土抗压强度钻芯法检测时是否需要除以 0.88 的系数？

【答】钻芯法检测混凝土抗压强度时，不需要除以 0.88 的系数。

【分析】1. 根据《钻芯法检测混凝土强度技术规程》JGJ/T 384—2016 中第 6.2.3 条的条文说明：根据本规程编制组的试验研究，直径为 100mm 的芯样试件的抗压强度与同条件养护同龄期 150mm 立方体试件的抗压强度基本相当。有时立方体试件的抗压强度略高，有时芯样试件的抗压强度略高。关于小直径芯样试件，高径比为 1:1 时，直径为

70～75mm 芯样试件的抗压强度与直径为 100mm 的芯样试件的抗强度基本相当。国内也有一些单位的研究表明：有时小直径芯样的抗压强度高，有的小直径芯样的抗压强度低。芯样试件的抗压强度与芯样钻取时混凝土的龄期和强度、混凝土的种类、原材料的种类、进钻速度、试件加工的质量等多种因素有关。本规程编制组的试验研究表明：同品种混凝土的标准养护立方体试件抗压强度之间没有固定的换算关系，有时前者略高，有时后者略高。强调了两点：①直径为 70～75mm 芯样试件的抗压强度与直径为 100mm 的芯样试件的抗强度基本相当；②同品种混凝土的标准养护立方体试件抗压强度与自然养护构件中钻取的直径为 100mm 的芯样试件的抗强度之间没有固定的换算关系。简单点来说：不同直径的芯样不存在尺寸效应，芯样和标准立方体不需要换算，自然养护构件芯样和标准养护立方体试件不需要除以 0.88 的系数。

2. 构件芯样和圆柱体试件是不同的存在，试件是采用标准方法制作的，但芯样是在构件中抽取的，抽芯扰动、运输扰动、切割扰动都导致芯样不完全等同于圆柱体试件。而同尺寸的构件芯样抗压强度必然低于圆柱体试件；大概率情况下，ϕ100mm×100mm 自然养护圆柱体试件抗压强度理论值是大于标准立方体试块抗压强度的，而同尺寸的构件芯样抗压强度低于圆柱体试件。最终导致构件芯样抗压强度与标准立方体试块抗压强度有高有低，无特别换算倾向；不同直径的构件芯样，钻芯、加工的难易程度不同且随机，最终导致抗压强度有高有低，无特别的换算倾向。

3. 邱小坛等《混凝土构件强度修正系数 0.88 是考虑受力状态对混凝土强度的影响》一文中介绍：混凝土立方体抗压强度标准值与结构混凝土立方体抗压强度推定值之间的关系，实际上是试件混凝土强度与结构混凝土强度差异的问题。造成这种差异的因素可以分成两大类：其一为两者受力状态的差异；其二为两者质量上的差异。混凝土强度等级应按立方体抗压强度标准值确定；立方体抗压强度标准值系指按照标准方法制作和养护的边长为 150mm 的立方体试件在 28d 龄期，用标准试验方法测得的具有 95% 保证率的抗压强度值。在对结构中的混凝土强度进行检测时，由于结构混凝土难以满足"按照标准方法制作和养护"的条件，通常测试龄期又不是 28d，因此，结构混凝土强度的检测都是给出立方体抗压强度的推定值。它所对应的是：相当于用标准试验方法测定的边长为 150mm 立方体试件，在检测龄期时具有 95% 保证率的混凝土抗压强度值。混凝土立方体抗压强度标准值与结构混凝土立方体抗压强度推定值存在着一定的差别，主要差别在于：

1）龄期：混凝土立方体抗压强度标准值的龄期为 28d，结构混凝土立方体抗压强度推定值对应的是测试的龄期。

2）养护和成型条件：混凝土立方体抗压强度标准值对应的是按标准方法制作和养护的混凝土，结构混凝土立方体抗压强度推定值对应的是现场养护和现场成型条件下的混凝土。

3）混凝土立方体抗压强度标准值是立方体抗压强度，结构混凝土立方体抗压强度推定值是依据相应的检测强度曲线换算得到的立方体抗压强度。

《混凝土结构设计标准》GB/T 50010—2010 中所考虑的是加荷速度、长期强度和尺寸效应等因素造成的结构混凝土强度与试件混凝土强度的差异，而不是结构混凝土与试件混凝土之间的质量差异。考虑到结构混凝土与试件混凝土受力状态差异的影响，将结构混凝土强度的降低系数确定为 0.88。这个系数体现的不是试件混凝土与结构混凝土质量的差异，而是相同质量的结构混凝土强度与试件混凝土强度的比值。由于混凝土立方体抗压强度标准值对应的是 150mm 立方体、按标准试验方法得到的混凝土短期强度，没有考虑尺寸、加荷速度和长期强度等问题，因此《混凝土结构设计标准》GB/T 50010—2010 的这个系数不能作为结构混凝土立方体抗压强度推定值的提高系数。

2.3.12 回弹法检测混凝土抗压强度不管龄期多少是不是都要测碳化深度？

【答】根据《回弹法检测混凝土抗压强度技术规程》JGJ/T 23—2011 第 4.3.1 条的规定：回弹值测量完毕后，应在有代表性的测区上测量碳化深度值，测点数不应少于构件测区数的 30%，并应取平均值作为该构件每个测区的碳化深度值。当碳化深度值极差大于 2.0mm 时，应在每一测区分别测量碳化深度值。如果超过规范规定的 14～1000d 的龄期，这时还需要采用钻芯修正回弹法。

【分析】碳化增加了混凝土表面硬度，会使回弹值增加。碳化是混凝土中的 $Ca(OH)_2$ 与空气中的 CO_2 发生反应，生成 $CaCO_3$ 的现象。碳化是混凝土表面失去碱性，当碳化深度达到钢筋保护层时，会使钢筋发生锈蚀，影响钢筋混凝土结构的耐久性。同时，碳化会使混凝土的表面硬度增加、强度提高。回弹法检测混凝土抗压强度的原理是根据混凝土表面硬度与强度之间具有一定的关系，通过试验并引入碳化深度这个参数而建立的回弹值、碳化深度与混凝土强度的曲线方程。由于混凝土原材料的多样性、施工条件及环境条件的多变性而导致碳化深度的不确定性，使得回弹法检测混凝土强度有时会出现较大的误差。因此，准确地测定碳化深度，是回弹法检测混凝土抗压强度的关键。

2.3.13 现浇混凝土构件同条件试块丢失或不合格，如何进行检测？

【答】1. 首先，根据《混凝土结构工程施工质量验收规范》GB 50204—2015 第 10.1.2 条的规定，结构实体混凝土强度应按不同强度等级分别检验，检验方法宜采用同条件养护试件方法；当未取得同条件养护试件强度或同条件养护试件强度不符合要求时，可采用回弹—取芯法进行检验。

2. 采用回弹—取芯法进行检测后，当混凝土强度检测结果不满足设计要求时，应根据《回弹法检测混凝土抗压强度技术规程》JGJ/T 23—2011、《钻芯法检测混凝土强度技术规程》JGJ/T 384—2016 等规范，采用回弹法、回弹法（经钻芯修正）、钻芯法等对结构实体混凝土抗压强度进行检测，并给出检验批或单个构件的混凝土抗压强度值。

【分析】采用回弹—取芯法进行结构构件实体检验时，先确定回弹试件，并根据回弹结果选择钻芯构件；考虑到回弹检测时，混凝土的龄期较短，故不考虑碳化对检测的影响。该方法只能用于在建工程、新建工程施工质量的检测鉴定，未给出检验批或单个构件的混凝土抗压强度推定值，不能用于既有工程的性能检测鉴定。

2.3.14 纵向受力钢筋间距如何检测？绑扎箍筋、横向钢筋间距如何检测？

【答】1. 混凝土浇筑前的隐蔽验收，根据《混凝土结构工程施工质量验收规范》GB 50204—2015 表 5.5.3 的规定：纵向受力钢筋间距允许偏差为 ±10mm；检测方法为尺量两端、中间各一点，取最大偏差值。绑扎箍筋、横向钢筋间距允许偏差为 ±20mm；检测方法为尺量连续三挡，取最大偏差值。

2. 混凝土浇筑后的结构实体检测时，需要根据《混凝土结构现场检测技术标准》GB/T 50784—2013 第 9.2.4 条和 9.2.5 条的规定，在每个测试部位连续检出 7 根钢筋，少于 7 根钢筋时应全部检出，并宜在构件表面标注出每个检出钢筋的相应位置；测量和记录每个检出钢筋的相对位置；可根据第一根和最后一根钢筋的位置，确定这两个钢筋的距离，计算出钢筋的平均间距。评定时，以该平均间距与设计间距对比得到偏差，允许偏差要求应符合《混凝土结构工程施工质量验收规范》GB 50204—2015 的规定。

【分析】现行国家标准《混凝土结构工程施工质量验收规范》GB 50204—2015 规定的检测方法和判定规则针对的是未浇筑混凝土的钢筋安装质量；由于混凝土浇筑过程中的扰动，以现行国家标准《混凝土结构工程施工质量验收规范》GB 50204—2015 规定的检测方法与判定规则来检验和评定实体混凝土结构中的钢筋是偏严的。《混凝土结构现场检测技术标准》GB/T 50784—2013 给出的检测方法和判定规则针对的是已浇筑混凝土后结构实体中的钢筋位置实际情况，用均值验收是符合实际情况的。

2.3.15 单个混凝土构件钻芯检测混凝土抗压强度，是推定值还是代表值？

【答】1. 根据《钻芯法检测混凝土强度技术规程》JGJ/T 384—2016 第 6.3.4 条及条文说明：钻芯法确定单个构件混凝土抗压强度推定值时，芯样试件的数量不应少于 3 个；钻芯对构件工作性能影响较大的小尺寸构件，芯样试件的数量不得少于 2 个。单个构件的混凝土抗压强度的推定值不再进行数据的舍弃，而应按芯样试件混凝土抗压强度值中的最小值确定。综合考虑工程检测的可操作性和检测结果的可靠性，采用以最小值作为推定值来确定混凝土抗压强度是否合格。

2. 根据《钻芯法检测混凝土强度技术规程》JGJ/T 384—2016 第 6.3.4 条及条文说明：钻芯法确定构件混凝土抗压强度代表值时，芯样试件的数量宜为 3 个，应取芯样试件抗压强度值的算数平均值作为构件混凝土抗压强度代表值。构件混凝土抗压强度代表值用于既有结构的构件承载力的评定，不用于混凝土强度的合格评定。

【分析】《钻芯法检测混凝土强度技术规程》JGJ/T 384—2016 第 6.3.4 条和 6.3.5 条两结

果对应不同的检测目的。按第 6.3.5 条规则得出的结果用于确定既有构件承载力是否符合设计要求，不用于混凝土强度的合格评定；按第 6.3.4 条规则得出的结果用于确定混凝土强度是否合格。

2.3.16 采用回弹法和钻芯法检测混凝土强度，同一测区的数据差距特别大，以哪个数据为准？

【答】回弹法的基本原理是在一定的冲击能量下，弹击杆冲击混凝土表面，混凝土表面产生塑性变形消耗一部分功（混凝土强度越高，表面硬度越大，塑性变形越小），另一部分功通过混凝土的弹性变形传回给弹击杆，由动能转化为弹簧势能。弹击锤向后回弹的距离 L' 与弹击锤脱钩前的位置 L 之比的百分数即是传统意义上的回弹值。从原理上就知道回弹法反馈的是混凝土表层硬度和强度的关系，不能完全反馈内部和强度相关的因素；另外，其原材料本身组成、施工中的养护、用水量等在实际施工中会产生与检测强度曲线较大的差异。同样，钻芯法芯样试件的抗压强度与芯样钻取时混凝土的龄期和强度、混凝土的种类、原材料的种类、进钻速度、试件加工的质量等多种因素有关。所以，有差距是很正常的。回弹法检测构件混凝土抗压强度是一种间接测试方法；钻芯法作为局部破损法，是检测混凝土强度的直接法；当尽可能排除其他影响因素时，一般应以钻芯法检测数据为准。

【分析】回弹法是一种非破坏性的混凝土强度检测方法，其核心原理是利用回弹仪来精确测定混凝土表面的硬度，反馈的是混凝土表层硬度和强度的关系，不能完全反馈内部和强度相关的因素；钻芯法作为一种局部破损检测手段，其显著优势在于能够直接揭示构件混凝土的真实状态。通过这种方法，我们可以相当精确地测定混凝土的强度，因为它直接对混凝土样本进行测试，避免了其他非直接测试方法可能带来的误差。这种精确性对于确保建筑结构的安全性和稳定性至关重要。

2.3.17 钻芯法检测混凝土强度是钻取直径 100mm 的芯样好，还是小直径的芯样好？

【答】实际工程应用的最主要有直径 100mm 与 75mm 两种芯样。一般来说，对于钢筋较密的混凝土构件取样，选取 75mm 直径的；条件允许的情况下，应尽量采用直径 100mm 的标准芯样，以减少芯样抗压强度的离散性，来提高检测结果的精度。

【分析】理论上来讲，直径 70～75mm 芯样试件抗压强度值的平均值与 100mm 的芯样试件抗压强度值的平均值基本相当；但是，对具体实际样本来讲，使用直径为 100mm 的芯样试件样本的标准差相对较小，使用小直径芯样试件可能会造成样本的标准差增大。因此，宜使用直径为 100mm 的芯样试件确定混凝土抗压强度值。

2.3.18 回弹法检测混凝土抗压强度，抽样时同类构件如何理解？柱和梁属于同类构件吗？

【答】"同类构件"是指在检测范围内，配筋、外形尺寸等基本相同或同一型号的结构或构件。例如，现浇多层钢筋混凝土框架结构，需要对每层的混凝土强度进行检测时，可根据需要对该层的同类柱子或同类梁等构件，采取抽样方法分别进行总体评定。

【分析】根据《回弹法检测混凝土抗压强度技术规程》JGJ/T 23—2011 中的同类构件是指混凝土生产工艺、强度等级相同，原材料、配合比、养护条件基本一致且龄期相近的同类构件可以组成一个检验批。同类构件是指在结构设计和制造中具有相似特征和功能的构件。它们可能具有相同的形状、材料、制造工艺或者功能，且在不同的结构中扮演着类似的角色。在同一栋建筑物中，梁、板、柱、墙即使强度等级相同，也不能称为同类构件，不可把他们当作一类构件。

2.3.19 回弹法检测混凝土抗压强度时，对被测混凝土构件的厚度是否有要求？

【答】对于薄壁小型结构，如果约束力不够，回弹时产生颤抖，会造成回弹能量损失，使检测结果偏低。因此，如果厚度太薄、构件比较小，应加以可靠支撑，使其有足够的约束力时方可检测。

【分析】见《回弹法检测混凝土抗压强度技术规程》JGJ/T 23—2011 第 4.1.4 条的规定。

2.3.20 混凝土试块委托方超过了 28d 才送样，怎么出检测报告？

【答】只出具检测数据，检测结论写达到设计强度的百分之多少（%），不对混凝土强度等级进行评定。

【分析】混凝土强度根据国家标准《混凝土强度检验评定标准》GB/T 50107—2010 的规定分批检验评定。检验评定混凝土强度时，应采用 28d 或设计规定龄期的标准养护试件。根据《混凝土结构设计标准》GB/T 50010—2010 第 4.1.1 条的规定，混凝土强度等级应按立方体抗压强度标准值确定。立方体抗压强度标准值系指按标准方法制作、养护的边长为 150mm 的立方体试件，在 28d 或设计规定龄期以标准试验方法测得具有 95% 保证率的抗压强度值。

2.3.21 地下室结构工程是单独验收还是和主体工程一起验收？

【答】1. 主体结构验收一般是地下室和上部结构分开验收，具体的按当地监督部门的要求来。

2. 根据《建筑工程施工质量验收统一标准》GB 50300—2013 的规定，地基与基础分部工程划分地基与基础子分部工程和分项工程，可以看出基础子分部只包含各类基础，而不包括地下室中的梁板柱（如地下室作为箱形基础则应纳入地基与基础分部）。

地下室中的梁板柱混凝土结构特征与主体结构类似,与地基基础明显不同,地下室底板以上结构应划分在主体结构分部工程一起验收更合适,而且便于混凝土工程的施工质量控制。

【分析】±0.000m 以下工程划归为地基与基础分部工程是《建筑工程质量检验评定标准》GBJ 301—88 规定的,此规范后被《建筑工程施工质量验收统一标准》GB 50300—2001 取代,取消了此条规定;但 ±0.000m 以下工程划归为地基与基础分部的习惯做法沿袭至今。《建筑工程施工质量验收统一标准》GB 50300—2013、《建筑地基基础工程施工规范》GB 51004—2015 和《建筑地基基础工程施工质量验收标准》GB 50202—2018 中已没有 ±0.000m 以下工程划归为地基与基础分部工程的规定。

2.3.22 钻芯法检测混凝土强度,如何考虑梁位置取受力最小处?

【答】钻芯法检测混凝土强度属于破损法检测,应选择混凝土梁的弯矩和剪力最小处。

【分析】根据《钻芯法检测混凝土强度技术规程》JGJ/T 384—2016 中第 4.0.2 条的规定,芯样宜在结构或构件受力较小的部位。其条文说明指出,合理选择钻芯位置,尽可能减少对结构或构件造成损伤。

2.3.23 回弹法、超声回弹综合法、钻芯法、后装拔出法等检测混凝土强度哪个更准确一些?

【答】钻芯法检测混凝土强度是一种直接检测方法,目前普遍认为更准确一些。

【分析】钻芯法检测混凝土强度需要保证该方法的准确运用。比如,芯样尺寸偏差是否满足规范要求,钻芯设备的选择保证芯样的质量,芯样抗压设备的选择和速率的控制等。回弹法、超声回弹综合法或后装拔出法属于间接测试方法,可采用芯样抗压强度值对其结果进行修正。

2.3.24 结构设计图纸缺失,补测结构图纸时钢筋配置如何确定?

【答】钢筋探测仪是测不准钢筋直径的,只能是通过剔凿的方式确定钢筋直径和型号。我们对于无图纸项目,都是以剔凿为主(钢筋根数、直径、型号)、以扫描为辅(箍筋间距),剔凿量至少在 B 类以上,正常情况达到 C 类难度很大。一般配筋图是根据实测＋推定确定的,而不是全部剔凿。

【分析】对这一情况,作为检测单位其实是有难度的,尤其是配筋这一项。例如,对于梁底有多层钢筋的情况,以现有的技术水平,仅可以用仪器探测到最外面一层,因此需要进行开凿复核,这在《混凝土中钢筋检测技术标准》JGJ/T 152—2019 中有相关规定。抽取有代表性的构件进行检测,对于尺寸、类型、位置等一致的构件,可以参考同类构件确定。对于梁顶的负弯矩筋,可能是无法检测的。有一些设计单位可能会根据梁底的钢筋信息做一个分析。如果梁底满足要求,梁顶可能会简单处理一下。如果梁底跨中正弯矩筋相差很多,那么在梁顶处加固的深度要大一点。我们会根据结构布置、构件尺寸等，推定一部分构件配筋。这个会在报告中写清楚哪一部分是实测、哪一部分是推定。承担一部分责任，也和业主说清楚。因此，对于框架结构没有图纸的情况，检测深度还是有一定欠缺的。针对这种情况，检测单位可以与设计单位有效沟通，让设计人员充分考虑这个欠缺，适当增加加固量。

2.3.25 强度为 C50～C60 的混凝土构件应该选择普通回弹仪还是高强回弹仪做检测？

【答】建议对于 C50 及 C50 以上强度等级的混凝土，采用《高强混凝土强度检测技术规程》JGJ/T 294—2013 进行检测。

【分析】虽然《回弹法检测混凝土抗压强度技术规程》JGJ/T 23—2011 第 6.2.1 条规定：回弹法适用范围为 10～60MPa。笔者结合实际工作及相关研究，对于 C50 及 C50 以上强度等级的混凝土，用普通回弹仪检测，强度普遍差距很大。采用《高强混凝土强度检测技术规程》JGJ/T 294—2013 中标称动能 4.5J 回弹仪对强度等级为 C50 的混凝土进行回弹，并钻芯取样进行强度验证。发现标称动能 4.5J 回弹仪的回弹结果与芯样的试压结果比较接近，而与普通回弹仪检测结果相差很大。例如，张时维在《普通回弹仪和高强回弹仪在 50～60MPa 混凝土回弹检测中的应用》一文相关研究表明：采用高强回弹仪的混凝土强度推定值与混凝土立方体抗压强度更接近，比混凝土试件的立方体抗压强度略高 0～5%；而采用普通回弹仪的混凝土强度推定值比混凝土立方体抗压强度低 16%～26%。在结构实体回弹检测工作中，若混凝土抗压强度介于 50～60MPa 时，建议采用高强回弹仪进行现场检测。

2.3.26 采用回弹法检测混凝土强度，是否需要累计温度 600℃·d？回弹原始记录需要记录温度和湿度吗？

【答】回弹法检测混凝土强度，对构件的养护累计温度 600℃·d 没有明确要求；对混凝土构件的龄期有要求，为 14～1000d，原始记录上注明龄期即可；如果用于评定混凝土强度等级，则需要考虑。原始记录应记录检测时的环境条件。

【分析】根据《回弹法检测混凝土抗压强度技术规程》JGJ/T 23—2011 第 6.2.1 条的规定，回弹法适用范围为自然养护且龄期为 14～1000d。环境温湿度对检测项目有影响时，应记录测试时的环境温度和湿度，该数值应是真实和有效的。当环境温度和湿度与检测标准（方法）中的规定环境温度和湿度不吻合时应停止测试，直至达到检测标准（方法）中规定的环境温度和湿度。记录测试时的环境信息，也关系到原始记录的可追溯性。如果日后检测报告/数据需要复查，应在相同的环境条件下开展复查检测。其他环境信息：如果其他环境条件（如：大气压、海拔条件、气体含量、气流等）对检测项目有影响时，记录中应写明这些环境条件。

2.3.27　回弹法检验批检测混凝土强度时，其中一个构件强度偏低不合格如何评定？

【答】按检验批检测时，一个构件强度偏低不合格，首先进行异常值判定。

1. 如果该构件数值不属于异常值，符合规范要求的检验批强度评定条件时给出检验批强度推定值；不符合规范要求的检验批强度评定条件时重新划分检验批进行补充检测或对单个构件强度进行全数检测，出具相应的检测结果。

2. 如果该构件数值属于异常值，不能随意剔除该异常数值，应在该构件相邻区域进行复测（或采用钻芯法验证）且对该构件周边邻近构件补充检测；重新进行异常值判定。假如该构件强度偏低仅是一个孤立事件，建议对不包含该构件的检验批给出一个强度推定值；如果周边邻近构件与该构件数据差异不大，不是一个孤立事件，建议重新划分检验批进行补充检测或对单个构件强度进行全数检测，出具相应的检测结果。

【分析】同一批混凝土，同样的浇筑方式和养护方式，一般不会只有一个构件的检测结果不符合要求。如果只有一个构件不合格，数据还偏低很多，找一下原因。如果是回弹法检测，还可以采用钻芯法检测验证一下。

2.3.28　实际工程中拉拔试验达到了钢筋的设计强度（或屈服强度）而未拔出破坏，是否可认为符合要求？

【答】植筋拉拔试验在《建筑结构加固工程施工质量验收规范》GB 50550—2010 附录 W 和《混凝土结构后锚固技术规程》JGJ 145—2013 附录 C 中均有相关介绍，包括抽样标准、仪器设备要求、加载方式、结果评定等内容。其中，关于非破损检验采用的荷载检验值两本规范均有规定，但是略有差异。前者采用的是设计值，后者采用的是标准值，且系数不同。理论上，优先选择国标作为依据进行试验。但是，实际开展工作时，《建筑结构加固工程施工质量验收规范》GB 50550—2010 中涉及的 N_t 需要设计单位提供，即需要另外的单位配合。在实现有难度的情况下，也可以参照后者执行。

【分析】具体应根据选择的检测依据和评判技术标准规范进行检测，并对检测结果进行符合性评定。

2.3.29　混凝土成型方法对回弹法检测混凝土强度有影响吗？

【答】根据陕西省建筑科学研究院相关试验，研究手工插捣、适振、欠振等成型方法。只要成型后的混凝土基本密实时，对回弹法检测混凝土强度无明显影响。

【分析】不同强度等级、不同用途的混凝土拌合物，均有各自相应的最佳成型工艺。目前，大多数工地、构件厂采用振动成型，手工插捣极少。对一些采用离心法、真空法、压浆法、喷射法及混凝土变层经各种物理方法或化学方法处理成型的混凝土，无相关试验验证，不建议选择回弹法的检测强度曲线；否则，会有很大误差，甚至出现错误。

2.3.30 哪些因素易引起混凝土的异常碳化？对回弹法检测混凝土强度有何影响？

【答】通过现场相关调查，使用酸性隔离剂、脱模后混凝土养护不当是引起混凝土异常碳化的主要因素。混凝土的碳化对回弹法检测混凝土强度有很大的影响，根据《回弹法检测混凝土抗压强度技术规程》JGJ/T 23—2011 的检测强度曲线可以看出，当碳化深度由 0 增加至 6mm 时，因碳化引起的混凝土强度折减系数可高达 40%。

混凝土出现异常碳化后，检测其强度应采用钻芯法进行，不应采用回弹法。当然，也有些学者提出不同观点，认为龄期较短，可采用砂轮打磨掉表面碳化层进行检测；或者认为，可以不考虑异常碳化深度的影响，按照理论碳化值进行计算。

【分析】使用酸性隔离剂虽然对混凝土强度的发展没有明显影响，但是会造成混凝土表面中和化，失碱加快、加大，碳化深度异常偏大。现在，工地都采用大模板施工，为了节约成本，模板周转率很高，拆模过早、洒水养护不到位，尤其是高温、湿度较低的季节，造成表面失水，使水泥不能充分水化反应，导致碳化深度异常偏大。依据《回弹法检测混凝土抗压强度技术规程》JGJ/T 23—2011 的规定，严格来说，异常碳化的混凝土层已和内部状态不一致，回弹法已不适用于异常碳化的混凝土强度的检测。

2.3.31 检测混凝土强度修正时，为什么选择修正量方法？

【答】修正量法是采用芯样样本强度和回弹样本强度之差，修正后混凝土推定强度等于回弹样本的检检测强度度加上修正量。根据国内外相关技术研究及数学公式的推定得出，修正量方法对测区强度进行修正后，只修正混凝土测区强度值，不会改变同一构件或检验批构件的标准差。修正量法对标准差无影响，表明钻芯修正回弹法既保留了回弹法反映混凝土检验批质量的均匀情况，又掌握了混凝土的实际强度。

【分析】根据《建筑结构检测技术标准》GB/T 50344—2019、《钻芯法检测混凝土强度技术规程》JGJ/T 384—2016 等的相关规定执行。

2.3.32 为什么混凝土强度检测修正时有时修正量是负的？

【答】通常，芯样试件的强度值会高于测区的强度换算值。在一些情况下，会出现芯样试件的强度值低于测区的强度换算值，例如构件混凝土表面涂刷增强剂，提高了构件表面的硬度造成回弹值偏高；测区内构件钢筋间距密、直径大且钢筋保护层厚度小于 20mm，导致回弹数据偏高；混凝土板底回弹时由于分层泌水现象使构件底部石子较多，造成回弹数值偏高等。

【分析】回弹法检测混凝土强度是基于构件表面硬度，并采用碳化深度进行修正间接推定混凝土强度的一种方法；钻芯法是直接从结构实体上钻取试验芯样来测其抗压强度。当混凝土构件表面回弹值异常偏高时，会造成回弹强度值比芯样试件值高，致使修正量为负值。

2.3.33 混凝土标准养护和同条件养护有何区别?

【答】1.同条件养护试件和标准养护试件都是为检验混凝土强度而留置的试件,但养护条件不同。

2.标准养护试件根据每班混凝土浇筑量和浇筑部位留取,每个检验批留样最少一组。每个验收批试件总组数,应与所选定的评定方法相适应;同条件养护试件留置组数根据实际需要确定,同一强度等级的同条件养护试件不宜少于10组,且不应少于3组。每连续两层楼取样不应少于1组;每2000m³取样不得少于一组。具体留置数量与部位,应视结构的规模和重要性来决定。一般应取涉及结构安全的柱、墙、梁等结构构件的重要部位。采用商品混凝土的结构,混凝土试件强度的评定必须采用统计法。因此,不论是标准养护还是同条件养护试件,每一验收批,留置组数都必须大于10。

3.标准养护试件用于每一检验批混凝土质量的验收,代表检验批混凝土的强度;同条件养护试件用于子分部工程混凝土质量的验收,代表结构实体的混凝土强度。

4.标准养护试件强度检验是混凝土质量的第一次验收,同条件养护试件强度检验是混凝土质量的第二次抽查。

【分析】标准养护试件的养护条件是指温度在(20±2)℃,相对湿度为95%以上的环境或水中,养护28d。此时,边长为150mm的试件,混凝土立方体抗压强度为混凝土强度等级的标准值。取一组三个试件强度标准值的算术平均值,作为每组试件的强度代表值。对检验批混凝土质量的判定用此强度代表值。

同条件养护试件是指在混凝土浇筑地点随机抽样,放置在靠近结构构件或结构部位的适当位置,采取相同条件养护方法的试件。同条件养护试件的强度达到标准养护条件下28d龄期时,试件强度所需的养护龄期称为等效养护龄期,同条件养护试件达到等效龄期时的混凝土强度称为试验强度。同条件自然养护试件的等效养护龄期,可取日平均温度逐日累计达到600℃·d时所对应的龄期。0℃以下龄期不计入,等效养护龄期不应小于14d,也不宜大于60d。同条件加热养护试件的等效养护龄期,可由监理、施工等根据上述原则确定。《混凝土结构工程施工质量验收规范》GB 50204—2015附录C第C.0.3条规定,对同一强度等级的同条件养护试件,其强度值应除以0.88后,按现行国家标准《混凝土强度检验评定标准》GB/T 50107—2010的有关规定进行评定。评定结构符合要求时,可判结构实体混凝土强度合格。

2.3.34 结构设计图纸缺失时,如何准确检测混凝土柱钢筋配置?

【答】首先,对该工程的结构布置情况图进行绘制,选取具有代表性的柱进行剔凿;然后,采用钢筋位置测定仪或混凝土雷达等设备对混凝土柱的钢筋分布情况进行初步判定,并标记钢筋位置;柱钢筋一般是对称配置,选择剔凿点应能满足恢复处整个柱截面的配筋情况;最后,剔凿并采用游标卡尺、里氏硬度计或宏观判定等确定钢筋数量、型号、间距等。柱箍筋加密区检测时,柱底部、梁柱节点上下柱端都应检测。

【分析】对于结构设计图纸缺失时，应在熟悉该工程建造时规范对钢筋混凝土柱的纵向钢筋和箍筋配置的基本要求的背景下，并结合结构布置情况选择具有代表性的构件进行检测。检测时，首先采用钢筋位置测定仪、混凝土雷达等仪器进行初步检测，然后进行剔凿。采用游标卡尺、里氏硬度计或宏观判定等，确定钢筋数量、型号、间距、加密区长度等。

2.3.35 结构设计图纸缺失时，如何准确检测混凝土梁钢筋配置？

【答】首先，对该工程的结构布置情况图进行绘制，选取具有代表性的梁进行剔凿；然后，采用钢筋位置测定仪或混凝土雷达等设备，对混凝土梁的钢筋分布情况进行初步判定，并标记钢筋位置；通常，梁底钢筋剔凿位置选择在跨中区域，梁底钢筋可能存在双排钢筋设置、并筋、不同钢筋直径等情况，现场梁底应全截面剔凿；最后，剔凿并采用游标卡尺、里氏硬度计或宏观判定等，确定钢筋数量、型号、间距等。梁箍筋加密区检测时，一般是从端部开始检测，一直检测到非加密区。梁端负弯矩钢筋情况同上述情况。

【分析】对于结构设计图纸缺失时，应在熟悉该工程建造时规范对钢筋混凝土梁的纵向钢筋和箍筋配置基本要求的背景下，并结合结构布置情况选择具有代表性的构件进行检测。检测时，首先采用钢筋位置测定仪、混凝土雷达等仪器初步检测，然后进行剔凿。采用游标卡尺、里氏硬度计或宏观判定等，确定钢筋数量、型号、间距、加密区长度等。

2.4 钢结构检测问答及分析

2.4.1 在高强度螺栓中10.9S后面这个"S"是什么意思？

【答】"S"代表钢结构英文缩写（steel structure），有S标识的是钢结构用。

【分析】例如"10.9S"代表的含义："10"代表螺栓经过热处理后的公称抗拉强度为1000MPa，"9"代表螺栓经过热处理后的公称屈服强度为900MPa，两者比值为0.9，"S"代表钢结构（steel structure）的英文缩写。

2.4.2 高强度螺栓终拧扭矩值是不是越大越好？

【答】原则上，在不使螺栓破坏且产生永久塑性变形至易产生松弛的前提下，螺栓的预紧力越大越好。螺栓紧固过程会先锁到紧贴状态，所谓的紧贴状态，就是使用专用的扳手拧螺栓至结合面贴合的紧固状态。紧密状态下的螺栓内已经承受了部分预拉力，会发生弹性形变。至紧贴状态开始呈线性关系。若是超拧过多，在螺牙处会首先屈服曲线进入非线性阶段，紧接着螺牙处产生颈缩而强度开始下降，最后螺牙处断裂。若是超拧过多,当应力值超过螺栓材质的屈服强度,螺栓也会变形且不可恢复。所以,螺栓并非拧得越紧越好,紧固时应根据《钢结构工程施工质量验收标准》GB 50205—2020 附录 B 的扭矩系数进行拧紧操作,螺栓的终拧扭矩偏差不得大于 ±10%;否则,欠拧应补拧,超拧则应更换螺栓。

【分析】《钢结构设计标准》GB 50017—2017 根据螺栓的性能等级和直径,对每个高强度螺栓的预拉力都作了规定;《钢结构工程施工规范》GB 50755—2012 也按此进一步规定,高强度螺栓拧紧时不得超拧或欠拧。这些规定都是为了控制高强度螺栓的预拉力。高强度螺栓的应用,不论受剪、受拉还是拉剪螺栓连接,其受力性能主要是基于螺栓对板叠强大的法向压力,即紧固的预拉力。即使是承压型的连接,也要部分利用这一性能。因此,控制预拉力是保证高强度螺栓连接质量的一个关键性因素。

为了使高强度螺栓获得尽可能大的预拉力,应最大限度地发挥其材料的潜力,将预拉力值最好确定在使螺栓产生的预拉应力接近钢材的屈服强度,这样可取得最佳经济效果。但是,考虑到材料的不均匀性,须乘以 0.9 的材料系数折减。同时,为了补偿螺栓紧固后产生的松弛,使预拉力有所损失,《钢结构工程施工规范》GB 50755—2012 规定终拧扭矩增加预拉力的 10%,因此还须乘以超拧系数 0.9 折减。另外,螺栓在施拧时,除使螺栓在沿其杆轴方向产生拉应力外,同时还在螺栓内产生剪应力,故还须用折算应力来考虑其影响。通常,在正常施工条件下,即螺母与螺栓或与垫圈之间涂润滑脂(黄干油)的状态下,或在供货状态原润滑脂未干的情况下施拧时,其影响可按除以系数 1.2 考虑。

据上所述,高强度螺栓的预拉力值应按公式确定,并取 5kN 的倍数值制成设计用表(参见《钢结构设计标准》GB 50017—2017 中表 11.4.2-2)。

2.4.3 高强度螺栓的初拧、复拧、终拧及扭矩检查的时间有何要求?

【答】1. 根据《钢结构工程施工规范》GB 50755—2012 第 7.4.10 条的规定,高强度螺栓连接副的初拧、复拧和终拧,宜在 24h 内完成。

2. 根据《门式刚架轻型房屋钢结构技术规范》GB 51022—2015 第 14.3.6 条的规定,高强度螺栓连接副的拧紧应分为初拧、复拧和终拧,宜按由螺栓群节点中心位置顺序向外缘拧紧的方法施拧,初拧、复拧和终拧应在 24h 内完成。第 14.3.8 条规定,每个节点扭矩抽检螺栓连接副数应为 10%,且不应少于一个螺栓连接副。抽验不符合要求的,应重新抽样 10% 检查;当仍不合格,欠拧、漏拧的应补拧,超拧的应更换螺栓。扭矩检查应在施工 1h 后,24h 内完成。

3. 根据《钢结构工程施工质量验收标准》GB 50205—2020 第 6.3.3 条的规定,高强度螺栓连接副应在终拧完成 1h 后、48h 内进行终拧质量检查,检查结果应符合本标准附录 B 的规定。

检查数量:按节点数抽查 10%,且不少于 10 个,每个被抽查到的节点,按螺栓数抽查 10%,且不少于 2 个。检验方法:按本标准附录 B 执行。

4. 根据《钢结构现场检测技术标准》GB/T 50621—2010 第 8.1.3 条的规定，对高强度螺栓终拧扭矩的施工质量检测，应在终拧 1h 之后、48h 之内完成。

5. 根据《钢结构高强度螺栓连接技术规程》JGJ 82—2011 第 6.5.1 条的规定，大六角头高强度螺栓连接施工紧固质量检查应符合下列规定：

1）扭矩法施工的检查方法应符合下列规定：

（1）用小锤（约 0.3kg）敲击螺母对高强度螺栓进行普查，不得漏拧；

（2）终拧扭矩应按节点数抽查 10%，且不应少于 10 个节点；对每个被抽查节点应按螺栓数抽查 10%，且不应少于 2 个螺栓；

（3）检查时，首先在螺杆端面和螺母上画一直线，然后将螺母拧松约 60°；再用扭矩扳手重新拧紧，使两线重合，测得此时的扭矩应在（0.9 ~ 1.1）T_{ch} 的范围内。T_{ch} 应按下式计算：

$$T_{ch} = kPd \qquad (2.4.3-1)$$

式中 P——高强度螺栓预拉力设计值（kN），按《钢结构高强度螺栓连接技术规程》JGJ 82—2011 表 3.2.5 取用；

T_{ch}——检查扭矩（N·m）。

（4）如发现有不符合规定的，应再扩大 1 倍检查；如仍有不合格者，则整个节点的高强度螺栓应重新施拧；

（5）扭矩检查宜在螺栓终拧 1h 以后、24h 之前完成；检查用的扭矩扳手，其相对误差应为 ±3%。

2）转角法施工的检查方法应符合下列规定：

（1）普查初拧后在螺母与相对位置所画的终拧起始线和终止线所夹的角度应达到规定值；

（2）终拧转角应按节点数抽查 10%，且不应少于 10 个节点；对每个被抽查节点按螺栓数抽查 10%，且不应少于 2 个螺栓；

（3）在螺杆端面和螺母相对位置画线，然后全部卸松螺母，再按规定的初拧扭矩和终拧角度重新拧紧螺栓；测量终止线与原终止线画线间的角度，应符合《钢结构高强度螺栓连接技术规程》JGJ 82—2011 表 6.4.16 的要求，误差在 ±30° 者为合格；

（4）如发现有不符合规定的，应再扩大 1 倍检查；如仍有不合格者，则整个节点的高强度螺栓应重新施拧；

（5）转角检查宜在螺栓终拧 1h 以后、24h 之前完成。

6.0 第 6.5.2 条规定：扭剪型高强度螺栓终拧检查，以目测尾部梅花头拧断为合格。对于不能用专用扳手拧紧的扭剪型高强度螺栓，应按《钢结构高强度螺栓连接技术规程》JGJ 82—2011 第 6.5.1 条的规定进行终拧紧固质量的检查。

【分析】1. 依据《钢结构工程施工质量验收标准》GB 50205—2020 第 6.3.3 条的条文说

明，高强度螺栓终拧 1h 后，螺栓预拉力的损失大部分已完成，在随后一两天内，损失趋于平稳。当超过一个月后，损失就会停止，但在外界环境影响下，螺栓扭矩系数会发生变化，影响检查结果的准确性。为了统一和便于操作，本条规定检查时间统一在 1h 后、48h 内完成。

2. 依据现行行业标准《钢结构高强度螺栓连接技术规程》JGJ 82—2011 的有关规定，用转角法施工的高强度螺栓连接副也需经本标准第 4.7.2 条检验合格后方可施工，其紧固过程也分初拧、终拧，对大型节点分初拧、复拧、终拧。初拧和复拧用扭矩法施工，使节点内各螺栓受力基本均匀，终拧用转角法施工。

3. 依据《钢结构现场检测技术标准》GB/T 50621—2010 第 8.1.3 条的条文说明，现行国家标准《钢结构工程施工质量验收标准》GB 50205—2020 规定，高强度螺栓终拧 1h 后，48h 内应进行终拧扭拒检查。为了解高强度螺栓轴力、扭矩随时间而变化的规律，本标准参编单位上海市建筑科学研究院制作了大六角头高强度螺栓试件进行试验。螺栓规格为 M20，初始扭矩值为 388N·m，经历不同的时间段后，测量其轴力、扭矩，高强度螺栓轴力、扭矩随时间而变化，见表 2.4-1。

高强度螺栓轴力、扭矩随时间而变化 表 2.4-1

经历的时间（h）	轴力值（kN）	扭矩值（N·m）	变化率
0	160.2	388.0	/
1	157.2	380.7	1.87%
2	157.0	380.3	2.00%
3	156.8	379.8	2.12%
24	156.0	377.8	2.62%
48	155.6	376.9	2.87%
120	155.6	376.9	2.87%
144	155.6	376.9	2.87%

从表 2.4.3-1 可知，高强度螺栓扭矩在 1h 内变化最大，在 48h 内已趋于稳定。本试验进一步验证了现行国家标准《钢结构工程施工质量验收标准》GB 50205—2020 中规定的"扭矩检验应在终拧 1h 之后、48h 之内完成"，是比较合理的。

2.4.4 承压型与摩擦型高强度螺栓有何不同？

【答】1. 工厂生产的高强度螺栓无承压型和摩擦型之分，本质上只有性能等级的区别（分为 8.8 级和 10.9 级），并且每个高强度螺栓在施加预拉力时也没有摩擦型和承压型之分，在施工方面所使用的高强度螺栓连接副（扭剪型高强度螺栓连接副和高强度大六角头螺栓连接副）是相同的。

2. 在抗剪设计时，高强度螺栓摩擦型连接是以外剪力达到板件接触面间由螺栓拧紧力所提供的可能最大摩擦力作为极限状态，也即是保证连接在整个使用期间内外剪力不超过最大摩擦力。板件不会发生相对滑移变形（螺杆和孔壁之间始终保持原有的空隙量），被连接板件按弹性整体受力。

3. 在抗剪设计时，高强度螺栓承压型连接中允许外剪力超过最大摩擦力。这时，被连接板件之间发生相对滑移变形，直到螺栓杆与孔壁接触。此后，连接就靠螺栓杆身剪切和孔壁承压以及板件接触面间的摩擦力共同传力，最后以杆身剪切或孔壁承压破坏作为连接受剪的极限状态。摩擦型高强度螺栓和承压型高强度螺栓实际上是同一种螺栓，只不过是设计时是否考虑滑移。摩擦型高强度螺栓绝对不能滑动，螺栓不承受剪力，一旦滑移，设计就认为达到破坏状态，在技术上比较成熟；承压型高强度螺栓可以滑动，螺栓也承受剪力，最终破坏相当于普通螺栓破坏（螺栓剪坏或钢板压坏）。

4. 高强度螺栓承压型连接，其连接钢板的孔径 $d+$（$1.0 \sim 1.5$）mm（d 为螺栓公称直径）要比摩擦型 $d+$（$1.5 \sim 2.0$）mm 更小，主要是考虑控制承压型连接在接头滑移后的变形。而摩擦型连接不存在接头滑移问题，孔径可以稍大一些，有利于安装的方便性。

5. 由于允许接头滑移，承压型连接一般应用于承受静力荷载和间接动力荷载的结构中，特别是允许变形的结构构件，不宜用于承受反向内力的连接；同种荷载组合情况下，直径相同的高强度螺栓，承压型比摩擦型的安全储备低，重要的结构或直接承受动力荷载的结构及荷载引起反向内力的结构应采用摩擦型连接，但是用来耗能的连接接头可采用承压型连接。

6. 摩擦型高强度螺栓的承载能力主要取决于传力摩擦在数量及传力摩擦面的抗滑移系数；承压型高强度螺栓的承载力主要取决于螺栓的抗剪能力与构件承压能力的较小值。

7. 承压型高强度螺栓对摩擦面处理相对简单，只须清除油污及浮锈。

8. 承压型高强度螺栓节省螺栓，承载力高于摩擦型（位移螺栓产生滑移之后）。

9. 承压型螺栓计算同普通螺栓，但须注意当剪切面在螺纹处时，其受剪承载力设计值应按螺栓螺纹处的有效面积计算。

10. 从施工质量验收角度上，承压型连接只比摩擦型连接减少了摩擦面抗滑移系数检验一项内容，其余验收项目完全一致。

11. 在同种荷载组合情况下，相同直径的承压型高强度螺栓在设计上的安全储备要高于摩擦型高强度螺栓的。

当高强度螺栓同时承受摩擦面间的剪力与螺栓杆轴方向的外拉力时，摩擦型高强度螺栓、承压型高强度螺栓的承载力分别符合下式要求；

（1）在同时承受剪力和杆轴方向拉力时，摩擦型要求是螺栓承受的剪力与受剪承载力之比加上螺杆承受轴力与受拉承载力应力比之和小于 1.0；

$$\frac{N_{\mathrm{v}}}{N_{\mathrm{v}}^{\mathrm{b}}} + \frac{N_{\mathrm{t}}}{N_{\mathrm{t}}^{\mathrm{b}}} \leqslant 1.0 \qquad (2.4.4\text{-}1)$$

式中 N_v、N_t——分别为某个高强度螺栓所承受的剪力和拉力（kN）；

N_v^b、N_v^t——单个高强度螺栓的受剪、受拉承载力设计值（kN）。

（2）承压型要求是螺栓承受的剪力与受剪承载力之比的平方加上螺杆承受轴力与受拉承载力应力比的平方之和小于1.0；

$$\sqrt{\left(\frac{N_v}{N_v^b}\right)^2 + \left(\frac{N_t}{N_t^b}\right)^2} \leq 1.0 \qquad (2.4.4\text{-}2)$$

$$N_v \leq N_c^b\big/1.2 \qquad (2.4.4\text{-}3)$$

式中 N_v、N_t——所计算的某个高强度螺栓所承受的剪力和拉力（kN）；

N_v^b、N_v^t、N_c^b——单个高强度螺栓按普通螺栓计算时的受剪、受拉和承压承载力设计值计算（kN）。

12. 尽管承压型在设计数值上占有优势，但由于其属于剪压破坏形式，螺栓孔为类似普通螺栓的孔隙型螺栓孔，在承受荷载作用时的变形远大于摩擦型，所以高强度螺栓承压型主要用于非抗震构件连接、非承受动荷载构件连接、非反复作用构件连接。这两种形式的正常使用极限状态也是有区别的：摩擦型连接是指在荷载基本组合作用下连接摩擦面发生相对滑移；承压型连接是指在荷载标准组合作用下连接件之间发生相对滑移。

【分析】详见《钢结构用高强度大六角头螺栓连接副》GB/T 1231—2024、《钢结构用扭剪型高强度螺栓连接副》GB/T 3632—2008、《钢结构现场检测技术标准》GB/T 50621—2010、《钢结构高强度螺栓连接技术规程》JGJ 82—2011、《钢结构工程施工质量验收标准》GB 50205—2020等标准、规范的相关规定。

2.4.5 高强度螺栓能重复使用吗？

【答】高强度螺栓作为临时的并且短时间被替代的，可以重复使用；但是，如果是作为永久构件的部件，则不能重复使用。

【分析】1. 由于高强度螺栓连接副一次使用过程中拧紧扭矩很大，螺纹副上螺纹牙型和螺母接触面都经历了高强度摩擦，使螺纹接触面和螺母接触面表面粗糙度都发生了很大的变化，因此摩擦系数也产生了很大的变化。再用同样的扭矩拧紧时，可能产生更大的拉伸力而把螺栓拉断。除此以外，高强度螺栓还要承受外部工作载荷或者动态疲劳载荷，而且高强度螺栓在拆卸过程中通常会被扭断或者产生严重的扭剪变形。扭矩系数也会发生变化，再次使用时的风险很高。因此，高强度螺栓一般来说不能重复使用。高强度螺栓一般都用在比较重要的连接位置，因此应避免风险。

2.《钢结构通用规范》GB 55006—2021第4.4.3条规定，已施加过预拉力的高强度螺栓拆卸后，不应作为受力螺栓循环使用。

2.4.6 钢结构变形检测时，整体立面偏移和整体平面弯曲怎么检测？

【答】根据《钢结构工程施工质量验收标准》GB 50205—2020 第 10.9.1 条的规定，主体钢结构整体立面偏移和整体平面弯曲的允许偏差应符合表 10.9.1 的规定。

检查数量：对主要立面全部检查。对每个所检查的立面，除两列角柱外，尚应至少选取一列中间柱。

检验方法：采用经纬仪、全站仪、GPS 等测量。

【分析】按照《钢结构工程施工质量验收标准》GB 50205—2020 表 10.9.1 的图例说明，整体立面偏移是检测立面上钢柱的垂直度数据的累积；整体平面弯曲为检测立面上钢梁的侧向弯曲数据的累积。

2.4.7 钢网架、网壳挠度变形检测需要在什么阶段做？

【答】钢网架、网壳结构控制点的挠度是对设计和施工质量的综合反映，钢网架、网壳结构总拼完成后及屋面工程完成后，应分别各测量一次挠度值。

【分析】根据《钢结构工程施工质量验收标准》GB 50205—2020 第 11.3.1 条的规定，钢网架、网壳结构总拼完成后及屋面工程完成后应分别测量其挠度值，且所测的挠度值不应超过相应荷载条件下挠度计算值的 1.15 倍。检查数量：跨度 24m 及以下钢网架、网壳结构，测量下弦中央一点；跨度 24m 以上钢网架、网壳结构，测量下弦中央一点及各向下弦跨度的四等分点。检验方法：用钢尺、水准仪或全站仪实测。

依据第 11.3.1 条的条文说明，钢网架、网壳结构控制点的挠度是对设计和施工质量的综合反映，必须测量并记录存档。挠度测量点的位置应代表整个结构的变形情况。考虑到材料的性能、施工误差与计算上可能产生的偏差，本条中允许实测挠度值大于相应荷载条件下挠度计算值（最多不超过 15%）。

2.4.8 如何用里氏硬度法检测钢材抗拉强度？

【答】1. 在既有钢结构鉴定中，对于钢材强度我们采用里氏硬度法进行检测。原来的方法是采用《金属材料 里氏硬度试验 第 1 部分：试验方法》GB/T 17394.1—2014 检测里氏硬度；采用《金属材料 里氏硬度试验 第 4 部分：硬度值换算表》GB/T 17394.4—2014 进行硬度换算，将里氏硬度换算为维氏硬度；再通过《黑色金属硬度及强度换算值》GB/T 1172—1999 对应的强度值，得到钢材抗拉强度对应的硬度（上限值、下限值）。

2. 采用《建筑结构检测技术标准》GB/T 50344—2019 的方法（附录 N）进行检测与评定。

【分析】目前，除国家标准《金属材料 里氏硬度试验》GB/T 17394 系列标准外，另有四本标准规定了里氏硬度法检测钢材强度的检测方法：山东省地方标准《里氏硬度计现场检测建筑钢结构钢材抗拉强度技术规程》DB37/T 5046—2015、福建省地方标准《福建省里氏硬度法现场检测建筑钢结构钢材抗拉强度技术规程》DBJ/T 13—262—2017、江苏省地方标准《里氏硬度计现场检测建筑钢结构钢材抗拉强度技术规程》DGJ32/TJ 116—2011、《建筑结构检测技术标准》GB/T 50344—2019。其中，《里氏硬度计现场检测建筑钢结构钢材抗拉强度技术规程》DGJ32/TJ 116—2011 与《建筑结构检测技术标准》GB/T 50344—2019 的规定基本相同。经对比上述标准，三个标准相差较大，其中山东省地方标准感觉偏高（张树勋等，《里氏硬度换算建筑结构钢材强度的影响因素及相对偏差》）。

2.4.9 钢结构防腐涂层厚度是检测整个涂层干膜厚度吗？

【答】现场检测出来的都是所有涂层的厚度总和。单层厚度一般只能在施工过程中检测。

【分析】涂层厚度检测分为对磁性基体上非磁性覆盖层厚度的测定采用的磁性法。使用磁性测厚仪测量永磁体和金属之间的磁引力，由于受到覆盖层的影响，穿过覆盖层到达基底金属的磁阻会发生变化，从而得到覆盖层厚度。

2.4.10 门式刚架钢梁挠度变形怎么检测？

【答】门式刚架钢梁有一个坡度，通常是测量梁下翼缘板固定测点的相对高差值，与设计图纸标高进行比较。实际中，测量往往不是很准，施工过程中误差可能会比较大，检测数据只能作为一个参考。

【分析】根据《门式刚架轻型房屋钢结构技术规范》GB 51022—2015 表 3.3.2 的关于门式刚架斜梁挠度限值规定，仅支承压型钢板屋面和冷弯型钢檩条时为 $L/180$；上有吊顶时为 $L/240$；有悬挂起重机时为 $L/400$；L 为跨度，对门式刚架斜梁，L 取全跨；对悬臂梁，按悬伸长度的 2 倍计算受弯构件的跨度。为减小跨度大于 30m 的钢斜梁的竖向挠度，建议应起拱。

2.4.11 网架挠度变形怎么检测？

【答】跨度 24m 及以下钢网架、网壳结构，测量下弦中央一点；跨度 24m 以上钢网架、网壳结构，测量下弦中央一点及各向下弦跨度的四等分点。通常，根据球节点的底面标高测量其相对标高，根据球节点球直径进行调整修正，得出球中心的相对标高，与设计图纸标高进行比较，这样各个测点的挠度就可以得出。采用全站仪检测网架挠度时，激光束的光点会随着距离的加大而变粗，以激光点的中心为基准读取测量数据。

【分析】根据《空间网格结构技术规程》JGJ 7—2010 表 3.5.1，空间网格结构容许挠度值的规定为：网架屋盖（短向跨度）为 $l/250$，楼盖（短向跨度）为 $l/300$，悬挑结构（悬挑跨度）为 $l/125$；单层网壳屋盖结构（短向跨度）为 $l/400$，悬挑结构（悬挑跨度）为 $l/200$；双层网壳立体桁架屋盖（短向跨度）为 $l/250$，悬挑结构（悬挑跨度）为 $l/125$；对于设有悬挂起重设备的屋盖结构，其最大挠度值不宜大于结构跨度的 1/400。l 为跨度。

2.4.12 钢构件的防火涂料要求是结构专业提出还是建筑专业提出?

【答】首先要依据工程耐火等级（建筑专业确定）确定各构件的耐火极限，其次结构专业提出明确的防火保护设计要求。

【分析】《钢结构通用规范》GB 55006—2021、《钢结构设计标准》GB 50017—2017、《建筑钢结构防火技术规范》GB 51249—2017 等规范或标准中，均明确要求钢结构应进行防火保护设计，并给出了设计方法，即耐火极限法、承载力法、临界温度法。

2.4.13 现场检测发现钢管混凝土柱使用薄型防火涂料可以吗?

【答】钢管混凝土柱可根据《建筑钢结构防火技术规范》GB 51249—2017 第8.1节进行耐火验算和防火保护设计，确定防火保护层的类型及厚度。

【分析】根据《建筑钢结构防火技术规范》GB 51249—2017 第 8.1.8 条或第 8.1.9 条的公式计算，或按照附录 C 查表确定防火保护层类型及厚度。公式和附录 C 表格只提供了"金属网抹 M5 水泥砂浆"和"非膨胀型钢结构防火涂料"两种构造做法的厚度计算或表格，可以按照综合热传递系数等值替代选取膨胀型（薄型、超薄型）钢结构防火材料产品及厚度。通常，钢管柱构件耐火极限均为 2.5 ~ 3.0h。如果计算得到的综合热传递系数过小，膨胀型钢结构防火材料需要的等效热阻过高（$R_i \geq 0.5\text{m}^2 \cdot \text{℃}/\text{W}$），可能难以找到满足要求的膨胀型钢结构防火材料产品。

2.4.14 检测时，钢结构中斜撑、柱间支撑等构件的防火要求如何考虑?

【答】钢结构斜撑、柱间支撑等构件的防火要求，可根据《建筑钢结构防火技术规范》GB 51249—2017 第 3.1.1 条及第 3.1.3 条确定。钢结构构件的设计耐火极限应根据建筑的耐火等级，按现行国家标准《建筑设计防火规范（2018 年版）》GB 50016—2014 的规定确定。柱间支撑的设计耐火极限应与柱相同，楼盖支撑的设计耐火极限应与梁相同，屋盖支撑和系杆的设计耐火极限应与屋顶承重构件相同。钢结构节点的防火保护应与被连接构件中防火保护要求最高者相同。

【分析】吊车梁的设计耐火极限不应低于梁的设计耐火极限。根据受力性质不同，屋盖结构中的檩条可分为两类：第一类檩条，檩条仅对屋面板起支承作用。此类檩条破坏，仅影响局部屋面板，对屋盖结构整体受力性能影响很小，即使在火灾中出现破坏，也不会造成结构整体失效。因此，不应视为屋盖主要结构体系的一个组成部分。对于这类檩条，其耐火极限可不作要求。第二类檩条，檩条除支承屋面板外，还兼作纵向系杆，对主结构（如屋架）起到侧向支撑作用；或者作为横向水平支撑开间的腹杆。此类檩条破坏可能导致主体结构失去整体稳定性，造成整体倾覆。因此，此类檩条应视为屋盖主要结构体系的一个组成部分，其设计耐火极限应按对"屋盖支撑、系杆"的要求取值。

2.4.15 一类焊缝规定超声检测比例应为100%，二类焊缝超声检测比例为不低于50%，这个百分数是指条数，还是指焊缝的长度？

【答】对于焊缝长度比较短，例如梁柱连接节点，每条焊缝的长度大多在250～300mm之间，按照焊缝条数进行抽样检测。对于长度大于1m的现场安装焊缝，也可以按每条焊缝规定的百分比进行探伤。抽检部位为焊缝两端，且探伤长度不小于200mm的规定。

【分析】根据《钢结构工程施工质量验收标准》GB 50205—2020第5.2.4、第5.2.5条的条文说明，本标准规定一级焊缝100%检验，二级焊缝为抽样检验，钢结构工厂制作焊缝长度大于1m的焊缝，对每条焊缝按规定的百分比进行探伤，抽检部位为焊缝两端，且探伤长度不小于200mm的规定，对保证每条焊缝的质量是有利的。对焊缝长度小于或等于1m的焊缝，可按同类焊缝数量的百分比进行探伤。钢结构安装焊缝大部分为梁—柱连接焊缝，一般都比较短，每条焊缝的长度大多在250～300mm之间，按照焊缝条数抽样检测是可行的。对于长度大于1m的现场安装焊缝，也可以按每条焊缝规定的百分比进行探伤，抽检部位和检测长度同工厂制作焊缝。

2.4.16 T形焊缝和角焊缝在超声波检测方法上与对接焊缝有什么不同？

【答】一般根据工件的形状和可能出现缺陷的部位、方向等条件来选择探头的形式，尽量使超声波声束轴线与缺陷垂直。对接焊缝主要用横波斜探头探伤，而T形焊缝和角焊缝除了用横波斜探头探伤外，还要用直探头纵波进行探伤。

【分析】超声波探伤时，焊缝由于余高的影响不能用直探头，只能在焊缝两边光滑的表面用斜探头。另外，焊接板材尺寸都不是很大，用斜探头可以避免近场盲区。使用直探头对斜探头移动区的扫查，是为了了解斜探头扫查区的情况和保证对缺陷定位的准确；对磨平焊道的检测主要是为了检测与焊缝表面或钢板平行方向的缺陷（如层状撕裂）；对T形焊、管座角焊等，是为了检测危害性缺陷。

2.4.17 钢板的超声波检测为什么通常都要采用直探头？

【答】由于板材为轧制而成，板材中的缺陷大都是平行于板面，而且呈扁平状。因此，在板厚方向进行垂直探伤最有利于发现缺陷。

【分析】直探头用于发射垂直于探头表面传播的纵波，以探头直接接触工件表面的方式进行垂直入射纵波检测，简称纵波直探头。直探头主要用于检测与检测面平行或近似平行的缺陷，如板材、锻件检测等。

2.4.18 钢网架杆件的不平直度需要进行检测吗？

【答】需要进行检测，钢网架球节点间杆件的弯曲可能是稳定问题。根据《钢结构工程施工质量验收标准》GB 50205—2020第11.3.3条及表11.3.3的规定，杆件轴线的弯曲矢高允许偏差为$l_1/1000$，且不大于5mm。现有杆件变形的检查主要依靠人工目视或接触式检查，对发生可见弯曲变形的杆件采用拉线法或全站仪等进行测量;《建筑结构检测技术标准》GB/T 50344—2019 第 6.6.4 条规定，钢网架球节点之间杆件的弯曲，可用拉线的方法或全站仪检测，在既有结构的检测时，应区分杆件的偏差与受力后的弯曲。

【分析】网架杆件轴线的不平直度是一项很重要的指标。杆件在安装时，会因其尺寸偏差或安装误差引起杆件不平直;也会因为吊装时网架受力与设计工况不一致或安装后支座变形不一致，导致原设计为拉杆变为压杆引起杆件屈曲变形，因此必须重视钢网架杆件轴线不平直度的检测。

随着三维建模与数字图像技术的发展，三维测量技术为杆件变形测量提供了新的方向。其中，三维激光扫描是基于激光的主动三维测量系统，具有高采样率、高分辨率、非接触式和长距离测量等优点。采用三维扫描可完整恢复杆件表面形状，获取杆件表面的均匀点云;多视角几何三维重建通过对弯曲杆件进行环绕图像拍摄，获取一组包含弯曲杆件的图像信息，并生成弯曲杆件的三维密集点云模型。采用三维测量技术获取杆件表面点云，继而结合逆向工程研究，通过对点云模型的网格化处理与轴心拟合，可精确得到杆件的弯曲变形值。上述技术可应用于杆件变形的单次测量或定期监测，实现传统难检出、难测准的弯曲变形杆件的准确识别与定量测量，为在役空间网格结构的剩余承载力分析与安全性评估提供更精确的计算参数，可直接服务于工程实践。

2.4.19 钢管混凝土构件钢管与内部混凝土的脱空怎么检测?

【答】1. 根据《建筑结构检测技术标准》GB/T 50344—2019 第 7.2.6 条的规定，混凝土与钢管壁脱粘空隙等缺陷，可采用敲击检查、超声波检测和钻孔验证相结合的方法进行检测。混凝土与钢管壁间空隙宜采用敲击检查结合打孔的方法进行检测，检测操作应符合下列规定:敲击检查宜沿钢管长度方向等间距和沿周边等距离布置敲击点;对于敲击异常区域应减少敲击的间距;初步判定存在间隙可打孔进行验证。钢管内混凝土的密实性宜采用超声法或超声综合因子法进行检测，对于检测的异常区域采用钻孔内窥的方法进行验证。

2. 根据相关研究及工程应用实践，可采用红外热像技术进行检测，对检测异常区域采用钻孔内窥的方法进行验证。

【分析】传统研究方法中，通常以人工敲击法与超声法对钢管混凝土脱空进行检测，但是存在检测效率低、局限性大、成本高、难度大的问题，可采用两种或者多种检测方式相结合方式进行检测。红外热成像法依据钢管、空气、混凝土的导热系数差异较大的特点，对钢管混凝土脱空进行测量。通过钢管与混凝土脱空区域与非脱空区域的温度差，判断钢管混凝土的脱空情况，借助热像仪记录下检测区域的温度异常分析钢管混凝土脱空部位。红外热成像法具有检测效率高、非接触、检测面积大等特点，但由于加热方式启动缓慢、混凝土部位不能均匀加热、加热功率小的缘故，导致不能识别较小或钢管壁较厚的脱空缺陷，因此仅用于定性分析钢管混凝土的脱空缺陷。

2.4.20 钢吊车梁变形检测时，实测的数据是挠度变形吗？

【答】钢吊车梁变形检测时，很难布置上全部荷载，所测多为未布置吊车荷载下的变形。实际检测的数据往往不是钢吊车梁的挠度变形，而是其起拱度。

【分析】1. 根据《钢结构工程施工质量验收标准》GB 50205—2020 第 8.3.1 条的规定，钢吊车梁和吊车桁架组装、焊接完成后，在自重荷载下不允许下挠。表 8.5.5 规定，焊接实腹钢梁拱度的允许偏差，设计要求起拱时为 ±l/5000；设计未要求起拱时为 10.0mm，–5.0mm。表 8.5.6 规定，钢桁架拱度的允许偏差，设计要求起拱时，为 ±l/5000；设计未要求起拱时，为 ±10.0mm，–5.0mm。

2. 根据《门式刚架轻型房屋钢结构技术规范》GB 51022—2015 表 14.2.12 的吊车梁垂直度，允许偏差为 10mm。

吊车梁应具有一定的上拱度，由于上拱度能抵消吊车梁向下变形的影响，当起重机吊起负荷时，大车车轮与轨道处于最佳接触状态，能使大车运行机构处于较有利的工作状态。

2.4.21 钢结构厂房中，抗风柱垂直度偏差与一般钢柱垂直度允许偏差一样吗？

【答】抗风柱垂直度偏差与一般钢柱垂直度允许偏差不一样。

【分析】1. 根据《钢结构工程施工质量验收标准》GB 50205—2020 第 10.3.4 条的规定，钢柱安装对单层柱轴线垂直度允许偏差为 $H/1000$，且不大于 25mm；第 10.7.3 条的规定，抗风柱的垂直度允许偏差为 $h/250$，且不大于 15mm。

2. 根据《门式刚架轻型房屋钢结构技术规范》GB 51022—2015 表 14.2.10 的规定，刚架柱垂直度：单层柱 $H \leq 12$m 时，允许偏差为 10mm；单层柱 $H > 12$m 时，允许偏差为 $H/1000$，且不大于 20mm。

第3章
建筑结构鉴定问答及分析

　　通常，建筑结构鉴定包括建筑结构的施工质量、安全性、可靠性、耐久性、抗震性能等鉴定。建筑结构的施工质量评定一般多为在建工程或新建工程，也会涉及少数既有建筑；可靠性鉴定多为既有建筑，包含了安全性、使用性和耐久性；建筑抗震鉴定时，建筑结构是否满足当地抗震设防的要求。建筑结构鉴定必须严格遵守《既有建筑鉴定与加固通用规范》GB 55021—2021、《民用建筑可靠性鉴定标准》GB 50292—2015、《工业建筑可靠性鉴定标准》GB 50144—2019、《建筑抗震鉴定标准》GB 50023—2009 等的规定。

3.1　建筑结构鉴定常见问题

3.1.1　既有建筑的鉴定是否应同时进行安全性鉴定和抗震鉴定?

【答】1. 根据《既有建筑鉴定与加固通用规范》GB 55021—2021 第 2.0.4 条的规定, 既有建筑的鉴定应同时进行安全性鉴定和抗震鉴定。

2. 对《既有建筑鉴定与加固通用规范》GB 55021—2021 第 2.0.4 条还有一种理解: 安全性鉴定后不一定要做抗震鉴定, 抗震鉴定前必须要进行整体结构安全性鉴定。

实际上笔者认为, 虽然本规范第 2.0.4 条规定了, 既有建筑的鉴定应同时进行安全性鉴定和抗震鉴定; 但是, 第 4.1.2 条也规定了, 当仅对既有建筑的局部进行安全性鉴定时, 应根据结构体系的构成情况和实际需要, 仅进行至某一层次。所以, 描述为进行抗震鉴定前应先进行安全性鉴定, 可能更为合理。

【分析】依据程绍革《通用规范实施后既有建筑鉴定的几点思考》中的介绍, 安全性鉴定是房屋结构在正常使用条件下的安全性鉴定。我国《民用建筑可靠性鉴定标准》GB 50292—2015 和《工业建筑可靠性鉴定标准》GB 50144—2019 对安全性鉴定采用的是故障树原理法, 分构件、子系统和系统三个层次逐级进行鉴定评级。《既有建筑鉴定与加固通用规范》GB 55021—2021 第 4.1.2 条规定, 当仅对既有建筑的局部进行安全性鉴定时, 应根据结构体系的构成情况和实际需要, 仅进行至某一层次。

抗震鉴定是遭遇偶然地震作用时的抗震安全性鉴定, 因此抗震安全的前提条件必须保证正常使用条件下的安全性。《建筑抗震鉴定标准》GB 50023—2009 采用的是基于筛选法的两级鉴定方法。第一级鉴定是抗震措施核查为主的宏观鉴定, 通过第一级鉴定排查出符合抗震要求不需要加固的建筑; 第二级鉴定是以抗震承载力验算为主, 结合第一级鉴定构造的影响进行房屋抗震性能的综合评判。与安全性鉴定的构件→整体结构的鉴定方法不同, 抗震鉴定更强调结构的整体概念, 是整体结构→构件的鉴定方法。

3.1.2　是否可以针对局部出具鉴定报告? 局部鉴定是否可以不进行抗震鉴定?

【答】1. 根据《既有建筑鉴定与加固通用规范》GB 55021—2021 第 4.1.2 条的规定, 当仅对既有建筑的局部进行安全性鉴定时, 应根据结构体系的构成情况和实际需要, 仅进行至某一层次。条文说明规定, 委托方需要鉴定的范围及层次与实际需求直接相关, 虽然本规范第 4.1.1 条给出了系统和完整的鉴定评级层次与标准, 但是仍然可以根据实际需要仅进行至某一层次。一般而言, 无论进行至哪一层次, 均应从第一层次开始逐级向上一层次鉴定。

笔者认为，按照本规范的理解，可以进行局部安全性鉴定。但是，由于本规范的要求，鉴定时必须进行安全性鉴定和抗震鉴定；抗震鉴定是针对房屋整体而言的，只能对房屋整体进行；而安全性鉴定可分三个层次进行鉴定。可理解为，局部鉴定可不进行抗震鉴定。

2. 根据《建筑抗震加固技术规程》JGJ 116—2009 第 3.0.3 条的规定，当加固后结构刚度和重力荷载代表值的变化分别不超过原来的 10% 和 5% 时，应允许不计入地震作用变化的影响。

对于局部鉴定项目，可对比原结构模型与局部荷载改变后模型的重力荷载代表值。当不超过原来的 5% 时，可不进行地震作用计算；抗震构造按原设计图纸进行评估即可。改造时，重力荷载代表值不超过原来的 5% 也是房屋能否进行局部鉴定的依据，超过时就应进行整体鉴定；不超过时，仅进行至某个层次的安全性鉴定，从而完成局部鉴定。

3. 根据北京市地方标准《房屋结构综合安全性鉴定标准》DB11/637—2024 的规定，在下列情况下，可仅进行房屋建筑结构安全性鉴定：

1）房屋局部改造（不包括局部加层）影响一定范围的结构构件安全；

2）因灾害或者事故导致结构局部损伤的；

3）正常使用中发现结构构件存在安全问题；

4）经安全评估发现房屋建筑存在局部安全隐患的；

5）其他需要结构安全性鉴定的房屋。

条文说明规定，考虑到有些房屋建筑在使用中要局部改造（不包括局部加层）仅影响一定范围内的结构构件安全等可仅进行局部的结构安全性鉴定，比如屋顶绿化、屋顶增设太阳能灯，当建筑结构没有明显地基沉降和地基不均匀沉降的情况下，则可对涉及顶层的结构构件进行结构安全性鉴定。

4. 根据上海市地方标准《既有建筑抗震鉴定与加固标准》DGJ 08—81—2021 第 14.0.1 条的规定，对现有建筑进行加层、插层或扩建时，必须按加层、插层或扩建后的结构状态建立计算模型，并按现行上海市地方标准《建筑抗震设计标准》DGJ 08—9—2023 的要求进行抗震鉴定和抗震设计。加层、插层或扩建面积不超过原房屋总建筑面积的 5% 且单层新增面积不超过原房屋典型楼层面积的 10% 时，可按《既有建筑抗震鉴定与加固标准》DGJ 08—81—2021 第 14.0.2 条的方法进行抗震鉴定和抗震设计。

14.0.2 条规定：对现有建筑进行改建时，应按改建后的结构状态建立计算模型，并按本标准第 1.0.4 条和第 1.0.5 条的要求进行抗震鉴定，但新增结构构件应满足现行上海市工程建设规范《建筑抗震设计标准》DGJ 08—9—2023 的抗震措施要求。若改建仅涉及原有结构局部区域的个别非抗侧力构件，并确保原结构整体抗震能力不被削弱，可不要求进行专门的抗震鉴定，但应进行整体结构和局部结构的安全性分析。

5. 根据苏州市住房和城乡建设局 2020 年 9 月 8 日发布的《既有建筑改造施工图设计审查要点》，既有建筑改造，当设防类别未提高，抗震单元内结构刚度变化不超 10%、重力荷载代表值增量不超 5%，且加固、改造的竖向抗侧构件不超 5%，水平抗侧构件不超 10% 时：

（1）可按原设计设防烈度进行加固改造；

（2）加固改造后延续原有设计使用年限；

（3）此类改造原则上不需进行抗震鉴定，加固改造区需先进行构件现状检测。

【分析】局部鉴定应根据结构体系的构成情况和实际需要，鉴定至相应层次；在现场检测中，除对结构改动或荷载变形影响范围的委托区域进行检测外，对于相邻非委托区域乃至整体结构还应调查有无严重的结构性损伤和有无结构改扩建、大幅增加荷载、破坏承重结构等情况，材料和配筋等如有条件也应少量抽样复核。鉴定中如发现异常，应扩大鉴定范围。进行结构复核验算时，按新规范对改动的区域验算构件的安全性，改动范围之外的执行建造时执行的规范。局部鉴定结论也只能针对局部，不得以局部安全性鉴定代替整栋房屋安全性鉴定。局部鉴定可以不进行抗震鉴定。

房屋的结构安全性是整个房屋的综合体现，每层之间都存在柱、墙等结构的承接和连接。只进行局部的鉴定或构件层次或子系统层次的安全性鉴定，会忽略整个房屋结构的完整性和稳定性，所以做这种局部的，鉴定人员应有清晰的整体概念。局部安全性鉴定的前提条件必须是不怀疑整体结构的安全性。也就是说，房屋局部鉴定的前提是房屋整体式安全的；如果一栋房屋经过正规设计和施工，有完整的设计及施工验收资料，结构体系合理且无改造或有改造但有完整的改造设计及施工验收资料，使用过程中能得到正常的维护和修缮，无严重的结构性损伤或变形，未经历严重的灾害或不规范的改造，上述条件满足后，笔者认为可以进行局部鉴定；当建筑物存在工程图纸资料不全或缺失、施工验收资料不全或缺失、缺少维护和修缮等，建议进行整体鉴定。

例如，某大楼在裙房局部楼板开个小洞口、屋顶局部加装冷却塔增加的荷载等对结构整体刚度的影响都不大，涉及相关少量构件的承载力复核。这种情况下，没有必要对整个大楼进行整体安全性鉴定，只需进行局部安全性鉴定。

3.1.3 某新建工程建成未投入使用，拟改变使用用途是否需要进行检测鉴定才能进行加固设计？

【答】对于正常设计、施工和验收的两年内新建既有建筑，当有反映结构实际现状且完整的竣工验收资料，使用状况良好，可不进行检测鉴定。具体还须与当地审图机构沟通。

【分析】在满足相关条件下，应尽量减少检测鉴定工程量。根据《民用建筑可靠性鉴定标准》GB 50292—2015 第5.1.4条的规定，当建筑物中的构件同时符合下列条件时，可不参与鉴定：

（1）该构件未受结构性改变、修复、修理或用途或使用条件改变的影响；

（2）该构件未遭明显的损坏；

（3）该构件工作正常，且不怀疑其可靠性不足；

（4）在下一目标使用年限内，该构件所承受的作用和所处的环境，与过去相比不会发生显著变化。

3.1.4　重点设防类的建筑，复核验算时安全等级是否必须采用一级？

【答】重点设防类建筑工程，应根据结构破坏可能产生的后果的严重性采用不同的安全等级，破坏后果很严重的应按一级，破坏后果严重的按二级复核验算。

【分析】1. 依据《工程结构通用规范》GB 55001—2021 第 3.1.12 条的条文说明，结构重要性和结构的抗震类别并不一定完全对应。依据《建筑结构可靠性设计统一标准》GB 50068—2018 第 3.2.1 条的条文说明，建筑结构抗震设计中的甲类建筑和乙类建筑，其安全等级宜规定为一级。以上两本规范均未强制要求必须采用一级，应根据重点设防类的建筑结构破坏产生的后果来确定其安全等级。

2. 结构重要性系数不参与抗震工况调整，仅影响非抗震工况下的构件设计。结构重要性系数超过 1.0 时，梁板配筋将增大，而柱大部分属于配筋率控制，实际配筋并不一定随着重要性系数的增大而增加。当非地震工况的梁配筋起控制作用时，设计结果对强柱弱梁反而不利。因此，有必要区分重点设防类建筑与结构安全等级一级的建筑，对学校等主要针对抗震设防加强的建筑，整体安全等级宜按二级，关键构件按安全等级一级包络计算。

3.1.5　大学建筑抗震鉴定时应按照何种标准执行？

【答】根据国务院第 744 号令《建设工程抗震管理条例》第十六条的规定，学校、幼儿园、医院、养老机构、儿童福利机构、应急指挥中心、应急避难场所、广播电视等建筑，应当按照不低于重点设防类的要求采取抗震设防措施。"学校"的范围包括大学。

【分析】住房和城乡建设部官方网站回复，根据《中华人民共和国教育法》《中华人民共和国高等教育法》相关规定，高等学校包括在学校的范围内。《中华人民共和国防震减灾法》《中华人民共和国民法典》《建设工程抗震管理条例》等相关法律法规，在调整和规定"学校"相关事项时，并未将"大学"或"高等学校"从"学校"中予以排除。从实践中看，教育等行政主管部门均将"大学"或"高等学校"纳入学校的范围进行统计管理。按照法律的文义解释原则，"学校"的文字意思包括了"大学"或"高等学校"。

3.1.6　学校中的哪些用房应当按照不低于重点设防类的要求采取抗震设防措施？

【答】根据《建筑工程抗震设防分类标准》GB 50223—2008 中第 6.0.8 条的条文说明，教学用房（包括教室、试验室、图书室、微机室、语音室、体育馆、礼堂）、宿舍、学生食堂的设防类别均予以提高。

【分析】对于中、小学生和幼儿等未成年人在突发地震时的保护措施，国际上随着经济、技术发展的情况呈日益增加的趋势。在我国经济有较大发展条件下，对所有幼儿园、小学和中学的教学用房的设防类别均予以提高。鉴于学生的宿舍和学生食堂的人员比较密集，也考虑提高其抗震设防类别。

3.1.7　养老公寓及配套建筑是否均需要按照重点设防类建筑进行鉴定？

【答】2021 年 9 月 1 日实施的《建设工程抗震管理条例》（国务院令第 744 号）第二章第十六条规定，建筑工程根据使用功能以及在抗震救灾中的作用等因素，分为特殊设防类、重点设防类、标准设防类和适度设防类。学校、幼儿园、医院、养老机构、儿童福利机构、应急指挥中心、应急避难场所、广播电视等建筑，应当按照不低于重点设防类的要求采取抗震设防措施。根据项目具体情况，对于仅部分楼层的使用功能为养老设施的单体建筑，对整个结构单元或可按照区段划分抗震设防类别，并遵循下部区段的类别不低于上部区段的设计原则执行。

【分析】关于养老建筑设防标准的一些规定：《建筑工程抗震设防分类标准》GB 50223—2008 关于敬老院、福利院、残疾人未作具体规定，但该规范主编王亚勇、戴国莹在其合著的《建筑抗震设计规范疑问解答》一书中讲到：对于一些使用功能与甲、乙类类似的建筑，当分类标准示例没有列出时，可"比照"示例划分。比如：人员密集的证券交易大厅，可比照商业建筑；敬老院、福利院、残疾人的学校等，可比照幼儿园建筑。人力资源和社会保障部在 2011 年 11 月 4 日发布的《敬老院设施设计指导意见（试行）》第二十四条规定，敬老院的房屋建筑宜采用钢筋混凝土框架结构；老年人用房抗震强度应不低于《建筑工程抗震设防分类标准》GB 50223—2008 中的重点设防类。已废止的《养老设施建筑设计规范》GB 50867—2013 第 3.0.10 条规定，养老设施建筑中老年人用房建筑耐火等级不应低于二级，且建筑抗震设防标准应按重点设防类建筑进行抗震设计。但新标准《老年人照料设施建筑设计标准》JGJ 450—2018 中已经取消了第 3.0.10 条"应按重点设防"的要求；这个标准本身是一个底线标准，按此标准执行没有问题，但具体设计人在此基础上提高其设计标准，当然也没有问题。设计人可以根据项目具体情况自己决策。也就是说，此标准只是规定了一个底线而已，没说不能按重点设防类执行。

我们要理解法规和标准的内涵，针对的是弱势群体、人员密集场所。养老院、老年大学均属于弱势群体、人员密集场所，所以应提高设防类别为"重点设防类"即"乙类"。

3.1.8　拟进行改造的既有建筑安全性和抗震鉴定报告内容有何要求？

【答】1. 对于鉴定时未提供本次改造方案，仅对现状下既有建筑安全性和抗震进行鉴定，主要内容包括：

（1）工程概况应说明房屋的名称、地址、建造时间、地下与地上层数、结构类型、基础形式、各层层高、室内外高差、建筑高度、建筑面积、原设计和施工单位、原设计参数、使用现状、委托单位及鉴定原因等；

（2）给出检测鉴定的依据，列出所依据的主要技术标准规范、竣工图纸、工程地质勘察报告及施工验收资料等；

（3）现场调查检测应包含建筑和结构平面布置情况（层高、开间、进深、结构构件布置）、结构作用调查（恒荷载、活荷载、雪荷载、地震作用等）、使用功能、宏观情况检测（缺陷、裂缝、渗漏水等）、构件截面尺寸、构件钢筋配置情况、构件材料强度、构件变形（垂直度、挠度、侧向挠曲等）、钢筋保护层厚度、建筑物整体倾斜等；

（4）对现状下既有建筑建模复核验算；

（5）现状下安全性评定；

（6）现状下抗震鉴定：抗震措施的鉴定和抗震承载力；

（7）给出现状下既有建筑安全性和抗震鉴定的结论；报告结论注明现状下的安全性和抗震鉴定结论，并建议委托具备相应资质的设计单位针对改造方案进行复核验算，并根据验算结果采取相应的处理措施；

（8）对于房屋存在的损伤给出修复处理建议；对于承载力不足、抗震措施不满足等鉴定标准要求的各项内容给出加固处理建议；

（9）附件（现状描述照片、复核验算结果、图纸等）。

2. 对于鉴定时提供本次改造方案，应结合改造方案对既有建筑安全性和抗震进行鉴定，主要内容包括：

（1）工程概况应说明房屋的名称、地址、建造时间、地下与地上层数、结构类型、基础形式、各层层高、室内外高差、建筑高度、建筑面积、原设计和施工单位、原设计参数、使用现状、委托单位以及鉴定原因等外，还应说明主要改造内容、房屋改造后的使用功能和使用荷载情况，必要时应提供改造后的建筑和结构平面布置图，并在平面图中标识改造部位及构件；

（2）给出检测鉴定的依据，列出所依据的主要技术标准规范、竣工图纸、地质勘察报告及施工验收资料等；

（3）现场调查检测应包含建筑和结构平面布置情况（层高、开间、进深、结构构件布置）、结构作用调查（恒荷载、活荷载、雪荷载、地震作用等）、使用功能、宏观情况检测（缺陷、裂缝、渗漏水等）、构件截面尺寸、构件钢筋配置情况、构件材料强度、构件变形（垂直度、挠度、侧向挠曲等）、钢筋保护层厚度、建筑物整体倾斜等；

（4）结合改造方案对既有建筑建模复核验算；

（5）结合改造方案安全性评定；

（6）结合改造方案抗震鉴定：抗震措施的鉴定和抗震承载力；

（7）给出结合改造方案下既有建筑安全性和抗震鉴定的结论；

（8）对于房屋存在的损伤给出修复处理建议；对于承载力不足、抗震措施不满足等鉴定标准要求的各项内容给出加固处理建议；

（9）附件（现状描述照片、复核验算结果、图纸等）。

【分析】长期以来，房屋安全检测鉴定行业为我国既有房屋的安全管理做出了重要的贡献，形成了较为完整的技术标准体系，涌现出一批技术水平高、管理规范的检测鉴定机构和一批全国知名的鉴定专家,房屋安全检测的鉴定队伍不断发展壮大。但是,在"放管服"改革的大背景下,各地房屋安全检测鉴定市场逐步放开,也存在一些问题:我国《建筑法》中尚未对既有建筑的维护改造及安全管理等活动进行法律约束,既有房屋安全管理的立法和顶层设计缺失。在实际操作过程中,由于各地的管理要求不同,各地在房屋安全鉴定中执行的标准不尽相同;甚至在管理缺位、技术能力不足等各种因素制约下,出现曲解误用标准的情况,或者为了追求经济利益打"擦边球"的做法,比较突出的是以完损检测、使用性鉴定代替安全性鉴定,局部安全鉴定忽视整体房屋安全等。另外,还有的地方用危险性鉴定代替安全性鉴定,只要按照《危险房屋鉴定标准》JGJ 125—2016鉴定结果不是C级或D级危房,就认为房屋是安全、可靠的。部分地方房屋安全鉴定市场的准入门槛偏低,一些不具备鉴定能力的工程质量检测机构仅通过备案就成为房屋安全鉴定机构,涌入鉴定市场,以检测来代替鉴定,所出具的报告偏重于检测。鉴定内容非常薄弱甚至是错误的,埋下很多隐患。因此,对既有建筑安全性和抗震鉴定报告内容提出要求是非常有必要的。

3.1.9 办证解决历史遗留问题的房屋只做安全性鉴定,不做抗震鉴定可以吗?

【答】办证解决历史遗留问题的房屋鉴定应同时进行安全性鉴定和抗震鉴定。如需要进行施工质量评价时,可参照建造时的相关规范进行;同时,还应满足当地主管部门的要求。

【分析】根据《既有建筑鉴定与加固通用规范》GB 55021—2021第2.0.4条的规定,既有建筑的鉴定应同时进行安全性鉴定和抗震鉴定。

3.1.10 地下工程施工对邻近建筑物安全影响如何鉴定?

【答】可根据《民用建筑可靠性鉴定标准》GB 50292—2015第3.6节和附录H的相关规定,对邻近建筑物影响进行鉴定。建议项目开工前,委托第三方单位对沿线周边受影响范围内各个房屋进行完损性鉴定,将原房屋结构已有损伤和缺陷等数据保留下来,避免施工时或者施工后,沿线周边业主以受施工影响导致房屋损坏为理由找麻烦。

【分析】在我国城市建设中,经常会出现在既有建筑周围兴建高层建筑及开挖隧道等情况,基坑支护、沟渠或地下隧道工程的施工往往会给周围房屋建筑等造成不同程度的影响。为保证周边建筑的安全,进行鉴定十分必要。

3.1.11 房屋鉴定有按照《危险房屋鉴定标准》JGJ 125—2016进行鉴定的,还有按照《民用建筑可靠性鉴定标准》GB 50292—2015进行鉴定的,如何选用?

【答】常见的房屋鉴定类型有安全性鉴定、危险性鉴定、使用性鉴定、抗震鉴定等,每种鉴定类型都有相对应的规范要求。房屋鉴定中,到底采用哪个标准进行,应以委托方的检测目的和具体要求来决定。危险性鉴定不得作为判定房屋结构安全的依据。应进行安全性鉴定的，不得以使用性鉴定来代替。

【分析】在实际工作中，发现很多业主不具备相应的专业背景知识，对房屋的检测鉴定不熟悉，难以分清楚要做什么鉴定。就需要受托单位工作人员根据业主的描述，进一步确定需要做的是什么类型的鉴定。危险性鉴定和安全性鉴定是两种不同类型的鉴定，最大的区别是对结构可靠度的要求不同。危险性鉴定是评定短期内结构是否存在明显安全隐患，因而对可靠度的要求相比新建结构明显降低；而安全性鉴定是评定目标使用年限内结构的安全性能，对可靠度的要求相比新建结构有所降低或基本相当，采用《危险房屋鉴定标准》JGJ 125—2016 进行安全性鉴定，显然是降低了安全性的要求。

3.1.12 安全性鉴定与危险性鉴定有什么区别？

【答】1. 采用的标准和目的不同：安全性鉴定是依据《既有建筑鉴定与加固通用规范》GB 55021—2021、《民用建筑可靠性鉴定标准》GB 50292—2015、《工业建筑可靠性鉴定标准》GB 50144—2019 等，以鉴定房屋建筑结构满足可靠性要求为主要鉴定目的，是房屋修缮处理的依据；安全性鉴定是鉴定房屋的安全性。危险性房屋鉴定的依据是《危险房屋鉴定标准》JGJ 125—2016 等，目的是准确判断房屋结构的危险性程度，及时处理危险房屋，确保房屋结构的安全，为房屋的居住安全管理和实施征地拆迁等整治措施提供工作依据；危险性鉴定是鉴定房屋的危险性。

2. 评级方法不同：安全性鉴定主要根据构件安全等级及其数量进行评级；结构构件按照现行设计规范验算，不考虑不同建造年代抗力与效应调整系数；承载力判断标准均为 $R/(\gamma_0 S) \geq 1.0$，根据不满足安全标准的程度，划分为可靠指标不同的四档。危险性鉴定主要根据危险构件占整体构件的比例进行评级；结构构件按照现行设计规范验算，考虑不同建造年代抗力与效应调整系数；主要构件承载力判断标准为 $R/(\gamma_0 S) \geq 0.9$，一般构件承载力判断标准为 $R/(\gamma_0 S) \geq 0.85$，根据不满足危险标准的程度划分为二档。

3. 鉴定对象不同：安全性鉴定根据《既有建筑鉴定与加固通用规范》GB 55021—2021 第 4.1.2 条的规定，当仅对既有建筑的局部进行安全性鉴定时，应根据结构体系的构成情况和实际需要，仅进行至某一层次；根据《民用建筑可靠性鉴定标准》GB 50292—2015 第 3.1.2 条的规定，鉴定对象可为整幢建筑或所划分的相对独立的鉴定单元，也可为其中某一子单元或某一构件集；根据《工业建筑可靠性鉴定标准》GB 50144—2019 第 3.1.5 条的规定，鉴定对象可以是工业建筑整体或相对独立的鉴定单元，也可以是结构系统或结构构件。危险性鉴定根据《危险房屋鉴定标准》JGJ 125—2016 第 6.1.2 条，危险性房屋鉴定应以幢为鉴定单位。

4. 评级结果的严重程度不同：安全性鉴定评为 D_{su}（或 D）级的房屋危险性，可能远低于按危险性房屋鉴定评定为 D 级的房屋；按照危险性房屋鉴定标准评定为 C 级的房屋，按照可靠性鉴定标准评定的安全性等级可能为 D_{su}（或 D）级。安全性鉴定评为

C_{su}（或 C）或 D_{su}（或 D）级的房屋，表示该房屋不能满足现行设计规范的承载力要求；而危险性等级评定为 C 级或 D 级的房屋，是我们日常所理解的需要进行解危的房屋。

【分析】根据《民用建筑可靠性鉴定标准》GB 50292—2015 第 2.1.7 条的"安全性鉴定"规定，是对民用建筑的结构承载力和结构整体稳定性所进行的调查、检测、验算、分析和评定等一系列活动。根据《工业建筑可靠性鉴定标准》GB 50144—2019 第 2.1.4 条的"安全性鉴定"规定，是对既有工业建筑的结构承载力和结构整体稳定性所进行的调查、检测、验算、分析和评定等技术活动。

根据《危险房屋鉴定标准》JGJ 125—2016 第 2.1.6 条的"危险性鉴定"规定，实施一组工作活动，其目的在于判定被鉴定房屋的危险性程度。安全性鉴定和危险性鉴定是两种不同类型的鉴定，最大的区别是对结构可靠度的要求不同，危险性鉴定是评定短期内结构是否存在明显安全隐患，因此对可靠度的要求相比新建结构明显降低；而安全性鉴定是评定目标使用年限内结构的安全性能，对可靠度的要求相比新建结构有所降低或基本相当。

3.1.13 房屋鉴定时，后续使用年限怎么确定？

【答】1.未超过设计合理使用年限的房屋

1）安全性鉴定时，在《既有建筑鉴定与加固通用规范》GB 55021—2021 第 4.2.2 条第 1 款规定，当为鉴定原结构、构件在剩余设计工作年限内的安全性时，应按不低于原建造时的荷载规范和设计规范进行验算；如原结构、构件出现过与永久荷载和可变荷载相关的较大变形或损伤，则相关性能指标应按现行规范与标准的规定进行验算。上述规定并没有提出鉴定的目标使用年限或者后续使用年限的要求。在安全性鉴定中，结构后续使用年限的选择对于鉴定方法没有实质性的影响，但结构、构件的承载能力验算时，应根据鉴定的目的，按照《既有建筑鉴定与加固通用规范》GB 55021—2021 第 4.2.2 条选择相应的荷载和设计规范。

2）抗震鉴定时，《既有建筑鉴定与加固通用规范》GB 55021—2021 第 5.1.2 条规定：既有建筑的抗震鉴定，应根据后续工作年限采用相应的鉴定方法。后续工作年限的选择，不应低于剩余设计工作年限。本条文提出了在抗震鉴定需要确定后续使用年限的要求。其中，提到后续工作年限的选择，不应低于剩余设计工作年限。

设计基准期是为了确定可变作用及与时间相关的材料性能等参数的取值，而选用的时间参数。由于设计基准期取用的不同，从随机过程转换而来的最大值的统计参数甚至其概率分布模型都将可能发生变化。我国无论是拟建建筑还是现有建筑，其所用的可变荷载和材料性能等设计基准期均相关规范为规定的 50 年。理论上，安全性鉴定还是抗震鉴定，其后续工作年限应保持一致，结合安全性鉴定为剩余设计工作年限内的前提。笔者认为，未超过设计合理使用年限的房屋，在进行安全性和抗震鉴定时后续使用年限应统一为剩余设计工作年限（设计合理使用年限减去已使用年限）。例如，某房屋设计合理使用年限为 50 年，现已使用 15 年，后续使用年限为 35 年。

2. 超过设计合理使用年限的房屋

1）安全性鉴定时，《既有建筑鉴定与加固通用规范》GB 55021—2021 第 4.2.2 条第 2 款规定，当为结构加固、改变用途或延长工作年限的目的而鉴定原结构、构件的安全性时，应在调查结构上实际作用的荷载及拟新增荷载的基础上，按现行规范与标准的规定进行验算。上述规定并没有提出鉴定的目标使用年限或者后续使用年限的要求。《民用建筑可靠性鉴定标准》GB 50292—2015 第 3.1.3 规定，鉴定的目标使用年限，应根据该民用建筑的使用史、当前安全状况和今后维护制度，由建筑产权人和鉴定机构共同商定。对需要采取加固措施的建筑，其目标使用年限应按现行相关结构加固设计规范的规定确定。在各类结构加固设计规范中，对于加固设计后续使用年限的规定基本一致。例如，《混凝土结构加固设计规范》GB 50367—2013 第 3.1.7 条规定，混凝土结构加固后的使用年限，应由业主和设计单位共同商定；当结构的加固材料中含有合成树脂或其他聚合物成分时，其结构加固后的使用年限宜按 30 年考虑；当业主要求结构加固后的使用年限为 50 年时，其所使用的胶和聚合物的粘接性能，应通过耐长期应力作用能力的检验；使用年限到期后，当重新进行的可靠性鉴定认为该结构工作正常，仍可继续延长其使用年限。《砌体结构加固设计规范》GB 50702—2011 第 3.1.8 条规定，砌体结构加固后的使用年限，应由业主和设计单位共同商定。一般情况下，宜按 30 年考虑。到期后，若重新进行的可靠性鉴定认为该结构工作正常，仍可继续延长其使用年限。对使用胶粘方法或掺有聚合物加固的结构、构件，尚应定期检查其工作状态。检查的时间间隔可由设计单位确定，但第一次检查的时间不应迟于 10 年。在安全性鉴定中，结构后续使用年限的选择对于鉴定方法没有实质性的影响，但结构、构件的承载能力验算时，应根据鉴定的目的，按照《既有建筑鉴定与加固通用规范》GB 55021—2021 第 4.2.2 条选择相应的荷载和设计规范。

2）抗震鉴定时，《既有建筑鉴定与加固通用规范》GB 55021—2021 第 5.1.2 条规定，既有建筑的抗震鉴定，应根据后续工作年限采用相应的鉴定方法。后续工作年限的选择，不应低于剩余设计工作年限。确定方法为：后续工作年限≥剩余工作年限＝设计工作年限－已工作年限。第 5.1.3 条规定：既有建筑的抗震鉴定，根据后续工作年限应分为三类：后续工作年限为 30 年以内（含 30 年）的建筑，简称 A 类建筑；后续工作年限为 30 年以上 40 年以内（含 40 年）的建筑，简称 B 类建筑；后续工作年限为 40 年以上 50 年以内（含 50 年）的建筑，简称 C 类建筑。

《建筑抗震鉴定标准》GB 50023—2009 第 1.0.4 条规定，现有建筑应根据实际需要和可能，按下列规定选择其后续使用年限：在 20 世纪 70 年代及以前建造经耐久性鉴定可继续使用的现有建筑，其后续使用年限不应少于 30 年；在 80 年代建造的现有建筑，宜采用 40 年或更长，且不得少于 30 年。在 20 世纪 90 年代（按当时施行的抗震设计规范系列设计）建造的现有建筑，后续使用年限不宜少于 40 年，条件许可时应采用 50 年。在 2001 年以后（按当时施行的抗震设计规范系列设计）建造的现有建筑，后续使用年限宜采用 50 年。

【分析】所谓设计使用年限，主要针对的是拟建建筑，是指设计规定的结构或结构构件不需要进行大修即可按其预定目的使用的时期；这里的预定目标是指结构或结构构件在规定的设计使用年限内应具有足够的可靠度，应满足安全性、适用性和耐久性等要求。所谓的后续使用年限，主要针对的是现有建筑，是指对现有建筑继续使用所约定的一个时期。建筑只需要进行正常维护而不须进行大修，就能按预期目的使用和完成预定的功能。

当结构的使用年限超过结构的设计使用年限后，并不意味着结构一定会失效，只是意味着结构的失效概率可能较设计预期值增大。设计使用年限不代表结构寿命。后续使用年限是对现有建筑在完成了部分设计使用年限的基础上，经鉴定加固后重新确定的房屋继续使用的年限。这个继续使用年限是从鉴定加固完成以后建筑的使用年限，可以是30年，也可以是40年或50年。因此，经过鉴定加固后的现有建筑，其总的使用年限会大于拟建建筑的设计使用年限。《建筑抗震鉴定标准》GB 50023—2009中，既有建筑后续工作年限种类的确定与建造年代挂钩，对同一个建筑而言，其后续工作年限种类是静态的，一旦确定就不会变动；《既有建筑鉴定与加固通用规范》GB 55021—2021中，既有建筑后续工作年限种类的确定与建造年代脱钩，而与剩余工作年限挂钩。这意味着，随着房屋工作年限的增加，其后续工作年限的种类是动态的，可能会发生变化。对于建造于2004年之前的既有建筑，按2009版抗震鉴定标准的规定，根据其建造年代的不同，其可能为A、B、C类建筑；而按《既有建筑鉴定与加固通用规范》GB 55021—2021的规定，均为A类建筑。对于建造于2004~2014年之间的既有建筑，按2009版抗震鉴定标准的规定，其应为C类建筑；而按《既有建筑鉴定与加固通用规范》GB 55021—2021的规定，则为B类建筑。因此，大部分建造于2014年之前的既有建筑，《既有建筑鉴定与加固通用规范》GB 55021—2021确定的后续工作年限类别均低于2009版抗震鉴定标准。

3.1.14 某办公建筑共三层，其中二层改为幼儿园使用，如何鉴定？

【答】根据《既有建筑鉴定与加固通用规范》GB 55021—2021、《民用建筑可靠性鉴定标准》GB 50292—2015的要求，进行整体的安全性鉴定和抗震鉴定。安全性鉴定不能以局部鉴定代替整体鉴定。抗震鉴定时，对于仅部分楼层的使用功能为幼儿园的单体建筑，对整个结构单元或可按照区段划分抗震设防类别，并遵循下部区段的类别不低于上部区段的原则执行。

【分析】《既有建筑鉴定与加固通用规范》GB 55021—2021第2.0.2条规定，改建、扩建、移位以及建筑用途或使用环境改变前应进行鉴定；第2.0.4条规定，既有建筑的鉴定应同时进行安全性鉴定和抗震鉴定。《民用建筑可靠性鉴定标准》GB 50292—2015第3.1.1规定，建筑物改变用途或使用环境前应进行可靠性鉴定。《建筑抗震鉴定标准》GB 50023—2009第1.0.6条规定，需要改变结构的用途和使用环境的建筑应进行抗震鉴定。本工程涉及使用用途改变，且抗震设防类别提高，故需要进行整体的安全性鉴定和抗震鉴定。

3.1.15　抗震鉴定时，如何考虑场地对抗震性能的影响？

【答】根据《建筑抗震鉴定标准》GB 50023—2009 第 4.1 节的规定：

1）6、7 度时及建造于对抗震有利地段的建筑，可不进行场地对建筑影响的抗震鉴定。

2）对建造于危险地段的现有建筑，应结合规划更新（迁离）；暂时不能更新的，应进行专门研究，并采取应急的安全措施。

3）7~9 度时，建筑场地为条状突出山嘴、高耸孤立山丘、非岩石和强风化岩石陡坡、河岸和边坡的边缘等不利地段，应对其地震稳定性、地基滑移及对建筑的可能危害进行评估；非岩石和强风化岩石陡坡的坡度及建筑场地与坡脚的高差均较大时，应估算局部地形导致其地震影响增大的后果。

4）建筑场地有液化侧向扩展且距常时水线 100m 范围内，应判明液化后土体流滑与开裂的危险。

【分析】根据《建筑抗震鉴定标准》GB 55023—2009 第 4 章的条文说明，考虑到场地的鉴定和处理的难度较大，而且由于地基基础问题导致的实际震害的例子相对较少，缩小了鉴定的范围，主要给出了一些原则性的规定。含液化土的缓坡（1°~5°）或地下液化层稍有坡度的平地，在地震时可能产生大面积的土体滑动（侧向扩展），在现代河道、古河道或海滨地区，通常宽度在 50~100m 或更大，其长度达到数百米，甚至 2~3km，造成一系列地裂缝或地面的永久性水平、垂直位移。其上的建筑与生命线工程或拉断或倒塌，破坏很大。海城地震、唐山地震中，沿海河故道和陡河、滦河等河流两岸都有这种滑裂带，损失甚重。结合汶川地震，危险地段的房屋严重破坏，强风化岩石地基上的建筑也有明显的震害，鉴定时应特别注意。

3.1.16　抗震鉴定时，地基基础如何进行抗震性能鉴定？

【答】1.地基基础现状的鉴定，应着重调查上部结构的不均匀沉降裂缝和倾斜，基础有无腐蚀、酥碱、松散和剥落，上部结构的裂缝、倾斜及有无发展趋势。对地基基础现状进行鉴定时，当基础无腐蚀、酥碱、松散和剥落，上部结构无不均匀沉降裂缝和倾斜，或虽有裂缝、倾斜但不严重且无发展趋势，该地基基础可评为无严重静载缺陷。

2.符合下列情况之一的现有建筑，可不进行其地基基础的抗震鉴定：

（1）丁类建筑。

（2）地基主要受力层范围内不存在软弱土、饱和砂土和饱和粉土或严重不均匀土层的乙类、丙类建筑。

（3）6 度时的各类建筑。

（4）7 度时，地基基础现状无严重静载缺陷的乙类、丙类建筑。

3.存在软弱土、饱和砂土和饱和粉土的地基基础，应根据烈度、场地类别、建筑现状和基础类型,进行液化、震陷及抗震承载力的两级鉴定。符合第一级鉴定的规定时,应评为地基符合抗震要求,不再进行第二级鉴定。静载下已出现严重缺陷的地基基础,应同时审核其静载下的承载力。

1）地基基础的第一级鉴定应符合下列要求:

（1）基础下主要受力层存在饱和砂土或饱和粉土时,对下列情况可不进行液化影响的判别:对液化沉陷不敏感的丙类建筑;符合现行国家标准《建筑抗震设计标准》GB/T 50011—2010 液化初步判别要求的建筑。

（2）基础下主要受力层存在软弱土时,对下列情况可不进行建筑在地震作用下沉陷的估算:8、9度时,地基土静承载力特征值分别大于80kPa和100kPa;8度时,基础底面以下的软弱土层厚度不大于5m。

（3）采用桩基的建筑,对下列情况可不进行桩基的抗震验算:现行国家标准《建筑抗震设计标准》GB/T 50011—2010 规定可不进行桩基抗震验算的建筑;位于斜坡但地震时土体稳定的建筑。

2）地基基础的第二级鉴定应符合下列要求:

（1）饱和土液化的第二级判别,应按现行国家标准《建筑抗震设计标准》GB/T 50011—2010 的规定,采用标准贯入试验判别法。判别时,可计入地基附加应力对土体抗液化强度的影响。存在液化土时,应确定液化指数和液化等级,并提出相应的抗液化措施。

（2）软弱土地基及8、9度时Ⅲ、Ⅳ类场地上的高层建筑和高耸结构,应进行地基和基础的抗震承载力验算。

4. 现有天然地基的抗震承载力验算,应符合下列要求:

1）天然地基的竖向承载力,可按现行国家标准《建筑抗震设计标准》GB/T 50011—2010 规定的方法验算。其中,地基土的静承载力特征值应改用长期压密地基土的静承载力特征值。

2）承受水平力为主的天然地基验算水平抗滑时,抗滑阻力可采用基础底面摩擦力和基础正侧面土的水平抗力之和;基础正侧面土的水平抗力,可取其被动土压力的1/3;抗滑安全系数不宜小于1.1;当刚性地坪的宽度不小于地坪孔口承压面宽度的3倍时,尚可利用刚性地坪的抗滑能力。

5. 桩基的抗震承载力验算,可按现行国家标准《建筑抗震设计标准》GB/T 50011—2010 规定的方法进行。

6.7～9度时山区建筑的挡土结构、地下室或半地下室外墙的稳定性验算,可采用现行国家标准《建筑地基基础设计规范》GB 50007—2011 规定的方法;抗滑安全系数不应小于1.1,抗倾覆安全系数不应小于1.2。验算时,土的重度应除以地震角的余弦,墙背填土的内摩擦角和墙背摩擦角应分别减去地震角和增加地震角。

7. 同一建筑单元存在不同类型基础或基础埋深不同时,宜根据地震时可能产生的不利影响,估算地震导致两部分地基的差异沉降,检查基础抵抗差异沉降的能力,并检查上部结构相应部位的构造抵抗附加地震作用和差异沉降的能力。

【分析】按照《建筑抗震鉴定标准》GB 50023—2009 第 4 章的相关规定进行要求。对工业与民用建筑，地震造成的地基震害，如液化、软土震陷、不均匀地基的差异沉降等，一般不会导致建筑的坍塌或丧失使用价值；加之，地基基础鉴定和处理的难度大，因此减少了地基基础抗震鉴定的范围。

地基基础的第一级鉴定，包括：饱和砂土、饱和粉土的液化初判，软土震陷初判及可不进行桩基验算的规定。软土震陷问题，只在唐山地震时的津塘地区表现突出，以前我国的多次地震中并不具有广泛性。唐山地震中，8、9 度区地基承载力为 60~80kPa 的软土上，有多栋建筑产生了 100~300mm 的震陷，相当于震前总沉降量的 50%~60%。桩基不验算范围，基本上同现行抗震设计规范。此外，已有研究表明，8 度时软弱土层厚度小于 5m，可不考虑震陷的影响；但 9 度时，5m 产生的震陷量较大，不能满足要求。

地基基础的第二级鉴定，包括：饱和砂土、饱和粉土的液化再判，软土和高层建筑的天然地基、桩基承载力验算及不利地段上抗滑移验算的规定。建筑物的存在加大了液化土的固结应力。研究表明，正应力增加可提高土的抗液化能力。当砂性土达到中密时，剪应力的加大亦使其抗液化能力提高。在一定的条件下，现有天然地基基础竖向承载力验算时，可考虑地基土的长期压密效应；水平承载力验算时，可考虑刚性地坪的抗力。

1. 地基土在长期荷载作用下，物理力学特性得到改善，主要原因有：①土在建筑荷载作用下的固结压密；②机械设备的振动加密；③基础与土的接触处，发生某种物理化学作用。

大量工程实践和专门试验表明，已有建筑的压密作用，使地基土的孔隙比和含水量减小，可使地基承载力提高 20% 以上；当基底容许承载力没有用足时，压密作用相应减少，故《建筑抗震鉴定标准》GB 50023—2009 表 4.2.7 中 ζ_c 值下降。岩石和碎石类土的压密作用及物理化学作用不显著；硬黏土的资料不多；软土、液化土和新近沉积黏性土又有液化或震陷问题，承载力不宜提高，故均取 $\zeta_c = 1$。

2. 以承受水平力为主的天然地基，指柱间支撑的柱基、拱脚等。震害及分析证明，地坪可以很好地抵抗结构传来的基底剪力。根据试验结果，由柱传给地坪的力约在 3 倍柱宽范围内分布，因此要求地坪在受力方向的宽度不小于柱宽的 3 倍。地坪一般是混凝土的，属脆性材料；而土是非线性材料。两者的变形模量相差 4 倍。当地坪受压达到破坏时，土中的应力甚小，两者不在同一时间破坏，故可选地坪抗力与土抗力两者中的较大者进行验算。

3.1.17 鉴定依据中技术标准规范如何写，是不是越多越好？

【答】1. 根据《中华人民共和国标准化法》第二条的规定：标准（含标准样品），是指农业、工业、服务业以及社会事业等领域需要统一的技术要求。标准包括国家标准、行业标准、地方标准、团体标准和企业标准。国家标准分为强制性标准、推荐性标准，行业标准、地方标准是推荐性标准（但是，行业标准中也有不少黑体字的条文，表示为强制性条文，必须执行）。强制性标准必须执行。国家鼓励采用推荐性标准。技术规范标准选用按照强制性国家标准履行；没有强制性国家标准的，按照推荐性国家标准履行；没有推荐性国家标准的，按照行业标准履行；没有国家标准、行业标准的，按照通常标准或者符合合同目的的特定标准履行。

2. 采用的标准规范目录应注意适用性，并非将所有规范一股脑儿地搬到鉴定报告或鉴定方案中；否则，可能会给自己挖坑。与本项目无关的技术标准、规范均应删除。

【分析】标准是国际公认的国家质量基础设施，是经济活动和社会发展的重要技术支撑，是国家基础性制度的重要方面。标准化在促进经济持续健康发展和社会全面进步中，起着基础性、战略性和引领性的作用。但是，实际过程中规范标准那么多，鉴定人员自己可能都搞不清楚哪些细节没有满足某本规范标准里的某条要求，一旦发生纠纷，对方抓住小尾巴，指出鉴定人员没有按照规范进行鉴定，这就是给自己挖坑。鉴定合同中约定引用的规范标准视为双方均同意采用，且具有法律上的约束性，不管它是推荐性标准还是协会标准、团体标准。如有违反，便应承担相应的责任。所以，签订合同前，应仔细核对项目涉及的必须执行的规范标准。无论是列入鉴定合同中的还是鉴定报告中的规范标准，特别是新旧规范过渡期与检测日期、出报告日期存在交叉时，建议按照正在施行的规范标准名称书写清楚，并注明规范编号、年份和版本。

3.1.18 需要加层的房屋是按现状还是要按加层后进行检测鉴定？

【答】按照《既有建筑维护与改造通用规范》GB 55022—2021 第 5.3.2 条的规定，应按照结构改造后的状态建立计算模型，进行结构分析和抗震鉴定。不满足要求的原结构，应进行针对性的抗震加固。对于鉴定时未提供本次改造方案，只能按照现状进行鉴定，但建议在合同和鉴定报告中给予明确说明。

【分析】根据《既有建筑维护与改造通用规范》GB 55022—2021 第 5.3.2 条，既有建筑结构改造应进行抗震鉴定和设计，并应符合下列规定：

1）应根据既有建筑的使用功能和重要性确定抗震设防分类；

2）应根据实际需要和改造预期确定后续设计工作年限和相应的抗震鉴定方法；

3）应按照结构改造后的状态建立计算模型，进行结构分析和抗震鉴定，不满足要求的原结构应进行针对性的抗震加固；

4）改造中新增部分的结构应进行抗震设计。

3.1.19 房屋遭受局部撞击作用，需要做局部鉴定还是整体鉴定？

【答】一般是为了出具损坏范围内的修复方案，并出具造价费用用于理赔，仅做到某一层次的局部鉴定即可。鉴定和修复时，按照建造时的技术标准、规范执行。

【分析】具体还要根据委托单位的鉴定目的来确定。如果是为了修复处理，可进行局部鉴定；如果是做安全性鉴定，应为整体鉴定。

3.1.20　混合结构如何进行鉴定呢？

【答】建筑结构的结构体系不明确，实际开展工作时宜根据具体的承重构件的类型及数量占比选取某一个结构体系，或者各自按照自己的结构体系去做，对连接部位提高措施要求。由于情况偏复杂，建议提前进行专项评估论证，参考其意见或建议执行。

【分析】一般情况下，只要涉及改造的项目，都是需要整体计算的。对于这种混合承重的结构形式，建议在后期加固设计时尽可能将其平面布置调整得更合理一些。比如，框架部分和砌体部分分别集中布置在一侧，这个情况可以在其中间设置一道分割缝，将其变成两个相互独立的结构体系。

3.1.21　建筑结构修复方案和加固方案有什么区别？

【答】从文字表述上看，修复方案比加固方案范围要大一些。加固方案主要针对结构存在安全隐患的情况出具的加固设计，而修复方案是对工程质量缺陷出现的所有问题出具的一种方案。

【分析】建筑结构修复方案是指在建筑物出现结构损伤或缺陷时，通过采用适当的修复措施和加固方法，恢复建筑物的结构安全和通行功能。修复方案的制定需要根据建筑物的具体情况，包括结构类型、材料特性、损伤类型和程度等因素进行分析与评估。常见的修复方法包括但不限于使用补强材料，如钢筋、碳纤维片、玻纤增强塑料等，以及采用注浆、砂浆填充等方法对裂缝和孔洞进行修复。对于整体结构安全性受到威胁的建筑物，需要制定全面的加固方案。通常，结合结构分析和仿真计算，采用钢材或混凝土等材料进行加固，以提升建筑物的抗震能力和承载能力。

结构加固方案是指对可靠性不足或业主要求提高可靠度的承重结构、构件及其相关部分，采取增强、局部更换或调整其内力等措施，使其具有现行设计规范及业主所要求的安全性、耐久性和适用性。

3.1.22　设计单位能否以房屋危险性鉴定报告作为加固改造的设计依据？

【答】设计单位不能以房屋危险性鉴定报告作为加固改造的设计依据，而是以安全性鉴定报告和抗震鉴定报告作为设计依据。

【分析】安全性鉴定是依据《民用建筑可靠性鉴定标准》GB 50292—2015 或《工业建筑可靠性鉴定标准》GB 50144—2019 的规定，对结构承载力和整体稳定性所进行的调查、检测、验算、分析和评定等技术活动。危险性鉴定是根据《危险房屋鉴定标准》JGJ 125—2016 的规定，实施一组工作活动，其目的在于判定被鉴定房屋的危险性程度。安全性鉴定和危险性鉴定是两种不同类型的鉴定，最大的区别是对结构可靠度的要求不同。危险性鉴定是评定短期内结构是否存在明显安全隐患，因而对可靠度的要求相比新建结构明显降低；而安全性鉴定是评定目标使用年限内结构的安全性能，对可靠度的要求相比新建结构有所降低或基本相当。

3.1.23 加固改造项目缺少岩土工程勘察资料，地基承载力如何考虑？

【答】根据《既有建筑地基基础加固技术规范》JGJ 123—2012 第 3.0.3 条第 1 款的规定，当场地岩土工程勘察资料无法搜集或资料不完整，不能满足加固设计要求时，应重新勘察或补充勘察。

【分析】根据《既有建筑地基基础加固技术规范》JGJ 123—2012 的相关规定，地基的现场检验时勘探点位置或测试点位置应靠近基础，并在建筑物变形较大或基础开裂部位重点布置。条件允许时，宜直接布置在基础之下。地基土承载力宜选择静载荷试验的方法进行检验。对于重要的增层、增加荷载等建筑，应按本规范附录 A 的规定，进行基础下载荷试验；或按本规范附录 B 的规定，进行地基承载力持载再加荷载试验，检测数量不宜少于 3 点。选择井探、槽探、钻探、物探等方法进行勘探，地下水埋深较大时，优先选用人工探井的方法。采用物探方法时，应结合人工探井、钻孔等其他方法进行验证，验证数量不应少于 3 点。选用静力触探、标准贯入、圆锥动力触探、十字板剪切或旁压试验等原位测试方法，并结合不扰动土样的室内物理力学性质试验进行现场检验。其中，每层地基土的原位测试数量不应少于 3 个，土样的室内试验数量不应少于 6 组。

3.1.24 设置变形缝的建筑进行改造时，是否只检测鉴定加固变形缝一侧的建筑？

【答】如果该建筑物变形缝在基础处是断开的，可以将其看成两个独立建筑，只检测鉴定其中一个也可以；如果变形缝在基础处是连在一起的，建议还是看成整体进行检测鉴定。此外，还须提前与当地审图单位进行沟通。

【分析】对于涉及改造的建筑，根据《既有建筑鉴定与加固通用规范》GB 55021—2021 第 2.0.4 条的规定，既有建筑的鉴定应同时进行安全性鉴定和抗震鉴定；第 4.1.2 条的规定，当仅对既有建筑的局部进行安全性鉴定时，应根据结构体系的构成情况和实际需要，仅进行至某一层次。

3.1.25 既有建筑鉴定时，如何判别是结构整体改造还是局部改造？

【答】根据《山东省施工图审查常见问题解答》中的规定，满足以下条件的结构改造可界定为局部改造，取改造范围及其相关范围的结构构件进行鉴定（可靠性评估）、加固设计：

（1）改造未延长结构设计工作年限；

（2）改造未改动原结构抗侧力构件，对整体结构安全性影响较小；

（3）建筑物工程资料基本齐全、可信；

（4）前期正常使用，定期检查，未改变使用条件和使用功能，未进行降低结构性能的改造。

【分析】上述 4 条要求同时满足时才能算局部改造，前 3 条相对容易满足，而第 4 条中要求未改变使用功能很难满足，结构改造项目中都会有房间荷载变化、填充墙拆除、填充墙新砌筑等情况；若按《山东省施工图审查常见问题解答》规定的结构使用功能改变包含：改变荷载（荷载值或荷载性质）、改变抗震设防类别、框架结构改变填充墙布置、改变结构使用环境等。这都算使用功能改变，那是不是就没有局部改造，都是整体改造了。

3.1.26　既有建筑改造鉴定时，规范标准如何执行？

【答】根据《山东省施工图审查常见问题解答》中的规定：

1. 不改变现有使用功能且不增加设计工作年限，属于原建筑结构装修改造，按原建造时的荷载规范和设计规范进行鉴定。

2. 荷载局部改变，但不增加设计工作年限、不改变结构体系、不改变抗震设防类别，对原结构在剩余设计工作年限内的安全性复核，可按原建造时的荷载规范和设计规范进行验算。如因荷载变化较多，安全性验算不满足要求的，应按《既有建筑鉴定与加固通用规范》GB 55021—2021 的要求进行鉴定。

3. 改变现有使用功能，经鉴定复核需要加固的，应按《既有建筑鉴定与加固通用规范》GB 55021—2021 的要求进行结构鉴定。

4. 改变现有使用功能，抗震设防类别由标准设防类改为重点设防类，根据《既有建筑鉴定与加固通用规范》GB 55021—2021 的要求进行结构鉴定。

5. 既有建筑进行加层、插层或扩建时，应按加层、插层或扩建后的结构状态建立整体计算模型，并按《建筑与市政工程抗震通用规范》GB 55002—2021 和其他现行设计标准执行。当加层、插层或扩建面积不超过原房屋总建筑面积的 5% 且单层新增面积不超过原房屋典型楼层面积的 10% 时，可按《既有建筑鉴定与加固通用规范》GB 55021—2021 和其他现行鉴定标准执行。

【分析】《既有建筑鉴定与加固通用规范》GB 55021—2021 第 4.2.2 条第 1 款规定，当为鉴定原结构、构件在剩余设计工作年限内的安全性时，应按不低于原建造时的荷载规范和设计规范进行验算；如原结构、构件出现过与永久荷载和可变荷载相关的较大变形或损伤，则相关性能指标应按现行规范与标准的规定进行验算。上述规定并没有提出鉴定的目标使用年限或者后续使用年限的要求。《既有建筑鉴定与加固通用规范》GB 55021—2021 第 4.2.2 条第 2 款规定，当为结构加固、改变用途或延长工作年限的目的而鉴定原结构、构件的安全性时，应在调查结构上实际作用的荷载及拟新增荷载的基础上，按现行规范与标准的规定进行验算。上述规定并没有提出鉴定的目标使用年限或者后续使用年限的要求。

3.1.27　鉴定时，老旧建筑主体结构设计没有规定结构设计工作年限怎么办？

【答】关于主体结构的使用年限问题，2000 版标准以前的历版规范对此均无涉及。以前的结构规范只有涉及荷载取值的基准期问题，未涉及耐久性问题。直到我国2001年发布的《建筑结构可靠度设计统一标准》GB 50068—2001首次提出了"设计使用年限"这个概念，《混凝土结构设计规范》GB 50010—2002引入"设计使用年限"，同时提出"耐久性设计"的相关规定，才陆续谈及了主体结构的使用年限问题。因此，2000年以前的设计标准本身就没有耐久性设计方面的专项要求，也就是2000年以前的结构设计图没有注明结构设计工作年限。类似工程推断为结构设计工作年限50年没有依据，其改造应特别重视耐久性，应进行耐久性检查评定。必要时，应进行相关鉴定。

【分析】设计使用年限指"设计规定的结构或构件不需要进行大修即可按预定目的使用的年限"。结构在规定的设计使用年限内应具有足够的可靠性，满足安全性、适用性和耐久性的功能要求。当房屋建筑达到设计使用年限后，经过鉴定和维修，仍可继续使用，设计使用年限随建筑结构的重要性而不同。我国在21世纪初的结构规范体系才重视耐久性设计，引入结构设计工作年限的概念。也就是说，2000年以前的结构设计图没有注明结构设计工作年限。2000年以前设计的既有建筑工程，宜提供耐久性专项鉴定报告（原图未注明结构使用年限的）。

3.1.28　为什么要对肥槽回填质量进行鉴定？

【答】肥槽回填往往是施工质量的薄弱点，肥槽回填质量对结构性能有较大影响，对确保主楼结构侧限、防止形成水盆效应、地下室防水等有重要意义。

【分析】1. 确保主楼结构侧限：肥槽回填质量对地下室的嵌固、结构抗倾覆和结构抗震性能都有影响，特别是对高层建筑影响较大。

2. 防止形成水盆效应：《建筑工程抗浮技术标准》JGJ 476—2019第6.5.5条是防止形成水盆效应的措施，要求肥槽回填采用弱透水材料。

3. 保护地下室防水的薄弱环节：《建筑与市政工程防水通用规范》GB 55030—2022第4.2.6条规定，基底至结构底板以上500mm范围及结构顶板以上不小于500mm范围的回填层压实系数不应小于0.94。

3.1.29　鉴定时，因果关系判定需要具备什么要素？

【答】鉴定时，因果关系判定需要具备以下要素：

（1）因果对应：侵害原因与现象对应；

（2）程度分析：侵害原因足以导致产生受侵害现象；

（3）传递路径：侵害原因具备传递途径；

（4）自身条件：受侵害对象自身的承载力；

（5）时间印证：侵害原因与现象出现时间的印证。

【分析】因果关系鉴定只须确定或验证所涉及各方是否对出现的问题存在贡献，以上要素缺一不可。

3.1.30　鉴定时，进行原因鉴定需要从哪些方面进行分析？

【答】原因（成因）鉴定分析应从以下方面考虑分析：设计、施工、材料、使用和环境等。

【分析】原因（成因）鉴定分析不同于因果关系鉴定，必须找出事情或事故发生的原因，成本高，涉及范围比较广，应全面考虑。

3.1.31　临时性建筑鉴定时荷载如何取值？

【答】临时性建筑一般按 5 年的设计使用年限考虑，结构安全等级按三级考虑，结构重要性系数取 0.9，活荷载取值可取 0.9 的调整系数。基本风压和基本雪压按 10 年重现期取值，一般不考虑抗震鉴定。

【分析】根据《建筑结构可靠性设计统一标准》GB 50068—2018 表 3.3.3，临时性建筑结构设计使用年限为 5 年；小型或临时性储存建筑等次要结构的安全等级可划为三级，相应的重要性系数可取 0.9。《建筑结构荷载规范》GB 50009—2012 第 3.2.5 条规定，可变荷载考虑设计使用年限的调整系数 γ_L 应按下列规定采用：楼面和屋面活荷载考虑设计使用年限的调整系数 γ_L 应按表 3.2.5 采用。对雪荷载和风荷载，应取重现期为设计使用年限，按《建筑结构荷载规范》GB 50009—2012 第 E.3.3 条的规定确定基本雪压和基本风压，或按有关规范的规定采用。另外，按照《建筑工程抗震设防分类标准》GB 50223—2008 第 2.0.2 条和第 2.2.3 条的条文说明，临时性建筑通常可按不设防考虑。

3.1.32　加固后又使用多年，如何进行鉴定？

【答】看当时鉴定和加固的主要目的，有可能是依据原设计规范去做计算。比如，满足 87 版荷载规范的要求，使用好多年后再做鉴定，可以依据图纸上的后续使用年限和加固设计所依据的规范进行相应的验算，以上是对于安全性加固而言；对于改变使用功能的情况，安全性鉴定和加固设计都要按照当时的现行规范去做，使用多年后的安全性鉴定也可以按照当时的现行规范去做计算。如果加固之后到现在，又要改变使用功能了，那就需要采用现在的规范去做安全性鉴定和加固设计。对于抗震鉴定，有所不同，永远是按照建设年代的要求去做的，比如一个 20 世纪 70 年代的建筑，属于 A 类建筑，抗震加固时只要满足 A 类建筑的抗震鉴定要求即可。不管是否涉及改造，加固后又使用了很多年，再次做抗震鉴定还是按照 A 类建筑去做。

【分析】根据《既有建筑鉴定与加固通用规范》GB 55021—2021、《建筑抗震鉴定标准》GB 50023—2009 等的相关规定执行。

3.1.33　装修工程中全楼隔墙位置改变使用功能未改变，结构需要进行鉴定吗？

【答】隔墙直接影响荷载，需要进行原结构的整体鉴定。

【分析】所谓改建，是指不增加建筑物或建设项目体量，在原有基础上为提高生产效率，改进产品质量或改变产品方向或改变建筑物的使用功能、改变使用目的，对原有工程进行改造的建设项目。装修工程包括对建筑物内外进行以美化、舒适化、增加使用功能为目的的工程建设活动。装修工程也是改建。

3.1.34 抗震鉴定时，是否只要存在软弱土就定为不利地段？

【答】土的类型和场地土的类型是两个不同的概念。土的类型是指单一土层，场地土的类型是指场地内多层土的组合。土的类型可用剪切波速确定，场地土的类型则用等效剪切波速确定。等效剪切波速已考虑了各层土的厚度因素，因此认为只要场地存在软弱土，就定为不利地段是不合适的。

【分析】根据《建筑抗震设计标准》GB/T 50011—2010 第 4.1.1 条的规定，存在软弱土的场地为不利地段。

3.1.35 如何考虑地基的长期压密作用？

【答】可按照《建筑抗震鉴定标准》GB 50023—2009 第 4.2.7 条第 1 款考虑，具体如下：天然地基的竖向承载力，可按现行国家标准《建筑抗震设计标准》GB/T 50011—2010 规定的方法验算。其中，地基土静承载力特征值应改用长期压密地基土静承载力特征值，其值可按下式计算：

$$f_{sE} = \zeta_s f_{sc} \tag{3.1.35-1}$$

$$f_{sc} = \zeta_c f_s \tag{3.1.35-2}$$

式中 f_{sE}——调整后的地基土抗震承载力特征值（kPa）；

　　ζ_s——地基土抗震承载力调整系数，可按现行国家标准《建筑抗震设计标准》GB/T 50011 采用；

　　f_{sc}——长期压密地基土静承载力特征值（kPa）；

　　f_s——地基土静承载力特征值（kPa），其值可按现行国家标准《建筑地基基础设计规范》GB 50007 采用；

　　ζ_c——地基土静承载力长期压密提高系数，其值可按表 3.1-1 采用。

地基土静承载力长期压密提高系数　　　　　　　　表 3.1-1

年限与岩土类别	p_0/f_s			
	1.0	0.8	0.4	< 0.4
2 年以上的砾砂、粗砂、中砂、细砂、粉砂				
5 年以上的粉土和粉质黏土	1.2	1.1	1.05	1.0
8 年以上地基土静承载力标准值大于 100kPa 的黏土				

　　注：1. p_0 指基础底面实际平均压应力。

　　　　2. 使用期不够或岩石、碎石土、其他软弱土，提高系数值可取 1.0。

【分析】在一定的条件下，现有天然地基基础竖向承载力验算时，可考虑地基土的长期压密效应；地基土在长期荷载作用下，物理力学特性得到改善，主要原因有：①土在建筑荷载作用下的固结压密；②机械设备的振动加密；③基础与土的接触处，发生某种物理化学作用。大量工程实践和专门试验表明，已有建筑的压密作用，使地基土的孔隙比和含水量减小，可使地基承载力提高20%以上；当基底容许承载力没有用足时，压密作用相应减少，故《建筑抗震鉴定标准》GB 50023—2009 表 4.2.7 中 ζ_c 值下降。岩石和碎石类土的压密作用及物理化学作用不显著；硬黏土的资料不多；软土、液化土和新近沉积黏性土又有液化或震陷问题，承载力不宜提高，故均取 $\zeta_c = 1$。

3.1.36　既有建筑使用功能未改变，局部改造是否需要进行抗震鉴定？抗震设防烈度、荷载取值、荷载分项系数等按现行规范还是按项目实施时的规范确定？

【答】不需要做抗震鉴定，为局部改造可以仅对局部改造部位及其相关范围进行安全性鉴定。荷载取值、荷载分项系数在整体计算时，可按不低于原建造时的标准进行验算；进行构件加固计算时，按现行规范取值。

【分析】既有建筑建筑功能未改变，抗震设防标准未作改变，鉴定原结构、构件在剩余工作年限内的安全性时，仅有局部改造且局部改造影响范围较小、对结构整体影响较小，经综合评估原结构的安全性，可只对结构改造部位及其相关结构进行安全鉴定。既有建筑的局部改造，一般指原结构局部楼面水平构件增减、个别非重要构件承载力提升且改造后结构刚度和重力荷载代表值的变化分别不超过原来的10%和5%的情形。

3.1.37　局部改造相关结构区域鉴定时，影响范围怎么确定？

【答】改造范围以外的至少不少于相邻一跨楼面结构、改造范围内的各层墙柱（至少包括改造所在楼层、相邻上一层以及下面各层的墙柱）和对应的基础均应考虑作为"相关结构"，必要时对地基承载力进行复核。

【分析】既有建筑的局部改造，可仅取改造范围内的结构及其相关结构作为鉴定范围。"相关结构"是指内力可能因改造范围内的结构或荷载发生变化而随之变化的结构或构件。按"局部改造"原则，可以仅对改造的局部区域及其影响范围进行检查评定，根据检查评定结果进行下一步的工作。

3.1.38　某建筑物改扩建，不动原结构仅在内部加夹层（与原有结构完全断开）或新建厂房（与原有结构完全断开），需要进行鉴定吗？

【答】上述两种情况扩建后的新、旧房屋属于毗邻建筑，需要对原有厂房进行安全性鉴定和抗震性能鉴定。

【分析】根据《既有建筑鉴定与加固通用规范》GB 55021—2021 中第4.4.1条的条文说明，系统的安全性鉴定须考虑与整幢建筑有关的其他安全问题，是因为建筑物所遭遇的险情，不完全都是由于自身问题所引起的。在这种情况下，对它们的安全性同样需要进行评估并采取措施处理，如直接受到毗邻危房的威胁。

3.1.39 检测鉴定过程中主要构件和次要构件如何划分？

【答】1. 根据《民用建筑可靠性鉴定标准》GB 50292—2015 第 2.1.20 条的规定，主要构件是指其自身失效将导致其他构件失效，并危及承重结构系统安全工作的构件；第 2.1.21 条的规定，一般构件是指其自身失效为孤立事件，不会导致其他构件失效的构件。

2. 根据《工业建筑可靠性鉴定标准》GB 50144—2019 第 2.1.17 条的规定，重要构件主要构件是指其自身失效将导致其他构件失效并危及承重结构系统安全工作的构件，或直接影响生产设备运行的构件；第 2.1.18 的规定，次要构件是指其自身失效为孤立事件，不会导致其他构件失效的构件且不直接影响生产设备运行的构件。

【分析】一个鉴定单元的安全性鉴定，应按构件、子单元和鉴定单元三个层次进行；鉴定的一个首要工作就是对构件进行划分，而主要构件和次要构件的划分又直接影响后面的评级结果。假设楼面的一个混凝土梁（有可能是主梁，也有可能是次梁），它的失效会导致其上的混凝土楼板等构件失效，因此并不是一个孤立事件。而一个楼板破坏了，只会影响其自身失效，所以通常把梁作为一个主要构件、楼板作为一个次要构件。

3.2 砌体结构鉴定问答及分析

3.2.1 单层砌体结构的层高是否执行《建筑抗震设计标准》GB/T 50011—2010 第 7.1.3 条的规定？

【答】该条是多层砌体承重结构的层高限制，可不执行。

【分析】对于单层砌体结构，当为空旷房屋（如食堂、仓库等），可参照《建筑抗震设计标准》GB/T 50011—2010 第 9.3 节 "单层砌体厂房" 的规定执行。

3.2.2 女儿墙为什么是围护系统的承重构件？

【答】女儿墙是起围护作用的非结构构件，是具有保护人的生命安全的重要构件，承受水平地震作用、风荷载和水平推力等，故应按承重构件的相关条款评定。

【分析】关于女儿墙，有一个凄婉动人的传说。一个古代的砌筑匠忙于工作，不得不把年幼的女儿带在身边。一日，在屋顶砌筑时，幼女不慎坠屋身亡。匠人伤心欲绝，为了纪念死去的女儿，之后就在屋顶砌筑了一圈矮墙，后来人们就起名为 "女儿墙"。从此，为了防止类似事故的发生，就在屋面周围设一道起防护作用的墙。后人把这种墙称为女儿墙。女儿墙应根据现行国家标准《建筑抗震设计标准》GB/T 50011—2010 第

13.2 节的规定进行水平地震作用计算，尚应根据现行国家标准《工程结构通用规范》GB 55001—2021 第 4.6 节及《建筑结构荷载规范》GB 50009—2012 第 8 章的规定进行风荷载计算。

3.2.3 工程中是按照《建筑抗震加固技术规程》JGJ 116—2009 第 5.3.2 条还是《既有建筑鉴定与加固通用规范》GB 55021—2021 第 6.7.3 条的规定，采用水泥砂浆面层和钢筋网砂浆面层加固墙体？

【答】1.《建筑抗震加固技术规程》JGJ 116—2009 第 5.3.2 条规定，当采用水泥砂浆面层和钢筋网砂浆面层加固墙体设计，原砌体实际的砌筑砂浆强度等级不宜高于 M2.5；而《既有建筑鉴定与加固通用规范》GB 55021—2021 第 6.7.3 条规定，当采用钢筋网水泥砂浆面层加固砌体构件时，对于受压构件，原砌筑砂浆的强度等级不应低于 M2.5。

2. 建议根据实际工程的具体情况，按照以下原则选取相应的加固方法：

（1）现行工程建设标准中有关规定与强制性工程建设规范的规定不一致的，以强制性工程建设规范的规定为准。

（2）《既有建筑鉴定与加固通用规范》GB 55021—2021 第 6.7.3 条第 1 款的内容为"对于受压加固构件，原砌筑砂浆的强度等级不应低于 M2.5"，即仅对受压构件的原砌筑砂浆的强度等级提出不应低于 M2.5 的要求；未对砌体结构抗震受剪加固提出具体砂浆强度等级的要求。

（3）砌体结构抗震受剪加固应满足《建筑抗震鉴定标准》GB 50023—2009 第 3.0.4 条、第 5.2.3 条（A 类砌体房屋）及第 5.3.4 条（B 类体房屋）的要求。当原砌筑砂浆的强度等级不高于 M2.5 时，可采用水泥砂浆和钢筋网砂浆面层加固方法；当原砌筑砂浆的强度等级高于 M2.5 时，现行有关标准未给出面层加固的基准增强系数，宜采用水泥砂浆和钢筋网砂浆面层加固方法以外的其他加固方式。

【分析】根据《建筑抗震加固技术规程》JGJ 116—2009 第 5.3.2 条的条文说明：面层加固的承载力计算，许多单位进行过试验研究并提出相应的计算公式。结合工程经验，本规程提出了原砌筑砂浆强度等级不高于 M2.5 而面层砂浆为 M10 时的增强系数。当原砌筑砂浆强度等级高于 M2.5 时，面层加固效果不大，增强系数接近于 1.0。

3.2.4 水泥砂浆强度与配合比的对应关系？

【答】根据《预拌砂浆应用技术规程》JGJ/T 223—2010 第 3.0.1 的条文说明：传统建筑砂浆往往是按照材料的比例进行设计的，如 1∶3（水泥∶砂）水泥砂浆、1∶1∶4（水泥∶石灰膏∶砂）混合砂浆等，而普通预拌砂浆则是按照抗压强度等级划分的。为了使设计及施工人员了解两者之间的关系，给出表 3.2-1，供预拌砂浆时参考。表中，D 代表的是干拌砂浆，W 代表湿拌砂浆，现场搅拌砂浆代号是 S，然后第二个字母是按照用途来分的。

表 3.2-1

品种	预拌砂浆	传统砂浆
砌筑砂浆	WMM5、DMM5	M5 混合砂浆、M5 水泥砂浆
	WMM7.5、DMM7.5	M7.5 混合砂浆、M7.5 水泥砂浆
	WMM10、DMM10	M10 混合砂浆、M10 水泥砂浆
	WMM15、DMM15	M15 水泥砂浆
	WMM20、DMM20	M20 水泥砂浆
抹灰砂浆	WPM5、DPM5	1∶1∶6 混合砂浆
	WPM10、DPM10	1∶1∶4 混合砂浆
	WPM15、DPM15	1∶3 水泥砂浆
	WPM20、DPM20	1∶2 水泥砂浆、1∶2.5 水泥砂浆、1∶1∶2 混合砂浆
地面砂浆	WSM15、DSM15	1∶3 水泥砂浆
	WSM20、DSM20	1∶2 水泥砂浆

【分析】水泥砂浆的强度与其配合比有一定的关系，按照标准配合比可计算出水泥砂浆的强度。

3.2.5 砌体墙体验算时，怎么取砌筑砂浆强度检测值？

【答】对于严格按照规范要求进行现场检测的砌筑砂浆强度，应按照检测结果进行结构构件承载力验算，以便较真实地反映结构安全性的状况。对于砌筑砂浆强度检测结果高于块材强度的，其砂浆强度应按块材强度的等级取值；对于砌筑砂浆强度检测结果高于原设计砂浆强度等级的，只要检测机构的检测符合相应检测规范的要求，为了真实地反映结构的安全性状况，也宜按实际的砂浆强度的实测值进行结构构件承载力验算。

【分析】砌筑砂浆强度检测结果要求推定为检验批的强度值。但是，在实际过程中会出现对砌筑砂浆强度检测结果的推定往往与相应的强度等级去靠，也存在把砂浆强度往低于强度值的强度等级去靠的问题。并认为，这是从结构的安全性出发而偏于安全的考虑，是不对的。比如，某砌体房屋某层砂浆强度检验批的检测结果推定值为 2.8～3.5MPa 范围内往 M2.5 去靠等类似情况，墙体中砌筑砂浆强度检测不具备标准养护条件，检测时龄期又不能正好是 28d，现场抽样检测提供的是检测时龄期砂浆相当于 70.7mm 的立方体试件的抗压强度推定值，具有 95% 的保证率。检测机构按照《砌工程现场检测技术标准》GB/T 50315—2011 给出所测各检验批砂浆强度给出推定值即可，不能进行强度等级的评定。

3.2.6 砌体结构小墙垛承压如何考虑？

【答】1. 既有砌体结构房屋由于使用功能的要求，往往会在外纵墙、内纵墙和内横墙出现两个门洞之间的墙体或墙段局部尺寸为 240mm、370mm、490mm、740mm 比较小的情况。在墙体承载力验算时，会出现房屋下部几层的较小墙垛受压承载力不满足规范要求的情况。

2. 砌体结构承载力计算是由软件计算完成的，一个砌体墙所承受的荷载是根据楼板类型分配的，对于没有洞口的砌体墙则按照该墙段进行分析；对于开洞的墙体则应在分至一个洞口两侧的墙段或中间有小墙垛的3个墙段，而向洞口两侧墙段分配的竖向荷载则是从洞口1/2处分至两侧墙段。若由2个洞口构成中间小墙垛的墙体，则中间小墙垛所承担的竖向荷载为两个洞口中至中从属的荷载面积，这就出现了砌体结构中砂浆强度符合设计要求，但小墙垛不满足受压承载力验算的问题。而在实际砌体房屋中，这些不满足承压要求的小墙垛并没有出现因承压不足的裂缝破坏情况。

计算模型对于开洞墙承载力的计算，采用以洞口中间为分隔的工字形截面。其抗侧力刚度、受压和受剪承载力验算，均是按照该模型进行的。因此，计算机程序计算结果所显示的是用洞口隔开的各个墙段的受压承载力与荷载效应的比值，而不是根据《民用建筑可靠性鉴定标准》GB 50292—2015 或《危险房屋鉴定标准》JGJ 125—2016 的规定，将墙段划分为一自然间的一个轴线为一个构件的计算结果。计算模型对于通过各墙段规定来分配地震作用是合理的，在抗震验算中高宽比大于4的墙垛不考虑其抗侧力刚度和承担地震作用。但是，对于墙段的受压承载力验算计算模型，则是按照从洞口中间来分配竖向荷载效应的从属，没有考虑砌体墙承压的应力分布状况和设置圈梁后的竖向内力的分布作用。

3. 砌体结构小墙垛的界定

在采用PKPM结构软件进行安全承载力计算时，对于长度小于250mm的小墙垛软件，不做受压承载力计算；对于墙段净高宽比大于4的，不考虑该墙段的抗侧力刚度。砌体结构房屋中，对于开门洞的内纵墙和内横墙应取门洞高度。当门洞高度为2.1m时，其墙段长度小于525mm；当门洞高度为2.4m时，其墙段长度小于600mm。对于外纵墙，当窗洞高度为1.8m时，其墙段长度小于450mm；当窗洞高度为1.5m时，其墙段长度小于375mm。

在实际的结构承载力计算和构件安全性评级中，底部几层宽度为240mm、370mm、490mm的小墙垛会存在受压承载力 R 和作用效应（$\gamma_0 S$）的比值远远小于0.90而评为 d_u 级构件，而其他较大墙段的受压承载力 R 和作用效应（$\gamma_0 S$）的比值大于1.0评为 a_u 级构件。因此，在采用PKPM结构软件进行安全承载力验算时，对于墙体设置了钢筋混凝土圈梁时，当宽度为240mm、370mm、490mm的小墙垛墙体设置时，应界定为小墙垛；当宽度为620mm时，也可界定为小墙垛。

4. 对于计算机程序计算的小墙垛墙体的受压承载力验算结果的处理

对于采用计算机程序按照属荷载面积分配方法计算得到的开洞墙体中小墙垛承压结果，存在着对小墙垛分配的受压荷载过多、大墙段又分配较少的问题。若能取消两个洞口间的小墙垛，作为一个大洞口进行分析，其计算结果体现了不考虑小墙垛受压承载能力的情况。若这种情况的两侧墙体均满足，则是一种偏于保守的承载力验算结果，其分析结果较为符合两个洞口之间有小墙垛的墙体实际受力情况。当墙体设置钢筋混凝土圈梁且没有出现承压裂缝等损伤的情况下，参照中间开大洞的墙梁应力分布模型来处理，可采用下列原则。

1）对于小墙垛宽度为240mm或370mm时，不考虑小墙垛的受压承载力，整个墙体的竖向荷载仅由两个大墙段来承担，这是偏于安全的处理。其计算公式为：

$$\alpha = \sum_{i=1}^{n} \alpha_i b_i / B \qquad (3.2.6\text{-}1)$$

式中　α_i——墙体中 i 墙段受压承载力 R 和作用效应（$\gamma_0 S$）的比值；

　　　b_i——墙体中 i 墙段的长度；

　　　B——整个墙体的长度。

2）对于宽度为490mm、620mm的墙垛，当出现小墙垛与两侧墙体受压承载力计算差异比较大时，可考虑按照受压刚度的内力重分布来分配整个墙体的受压荷载，即按照计算程序的分析结果采用各墙段 α 乘以墙段宽度相加除以各段墙体宽度的方法，其计算式如下。

$$\alpha = \sum_{i=1}^{n} \alpha_i b_i / \sum_{i=1}^{n} \alpha_i \qquad (3.2.6\text{-}2)$$

3）对于长度大于620mm墙段，不应按照小墙垛进行计算。

【分析】本条主要参考李辉、李清洋等的《砌体结构检测与安全鉴定的若干问题》《砌体结构中小墙垛受压承载力分析与评定》的相关研究。

3.2.7　一半框架、一半砌体的混合结构（中间没有变形缝）怎么进行抗震鉴定？

【答】建议根据《建筑抗震鉴定标准》GB 55023—2009 的规定，分别按照各自的结构体系进行抗震鉴定。可以采用将砌体结构（相对抗震更不利的一方）提高一级设防烈度或按 C 类建筑等要求去做，具体执行的时候具体商定。

【分析】目前，《建筑抗震鉴定标准》GB 55023—2009 中没有针对这两种不同的结构体系专门的章节。根据《建筑抗震鉴定标准》GB 55023—2009 第 3.0.4 条第 2 款的规定，当房屋有错层或不同类型结构体系相连时，应提高其响应部位的抗震鉴定要求。

3.2.8　砖混结构底层外纵墙开大洞口是否可以采用？

【答】可以采用，需要采取加强措施。

【分析】底层外纵墙上开大洞口，将会造成结构竖向刚度不均匀，平面刚度不对称。这种结构需要满足当一边外纵墙和中部内纵墙及横墙全部落地，仅边纵墙没有落地时，可在没有落地的一边外纵墙门、窗间墙处设置加强的构造柱。加强构造柱应采用 T 形截面，沿纵墙方向长度不小于600mm，沿横墙方向截面长度不小于500mm；抗震及结构计算均应满足规范要求。

3.2.9　如何准确地判别砌体结构裂缝的类型及产生原因？

【答】砌体结构房屋由于刚度大、抗拉能力及耐受变形的能力差，因此在砌体结构中出现裂缝的现象较为普遍。一是常见的非荷载作用裂缝，主要有温度裂缝、干缩裂缝以及温度干缩裂缝和不均匀沉降裂缝；二是荷载作用裂缝。引起裂缝的原因很多，应根据工程的实际情况综合判别。

【分析】1. 温度裂缝：主要为由于屋盖和墙体间温度差异变形应力过大产生的砌体房屋顶层两端墙体上的裂缝。代表性裂缝有：门窗洞边正八字形斜裂缝、平屋顶下或屋顶圈梁下沿灰缝的水平裂缝及水平包角裂缝（含女儿墙）等。这些裂缝在各种块体材料的墙上均很普遍。不管是干缩性的烧结块材，还是高干缩性的非烧结类块材，裂缝的形态无本质区别，仅是程度上的不同。砌体结构中受温度变化影响比较大的区域是钢筋混凝土屋盖及外墙。温度的变化使钢筋混凝土楼盖产生伸缩变形，钢筋混凝土楼盖本身对温度变化有一定的承受能力。由于钢筋混凝土其楼盖在其平面内刚度很大，常引起顶层钢筋混凝土楼盖下墙体的裂缝。

2. 干缩裂缝：主要由于缩性较大的块材（非烧结砖和混凝土砌块，如蒸压灰砂砖、粉煤灰砖、混凝土砌块等）随着含水率的降低而产生较大的干缩变形。尤其在冬季采暖的北方地区，夏秋季节空气湿度大，冬春季节空气干燥，年干湿变化大，干缩变形更为明显。干缩变形早期发展较快，以后逐步变慢。但干缩后遇湿又会膨胀，脱水后再次干缩，但干缩值较小，约为第一次的80%。这类干缩变形引起的裂缝分布广、数量多，开裂的程度也比较严重。最具代表性的裂缝如下：

（1）在建筑物底部一至二层窗台部位的垂直裂缝或斜裂缝；

（2）在大片墙上出现的底部重、上部较轻的竖向裂缝；

（3）不同材料和构件间的差异变形引起的裂缝。

3. 温度和干缩裂缝：在多数情况下，墙体裂缝由两种或多种因素共同作用所致，但在建筑物上仍能呈现出以温度或干缩为主的裂缝特征。

4. 地基沉降不均匀时，也导致墙体产生内倾的斜向裂缝。

3.2.10　砌体房屋构件的裂缝有无控制标准？

【答】砌体的裂缝宽度应控制在允许裂缝宽度范围内，所谓"允许裂缝宽度"，包含下列两层意义：一是指裂缝对砌体的承载力和耐久性影响很小，应不大于钢筋混凝土结构；二是指裂缝在人的观感可接受的程度。一般情况下，允许裂缝宽度不应超过0.3mm；有特殊要求时，不宜超过0.2mm。

【分析】1. 由于裂缝成因的复杂性，按目前条件和《砌体结构设计规范》GB 50003—2011提供的措施，尚难以完全避免墙体开裂，而只能使裂缝的程度减轻或无明显裂缝。

对于墙体裂缝宽度，也没有明确的计算方法。对于墙体裂缝的控制，采用的是设计及施工的技术措施和适合的裂缝宽度检验。

2. 钢筋混凝土结构的裂缝宽度大于 0.3mm 时，通常人在观感上难以接受，砌体结构也不例外。尽管砌体结构安全的裂缝宽度可以更大些，但砌体房屋主要是住宅建筑，在住宅商品化的今天，砌体房屋的裂缝不论是否为 0.3mm，只要可见，已成为住户判别房屋是否安全的直观标准，常引出许多法律问题。房屋裂缝问题逐渐成为影响社会和谐的重要因素之一。

3. 德国对砌体结构有明确的规定：对外墙或条件恶劣部位的墙体，裂缝宽度不大于 0.2mm，其他部位裂缝宽度不大于 0.3mm。在实际工程中，可参考上述规定控制墙体裂缝的宽度。

4. 在砌体房屋中，裂缝的宽度与砌体的材料直接相关。一般情况下，烧结普通砖房屋的裂缝宽度较小，而非烧结砖和混凝土砌块的裂缝宽度较大。

3.2.11　砌体的抗压强度为什么比单块砖的抗压强度低？

【答】砖在砌体中不仅受压，而是处于受弯、受拉、受剪的复杂受力状态。这时，砌体的抗压强度远小于单块块体的抗压强度。

【分析】砌体中的砖块在荷载尚不大时就出现竖向裂缝，即砌体的抗压强度远小于砖的抗压强度。这主要是由于：

（1）砂浆铺砌不均匀，砖不能均匀地压在砂浆层上；

（2）砂浆层本身不均匀，砂较多的部位收缩小，凝固后出现凸起点；

（3）在砌体中砂浆使得块体在横向受拉，降低了块体的抗压强度；

（4）竖向灰缝不饱满而产生应力集中，使得块体受力不均匀；

（5）砖表面不平整，砖与砂浆完全接触。

由上述分析可知，砌体中的砖处于压缩、弯曲、剪切、局部受压、横向拉伸等复杂受力状态，而砖的抗弯强度、抗剪强度和抗拉强度很低。

3.2.12　砌体结构中，如何判别填充墙（非承重墙）与承重墙？

【答】填充墙与承重墙的本质区别是，墙体是否可以有效地向下传递荷载。通常，可以从以下方面进行判别：墙体与梁底的衔接方式、墙体厚度、墙体的砌筑方式、体系核查。

1. 墙体与梁底的衔接方式

实际工程中，填充墙脱开的连接方式应用较少且容易识别；不脱开的方式是较常用的方式，一般采用墙顶砖斜砌。承重墙的顶砖平砌，且局部凿开墙体后，梁底面或板底面存在砖模印记；但是，也有特殊情况。在一些建设年代较早的房屋中，存在先砌筑非承重墙体用其作为底模板的情况。此时，还应结合周边结构布置情况、梁截面尺寸等综合判定。

2. 墙体厚度

根据墙体厚度判断墙体属性具有一定的年代特征，由于抗震构造的需要，各时期的抗震设计规范都对墙体的最小厚度做出明确规定：

（1）根据《建筑抗震鉴定标准》GB 55023—2009 的相关规定，A 类建筑满足抗震设计要求的普通砖实心墙最小厚度为 180mm。而《建筑抗震鉴定标准》GB 55023—2009 的 A 类建筑属于《建筑抗震设计规范》GBJ 11—89 之前设计的建筑，《建筑抗震鉴定标准》GB 55023—2009 一般参考《建筑抗震鉴定标准》GB 50023—1995 和《工业与民用建筑抗震设计规范》TJ 11—78 对 A 类建筑做出规定。可见，1989 年之前的建筑承重墙厚的最低要求是 180mm，而 120mm 厚墙体多用于填充墙设计。

（2）《建筑抗震设计规范》GBJ 11—89 规定，满足抗震设计要求的黏土砖最小墙厚不小于 240mm。《建筑抗震设计规范》GBJ 11—89 生效后，120mm 墙、180mm 承重墙逐渐被淘汰，240mm 墙及以上作为主要的承重墙体。

3. 墙体的咬槎情况

某些混合结构厂房中砖柱与墙体连接，无法判断其受力构成，需要根据砖墙与砖柱的连接情况，判断砖柱是独立柱还是扶壁柱、砖墙是承重墙还是填充墙。局部凿开墙体判断两者之间是否相互咬槎。若相互咬槎，砖柱即为墙体的扶壁柱，墙体为承重墙；反之，砖柱为独立柱，墙体为填充墙。

4. 体系核查

对一些改造较大的结构，特别是存在墙体拆改、托换等情况，可从整体结构体系及相邻周边、楼层墙体的布置情况判断是非承重墙还是承重墙。

【分析】砌体结构现场查勘时，填充墙和承重墙的识别至关重要，这对后续计算中竖向荷载的传导、抗侧力构件的计算、楼板的导荷方式均具有直接的影响。传统意义上，填充墙的砌筑方式和承重墙的砌筑方式大为不同，现场只须仔细查勘，就可识别出两者的区别。但是，实际识别中复杂得多，还涉及墙体拆改、托换等。

根据《砌体结构设计规范》GB 50003—2011 第 6.3.4 条的规定，填充墙与框架的连接有脱开和不脱开两种方法：脱开时，填充墙顶面与框架梁之间留出不小于 20mm 的间隙，采用聚苯乙烯泡沫塑料板条或聚氨酯发泡材料充填，并用硅酮胶或其他弹性密封材料封缝；不脱开时，顶面与上部结构接触处宜用一皮砖或配砖斜砌楔紧。

3.2.13 什么是混合结构？

【答】混合结构房屋一般是指楼盖和屋盖采用钢筋混凝土或钢、木结构，而墙、柱和基础采用砌体结构建造的房屋。也可认为是指同一房屋结构体系中采用两种或两种以上不同材料组成的承重结构。"混"指的是由水、钢筋、水泥、砂石、木等建筑材料按一定比例配置的钢筋混凝土配件，包括楼梯、楼地层、门窗等，这些与砖做的承重墙相结合，可以称为砖混结构。

【分析】混合结构是指多种结构形式总和而成的一种结构，最常用的是砖混结构。

根据承重墙所在的位置划分为：

（1）横墙承重方案。其受力特点是：主要靠横墙支撑楼板，横墙是主要承重墙。纵墙主要起围护、隔断和维持横墙的整体作用，故纵墙是自承重墙。该方案的优点为横墙较密，房屋横向刚度大，整体刚度好；其缺点为平面布置不灵活。

（2）纵墙承重方案。其特点是：把荷载传给梁，由梁传给纵墙，纵墙是主要承重墙，横墙只承受小部分荷载，横墙的设置主要为了满足房屋刚度和整体性的需要，其间距比较大。优点是房屋的空间可以比较大，平面布置比较灵活，墙面积较小；缺点是房屋的刚度较差。

（3）纵横墙承重方案。根据房屋的开间和进深要求，有时需要纵横墙同时承重，即为纵横墙承重方案。这种方案的横墙布置随房间的开间需要而定，横墙的间距比纵墙的小，所以房屋的横向刚度比纵墙承重方案有所提高。

（4）内框架承重方案。房屋有时由于使用上要求，往往要用钢筋混凝土柱代替内承重墙，以取得较大的空间。其特点是：由于横墙较小，房屋的空间刚度较差。

3.2.14 屋顶高大女儿墙、较大层高建筑填充墙等如何进行抗风、抗震验算？

【答】1. 对于建筑物围护结构填充墙、女儿墙等直接承受风荷载的非结构构件，应根据现行国家标准《工程结构通用规范》GB 55001—2021 第 4.6 节及《建筑结构荷载规范》GB 50009—2012 第 8 章的规定，进行风荷载计算。非结构构件的承载力验算应按荷载效应的基本组合值进行。非结构构件的地震作用效应、风荷载效应与其他荷载效应的基本组合，应现行国家标准《工程结构通用规范》GB 55001—2021 第 2.4.6 条、《建筑与市政工程抗震通用规范》GB 55002—2021 第 4.3.2 条的有关规定计算。

2. 非承重填充墙、女儿墙等非结构构件均应根据现行国家标准《建筑抗震设计标准》GB/T 50011—2010 第 13.2 节的规定进行水平地震作用计算。非承重填充墙、女儿墙等非结构构件的抗震措施应符合现行国家标准《建筑与市政工程抗震通用规范》GB 55002—2021 第 5.1.14 条、现行国家标准《建筑抗震设计标准》GB/T 50011—2010 第 13.3 节的规定。

【分析】详见《工程结构通用规范》GB 55001—2021、《建筑结构荷载规范》GB 50009—2012、《建筑与市政工程抗震通用规范》GB 55002—2021、《建筑抗震设计标准》GB/T 50011—2010 等规范的相关规定。

3.3　混凝土结构鉴定问答及分析

3.3.1　改造时顶层局部抽柱的框架结构，抽柱楼层需要全部按照大跨度框架验算吗？

【答】不须要求抽柱楼层全部按照大跨度框架设计。

【分析】依据《建筑抗震设计标准》GB/T 50011—2010 表 6.1.2 注 3，大跨度框架指跨度不小于 18m 的框架。顶层仅局部抽柱形成大跨度框架时，该处框架提高一个抗震等级，对应的框架柱抗震等级向下顺延一层即可，不必要求抽柱楼层全部按照大跨度框架设计。对于采用非梁板式屋面（如钢结构屋面、大型屋面板屋面等）的，也应参照此条对柱进行要求。

3.3.2　设计混凝土强度等级 C30 检测后混凝土强度为 C20，验算时 HRB400 级钢筋如何考虑？

【答】可以考虑将钢筋降低等级使用，复核承载力和构造要求。

【分析】在实际工作中，会遇到混凝土构件强度达不到设计要求的情况，而设计受力钢筋选用的 HRB400 级钢筋。根据《混凝土结构设计标准》GB/T 50010—2010 第 4.1.2 条的规定，采用强度等级 400MPa 及以上的钢筋时，混凝土强度等级不应低于 C25。这种情况首先考虑将钢筋降低等级使用，复核承载力。如果承载力满足，采取涂抹高强度聚合物砂浆等确保钢筋锚固长度、保护层厚度等达到设计要求；如果承载力不满足规范要求，建议采取加固处理的措施。

3.3.3　采用并筋的梁柱钢筋保护层厚度设计值如何确定？

【答】根据《混凝土结构设计标准》GB/T 50010—2010 第 8.2.1 条第 1 款的条文说明，混凝土保护层厚度不小于受力钢筋直径（单筋的公称直径或并筋的等效直径）的要求。当采用并筋时，其钢筋混凝土保护层厚度应在施工图中特别注明，并应按保护层厚度不小于等效直径复核计算。

【分析】1. 根据《混凝土结构设计标准》GB/T 50010—2010 第 8.2.1 条的规定，构件中普通钢筋及预应力筋的混凝土保护层厚度应满足下列要求：

（1）构件中受力钢筋的保护层厚度不应小于钢筋的公称直径 d；

（2）设计使用年限为 50 年的混凝土结构，最外层钢筋的保护层厚度应符合《混凝土结构设计标准》GB/T 50010—2010 表 8.2.1 的规定；设计使用年限为 100 年的混凝土结构，最外层钢筋的保护层厚度不应小于《混凝土结构设计标准》GB/T 50010—2010 表 8.2.1 中数值的 1.4 倍。

2. 对于采用并筋的梁或柱应注意，其纵筋的保护层厚度不应小于并筋的等效直径，对于二并筋等效直径为 1.414d，对于三并筋等效直径为 1.732d。

3.3.4 检测报告提供的混凝土强度推定值是设计值还是标准值，建模时可直接输入吗？

【答】一般检测报告中提供的混凝土强度是其立方体抗压强度标准值的概念，即 $f_{cu,k}$，也是强度等级的含义。一般计算软件中，需要输入的是混凝土的强度等级，可以直接输入。需要注意的是，软件会根据输入的强度等级按照相应的设计值或标准值进行计算。对于不是规范中列出的强度等级数值，一般会按照线性插值的方法进行计算。这与实际的混凝土强度曲线是有差别的。

【分析】根据《回弹法检测混凝土抗压强度技术规程》JGJ/T 3—2011 第 2.1.3 条的规定，测区混凝土强度换算值由测区的平均回弹值和碳化深度值通过检测强度曲线或测区强度换算表得到的测区现龄期混凝土强度值；第 2.1.4 条的规定，相应于强度换算值总体分布中保证率不低于 95% 的构件中的混凝土强度值。

根据《回弹法检测混凝土抗压强度技术规程》DB37/T 2366—2022 第 3.9 条的规定，测区强度换算值是由构件回弹值等参数通过检测强度曲线计算得到的混凝土抗压强度值；相当于被测构件的测区在所处条件及龄期下，边长为 150mm 立方体试块的抗压强度。第 3.10 条的规定，强度推定值相当于强度换算值总体分布中保证率不低于 95% 的强度值。

根据《钻芯法检测混凝土强度技术规程》JGJ/T 384—2016 第 2.1.2 条的规定：芯样试件抗压强度值是由芯样试件得到相当于边长为 150mm 立方体试件的混凝土抗压强度。

根据《钻芯法检测混凝土强度技术规程》DB37/T 2368—2022 第 3.8 条的规定，由芯样强度得到的混凝土抗压强度值，相当于被测构件的测点所处条件及龄期下，边长为 150mm 立方体试块的抗压强度值。

3.3.5 采用叠合层加固混凝土楼板后底筋可能出现不满足最小配筋率的要求，如何解决？

【答】采用后加叠合层加固楼板后截面增大，原楼板底部配筋不能满足现有规范的最小配筋率要求。这种情况下，最小配筋率属于构造要求，应保证承载力满足要求或适当提高，而构造要求可以适当降低。

【分析】既有建筑的加固设计和施工与新建建筑显著不同，很多情况下构造要求难以满足，应保证承载力。

3.3.6 现浇楼板厚度偏大（超过允许偏差）有何影响呢？

【答】当楼板厚度过大，超过允许偏差，会引起以下问题：板的自重增大、净空高度不足等问题，将严重影响后续工序（楼面建筑面层）的施工。如果钢筋的配筋没有变，可能会出现钢筋的保护层过厚、配筋不足等情况。

【分析】根据《混凝土结构工程施工质量验收规范》GB 50204—2015 表 8.3.2-1，对现浇结构的尺寸允许偏差和检测方法为：楼板厚度允许偏差为 +8mm，–5mm。换而言之，现浇结构的尺寸允许偏差是在设计值的基础上上浮 8mm 和下浮 5mm。结构楼板不应有影响结构性能和使用功能的尺寸偏差。对超过尺寸允许偏差要求且影响结构性能、设备安装、使用功能的结构部位，应由施工单位提出技术处理方案，并经设计及监理（建设）单位认可后进行处理。对处理后的部位应重新验收。

3.3.7　后加混凝土悬挑梁或牛腿钢筋用植筋连接如何评定？

【答】从构造连接角度来看存在缺陷，建议采取可靠性加固措施进行补强处理。后期增设悬挑构件，一般不会采用全部植筋的方法。例如，在柱子上做个悬挑牛腿，可以采用四面围套的钢板箍与牛腿进行连接。

【分析】一些跨度较大的悬挑构件采用单纯植筋的方式与主体连接还是欠妥的，有很多工程案例都是后置植悬挑构件的垮塌，应引起重视。

3.3.8　混凝土碳化深度超过钢筋保护层，需要进行处理吗？

【答】应采取处理措施。

【分析】碳化深度超过保护层对耐久性是有影响的，处理的紧急程度需要设计人员根据钢筋的表观状态进行把握。碳化深度超过保护层的情况，还要对钢筋表面是否锈蚀或锈胀进行检测。后期处理除了增大保护层，还可以考虑使用防碳化涂料，可以很好地阻止空气进入混凝土中。

3.3.9　改造中梁上后开洞口，需采取加强措施吗？

【答】根据《混凝土结构构造手册》（第五版）第三章第十二节中关于梁腹具有圆形孔洞的梁的规定，开孔尺寸和位置应满足以下要求（图 3.3-1）：

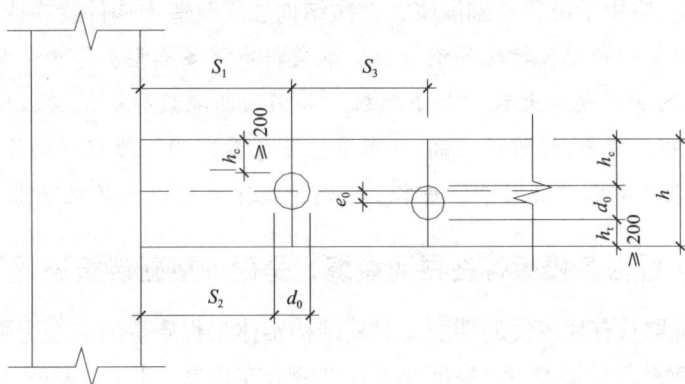

图 3.3-1　开孔尺寸和位置

（1）孔洞的位置应尽可能设置与剪力较小的跨中 1/3 区域内，必要时可设置于梁端 1/3 区域内。圆孔尺寸及位置应满足表 3.3-1 的规定。

（2）对于 $d_0/h \leq 0.2$ 及 150mm 的小直径孔洞，圆孔的中心位置应满足 $-0.1h \leq e_0 \leq 0.2h$（负号表示偏向受压区）和 $s_2 \geq 0.5h$ 的要求。对于抗震设计，圆孔梁的塑性铰位置宜向跨中转移 1.0h 的距离。梁上开洞满足上述条件且经过承载力计算满足规范要求，可不加固；如不满足上述条件或承载力计算不满足规范要求，需要采用粘贴钢板或碳纤维布的方法进行加固。

圆孔洞尺寸及位置 表 3.3-1

地区	e_0/h	跨中 1/3 区域			梁端 1/3 区域			
		d_0/h	h_c/h	S_3/h	d_0/h	h_c/h	S_2/h	S_2/d_0
非抗震区	≤ 0.1（偏向受拉）	≤ 0.4	≥ 0.3	≥ 2.0	≤ 0.3	≥ 0.35	≥ 1.0	≥ 2.0
地震区		≤ 0.4	≥ 0.3	≥ 2.0	≤ 0.3	≥ 0.35	≥ 1.5	≥ 3.0

【分析】对于梁后开洞后的受剪承载力，可参照《混凝土结构构造手册》（第五版）式（3.12.5）进行承载力进行计算；当此处箍筋已损伤或开洞位置较为密集，不考虑式（3.12.5）洞口附近箍筋的抗剪作用。梁开洞不当、不规范所造成的混凝土梁的抗剪能力，可能会有较大幅度的降低，影响了构件的安全性；同时，存在着较大的安全隐患。在建筑需要装修时，拆改建筑结构需要格外重视，应当委托相应的专业单位进行安全评估。

3.3.10 灌浆料与混凝土有什么不同，能否替代混凝土？

【答】混凝土是由胶结材料、粗骨料、细骨料和水按适当比例配置，再经硬化而成的人工石材；新拌制未硬化的混凝土，通常称为混凝土拌合物；具有原料丰富、价格低廉、生产工艺简单的特点，在土木工程中被广泛使用。灌浆料是混凝土的一种特殊表现形式，是混凝土的一个特殊种类，它具有普通混凝土不具备的性能，流动性好、强度高、无收缩、免振捣等，广泛应用于设备基础灌浆、二次结构加固改造中构件置换或补强过程中。

【分析】灌浆料是一种比较特殊的混凝土。灌浆料有很多类型，分为 Ⅰ 型、Ⅱ 型、Ⅲ 型和Ⅳ型，使用的骨料也分大颗粒和小颗粒。加固用的灌浆料如果骨粒比较大的，可以代替混凝土使用。但是，造价比较高，一般业主不愿意采用。灌浆料的浇筑效果比较好，密实性好；如果不考虑经济因素，基本上任何情况下都可以代替混凝土使用。

3.3.11 某工程很多楼板存在贯通裂缝，是砸掉重新浇筑还是加固处理？

【答】首先，选取具有代表性的楼面板对其结构实体工程质量的混凝土强度、钢筋配置情况、板厚、钢筋保护层厚度、挠度变形和裂缝分布位置、走向、宽度、长度进行检测，并分析其裂缝的成因。如果是温度收缩裂缝，楼板承载力没有问题，可仅对裂缝采取封闭处理措施即可。如果是受力裂缝，楼板混凝土强度没有问题除对裂缝采取封闭处理外，还应采取粘贴碳纤维布或钢板条进行加固处理；楼板混凝土强度很差，可以考虑砸掉重新浇筑。

【分析】具备条件的情况下，尽量不要砸掉重新浇筑，采用相应的加固处理措施即可。采用注胶处理裂缝一般认为是没问题的，因为胶的弹性模量和强度都很高，通缝处理完后是没有问题的。

3.3.12　混凝土悬挑构件弯剪承载力如何计算？

【答】鉴定时建议按照《建筑结构检测技术标准》GB/T 50344—2019 第 4.8.4 条进行。

【分析】悬挑构件支点处受力情况特殊，支点处剪力和弯矩均为受力最大截面处，承载力的变异性大于同荷载情况下的简支梁，因此应对其斜截面承载力在同等荷载条件下简支构件公式的基础上使用折减系数。悬挑结构受力状态与其他结构比有不利的一面，其结构的冗余度（富余度）相对较少。除了进行常规的强度和变形验算外，还要进行抗倾覆验算。一般认为，悬挑结构的允许跨度为简支结构的一半。

3.3.13　某住宅楼客厅顶板拆模后存在明显下挠变形，是否需要处理？

【答】首先，对该客厅顶板结构实体工程质量的混凝土强度、钢筋配置情况、板厚、钢筋保护层厚度、挠度变形和表面平整度进行检测，分析下挠原因和程度；然后，采用相应的处理措施。

1. 该客厅顶板的混凝土强度、钢筋配置情况、板厚、钢筋保护层厚度符合设计图纸要求，其承载力满足规范要求；挠度变形满足《混凝土结构设计标准》GB/T 50010—2010 第 3.4.3 条的要求，仅平整度超过《混凝土结构工程施工质量验收规范》GB 50204—2015 第 8.3.2 条的允许偏差，不影响结构的安全性能。局部位置适当剔凿后，用专业灌浆料进行修补，其余部位抹灰抹平即可。

2. 该客厅顶板的混凝土强度、钢筋配置情况、板厚、钢筋保护层厚度符合设计图纸要求，其承载力满足规范要求；挠度变形不满足《混凝土结构设计标准》GB/T 50010—2010 第 3.4.3 条的要求，整体呈抛物线下垂；如果对楼层净空无明显影响，建议对整个板底凿毛后，挂网涂抹高强聚合物砂浆进行修复即可；如对楼层净空有显著影响，建议凿除楼板混凝土、提筋、起拱支模后，重新浇筑混凝土板。

3. 该客厅顶板的混凝土强度、钢筋配置情况符合设计图纸要求，板厚或钢筋保护层厚度不符合设计图纸要求，其承载力满足规范要求；现状下的挠度变形满足《混凝土结构设计标准》GB/T 50010—2010 第 3.4.3 条的要求，仅平整度超过《混凝土结构工程施工质量验收规范》GB 50204—2015 第 8.3.2 条的允许偏差，须根据后期使用功能需求剔凿后重新浇筑，或采用粘贴碳纤维布、粘贴钢板、增大板截面进行加固处理。

4. 该客厅顶板的混凝土强度、钢筋配置情况符合设计图纸要求，板厚或钢筋保护层厚度不符合设计图纸要求，其承载力不满足规范要求；现状下挠度变形不满足《混凝土结构设计标准》GB/T 50010—2010 第 3.4.3 条的要求，此种情况建议剔凿后重新浇筑。

5. 该客厅顶板的钢筋配置情况、板厚、钢筋保护层厚度符合设计图纸要求，混凝土强度的偏低严重，不满足设计图纸要求，此种情况应剔凿后重新浇筑。

【分析】1. 挠度变形超限属于不满足正常使用极限状态的规定。根据《混凝土结构设计标准》GB/T 50010—2010 第 3.4.3 条的规定，钢筋混凝土受弯构件的最大挠度应按荷载的准永久组合，预应力混凝土受弯构件的最大挠度应按荷载的标准组合，并均应考虑荷载长期作用的影响进行计算，其计算值不应超过表 3.3-2 规定的挠度限值。

受弯构件的挠度限值　　　　　　　　　　　　表 3.3-2

构件类型		挠度限值
吊车梁	手动吊车	$l_0/500$
	电动吊车	$l_0/600$
屋盖、楼盖及楼梯构件	当 $l_0 < 7m$ 时	$l_0/200$（$l_0/250$）
	当 $7m \leq l_0 \leq 9m$ 时	$l_0/250$（$l_0/300$）
l_0	当 $l_0 > 9m$ 时	$l_0/300$（$l_0/400$）

注：1. 表中，l_0 为构件的计算跨度；计算悬臂构件的挠度限值时，其计算跨度 l_0 按实际悬臂长度的 2 倍取用；
　　2. 表中，括号内的数值适用于使用上对挠度有较高要求的构件；
　　3. 如果构件制作时预先起拱且使用上也允许，则在验算挠度时，可将计算所得的挠度值减去起拱值；对预应力混凝土构件，尚可减去预加力所产生的反拱值；
　　4. 构件制作时的起拱值和预加力所产生的反拱值，不宜超过构件在相应荷载组合作用下的计算挠度值。

2. 根据《混凝土结构工程施工质量验收规范》GB 50204—2015 第 8.3.1 条的规定，现浇结构不应有影响结构性能或使用功能的尺寸偏差；混凝土设备基础不应有影响结构性能和设备安装的尺寸偏差。对超过尺寸允许偏差且影响结构性能和安装、使用功能的部位，应由施工单位提出技术处理方案，经监理、设计单位认可后进行处理。对经处理的部位应重新验收。第 8.3.2 条规定，现浇结构的位置和尺寸偏差及检验方法应符合表 8.3.2 的规定。检查数量：按楼层、结构缝或施工段划分检验批。在同一检验批内，对梁、柱和独立基础，应抽查构件数量的 10%，且不应少于 3 件；对墙和板，应按有代表性的自然间抽查 10%，且不应少于 3 间；对大空间结构，墙可按相邻轴线间高度 5m 左右划分检查面，板可按纵、横轴线划分检查面，抽查 10%，且均不应少于 3 面；对电梯井，应全数检查。根据表 8.3.2，表面平整度的允许偏差为 8mm，检验方法为 2m 靠尺和塞尺量测。

3.3.14　柱设计混凝土等级为 C50，梁为 C30，拆模后梁柱节点混凝土存在明显色差怎么处理？

【答】从梁柱节点混凝土表面存在明显色差可初步判断，梁柱节点混凝土存在混合浇筑或交界区域分隔措施设置不当的情况。建议首先对梁柱节点的色差上下区域内混凝土采用回弹法或钻芯法进行混凝土抗压强度检测；然后，以色差上下区域内混凝土抗压强度最小值作为推定值对节点核芯区进行复核验算；如计算满足，则不用采取处理措施；如计算不满足，可采取抱箍或粘贴钢板的措施进行加固处理。

【分析】根据《混凝土结构工程施工规范》GB 50666—2011 第 8.3.8 条的规定，柱、墙混凝土设计强度等级高于梁、板混凝土设计强度等级时，混凝土浇筑应符合下列规定：

1. 柱、墙混凝土设计强度比梁、板混凝土设计强度高一个等级时，柱、墙位置梁、板高度范围内的混凝土经设计单位确认，可采用与梁、板混凝土设计强度等级相同的混凝土进行浇筑。

2. 柱、墙混凝土设计强度比梁、板混凝土设计强度高两个等级及以上时，应在交界区域采取分隔措施；分隔位置应在低强度等级的构件中，且距高强度等级构件边缘不应小于 500mm。

3. 宜先浇筑高强度等级混凝土，后浇筑低强度等级混凝土。

3.3.15　如何挖掘混凝土梁的承载力？

【答】1. 矩形混凝土梁按考虑楼板翼缘的 T 形梁配筋。

2. 梁刚度调整系数：梁刚度的调整系数，现浇楼面和装配整体式楼面的楼板作为梁的有效翼缘形截面，提高了楼面梁的刚度，结构计算时应予考虑。当近似考虑其影响时，应根据梁翼缘尺寸与梁截面尺寸的比例关系确定增大系数的取值。通常现浇楼面的边框架梁可取 1.5，中框架梁，可取 2.0；有现浇面层的装配式楼面梁的刚度增大系数可适当减小。当框架梁截面较小而楼板较厚或者梁截面较大而楼板较薄时，梁刚度增大系数可能会超出 1.5 ~ 2.0 的范围。但对于预制楼板，板柱体系的等代梁则取 1.0。

3. 混凝土梁弯矩调幅

框架梁端部负弯矩调整系数：在竖向荷载作用下，可考虑框架梁端塑性变形内力重分布对梁端负弯矩乘以调幅系数进行调幅，通过调整使梁端负弯矩减小，而增大跨中正弯矩，并应符合下列规定：

（1）装配整体式框架梁端负弯矩调幅系数可取为 0.7 ~ 0.8，现浇框架梁端负弯矩调幅系数可取为 0.8 ~ 0.9；

（2）框架梁端负弯矩调幅后，梁跨中弯矩应按平衡条件相应增大；

（3）应先对竖向荷载作用下框架梁的弯矩进行调幅，再与水平作用产生的框架梁弯矩进行组合；

（4）截面设计时，框架梁跨中截面正弯矩设计值不应小于竖向荷载作用下按简支梁计算的跨中弯矩设计值的 50%。

4. 考虑梁、柱重叠部分作为刚域计算，梁、柱计算长度及端截面位置均取到刚域边，将弯矩算至柱边，减小计算弯矩。

【分析】1. T 形梁配筋容易与"梁刚度放大系数"搞混。但其实，两者的含义不同。梁刚度放大系是针对整体模型的三维有限元计算阶段，影响结构的内力和位移，是结构计算层面。矩形混凝土梁按考虑楼板翼缘的 T 形梁配筋是针对构件的设计阶段,影响梁的配筋。

2. 梁刚度放大系数,软件不区分梁端还是梁中。T 形梁配筋只针对正弯矩区段,即楼板受压时才考虑;对于负弯矩区段(一般如梁支座处),仍按矩形截面配筋。T 形梁配筋参数不影响内力。

结构内力会影响梁配筋,当我们考虑了梁刚度放大系数,梁的内力提高。如果按矩形截面配筋,梁的配筋会偏大,不利于"强柱弱梁"的实现。所以,为保证计算、设计两个阶段的一致性,可以同时勾选梁刚度放大系数和按 T 形梁配筋两个参数,在逻辑上是吻合的。计算梁刚度放大系数考虑的翼缘尺寸和 T 形截面梁配筋时考虑的翼缘尺寸是不同的。前者是考虑梁两侧各 6 倍板厚的范围;T 形截面配筋,根据盈建科的说明,是考虑梁侧 3 倍板厚范围内的翼缘贡献。这对梁的跨中配筋是偏安全的。加固设计时,若梁顶钢筋相差不大,可以采用调幅使其满足要求,梁底可以进行加固。加固设计时,若梁顶钢筋相差不大,可以取柱边弯矩计算配筋。

3. 混凝土框架结构的设计,框架柱和框架梁的尺寸通常较大。当柱子尺寸比梁大很多的情况下,可以认为柱梁重合部分为刚域。当柱子尺寸与梁相差不大的情况下,也可以认为柱梁重合部分为刚域,只不过刚域的计算长度可能不大,甚至为 0。框架结构可以考虑柱刚域和梁刚域;如果考虑强柱弱梁,则可以考虑梁刚域、不考虑柱刚域。剪力墙结构墙梁重合部分很小,考不考虑刚域对计算的影响很小,可以不考虑柱刚域、梁刚域。

3.3.16 框架-剪力墙结构的计算模型中,框架梁与剪力墙大量采用铰接是否可行?

【答】不可行。

【分析】根据《高层建筑混凝土结构技术规程》JGJ 3—2010 第 8.1.6 条的规定,在框架-剪力墙结构中,主体结构构件之间除个别节点外,不应采用铰接。

3.3.17 计算模型中,偶然偏心与双向地震的扭转作用是否需要同时考虑?

【答】不需要同时考虑。当计算双向地震作用时,可不考虑偶然偏心的影响,但应与单项地震作用考虑偶然偏心的计算结果进行比较,取不利情况进行校核。

【分析】质量偶然偏心和双向地震作用都是客观存在的事实,是两个完全不同的概念。在地震作用计算时,无论考虑单向地震作用还是双向地震作用,都有结构质量偶然偏心的问题;反之,不论是否考虑质量偶然偏心的影响,地震作用的多维性本来都应考虑。显然,同时考虑两者的影响计算地震作用原则上是合理的。但是,鉴于目前考虑两者影响的计算方法,并不能完全反映实际地震的作用情况,而是近似的计算方法。因此,两者何时分布考虑以及是否同时考虑,取决于现行规范的要求。按照《高层建筑混凝土结构技术规程》JGJ 3—2010 的规定,单向地震作用计算时,应考虑质量偶然偏心的影响；质量与刚度分布不均匀、不对称的结构，应考虑双向地震作用计算。因此，质量偶然偏心和双向地震作用的影响可不同时考虑。如此规定，主要是考虑目前计算方法的近似性及经济方面的因素。

3.3.18　鉴定时，建筑屋顶设置的构架柱是否满足框架柱截面尺寸的要求？

【答】不宜小于 300mm，且应满足相应抗震等级框架柱的构造要求。

【分析】根据《建筑抗震设计标准》GB/T 50011—2010 的相关规定。

3.3.19　单层乙类建筑是否能采用单跨混凝土框架结构？

【答】可以，但需要符合《建筑抗震设计标准》GB/T 50011—2010 第 6.1.5 条及条文说明的规定，并可参照该标准 10.1 单层空旷房屋中一般规定的条文说明，采用此类结构。

【分析】根据《建筑抗震设计标准》GB/T 50011—2010 的相关规定。

3.3.20　钢筋混凝土梁计算配筋率时怎么考虑截面面积？

【答】钢筋混凝土梁计算纵向受拉钢筋配筋率时，应按有效截面核算；确定梁的最小配筋率时，按全截面考虑。

【分析】根据《混凝土结构设计标准》GB/T 50010—2010 第 7.2.3 条和第 8.5.1 条的规定，分别给出计算公式。

3.3.21　高度不超过 60m 的框架 – 核心筒结构抗震等级如何确定？

【答】当框架 – 核心筒结构的高度不超过 60m 时，其抗震等级允许按框架 – 剪力墙结构采用。

【分析】在结构受力性质与变形方面，框架 – 核心筒结构与框架 – 剪力墙结构基本上是一致的，尽管框架 – 核心筒结构由于剪力墙组成筒体而大大提高了其抗侧力能力，但其周边的稀柱框架相对较弱，设计上与框架 – 剪力墙结构基本相同。对于房屋高度不超过 60m 的框架 – 核心筒结构，其作为筒体结构的空间作用已不明显，总体上更接近于框架 – 剪力墙结构，因此其抗震等级允许按框架 – 剪力墙结构采用。

根据《高层建筑混凝土结构技术规程》JGJ 3—2010 第 9.1.2 条的规定，高度不超过 60m 的框架 – 核心筒结构，可按框架 – 剪力墙结构设计。

3.3.22　验算时，挑板的分布筋配筋率按《混凝土结构设计标准》GB/T 50010—2010 第 9.1.7 条的 0.15% 还是第 9.1.8 条的 0.1% 实施？

【答】当需要抵抗混凝土收缩和温度变化产生的沿分布筋方向的拉应力时，悬挑板的分布筋配置应执行《混凝土结构设计标准》GB/T 50010—2010 第 9.1.8 条的规定。

【分析】悬挑板不属于《混凝土结构设计标准》GB/T 50010—2010 第 9.1.1 条规定的单向板，其分布筋配置可不执行《混凝土结构设计标准》GB/T 50010—2010 第 9.1.7 条的规定。分布筋的作用通常为承受并分布板上局部荷载产生的内力，在浇筑混凝土时固定受力钢筋的位置及抵抗混凝土收缩和温度变化产生的沿分布筋方向的拉应力。

3.4 钢结构鉴定问答及分析

3.4.1 钢结构房屋进行抗震鉴定有哪些依据？

【答】目前，没有明确的针对性标准做钢结构抗震性鉴定。针对后续不同工作年限的既有建筑，可以选用现行或建造时的《建筑抗震设计标准》GB/T 50011、《门式刚架轻型房屋钢结构技术规范》GB 51022、《高耸与复杂钢结构检测与鉴定标准》GB 51008 和《构筑物抗震鉴定标准》GB 50117 等规范进行抗震鉴定。

【分析】钢结构进行抗震鉴定，不一定非要专门的鉴定标准；根据《既有建筑鉴定与加固通用规范》GB 55021—2021 第 5.1.4 条的要求，针对不同后续工作年限，可以选用现行或建造时的规范、标准进行抗震鉴定。

3.4.2 屋面网架怎么进行安全性鉴定评级？

【答】可以将屋面网架单独划分为一个构件集，根据《民用建筑可靠性鉴定标准》GB 50292—2015 和《工业建筑可靠性鉴定标准》GB 50144—2019 的相关规定，对该网架进行安全性评级。

【分析】1. 根据《民用建筑可靠性鉴定标准》GB 50292—2015 第 3.1.2 条的规定，鉴定对象可以为整幢建筑或所划分的相对独立的鉴定单元，也可以为其中某一子单元或某一构件集。

2. 根据《工业建筑可靠性鉴定标准》GB 50144—2019 第 3.1.5 条的规定，鉴定对象可以是工业建筑整体或相对独立的鉴定单元，亦可以是结构系统或结构构件。

3.4.3 轻钢结构屋面加光伏需要做鉴定吗？是否需要按新规范验算？后续使用年限怎么确定？

【答】需要做鉴定。严格来说，属于屋面增加荷载的改造，需要根据增加光伏荷载的大小和范围，确定是进行整体鉴定还是局部鉴定；如果是局部改造鉴定，仅进行安全性鉴定即可，按照新规范进行验算和加固处理，无须进行抗震鉴定，不延长原结构的使用年限；如果是整体鉴定，需要同时进行安全性鉴定和抗震鉴定，按照新规范进行验算和加固处理，后续使用年限按照抗震鉴定时的后续使用年限确定。

【分析】1. 根据《既有建筑鉴定与加固通用规范》GB 55021—2021 第 2.0.4 条的规定，既有建筑的鉴定应同时进行安全性鉴定和抗震鉴定。第 4.1.2 条规定，当仅对既有建筑的局部进行安全性鉴定时,应根据结构体系的构成情况和实际需要,仅进行至某一层次。

2. 根据《光伏发电站设计规范》GB 50797—2012 第 3.0.7 条的规定,在既有建筑物上增设光伏发电系统时,必须进行建筑物结构和电气的安全复核,并应满足建筑物结构及电气的安全性要求。

3.4.4　门式刚架厂房中,抽检部分钢柱的倾斜超过验收规范要求怎么办?

【答】门式钢结构厂房中柱子的倾斜很多都会超过验收规范,一般情况下是由于施工安装偏差造成的。首先,应对该榀刚架及相邻周边刚架的钢柱倾斜和钢梁侧向挠曲变形进行检测;然后,考虑上述倾斜和侧向挠曲变形的不利影响进行复核验算。如果计算满足规范要求,可不采取处理措施;如果计算不满足规范要求,根据不满足程度采取相应的加固处理措施。

【分析】门式钢结构厂房中,抽检部分钢柱的倾斜超过验收规范后的安全性鉴定应严格按照《工业建筑可靠性鉴定标准》GB 50144—2019 第 6.3 节的规定,对其承载力、变形、倾斜、损伤等情况进行评定。不应采用倾斜是否超过《工业建筑可靠性鉴定标准》GB 50144—2019 第 7.3.9 条的条文说明中关于使用性章节的限值要求。

3.4.5　下部为普通钢框架、上部为门式刚架按照什么标准进行鉴定?

【答】下部钢框架和上部门式刚架结构一块建模,整体结构类型为钢框架结构,上部门式刚架的钢柱和钢梁在计算软件中专门定义。下部钢框架按照《钢结构设计标准》GB 50017—2017 进行复核验算;上层门式刚架按照《门式刚架轻型房屋钢结构技术规范》GB 51022—2015 进行复核验算。

【分析】依据《钢结构设计标准》GB 50017—2017、《建筑抗震设计标准》GB/T 50011—2010、《高层民用建筑钢结构技术规程》JGJ 99—2015、《门式刚架轻型房屋钢结构技术规范》GB 51022—2015、《冷弯薄壁型钢结构技术规范》GB 50018—2002 等规范的相关规定。

3.4.6　什么情况下需要考虑钢结构的温度作用?

【答】大跨度的空间钢结构或超长钢结构应该考虑温度作用的影响,具体要求如下:

1. 根据《钢结构设计标准》GB 50017—2017 第 3.3.5 条的规定,在结构的设计过程中,当考虑温度变化的影响时,温度的变化范围可根据地点、环境、结构类型及使用功能等实际情况确定。当单层房屋和露天结构的温度区段长度不超过表 3.4-1 的数值时,一般情况下可不考虑温度应力和温度变形的影响。单层房屋和露天结构伸缩缝的设置宜符合下列规定:

(1)围护结构可根据具体情况,参照有关规范单独设置伸缩缝;

(2)无桥式起重机房屋的柱间支撑和有桥式起重机房屋吊车梁或吊车桁架以下的柱间支撑,宜对称布置于温度区段中部;当不对称布置时,上述柱间支撑的中点(两道柱间支撑时为两柱间支撑的中点）至温度区段端部的距离不宜大于表 3.4-1 纵向温度区段长度的 60%；

（3）当横向为多跨高低屋面时，表 3.4-1 中横向温度区段的长度值可适当增加；

（4）当有充分依据或可靠措施时，表 3.4-1 中的数字可予以增减。

温度区段长度值（m） 表 3.4-1

结构情况	纵向温度区段（垂直屋架或构架跨度方向）	横向温度区段（沿屋架或构架跨度方向）	
		柱顶为刚接	柱顶为铰接
采暖房屋和非采暖地区的房屋	220	120	150
热车间和采暖地区的非采暖房屋	180	100	125
露天结构	120	—	—
围护结构为金属压型钢板的房屋	250	150	

2. 根据《门式刚架轻型房屋钢结构技术规范》GB 51022—2015 第 5.2.4 条的规定，门式刚架轻型房屋钢结构的温度区段长度，应符合下列规定：

（1）纵向温度区段不宜大于 300m；

（2）横向温度区段不宜大于 150m，当横向温度区段大于 150m 时，应考虑温度的影响；

（3）当有可靠依据时，温度区段长度可适当加大。

3. 根据《空间网格结构技术规程》JGJ 7—2010 第 4.2.4 条的规定，当网架结构符合下列条件之一时，可不考虑由于温度变化引起的内力：

（1）支座节点的构造允许网架侧移，且允许侧移值大于或等于网架结构的温度变形值；

（2）网架周边支承、网架验算方向跨度小于 40m，且支承结构为独立柱；

（3）在单位力作用下，柱顶水平位移大于或等于下式的计算值：

$$\mu = \frac{L}{2\xi EA_m}\left(\frac{E\alpha\Delta t}{0.038f}-1\right)$$

（3.4.6-1）

式中　f——钢材的抗拉强度设计值（N/mm²）；

　　　E——材料的弹性模量（N/mm²）；

　　　α——材料的线膨胀系数（1/℃）；

　　　Δt——温差（℃）；

　　　L——网架在验算方向的跨度（m）；

　　　A_m——支承（上承或下承）平面弦杆截面积的算术平均值（mm²）；

　　　ζ——系数，支承平面弦杆为正交正放时 $\zeta=1.0$，正交斜放时 $\xi=\sqrt{2}$，三向时 $\zeta=2.0$。

【分析】钢结构房屋连接节点建议多采用螺栓连接，可降低温度作用效应。房屋纵向释放温度应力的措施是采用长圆孔；吊车轨道采用斜切留缝的措施；吊车梁与吊车梁端部连接采用碟形弹簧。门式刚架轻型房屋钢结构横向无吊车跨可以在屋面梁支承处采用椭圆孔或可以滑动的支座释放温度应力。门式刚架轻型房屋钢结构横向每一跨均有吊车时，应计算温度应力；设置高低跨，可显著降低温度应力。

3.4.7 轻钢屋面复核验算时，需要考虑平面内刚度吗？

【答】不考虑平面内刚度。根据《门式刚架轻型房屋钢结构技术规范》GB 51022—2015 第 6.1.2 条的规定，门式刚架不宜考虑应力蒙皮效应，可按平面结构分析内力。

【分析】应力蒙皮效应是指通过屋面板的面内刚度，将分摊到屋面的水平力传递到山墙结构的一种效应。应力蒙皮效应可以减小门式刚架梁柱的受力，减小梁柱截面，从而节省用钢量。但是，应力蒙皮效应的实现需要满足一定的构造措施：自攻螺钉连接屋面板与檩条；传力途径不要中断，即屋面不得大开口（坡度方向的条形采光带）；屋面与屋面梁之间要增设剪力传递件（剪力传递件是与檩条相同截面的短的 C 型钢或 Z 型钢，安装在屋面梁上，顺坡方向，上翼缘与屋面板采用自攻螺钉连接，下翼缘与屋面梁采用螺栓连接或焊接）；房屋的总长度不大于总跨度的 2 倍；山墙结构增设柱间支撑，以传递应力蒙皮效应传递来的水平力至基础。

3.4.8 设置加劲肋能减小钢梁平面外的计算长度吗？

【答】设置加劲肋不能减小钢梁平面外的计算长度。加劲板一般仅在翼缘宽度内设置，只是为了解决钢梁的局部稳定问题，对钢梁平面外的整体稳定不起作用。

【分析】加劲肋是设置在支座或有集中荷载处，为保证构件局部稳定并传递集中力所设置的条状加强件。钢梁加肋，就是在钢梁的中部，焊接垂直于梁长向的钢板，可以提高梁的稳定性和抗扭性能。横向加劲肋宜成对布置在腹板两侧；纵向加劲肋布置在腹板受压区。欲减小梁平面外的计算长度，就要增设平面外的刚性支撑。

3.4.9 钢框架柱需要进行抗剪验算吗？

【答】钢框架柱一般不用进行抗剪验算。钢框架柱是强度和稳定控制的，当强度和稳定满足条件后，非特定情况下的抗剪都能满足要求。

【分析】对于常规的民用建筑，一般钢柱的剪力最大值出现在柱脚和梁柱节点处，因此只需要对柱脚和节点域进行抗剪计算。若在柱中间位置有较大的水平力，就需要对剪力最大值出现的位置进行抗剪承载力计算。详见《钢结构设计标准》GB 50017—2017 第 12.3.3 条。

3.4.10 为什么角焊缝的抗剪强度高于对接焊缝？

【答】角焊缝是局部焊缝，计算的是焊缝本身的承载力，与母材没有关系，因此焊缝强度取焊缝本身的强度。而对接焊缝（一、二级）的强度实际上是母材强度，试验时是母材破坏，焊缝并不破坏。对于对接焊缝，我们认为它完全等效于母材，这是偏于安全的，因为对接焊缝通常用在重要构件的制作上。角焊缝的强度是按理论结合试验的经验性公式计算的；而且，实际上焊缝的强度是要高于母材的，所以角焊缝的强度要大。

【分析】将两个钢构件连接在一起时，常采用相互正交或斜交的形式，或将两个钢构件重叠并在一起，在边缘处焊接。这种情况采用的焊缝呈三角形，称为角焊缝，其形状有凹面、平面或凸面等。对接焊缝是在钢构件的坡口之间，或一个钢构件的坡口与另一钢构件的表面之间进行焊接的焊缝。

3.4.11 钢桁架在什么情况需要考虑节点次弯矩的影响？

【答】1. 采用节点板连接的桁架腹杆及荷载作用于节点的弦杆，其杆件截面为单角钢、双角钢或 T 型钢时，可不考虑节点刚性引起的弯矩效应。

2. 除无斜腹杆的空腹桁架外，直接相贯连接的钢管结构节点，当符合《钢结构设计标准》GB 50017—2017 第 13 章各类节点的几何参数适用范围且主管节间长度与截面高度或直径之比不小于 12、支管杆间长度与截面高度或直径之比不小于 24 时，可视为铰接节点；除第 3 款规定的结构外，杆件截面为 H 形或箱形的桁架，应计算节点刚性引起的弯矩。在轴力和弯矩共同作用下，杆件端部截面的强度计算可考虑塑性应力重分布。

3. 对于杆件采用 H 形、箱形截面的桁架，当杆件较为短粗，且节点具有刚性连接的特征时，需要考虑节点刚性所引起的次弯矩。只有杆件细长的桁架，次弯矩值相对较小时，才能忽略其不利影响。

4. 只承受节点荷载的杆件截面为 H 形或箱形的桁架，当节点具有刚性连接的特征时，应按刚接桁架计算杆件次弯矩，拉杆和板件的宽厚比满足《钢结构设计标准》GB 50017—2017 表 3.5.1 压弯构件 S2 级要求的压杆。

【分析】钢桁架的节点通常都按铰接设计，但杆件之间的连接构造却时常形成具有一定刚性的节点。节点的刚性限制了杆件间夹角的变化，造成杆件弯曲。由此产生的杆弯矩具有二阶效应的性质，称为次弯矩，相应的应力称为次应力。

拉杆和少数压杆在次弯矩和轴力的共同作用下，杆端可能会出现塑性铰，并产生塑性内力重分布。从工程实践的角度考虑，弯曲次应力不宜超过主应力的 20%；否则，桁架会产生过大的变形。而且，次弯矩对压杆稳定性的不利影响始终存在，即使次应力相对较小，也不能忽视。现在，常规的有限元分析软件都可以计算桁架的次弯矩，如 midas、SAP2000 等；桁架杆件要采用柱单元来定义。

3.4.12 怎么判别连接节点是刚接、半刚接或铰接？

【答】常规设计中，一般认为仅通过腹板连接的节点为铰接，腹板和上翼缘同时连接的节点为刚接，端板连接的节点为半刚接。

【分析】铰接节点是指构件与构件之间只有平动约束，能传递各个方向上的作用力，但没有转动约束；梁与柱轴线之间的转角可以改变，不能传递转动力矩的连接节点。工程中，常用连接板或角钢，通过螺栓将梁腹板或下翼缘板与柱进行连接。

刚接节点是指构件与构件的连接之间既有平动约束，又有转动约束，梁与柱轴线之间的夹角保持不变，可以同时传递各个方向上的作用力和转动力矩的连接节点。工程中的全焊连接、栓焊混合连接以及借助 T 形铸钢件的全栓连接，均属于刚接节点。

半刚性节点介于铰接和刚接节点之间，既能传递部分弯矩，又具有一定的转动能力。工程中，借助端板或在梁上、下翼缘布置角钢的全栓连接形式，就属于半刚接节点。

3.4.13　高强度螺栓的承载力和预拉力之间有何关系？

【答】承压型高强度螺栓的承载力与预拉力无关。摩擦型高强度螺栓的承载力与预拉力相关，预拉力的大小直接影响螺栓的受剪和受拉承载力，也影响摩擦型高强度螺栓连接性能。根据《钢结构设计标准》GB 50017—2017 第 11.4.2 条的规定：

高强度螺栓摩擦型连接应按下列规定计算：

1. 在受剪连接中，每个高强度螺栓的承载力设计值按下式计算：

$$N_v^b = 0.9 K n_f \mu P \qquad （3.4.13-1）$$

式中　N_v^b——一个高强度螺栓的受剪承载力设计值（N）；

　　　K——孔型系数，标准孔取 1.0；大圆孔取 0.85；内力与槽孔长向垂直时取 0.7；内力与槽孔长向平行时取 0.6；

　　　n_f——传力摩擦面数目；

　　　μ——摩擦面的抗滑移系数，可按《钢结构设计标准》GB 50017—2017 表 11.4.2-1 取值；

　　　P——一个高强度螺栓的预拉力设计值（N），按《钢结构设计标准》GB 50017—2017 表 11.4.2-2 取值。

2. 在螺栓杆轴方向受拉的连接中，每个高强度螺栓的承载力应按下式计算：

$$N_t^b = 0.8P \qquad （3.4.13-2）$$

3. 当高强度螺栓摩擦型连接同时承受摩擦面间的剪力和螺栓杆轴方向的外拉力时，承载力应符合下式要求：

$$\frac{N_v}{N_v^b} + \frac{N_t}{N_t^b} \leqslant 1.0 \qquad （3.4.13-3）$$

式中　N_v、N_t——分别为某个高强度螺栓所承受的剪力和拉力（N）；

　　　N_v^b、N_t^b——一个高强度螺栓的受剪、受拉承载力设计值（N）。

【分析】高强度螺栓连接按其受力特征，分为摩擦型连接和承压型连接两种类型。摩擦型是利用接触面间摩擦阻力传递剪力，其整体性能好、抗疲劳能力强，适用于承受动力荷载和重要的连接。承压型高强度螺栓连接是允许外力超过构件接触面间的摩擦阻力，利用螺栓杆与孔壁直接接触传递剪力，承载能力可比摩擦型提高较多。承压型高强度螺栓可用于不直接承受动力荷载并且无反向内力的连接。

高强度螺栓的预拉力，是通过拧紧螺母实现的。拧紧方法分扭矩法、转角法和扭剪法。扭矩法是使用可直接显示扭矩或可控制扭矩的特制定扭矩扳手，利用事先测定的扭矩与螺栓预拉力的对应关系施加扭矩，使其达到预定的预拉力。扭角法是先用扳手将螺母初拧到一定扭矩（该扭矩值由试验决定），然后再复拧一次。复拧的控制扭矩与初拧扭矩相同，终拧时将螺母再转动一个角度，螺栓即可达到预定的预拉力值。终拧的角度由试验和计算得出。扭剪法是采用扭剪型高强度螺栓，该螺栓尾部设有梅花头，拧紧螺母到一定程度时，靠拧断螺栓梅花头切口处截面来控制预拉力值。

高强度螺栓的设计预拉力值由材料的强度和螺栓的有效截面面积确定，并且考虑了施工时为补偿预拉力的松弛对螺栓超张拉5%～10%，因此乘以系数0.9；还考虑了材料抗力的变异等影响，再乘以系数0.9；还有一个0.9，是由于以抗拉强度为准引入的附加安全系数。在拧紧螺栓时，扭矩使螺栓产生的剪力将降低螺栓的承拉能力，所以对材料抗拉屈服强度除以系数1.2。

3.4.14 梁柱节点承载力计算时是用常用设计法还是精确设计法？

【答】这两种设计方法的选择，可通过钢梁翼缘的塑性抵抗矩和全截面的塑性抵抗矩的比值来确定。当该比值小于0.7时，可认为翼缘较弱，弯矩需要由一部分腹板来传递，应采用"精确设计法"；而该值不小于0.7时，则可认为翼缘连接有足够的能力传递所有弯矩，应采用"常用设计法"；但是，0.7的界限也并非绝对，一般计算软件会允许设计人根据实际情况灵活选择设计方法。无论是"常用设计法"还是"精确设计法"，连接计算都是从梁端的设计内力出发。也就是说，这两种方法都不是"等强连接"。要使节点的承载力大于构件的承载力，以满足"强节点弱构件"的抗震设计原则，就要以超过所连接构件承载力的内力进行节点设计。

【分析】常用设计法是由翼缘连接来承担梁端所有弯矩，而腹板只承担梁端剪力的刚接节点设计方法。精确设计法梁端弯矩由翼缘和一部分腹板形成的上下镜像的T形截面共同承担的刚接节点设计方法对梁翼缘与柱的连接，"常用设计法"偏于安全。对梁腹板与柱的连接，"常用设计法"偏于不安全。"精确设计法"相对更为准确。应根据梁翼缘和全截面塑性抵抗矩之间的比值来选择。

3.4.15 柱脚螺栓考虑抗剪吗？

【答】从直观意义上，锚栓肯定能抗剪。一般情况下，不利用其柱脚锚栓抗剪。相关规范的具体规定如下：

1. 根据《钢结构设计标准》GB 50017—2017 第 12.7.4 条的规定，外露式柱脚锚栓不宜用以承受柱脚底部的水平反力，此水平反力由底板与混凝土基础间的摩擦力（摩擦系数可取 0.4）或设置抗剪键承受。柱脚锚栓不宜用以承受柱脚底部的水平剪力，而应由底板与混凝土基础间的摩擦力承担。剪力大于摩擦力时，须设置抗剪键。

2. 根据《门式刚架轻型房屋钢结构技术规范》GB 51022—2015 第 10.2.15 条，柱脚节点应符合下列规定：带靴梁的锚栓不宜受剪，柱底受剪承载力按底板与混凝土基础间的摩擦力取用，摩擦系数可取 0.4，计算摩擦力时应考虑屋面风吸力产生的上拔力的影响。当剪力由不带靴梁的锚栓承担时，应将螺母、垫板与底板焊接，柱底的受剪承载力可按 0.6 倍的锚栓受剪承载力取用。当柱底水平剪力大于受剪承载力时，应设置抗剪键。

3. 根据《机械工业厂房结构设计规范》GB 50906—2013 第 7.4.2 条的规定，露出式柱脚基础，钢柱轴力应由底板直接传至混凝土基础；钢柱底部的水平力，应由底板与混凝土基础间的摩擦力承受；当水平力大于底板下的摩擦力时，应设置抗剪件且承受全部水平力；钢柱底部的弯矩，应由柱脚锚栓的拉力和底板与基础混凝土间的承压力承受；柱脚锚栓在基础中的埋置应满足锚固要求，埋入长度不应小于其直径的 25 倍；锚栓底部应设锚板或弯钩，锚板厚度宜大于锚栓直径的 1.3 倍。柱脚底板下混凝土的局部承压，应按现行国家标准《混凝土结构设计标准》GB/T 50010 的有关规定验算。

4. 根据《有色金属工业厂房结构设计规范》GB 51055—2014 第 7.3.25 条，外露式刚性柱脚的设计应符合下列规定：柱脚锚栓的直径和数量应根据组合内力作用下产生的最大拉力计算确定。柱脚底部的水平剪力应由柱脚钢底板与基础间的摩擦力，或设置抗剪键及其他措施承担，不应由柱脚锚栓承担。

5. 根据《高层民用建筑钢结构技术规程》JGJ 99—2015 第 8.6.2 条，外露式柱脚的设计应符合下列规定：钢柱底部的剪力可由底板与混凝土之间的摩擦力传递，摩擦系数取 0.4；当剪力大于底板下的摩擦力时，应设置抗剪键，由抗剪键承受全部剪力；也可由锚栓抵抗全部剪力。此时，底板上的锚栓孔直径不应大于锚栓直径加 5mm，且锚栓垫片下应设置盖板，盖板与柱底板焊接，并计算焊缝的抗剪强度。

【分析】1. 从直观意义上讲，锚栓肯定能抗剪。按我国习惯，柱脚锚栓不考虑承受剪力，特别是有靴梁的锚栓更不能承受剪力。但是，对于没有靴梁的锚栓，国外有两种意见，一种认为可以承受剪力，另一种则不考虑（见 G.BALL10，F.M.MAZZOLANI 著《钢结构理论与设计》，冶金部建筑研究总院译，1985 年 12 月）。另外，在我国亦有资料建议，在抗震设计中可用半经验半理论的方法适当考虑外露式钢柱脚（不管有无靴梁）受压侧锚栓的抗剪作用。因此，条文中采用"不宜"。至于摩擦系数的取值，现在国内外已普遍采用 0.4，故列入。

2. 已废止的《门式刚架轻型房屋钢结构技术规程》CECS 102：2002（2012 年版）第 7.2.20 条中，要求门式刚架柱脚螺栓不能作为抗剪构件，水平力的一部分由柱脚底板和基础顶面的静摩擦力承担，其摩擦系数为 0.4，可供参考。

3. 根据《高层民用建筑钢结构技术规程》JGJ 99—2015 第 8.6.2 条的条文说明，外露式柱脚应用于各种柱脚中，外包式柱脚和埋入式柱脚中钢柱部分与基础的连接，都应按抗弯要求设计。锚栓承载力计算参考了高强度螺栓连接（承压型）同时受拉受剪的承载力计算规定。锚栓抗剪时的孔径不大于锚栓直径加 5mm 左右的要求，是参考国外规定，国内已有工程成功采用。当不能做到时，应设置抗剪键。

3.4.16 钢梁挠度变形限值与混凝土梁挠度限值为何不同？

【答】钢梁在施工过程中，一般不增设临时支撑；而楼板混凝土硬化前，未凝固的混凝土楼板重量及施工荷载由钢梁独自承担。施工完成后，施工荷载产生的变形可能会恢复，但楼板混凝土荷载对独立钢梁产生的变形不会恢复。而混凝土梁和楼板是一起支模浇筑的，待梁板混凝土都硬化后再统一拆支撑。梁板一起受力，不存在梁单独承担楼板混凝土荷载的情况。所以，钢主梁的 1/400 可理解为按纯钢梁计算并考虑了钢次梁和混凝土楼板浇筑过程的影响，而混凝土梁形成后的挠度控制值（1/250）大于纯钢主梁的挠度控制值（1/400）。

【分析】钢梁在不同阶段荷载作用下的线性叠加过程如下：

1. 施工阶段，钢梁、混凝土自重作为恒载已作用其上，此时挠度已存在，施工活载作为临时活载。卸载后，此临时活载产生的挠度叠加恒载作用下的挠度，如不会让钢梁产生塑性变形，则施工活载产生的挠度可恢复。即施工完成时，钢梁此时挠度为恒载作用下的长期挠度。

2. 当混凝土板硬化后，后续如有装修面层，则仍按恒载长期挠度叠加。最后作用的使用活载在以上基础上叠加可恢复的短期挠度。

3. 如设计为组合梁，则第 2 点后荷载作用刚度为组合梁刚度。而混凝土梁与上述过程不一样。

3.4.17 钢结构的挠度限值可以通过预起拱来放宽要求吗？

【答】不宜通过预起拱来抵消挠度限值。在满足刚度要求的情况下，起拱可以减少构件的挠曲程度以改善观感，计算挠度可扣除起拱。

【分析】若计算挠度不满足要求，直接用预起拱值扣除。相当于放宽挠度限值条件，可能引起刚度失控。《钢结构设计标准》GB 50017—2017 虽然允许调整挠度容许值是有条件的，但使用要求的挠度控制是"刚"需。关于钢结构刚度的控制要求，我国《钢结构设计标准》GB 50017—2017 规定的是双控，恒活载总挠度和活载挠度都须满足容许值的要求。不论有没有起拱，刚度控制指标都应满足要求，这是正常使用极限状态的基本要求。结构构件还必须做到足够"刚"，以抵抗外荷载引起的挠曲。而《钢结构设计标准》GB 50017—2017 规定的挠度容许限值，是针对正常使用极限状态下的挠度最低要求。但是，即使满足了挠度限值，构件在荷载作用下还是会发生挠曲变形，可以通过起拱的方式减少或抵消部分或全部挠度，以改善观感。这才是起拱的真正目的。

3.4.18　带局部钢框架的门式刚架怎么进行抗震鉴定？

【答】应整体考虑。

【分析】局部夹层仅限于面积较小的内置轻型办公室或与门式刚架相连的附属房屋。《门式刚架轻型房屋钢结构技术规范》GB 51022—2015 第 3.1.4 条的条文说明规定，当设有夹层或有与门式刚架相连的附属房屋时，应进行抗震验算。

3.4.19　设置吊车的钢结构厂房是按照门式刚架还是按排架设计？

【答】《门式刚架轻型房屋钢结构技术规范》GB 51022—2015 第 1.0.2 条规定，本规范适用于房屋高度不大于 18m，房屋高宽比小于 1，承重结构为单跨或多跨实腹门式刚架、具有轻型屋盖、无桥式吊车或有起重量不大于 20t 的 A1 ~ A5 工作级别桥式吊车或 3t 悬挂式起重机的单层钢结构房屋。本规范不适用于按现行国家标准《工业建筑防腐蚀设计规范》GB 50046—2018 规定的对钢结构具有强腐蚀介质作用的房屋。除上述规定以外的结构按照排架结构复核计算。

【分析】"门式刚架轻型房屋"是房屋高度不大于 18m，房屋高宽比小于 1，采用变截面或等截面实腹刚架，围护系统采用轻型钢屋面和轻型外墙（有时也采用非嵌砌砌体墙），设置起重量不超过 20t 的轻中级工作制桥式吊车或悬挂式吊车的钢结构单层房屋。第 1.0.2 条明确了《门式刚架轻型房屋钢结构技术规范》GB 51022—2015 的适用范围，房屋高度不大于 18m，高宽比小于 1，主要是针对本规范的风荷载系数的要求而规定的。《门式刚架轻型房屋钢结构技术规范》GB 51022—2015 的风荷载系数主要是根据美国金属房屋制造商协会（MBMA）低矮房屋的风压系数借鉴而来。MBMA 的《金属房屋系统手册 2006》中的系数就是对高度不大于 18m，高宽比小于 1 的单层房屋经风洞试验的结果。悬挂式吊车的起重量通常不大于 3t；当有需要并采取可靠技术措施时，起重量允许不大于 5t。考虑到此种结构构件的截面较薄，因此不适用于有强腐蚀介质作用的房屋。强腐蚀介质的划分可参照现行国家标准《工业建筑防腐蚀设计规范》GB 50046—2018 的规定。房屋高度超过 18m 的类似建筑，构件的强度、稳定性设计可参照本规范；通常做法是风荷载依据《建筑结构荷载规范》GB 50009—2012 取值，构件验算依据《钢结构设计标准》GB 50017—2017，结构形式仍然为门式刚架。

3.4.20　吊车梁能否作为钢柱平面外的侧向支撑？

【答】对于带有吊车的门式刚架轻钢结构，因为有吊车行走时的纵向制动力作用，柱间支撑按照吊车梁标高处分成上下两层，分层处需要有一根纵向刚性系杆。自然，吊车梁构件截面大、刚性好，利用吊车梁兼作纵向刚性系杆是极为经济的。当钢柱为变截面（上大下小）时，吊车梁直接放在变截面处，吊车梁中心与钢柱中心基本重合，吊车梁兼作纵向刚性系杆，可以作为侧向支点。当吊车梁中心与钢柱中心偏差较大时，需要采取必要的措施。吊车梁搁置在边柱牛腿上时，在吊车梁的上翼缘设置一道隔撑与柱子的外翼缘相连，才可以作为钢柱平面外的侧向支撑。

【分析】对于牛腿在柱子上的悬臂梁构造，行车纵向制动力会对悬臂牛腿产生一个侧向弯矩，对柱子有一个附加的扭矩，这个侧向弯矩和柱子上的附加扭矩不能依靠设置双侧隅撑的方案来消除。为此，在吊车梁的上翼缘设置一道隅撑与柱子外翼缘相连。此隅撑除了用作柱子外翼缘的侧向支撑，还可使吊车梁在行车横向水平力作用下有更好的受力性能。要达到此目的，应对每根吊车梁的两端都设置隅撑。对柱子而言，就是设置双侧隅撑。这样的隅撑方案除了支撑柱子外，还可构成吊车梁的侧向支撑作用，使吊车梁的侧向跨度减小，从而可减小吊车梁的侧向弯矩和跨中侧向挠度，是极为经济、合理的方案。但是，如果对柱子仅设单侧隅撑，则该隅撑仅有约束柱子外翼缘侧向位移的作用，对吊车梁则起不到侧向支撑的作用；同时，吊车的横向水平力还会使柱子产生一个附加的扭矩作用，故应对柱子设置双侧隅撑。双侧隅撑则可大大减小这个附加的扭矩。

3.4.21 吊车梁代替刚性系杆时，应具备那些条件？

【答】吊车梁代替刚性系杆时，应具备以下条件：

1）耐火极限应同纵向刚性系杆。

2）吊车梁计算时，应计入兼做刚性系杆的轴力。

3）节点构造：因节点不对齐，应增设隅撑纠偏（《钢结构设计标准》GB 50017—2017 第 7.5.1 条，支撑节点不应使被支撑构件产生平移或扭转）。

4）支座节点应按承受轴力的构造。

【分析】对于带有吊车的门式刚架轻钢结构，因为有吊车行走时的纵向制动力作用，柱间支撑按照吊车梁标高处分成上下两层，分层处需要有一根纵向刚性系杆。自然，吊车梁构件截面大、刚性好，利用吊车梁兼作纵向刚性系杆是极为经济的。

3.4.22 门式刚架轻钢结构和钢排架结构的位移角限值有何不同？

【答】1. 根据《门式刚架轻型房屋钢结构技术规范》GB 51022—2015 中第 3.3.1 条的规定，在风荷载或多遇地震标准值作用下的单层门式刚架的柱顶位移值，当无吊车、采用轻型钢墙板时，柱顶位移角限值为 $h/60$，采用砌体墙时柱顶位移角限值为 $H/240$；有桥式吊车时，当吊车有驾驶室时柱顶位移角限值为 $h/400$，当吊车有地面操作时柱顶位移角限值为 $h/180$。夹层处柱顶的水平位移限值宜为 $H/250$，H 为夹层处柱的高度。

2. 单层钢结构厂房相比门式刚架轻钢结构要严格许多。单层钢结构厂房在风荷载作用下的位移角限值，《钢结构设计标准》GB 50017—2017 附录 B.2.1 条规定：

（1）单层钢结构柱顶水平位移，无桥式起重机时柱顶水平位移限值为 $H/150$；有桥式起重机时柱顶水平位移容许值为 $H/400$；

（2）无桥式起重机时，当围护结构采用砌体墙，柱顶水平位移不应大于 $H/400$；当

围护结构采用轻型钢墙板且房屋高度不超过 18m 时,柱顶水平位移可放宽至 $H/60$;

（3）有桥式起重机时,当房屋高度不超过 18m,采用轻型屋盖,吊车起重量不大于 20t 工作级别为 A1～A5 且吊车由地面控制时,柱顶水平位移可放宽至 $H/180$。H 为柱的高度,当围护结构采用轻型钢墙板时,柱顶水平位移要求可适当放宽。

【分析】门式刚架轻钢结构作为最常见的钢结构体系,广泛应用于仓库、厂房等工业建筑,一般可根据《门式刚架轻型房屋钢结构技术规范》GB 51022—2015 的要求进行设计;若超出此规范的适用范围,则需要根据《钢结构设计标准》GB 50017—2017 按照单层钢结构厂房进行设计。门式刚架轻钢结构由于考虑了构件的屈曲后强度,在普通钢结构的基础上,降低了一些延性要求,是带有自己体系特征的钢结构,但适用范围也是有局限性的。若超出适用范围,则需要按照《钢结构设计标准》GB 50017—2017进行设计,在整体指标和构件验算及构造要求上都有很大的差别,在程序参数设置上也是有所不同的。因此,在设计过程中我们应先确定结构类型,再进行下一步的设计。

3.4.23 端板连接节点如何计算连接节点的螺栓数量?

【答】关于端板高强度螺栓连接的受力计算的计算方式有多种,软件提供两种算法供用户选择,分别是中和轴在受压翼缘中心和中和轴在端板形心。

1. 假定中和轴在受压翼缘中心,一般假定为梁或柱的翼缘中心;采用此算法时受压翼缘的螺栓至少布置两排。计算时,假定受拉翼缘侧的螺栓只承受拉力,受压翼缘侧的螺栓只承受剪力,并不计轴向力的影响,受拉翼缘的最上两排螺栓承受相同的拉力。如果存在反向弯矩作用,还要验算原来受压区螺栓的抗拉强度是否满足要求。

2. 假定中和轴在端板形心,受拉翼缘和受压翼缘螺栓对称布置,至少布置两排。计算时,所有螺栓承受拉力和剪力,并不计轴向力的影响。

由以上的计算假定可以看出,两种算法假定的前提条件的不同,会导致计算结果出现较大差异。一般来说,按照算法 1（中和轴在受压翼缘中心）计算给出的高强度螺栓数量,会比按照算法 2（中和轴在端板形心）的少很多。

【分析】在钢结构端板受弯连接接头中,由于中和轴选取位置不同,计算结果不同;端板刚度不同,撬力的大小也不同;因此,在端板接头计算中,往往因此带来一些困惑。端板连接应按照最大内力设计,一般需要验算最大弯矩时的受力状况。当内力较小时,端板连接应能够承受不小于被连接截面承载力的一半设计;主刚架构件的连接应采用高强度螺栓承压型或摩擦型连接,端板连接的螺栓应成对布置。在斜梁的拼接处,应采用将端板两端伸出截面高度范围以外的外伸式连接。螺栓中心至翼缘的距离,应满足拧紧螺栓时的施工要求,不宜小于 35mm,螺栓端距不应小于 2 倍螺栓孔径。

在门式刚架中,受压翼缘的螺栓不宜少于 2 排。受拉翼缘两侧各设螺栓尚不能满足承载力要求时,可在翼缘内侧增设螺栓。其间距可取 75mm,且不小于 3 倍螺栓孔径。端板连接是一种抗弯连接,其破坏形式有螺栓被拉断或端板屈服变形过大,或端板与构件间焊缝开裂等。这种连接受力复杂，精确计算十分困难，通常采用简化方法进行受力分析。目前，常用的方法有：①按平面端板刚性分析（但需要较厚的端板）；②按平面端板塑性分析（计算简单，但极限变形较大）。端板连接属于半刚性连接，在弹性工作阶段可视为刚性连接；但是，进入弹塑性工作阶段，由于连接的变形就成为半刚性连接，具有较好的延性。

3.4.24 门式钢梁平面外计算长度如何确定?

【答】钢梁平面外的计算长度，应取可靠支撑点之间的距离；当可靠支撑点之间的距离不等时，应取可靠支撑点之间距离的最大值。刚性系杆一般可作为钢梁平面外的侧向支撑点；檩条不能对钢梁的下翼缘产生约束，即檩条约束不了钢梁下翼缘的平面外稳定。当隅撑按《门式刚架轻型房屋钢结构技术规范》GB 51022—2015 第 7.1.6 条第 4 款的要求进行设置时，隅撑可以减少钢梁的平面外计算长度。

【分析】1. 根据《门式刚架轻型房屋钢结构技术规范》GB 51022—2015 第 7.1.6 条的规定，实腹式刚架斜梁的平面外计算长度，应取侧向支承点间的距离；当斜梁两翼缘侧向支撑点间的距离不等时，应取最大受压翼缘侧向支承点间的距离。钢梁平面外侧向支撑一般是檩条或刚性系杆（配合支撑体系提供）。也就是说，可以将通长设置刚性系杆作为钢梁平面外的侧向支撑点。

2. 隅撑不是钢梁平面外的侧向支撑点。根据《门式刚架轻型房屋钢结构技术规范》GB 51022—2015 第 7.1.6 条的条文说明的规定，隅撑不能作为钢梁的固定侧向支撑，隅撑不能充分地给钢梁提供侧向支撑，只能提供侧向弹性支座的作用。钢梁的平面外计算长度取两倍檩条间距或者是一倍隅撑间距（此时，隅撑采用间隔布置的方式）是不对的。根据理论分析，对于只设置隅撑支撑的钢梁（当不设置刚性系杆时），它的平面外计算长度不小于 2 倍隅撑间距。梁下翼缘面积越大，则隅撑的支撑作用相对越弱，计算长度就越大。例如，当檩条间距为 1.5m 时，钢梁的平面外计算长度不小于 3m；但并不是说，钢梁的平面外计算长度可以取 3m，也可能是 4m、5m，这都不一定。

3.4.25 隅撑对门式钢梁平面外计算长度有影响吗?

【答】1. 当隅撑在屋面斜梁的两侧设置时，隅撑上支承点的位置不低于檩条的形心线，隅撑轴压设计值符合《门式刚架轻型房屋钢结构技术规范》GB 51022—2015 第 8.4.2 条的规定，下翼缘受压的屋面斜梁平面外计算长度可以考虑隅撑的作用。

2. 当隅撑在屋面斜梁的单侧设置时，应考虑隅撑作为檩条的支座承受的压力对屋面斜梁下翼缘的水平作用；屋面斜梁的强度和稳定性计算宜考虑其影响。此时，下翼缘受压的屋面斜梁平面外计算长度不能考虑隅撑的作用。

【分析】隅撑对门式刚架梁平面外计算长度的影响，主要取决于隅撑-冷弯薄壁型钢檩条体系与斜梁受压翼缘的相对刚度。由于隅撑不能充分地给梁提供侧向支承，不能作为梁的侧向支撑，仅可以作为弹性支座考虑。当隅撑按《门式刚架轻型房屋钢结构技术规范》GB 51022—2015 第 7.1.6 条第 4 款的方法设置时，满足第 7.1.6 条时钢梁的平面外计算长度可以考虑隔撑的影响，不必按照支撑间距取值（即刚性系杆间距）。这样，钢梁上翼缘受压时有檩条保证，钢梁下翼缘受压时由隔撑保证，是比较合理的。而且，可以减小钢梁平面外计算长度，节省用钢量。从规范的条文来看，也是鼓励布置隔撑的。

3.4.26 设置系杆能改变门式刚架柱平面计算长度？

【答】1. 有吊车，在檐口设置通长刚性系杆；在吊车梁标高处，用吊车梁来计算。

2. 无吊车，在檐口或中部设置通长的刚性系杆；《门式钢架轻型房屋钢结构技术规程》GB 51022—2015 第 6.1.4 条第 1 款要求，变截面柱平面外的计算长度应取纵向支撑点间的距离。所以，在有吊车时，应取柱间支撑的高度；在没有吊车时，可以考虑柱荷载较小而设置隔撑作为平面外支撑点，但应要求墙板有一定的刚度，而且与墙梁牢固连接。

【分析】根据《门式刚架轻型房屋钢结构技术规程》第 4.1.1 条的规定：在门式刚架轻型房屋钢结构体系中，屋盖宜采用压型钢板、屋面板和冷弯薄壁型钢檩条。主钢架可采用变截面实腹钢架，外墙宜采用压型钢板、墙面板和冷弯薄壁型钢墙梁。主钢架斜梁下翼缘和钢架柱内翼缘出平面的稳定性由檩条或墙梁相连接的隔撑来保证，主钢架间的交叉支撑可采用张紧的圆钢。

目前，很多设计单位做法是不考虑隔撑作用，刚性系杆全部通长，按照刚性系杆间距取值。这样存在的一个问题是，刚性系杆安装位置考虑安装方便，一般是靠近上翼缘，当钢梁下翼缘受压时没有保证。这种情况需要设置双层系杆来保证下翼缘的稳定或者布置隔撑。虽然这样取值比较保守，但是用钢量会大大增加。提示了设置在上翼缘附近的系杆不一定能作为屋面梁负弯矩区的平面外支撑，即系杆并非一定能约束屋面梁下翼缘的问题，应满足一定条件才行，需要保证连接节点的强度。系杆作为下翼缘可靠支撑，除了强度可靠外，实际上还得满足刚度要求。

3.4.27 轻钢结构鉴定时，山墙刚架应注意什么？

【答】山墙刚架虽然刚架方向受荷较小，但山墙刚架柱是双弯构件，山墙刚架梁的平面外计算长度需要取刚性系杆的间距（因不宜设隔撑）；山墙抗风柱的面外稳定性依赖于刚架，刚架柱的整体稳定性有可能不满足要求。若山墙刚架柱超限或当房屋较高，山墙门窗洞口较大，导致墙面板蒙皮效应较弱时，建议增设圆钢柱间支撑。

【分析】山墙刚架其本质也是多连跨刚架，不过中间柱与刚架柱比截面旋转了 90°；应加强刚架柱的面内稳定性，并可增加刚架横向整体的安全储备。

3.4.28 混凝土结构屋顶上加建一层钢结构如何鉴定？

【答】针对常见的钢结构加建情况，具体采用以下方式：

1. 整体钢结构加层是全面积或大面积加层，层高达到或接近楼层高度，与原有结构连接可靠、共同受力形成空间结构体系。应对钢结构自身的结构情况和钢结构与原有结构的连接情况进行检测鉴定。考虑钢结构和原有结构共同受力，整体建模复核验算，对钢结构和原结构整体进行安全性评级。局部钢结构加层是指加层或扩建面积不超过原房屋总建筑面积的 5% 且单层新增面积不超过原房屋典型楼层面积的 10% 时，按照荷载进行考虑。

2. 屋面平改坡情况，按平面荷载考虑对原有结构的影响，注意与原有结构的实际连接情况。

3. 钢结构插层（夹层）是指位于两自然层之间的楼层，指房屋内部空间的局部层次。大面积钢结构插层（夹层）应对钢结构自身的结构情况和钢结构与原有结构的连接情况进行检测鉴定。

【分析】在日常鉴定工作中，经常遇见钢结构加建的情况，如顶部加层、内部插层等。由于现行技术标准中没有关于这种结构的明确技术要求，因此在实际工程中对此种情况的处理也不统一。建议从以下三方面进行考虑：

（1）新加钢结构自身的结构情况，包括结构体系是否完整、完损状况、焊缝或螺栓等连接节点检测，强度、稳定和刚度复核等。

（2）新加钢结构与原有结构的连接情况，现场检测时必须对钢结构与原有结构的连接情况进行详细检测，确认所有连接节点的可靠性，确定柱脚的力学模型是否符合刚接、铰接、半刚半铰等计算假定，并在结构模型中做相应处理。

（3）新加钢结构对原结构的影响，确认是否按荷载考虑，或是按与原有结构共同承载考虑。

3.4.29　钢筋混凝土结构顶部增层采用轻钢结构，如何进行鉴定？

【答】钢筋混凝土结构顶部增层采用轻钢结构，体系方案是可行的，属于超规范，需要进行专项论证。

【分析】对增层轻钢结构需要采取以下加强措施：

1）应加强结构整体性，应设纵向水平支撑；地震作用需要考虑鞭梢效应并加强抗震构造措施。

2）注意整体结构的设计标准，根据新增轻钢结构对原结构的影响程度，综合判断是否属于《建筑与市政工程抗震通用规范》GB 55002—2021 第 1.0.2 条的扩建或改建。

3.4.30　网架和下部主体结构如何进行整体计算分析？

【答】对于此类混合结构建模分析，常规做法是，先采用分离式建模，即分别建立网架和下部支承结构模型。对网架进行分析时，考虑下部支承结构约束刚度设置网架支座节点的支座形式和约束刚度；对下部支承结构建模时，将网架简化为钢梁或刚性板等，进行设计指标的评判和构件配筋设计。然后，再将网架和下部支承结构组装在一起进行协同建模，复核构件承载力，如网架支座附近混凝土构件的配筋及网架杆件的应力比等。对此类混合结构的建模分析，也可查阅相关的研究文献。

【分析】平板网架结构空间刚度大、整体性好，兼具自重轻、用钢量少、抗震性良好等优点，不仅应用于大型公用建筑，也广泛适用于工业建筑。因供热锅炉房内锅炉、板换、水箱等工艺设备以及管道布置需要较大空间，因此建筑可采用下部框架、上部网架屋盖的结构形式。通常，都是首先对网架单独进行计算分析，然后把支座力以集中力的形式，加到下部主体结构中，以此来考虑网架荷载对下部结构的影响。考虑到网架的面内刚度很大，通常也采用一些近似的方法，模拟网架刚度对主体结构的影响，比如采用虚梁、等代梁、刚性杆件、刚性楼板模拟等。但是，这些模拟方法都是不准确的，因为不管用什么方法模拟，都没有真实地把上部网架建到模型中，更无法实现上部网架和下部主体结构的整体计算分析，尤其是网架单独分析与整体分析在动力特性上的差异。所以，这些简化处理方法都无法真实反映出网架的刚度，没有反映出网架的真实变形及振动，无法准确考虑竖向地震的影响，无法考虑上下部的相互作用，以及大屋盖结构和下部结构的整体效应。简而言之，这些近似的处理方法都是不准确的，网架与下部结构整体计算是十分必要的。但是，以前很多工程经验也证明，充分考虑到各种不利因素后，即使分开建模计算，也可以保证结构安全，不能就此认定设计有缺陷。

3.4.31　门式刚架结构屋面檩条计算时，什么情况下考虑"屋面板能阻止檩条上翼缘侧向失稳"和"构造能保证风吸力作用下翼缘受压的稳定性"？

【答】当屋面板与檩条之间采用螺钉连接时，屋面板能阻止檩条上翼缘侧向失稳，且屋面板厚度不小于 0.60mm（《建筑与市政工程防水通用规范》GB 55030—2022 的要求）时，考虑"屋面板能阻止檩条上翼缘侧向失稳"。当受压翼缘有内衬板约束且能防止檩条截面扭转时，檩条下翼缘的整体稳定可不计算。内衬板厚度不小于 0.35mm 时，勾选"构造能保证风吸力作用下翼缘受压的稳定性"。

【分析】实际工程中，缺屋面连接板要求或屋面板连接要求不符合计算模型要求。屋面板与檩条的连接分为直立缝锁边连接、扣合式连接、螺钉连接型，其构造关系到檩条的计算模型。只有螺钉连接时，屋面板方可作为檩条侧向支撑。

3.4.32　门式刚架结构是否应进行截面抗震承载力验算？

【答】1. 根据《建筑与市政工程抗震通用规范》GB 55002—2021 第 4.1.1 条的条文说明，6 度和 7 度（0.1g）时，门式刚架可不进行截面抗震承载力验算。

2. 根据《门式刚架轻型房屋钢结构技术规范》GB 51022—2015 第 3.1.4 条的规定，当抗震设防烈度 7 度（0.15g）及以上时，应进行地震作用组合的效应验算。

【分析】由于单层门式刚架轻型房屋钢结构的自重较小，设计经验和振动台试验表明，当抗震设防烈度为 7 度（0.1g）及以下时，一般不需要做抗震验算；当为 7 度（0.15g）

及以上时，横向刚架和纵向框架均需要进行抗震验算。当设有夹层或有与门式刚架相连接的附属房屋时，应进行抗震验算。强烈地震下，结构和构件并不存在承载力极限状态的可靠性。从根本上说，建筑结构的抗震验算应是在强烈地震下的弹塑性变形能力和承载力极限状态的验算。

第4章

建筑结构检测鉴定工程实例

4.1 砌体结构工程检测鉴定实例

4.1.1 某安置房 7 号楼施工质量鉴定

1. 工程概况

某安置房 7 号楼，建于 2023 年，为地上 6 层住宅楼，一层至六层层高均为 3.10m，结构总高度为 18.73m，建筑面积为 4116.17m²。

该工程结构形式采用砌体结构，基础采用钢筋混凝土筏形基础。结构设计使用年限为 50 年，建筑结构的安全等级为二级，抗震设防类别为标准设防类（丙类），抗震设防烈度为 7 度（0.10g），设计地震分组为第三组，建筑场地类别为 Ⅲ 类。楼（屋）面板采用现浇钢筋混凝土板，各层梁、板、圈梁及构造柱的设计混凝土强度等级均为 C30。室内地坪以下承重墙体采用 MU15 烧结煤矸石实心砖和 M10 水泥砂浆砌筑，室内地坪以上承重墙体采用 MU10 烧结煤矸石实心砖和 M7.5 混合砂浆砌筑，墙厚为 240mm；室内环境为一类时，最外层钢筋保护层厚度设计值：梁为 20mm，板为 15mm。

经了解，该工程有正规的建设单位、勘察单位、设计单位、监理单位和施工单位。因缺少质量监督手续，委托单位委托对该工程施工质量进行检测鉴定。

2. 调查检测结果

1）资料核查

经核查，该工程施工验收资料齐全、完整、有效，各种施工试验、施工记录等符合规范要求。

2）建筑及结构布置核查

该工程设计施工图纸齐全；依据委托单位提供的建筑、结构施工图纸，对该工程的建筑、结构情况进行核查。经核查，该工程的开间、进深、层高等尺寸，与设计图纸相符；墙体、混凝土梁板、圈梁、构造柱和洞口等布置，与设计图纸相符。

3）宏观情况检测

现场检测时，未发现地基基础存在明显的不均匀沉降现象；未发现上部承重结构存在因地基不均匀沉降引起的裂缝和明显的变形。未发现上部承重结构存在因承载力不足引起的受力裂缝及不适于继续承载的过大变形。未发现承重围护构件存在承载力不足引起的明显变形。

4）混凝土抗压强度检测

依据《回弹法检测混凝土抗压强度技术规程》DB37/T 2366—2022 的规定，采用回弹法对该工程现浇钢筋混凝土构件的混凝土抗压强度进行了检测。经检测，基础筏板的混凝土抗压强度推定值为 32.9MPa，一层至六层构造柱的混凝土抗压强度推定值分别为 30.4MPa、33.7MPa、32.8MPa、33.6MPa、34.3MPa、31.9MPa，一层顶至六层顶梁板的混凝土抗压强度推定值分别为 31.6MPa、32.0MPa、32.6MPa、33.4MPa、32.2MPa、30.8MPa。所测该工程现浇钢筋混凝土构件的混凝土抗压强度推定值符合设计图纸要求。

5）砌体砌筑砂浆强度检测

依据《回弹法检测砌筑砂浆抗压强度技术规程》DB37/T 2367—2022 的规定，采用回弹法对该工程砌体中砌筑砂浆的抗压强度进行了检测。经检测，基础墙体的砌筑砂浆抗压强度推定值为 10.0MPa，一层墙体至六层墙体的砌筑砂浆抗压强度推定值分别为 10.0MPa、7.6MPa、8.2MPa、7.9MPa、8.0MPa、8.3MPa、8.4MPa。所测该工程砌体中，砌筑砂浆的抗压强度推定值符合设计图纸要求。

6）砌体砖强度检测

依据《砌体工程现场检测技术标准》GB/T 50315—2011 的规定，采用回弹法对该工程砌体中砖的抗压强度进行了检测。经检测，基础墙体的砖抗压强度推定等级为 MU15，一层至六层墙体砖的抗压强度推定等级均为 MU10。所测该工程砌体中，砖的抗压强度推定等级符合设计图纸要求。

7）钢筋配置情况检测

依据《混凝土结构现场检测技术标准》GB/T 50784—2013 和《混凝土结构工程施工质量验收规范》GB 50204—2015 的规定，采用钢筋位置测定仪及钢卷尺对该工程混凝土构件的钢筋配置情况进行了检测。所测该工程现浇钢筋混凝土构件的钢筋数量及间距符合设计图纸及验收规范的要求。

8）截面尺寸检测

依据《混凝土结构现场检测技术标准》GB/T 50784—2013 和《混凝土结构工程施工质量验收规范》GB 50204—2015 的规定，采用钢卷尺和楼板测厚仪对该工程现浇钢筋混凝土构件的截面尺寸进行了检测。所测该工程现浇钢筋混凝土构件的截面尺寸符合设计图纸及验收规范的要求。

9）钢筋保护层厚度检测

依据《混凝土结构现场检测技术标准》GB/T 50784—2013 和《混凝土结构工程施工质量验收规范》GB 50204—2015 的规定，采用钢筋位置测定仪对该工程现浇钢筋混凝土梁底纵向钢筋、非悬挑板和悬挑板板顶负弯矩钢筋的保护层厚度进行了检测。所测该工程现浇钢筋混凝土梁底纵向钢筋和悬挑板板顶负弯矩钢筋的钢筋保护层厚度符合设计图纸及验收规范要求；非悬挑板负弯矩钢筋的钢筋保护层厚度不符合设计图纸及验收规范要求。

本次的检测数据，按《混凝土结构工程施工质量验收规范》GB 50204—2015 进行了评定，评定结果见表 4.1-1。按《混凝土结构现场检测技术标准》GB/T 50784—2013 进行了计算统计，统计结果见表 4.1-2。

保护层厚度评定结果 表 4.1-1

构件名称	实测数	合格数	合格率（%）	不合格数	>1.5倍允许偏差
非悬挑板	120	69	57.5	51	有

构件保护层厚度统计结果（mm） 表 4.1-2

构件名称	设计值	平均值	上限值	下限值	最不利值	
					最大	最小
非悬挑板	15	22.7	24	22	—	—
备注	1.当上限值、下限值标注"—"时，表示离散性大，无法推定上限值、下限值； 2.当最不利值标注"—"时，表示可按批评定，无须给出最不利值。					

3. 复核验算

对所测非悬挑板，根据钢筋保护层厚度检测值及设计图纸其他参数，进行了复核验算。经复核验算，在正常使用情况下，该工程非悬挑板承载力、挠度变形、裂缝宽度满足规范要求。

4. 鉴定结论

1）该工程施工验收资料齐全、完整、有效，各种施工试验、施工记录等符合规范要求。

2）该工程的开间、进深、层高等尺寸，与设计图纸相符；墙体、混凝土梁板、圈梁、构造柱和洞口等布置，与设计图纸相符。

3）现场检测时，未发现地基基础存在明显的不均匀沉降现象；未发现上部承重结构存在因地基不均匀沉降引起的裂缝和明显的变形。未发现上部承重结构存在因承载力不足引起的受力裂缝及不适于继续承载的过大变形。未发现承重围护构件存在承载力不足引起的明显变形。

4）该工程的混凝土抗压强度、砌体砌筑砂浆抗压强度、砌体砖强度、钢筋配置情况、截面尺寸、现浇钢筋混凝土梁底纵向钢筋和悬挑板板顶负弯矩钢筋的钢筋保护层厚度符合设计图纸及施工验收规范的要求。

5）该工程非悬挑板负弯矩钢筋的钢筋保护层厚度不符合设计图纸及验收规范要求。对所测非悬挑板，根据钢筋保护层厚度检测值及设计图纸其他参数，进行了复核验算。经复核验算，在正常使用情况下，该工程非悬挑板承载力、挠度变形、裂缝宽度满足规范要求。

4.1.2 某变电站室内地面起鼓和墙体开裂破坏成因鉴定

1. 工程概况

某变电站，建于 2000 年左右，为一层砖混结构房屋，上部承重墙体采用 240mm 厚的烧结普通砖和混合砂浆砌筑，屋面为采用现浇混凝土梁板；室内外高差为 0.20m，层高为 4.30m，建筑高度为 4.50m，建筑面积为 407.13m²。

据委托单位人员介绍，该建筑物室内地面自建成以来每年冬季和次年春季均会有不同程度的隆起和沉陷现象，今年冬季持续发展室内地面出现大面积的隆起、沉陷现象和电缆沟侧墙侧向位移等，致使变电站内的设备基础东倒西歪，无法正常使用。为保证使用的安全，委托单位委托我单位对该厂房室内混凝土地面破损情况进行检测鉴定。

2. 调查检测结果

1）工程地质水位条件

该工程东侧紧邻河道，地形平坦，当年雨季降水丰富，地下水位较高，周边建筑物长期处于高水位中。基础采用砖砌条形基础，埋深约为 0.50m，设置一道地圈梁；采用天然地基，持力层为粉质黏土。

2）宏观情况检测

（1）现场检测时，未发现上部结构梁板存在明显的因承载力不足引起的裂缝和过大变形。

（2）该工程 1～A—C 轴墙体东端、1—2～A 轴墙体、2—3～A 轴墙体、2—3～C 轴墙体、4—5～A 轴墙体、4—5～B 轴墙体、6—7～B 轴墙体、6—7～A 轴墙、7—8～C 轴墙体、8—9～C 轴墙体窗洞口左上角和右下角、8—9～A 轴墙体窗洞口左上角和右下角、7—8～A 轴墙体、9—10～B 轴墙体、9—10～A 轴墙体、12—13～A 轴墙体、12—13～C 轴墙体存在斜裂缝；6—7～A 轴墙体、7～A—B 轴圈梁底部存在水平裂缝；9—10～B 轴、10—11～B 轴、11—12～B 轴、6—7～A 轴墙体窗洞口墙体中部存在一条竖向裂缝；1—2～C 轴墙体、2—3～C 轴墙体窗洞口过梁端部存在开裂裂缝。

（3）室内混凝土地面存在大面积的隆起、沉陷现象和电缆沟侧墙侧向位移（图 4.1-1）；室内混凝土地面隆起最大高度约为 12.0cm，电缆沟侧墙的侧向水平最大位移达 6.0cm。

（4）发现 1—2～A 轴处室外地面存在下沉现象；四周大部分散水存在隆起、沉陷现象。

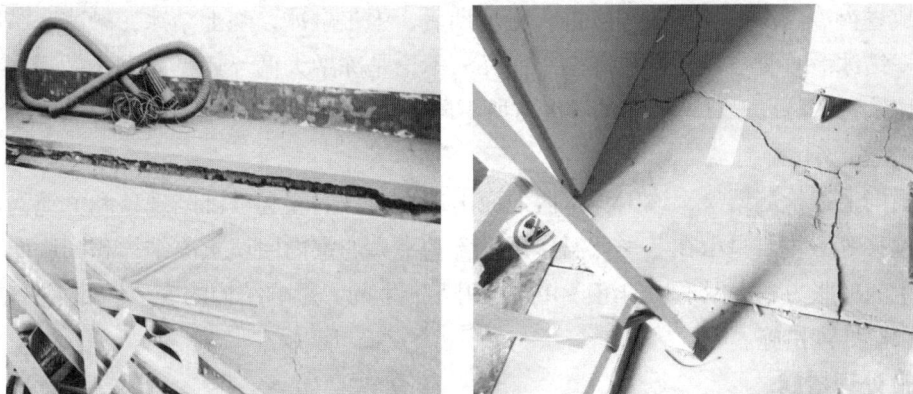

图 4.1-1 室内地面隆起典型照片

3）建筑物整体倾斜检测

依据《建筑变形测量规范》JGJ 8—2016 的规定，采用电子全站仪对该建筑物的整体倾斜情况进行了检测。从检测数据来看：

（1）各测点最大倾斜率为 2.68‰，均小于《建筑地基基础设计规范》GB 50007—2011 中关于多层建筑（高度小于 24m）的整体倾斜率小于或等于 4‰ 的要求。

（2）该建筑物整体呈向西倾斜，东侧纵向墙体整体呈向南倾斜，西侧纵向墙体整体呈向北倾斜。

3. 原因分析

结合该工程的地面和墙体破坏现象，可判断是由以下原因引起的：

1）该工程位于冬季严寒，春季温暖，夏季炎热，秋季凉爽，属季节性冻土地区。当年，冬季最低气温达 -17.6℃；该工程东侧紧邻河道，地形平坦，当年雨季降水丰富，地下水位较高，周边建筑物长期处于高水位中。工程区进入封冻期后，地基土中相对较深部位水分在毛细力作用下向浅表层的低温土体运移，以冰粒填充土中孔隙，孔隙中冰粒体积的不断增大，导致地基土的鼓胀；此外，在地基土与建筑物接触面间、地基土与建筑物工作缝间空隙中形成冰粒，空隙中冰粒体积的不断增大，导致工作缝隙的增大。最终，在冰胀力的作用下顶起或破坏室内混凝土地面、电缆沟和建筑物。

2）在冬季，随着气温的继续下降，地基土、地基土与建筑物接触面间、地基土与建筑物工作缝间空隙中形成的冰体，因周围未冻结区土中的水分在毛细力的作用下会向冻结的冰体迁移聚集，使冻结区的冰冻体不断增大，由于室内混凝土地面及其建筑物的结构限制冰体的增大而产生水平冻胀力、切向冻胀力和法向冻胀力，应力作用随着冰体体积的不断增大而增大。应力在不断增大的过程中，工程结构抗力和变形不断增加和积累，达到工程结构设计弯矩、剪切和变形破坏应力值时，导致渠道及建筑物结构出现开裂、倾斜、位移、局部隆起或沉陷，应力得到释放。

3）工程区进入封冻期后，随着气温的下降会使地基土鼓胀、建筑物空隙间冰胀；工程区进入融冰期后，随着气温的上升，会使地基土中冰体融化、建筑物空隙间冰体融化；年复一年，形成结冰—融化—结冰—融化的冻融大循环。在渠系建筑物的阳坡还形成昼夜冻融小循环。工程区进入融冰期后，中午融冰，晚上结冰，融冰—结冰—融冰—结冰。日复一日，形成冻融小循环。不论是冻融大循环还是冻融小循环，都会造成建筑物的破坏，只是破坏的程度有所不同。

4. 鉴定结论

根据上述检测结果，该工程室内地面出现大面积的隆起、沉陷现象和电缆沟侧墙侧向位移等，主要是由在冬季低温作用下含水率大的室内回填土冻结体积膨胀向上隆起产生的冻胀力和房屋不均匀沉降共同作用下产生的，影响结构的安全性和正常使用，建议采取处理措施。

5. 处理措施

1）沿河岸侧开挖截水沟，然后对基础采用周围包油毡或卷材填粗砂、卵石（1：2）

隔离冻切力的方案；也可采用喷涂聚氨酯塑料包裹基础周围进行处理。

2）基础处理完成后，对损坏相对较轻的围护结构墙体进行裂缝封闭处理后，采用水泥砂浆双面钢筋网进行加固处理。

4.1.3　某砌体结构住宅楼墙体裂缝成因鉴定

1. 工程概况

某住宅楼建于 2008 年，为地上 7 层的砌体结构房屋，上部承重墙体为采用粉煤灰砖和混合砂浆砌筑的 240mm 厚墙体，楼面板和屋面板均为现浇钢筋混凝土板，一层为储藏室和车库，二层至六层为住宅，七层为上人阁楼层，建筑高度为 20.85m，建筑面积为 5320.56m²。

该工程设计使用年限为 50 年，建筑结构安全等级为二级，地基基础设计等级为丙类，抗震设防烈度为 7 度，建筑场地类别为 Ⅲ 类；基础设计混凝土强度等级为 C25，一层现浇混凝土承重构件的设计混凝土强度等级为 C30，二层及以上现浇混凝土承重构件的设计混凝土强度等级均为 C25；上部承重墙体采用 MU10 粉煤灰砖，一层至四层采用 M10 混合砂浆，五层及以上采用 M7.5 混合砂浆。

该建筑物自建成投入使用后，墙体开始较普遍出现裂缝。为保证安全使用，委托我单位对该住宅楼的墙体裂缝原因进行检测鉴定。

2. 调查检测结果

1）宏观裂缝情况检测

对墙体裂缝情况进行了全数排查，发现上部承重墙体普遍存在不同程度的开裂情况，各单元墙体裂缝情况类同。受篇幅限制，仅选取 1 个单元住户的墙体裂缝情况进行描述，详见表 4.1-3。

墙体宏观裂缝情况检测结果　　　　　　　　　　　　　　　　表 4.1-3

位置	构件名称	检测结果
一单元 101 户	25 ~ D—F 轴墙体	存在 2 条斜向贯通裂缝，最大裂缝宽度约为 0.35mm
	B ~ 23—25 轴墙体	存在 3 条斜向贯通裂缝，最大裂缝宽度约为 0.25mm
	24 ~ D—F 轴墙体	存在 1 条竖向贯通裂缝，最大裂缝宽度约为 0.55mm
	25 ~ B—D 轴墙体	存在 1 条竖向贯通裂缝，最大裂缝宽度约为 0.55mm
	25 ~ A—B 轴墙体	存在 2 条斜向贯通裂缝，最大裂缝宽度约为 0.20mm
	23 ~ A—B 轴墙体	存在 1 条斜向贯通裂缝，最大裂缝宽度约为 0.40mm
	23 ~ 0/A—A 轴墙体	存在 1 条斜向贯通裂缝，最大裂缝宽度约为 0.25mm
	21 ~ 0/A—A 轴墙体	存在 2 条斜向贯通裂缝，最大裂缝宽度约为 0.25mm
	21 ~ A—B 轴墙体	存在 1 条斜向贯通裂缝，最大裂缝宽度约为 0.35mm
	D ~ 23—25 轴墙体	存在 2 条斜向贯通裂缝，最大裂缝宽度约为 0.20mm
	22 ~ D—1/F 轴墙体	存在 1 条竖向贯通裂缝，最大裂缝宽度约为 0.20mm
	G ~ 22—24 轴墙体	存在 1 条斜向贯通裂缝，最大裂缝宽度约为 0.25mm

续表

位置	构件名称	检测结果
一单元 101 户	C ~ 21—1/22 轴墙体	存在 2 条斜向贯通裂缝，最大裂缝宽度约为 0.15mm
一单元 201 户	21 ~ A—B 轴墙体	存在 1 条斜向贯通裂缝，最大裂缝宽度约为 1.05mm
	23 ~ A—B 轴墙体	存在 1 条竖向贯通裂缝，最大裂缝宽度约为 0.35mm
	D ~ 24—25 轴墙体	存在 2 条斜向贯通裂缝，最大裂缝宽度约为 0.25mm
	C ~ 21—1/22 轴墙体	存在 3 条斜向贯通裂缝，最大裂缝宽度约为 0.20mm
	A ~ 23—25 轴墙体	存在 2 条斜向贯通裂缝，最大裂缝宽度约为 0.65mm
	22 ~ D—F 轴墙体	存在 1 条竖向贯通裂缝，最大裂缝宽度约为 0.50mm
	25 ~ A—B 轴墙体	存在 2 条斜向贯通裂缝，最大裂缝宽度约为 0.30mm
	25 ~ D—F 轴墙体	存在 2 条斜向贯通裂缝，最大裂缝宽度约为 0.55mm
一单元 301 户	21 ~ A—B 轴墙体	存在 1 条斜向、1 条竖向贯通裂缝，最大裂缝宽度约为 1.40mm
	23 ~ A—B 轴墙体	存在 2 条斜向贯通裂缝，最大裂缝宽度约为 0.35mm
	25 ~ A—B 轴墙体	存在 4 条斜向贯通裂缝，最大裂缝宽度约为 0.45mm
	B ~ 23—25 轴墙体	存在 2 条斜向贯通裂缝，最大裂缝宽度约为 0.50mm
	A ~ 23—25 轴墙体	存在 2 条斜向贯通裂缝，最大裂缝宽度约为 1.40mm
	C ~ 22—1/22 轴墙体	存在 1 条斜向贯通裂缝，最大裂缝宽度约为 0.25mm
	B ~ 21—1/22 轴墙体	存在 1 条斜向贯通裂缝，最大裂缝宽度约为 0.10mm
	25 ~ D—F 轴墙体	存在 1 条斜向贯通裂缝，最大裂缝宽度约为 0.25mm
	D ~ 23—25 轴墙体	存在 2 条斜向贯通裂缝，最大裂缝宽度约为 0.60mm
	24 ~ F—G 轴墙体	存在 3 条斜向贯通裂缝，最大裂缝宽度约为 0.10mm
	22 ~ D—1/E 轴墙体	存在 2 条竖向、1 条斜向贯通裂缝，最大裂缝宽度约为 0.35mm
	22 ~ G—1/E 轴墙体	存在 1 条斜向贯通裂缝，最大裂缝宽度约为 0.12mm
	22 ~ 1/A—C 轴墙体	存在 1 条斜向贯通裂缝，最大裂缝宽度约为 0.20mm
	C ~ 21—1/22 轴墙体	存在 1 条竖向贯通裂缝，最大裂缝宽度约为 0.20mm
一单元 501 户	21 ~ A—B 轴墙体	存在 4 条斜向贯通裂缝，最大裂缝宽度约为 0.55mm
	23 ~ A—B 轴墙体	存在 3 条斜向贯通裂缝，最大裂缝宽度约为 0.35mm
	25 ~ A—B 轴墙体	存在 1 条斜向贯通裂缝，最大裂缝宽度约为 0.40mm
	B ~ 23—25 轴墙体	存在 2 条斜向贯通裂缝，最大裂缝宽度约为 0.25mm
	A ~ 23—25 轴墙体	存在 1 条斜向贯通裂缝，最大裂缝宽度约为 0.65mm
	1/22 ~ 1/A—C 轴墙体	存在 1 条斜向贯通裂缝，最大裂缝宽度约为 0.15mm
	25 ~ D—F 轴墙体	存在 3 条斜向贯通裂缝，最大裂缝宽度约为 0.50mm
	D ~ 23—25 轴墙体	存在 3 条斜向贯通裂缝，最大裂缝宽度约为 0.15mm
	24 ~ F—G 轴墙体	存在 2 条斜向贯通裂缝，最大裂缝宽度约为 0.10mm
	24 ~ D—F 轴墙体	存在 1 条斜向贯通裂缝，最大裂缝宽度约为 0.15mm
	22 ~ D—1/E 轴墙体	存在 1 条斜向贯通裂缝，最大裂缝宽度约为 0.20mm
	22 ~ 1/E—G 轴墙体	存在 2 条斜向贯通裂缝，最大裂缝宽度约为 0.20mm
	C ~ 21—1/22 轴墙体	存在 1 条斜向贯通裂缝，最大裂缝宽度约为 0.10mm

从房屋裂缝位置、走向和宽度等来看：墙体普遍存在裂缝，大多数为竖向或斜向贯通裂缝，裂缝间距较大且不等，裂缝中间宽两头窄；而且，上下楼层基本位于同一位置；个别楼层楼板和地面瓷砖存在裂缝现象。

2）结构实体工程质量检测

（1）该工程建造时，建设单位、设计单位、勘察单位、施工单位和监理单位齐全；有正规的设计施工图纸，施工资料齐全、完整。

（2）根据原设计图纸并结合现场实际情况，对该工程的结构布置情况进行了现场核查，结果如下：该工程的开间、进深、层高等尺寸与设计图纸相符；承重墙体、混凝土梁板、圈梁、构造柱等构件布置与原设计图纸相符。

（3）采用回弹法（经龄期修正）对上部承重结构现浇钢筋混凝土构件的混凝土抗压强度进行了检测；所测上部承重结构现浇混凝土构件的混凝土抗压强度符合设计图纸要求。

（4）采用钢筋位置测定仪对上部承重结构现浇钢筋混凝土构件的钢筋配置情况进行了检测；所测上部承重结构现浇钢筋混凝土构件的钢筋间距及数量满足设计图纸及验收规范要求。

（5）现场对部分上部结构现浇钢筋混凝土梁、柱的截面尺寸进行了检测；所测构件的截面尺寸符合设计图纸及验收规范要求。

（6）将上部承重墙体的粉煤灰砖现场取样后，在试验室对其抗压强度和收缩指标进行检测；所测砌体中砖强度等级可评定为MU10，符合设计图纸要求；收缩性最大达到1.72mm，不满足规范要求。

（7）采用回弹法对上部承重墙体的砌筑砂浆抗压强度进行了检测；所测上部承重墙体的砌筑砂浆抗压强度推定值符合设计图纸要求。

（8）采用钢筋位置测定仪对非悬挑梁的纵向钢筋和非悬挑板的板底钢筋保护层厚度进行了检测；所测非悬挑梁和非悬挑板的钢筋保护层厚度合格率符合设计图纸及验收规范要求。

（9）采用电子全站仪对建筑物整体倾斜进行了检测，最倾斜率达到2.52‰，满足《建筑地基基础设计规范》GB 50007—2011关于多层建筑（高度小于24m）的整体倾斜率小于或等于4‰的要求。

3. 复核验算

依据国家相关规范标准，根据原设计图纸其他参数和检测值，采用PKPM结构设计软件对该工程上部承重结构进行复核验算。经复核验算，可得该工程上部承重墙体的抗压承载力、高厚比、抗震承载力满足规范规定的安全使用要求；现浇钢筋混凝土梁、板应满足规范规定的安全使用要求。

4. 鉴定结论

（1）该工程上部承重结构现浇混凝土构件的混凝土抗压强度、钢筋间距及数量、截面尺寸、钢筋保护层厚度符合设计图纸和验收规范要求。

（2）该工程上部承重墙体的粉煤灰砖强度等级可评定为MU10，符合设计图纸要求；收缩性最大达到1.72mm不满足规范要求。砌筑砂浆抗压强度推定值符合设计图纸要求。

（3）采用电子全站仪对建筑物整体倾斜进行了检测，最倾斜率达到2.52‰，满足《建筑地基基础设计规范》GB 50007—2011关于多层建筑（高度小于24m）的整体倾斜率小于或等于4‰的要求。

（4）经复核验算可得，该工程上部承重墙体的抗压承载力、高厚比、抗震承载力满足规范规定的安全使用要求；现浇钢筋混凝土梁、板的满足规范规定的安全使用要求。

（5）该工程未发现地基基础存在明显的不均匀沉降现象；未发现上部承重结构和围护结构存在地基基础不均匀沉降引起的裂缝。

（6）该工程墙体上较普遍地存在竖向或斜向贯通裂缝，裂缝间距较大且不等，裂缝中间宽、两头窄；无论是内力较大的一层墙体还是内力较小的顶层墙体，均存在裂缝，而且上下楼层墙体上的裂缝基本处于同一位置。一般认为，能够产生变形的力与裂缝垂直，与变形方向一致的广义力引起的，墙体受周边约束条件的不同产生竖向或斜向裂缝，与竖向荷载和地基基础变形无关；这种广义力主要来源于墙体材料自身收缩变形，外界环境温度或湿度变化对其发展有一定的影响。结合本工程所用蒸压粉煤灰砖的收缩最大达到1.72mm，已远远超过规范要求限值；由于蒸压粉煤灰砖的自身收缩大，使砌体的干缩收缩值增大，致使墙体内部产生拉应力，导致砌体的抗拉、抗剪强度较低。拉应力超过时，即出现裂缝。由于每个楼层平面布置和结构形式一样，因此在不考虑外界环境温度和湿度变化影响下，由收缩在墙体内所产生的拉应力在各楼层墙体上基本相同，收缩产生的墙体裂缝也就基本在相同位置。

综合分析，造成该工程墙体裂缝的原因主要是粉煤灰砖自身收缩大。

5. 处理建议

建议等墙体裂缝充分发展稳定后，对墙体裂缝进行封闭处理。然后，对墙体裂缝处用双面水泥砂浆钢筋网修复处理，钢筋网沿裂缝走向布置。

4.1.4 某现浇钢筋混凝土框架结构培训中心女儿墙裂缝情况成因鉴定

1. 工程概况

某培训中心建于2006年，为地上三层的现浇钢筋混凝土框架结构房屋，一层至三层的设计使用功能为办公、会议室等，室内外高差为0.45m，一层层高为3.90m，二层和三层层高均为3.60m，建筑高度为11.55m。

该建筑物结构安全等级为二级，抗震设防烈度为7度，设计基本加速度为0.10g，地震分组为第一组，建筑场地类别为Ⅱ类，基础设计等级为丙类。屋面女儿墙高度为0.60m，每间隔3m左右设构造柱与压顶梁整浇，女儿墙做法参见图集L03G313。

由于该建筑物在使用过程中，发现屋顶女儿墙根部沿房屋的纵向及横向出现水平裂缝,并存在外移现象。为保证结构安全,委托我单位对该建筑物屋顶女儿墙开裂情况进行检测鉴定。

2. 调查检测结果

1)宏观裂缝情况检测

对女儿墙裂缝情况进行了全数检查,发现该建筑物屋顶 1~D—F 轴、1—8~F 轴、8~D—F 轴女儿墙根部多处存在水平裂缝,严重处存在外错现象,具体检测结果如下:

(1)8~D—E 轴女儿墙根部与框架梁交接处外墙抹灰层脱落,且存在一条水平裂缝,无明显外错现象;

(2)8~E—F 轴女儿墙根部与框架梁交接处外墙抹灰层脱落,且存在一条水平裂缝,向北外错约 20mm(图 4.1-2);

(3)4—8~F 轴女儿墙根部与框架梁交接处梁侧面抹灰层局部脱落,且存在一条水平裂缝,向西外错约 40mm(图 4.1-3);

(4)2—4~F 轴女儿墙根部与框架梁交接处梁侧面抹灰层局部脱落,且存在一条水平裂缝,无明显外错现象;

(5)1—2~F 轴女儿墙根部与框架梁交接处存在一条水平裂缝,向西外错约 20mm;

(6)1~E—F 轴女儿墙根部与框架梁交接处外墙抹灰层局部脱落,且存在一条水平裂缝,无明显外错现象;

(7)1~D—E 轴女儿墙根部与框架梁交接处无明显开裂。

图 4.1-2　8~E—F 轴女儿墙根部裂缝典型照片　　图 4.1-3　4—8~F 轴女儿墙根部裂缝典型照片

2)构造柱布置情况检测

采用钢筋位置测定仪对屋顶 1~D—F 轴、1—8~F 轴、8~D—F 轴女儿墙构造柱的布置情况进行检测。所测 1—8~F 轴女儿墙的构造柱间距为 3.70m、4.50m,不满足"屋面女儿墙每间隔 3m 左右设构造柱"的设计要求;1~D—F 轴、8~D—F 女儿墙的构造柱间距满足"屋面女儿墙每间隔 3m 左右设构造柱"的设计要求。

3）构造柱钢筋配置情况检测

现场检测时，采用钢筋位置测定仪对屋顶 1～D—F 轴、1—8～F 轴、8～D—F 轴女儿墙上构造柱的钢筋配置进行了检测；所测大部分构造柱的箍筋间距在 350mm 左右，不满足设计图纸要求，并通过剔凿法进行了验证；部分构造柱下端为排水口，未从屋面框架梁上生根，不满足原设计图纸要求。

4）屋面构造做法检测

现场检测时，发现刚性防水屋面与女儿墙交接处未设置伸缩缝，不满足设计图纸要求；屋面面层及防水破坏严重，整个三层屋面存在严重的渗漏水现象。

5）混凝土抗压强度检测

采用回弹法（经龄期修正）对女儿墙构造柱的混凝土抗压强度进行了检测；所测女儿墙构造柱的混凝土抗压强度推定值符合设计图纸要求。

6）砌体砌筑砂浆抗压强度检测

采用回弹法对女儿墙的砌筑砂浆强度进行了检测；所测女儿墙的砌筑砂浆抗压强度推定值满足设计图纸要求。

7）砌体砖强度检测

采用回弹法对女儿墙的砖强度进行了检测；所测上部结构承重墙体的砖强度推定等级满足设计图纸要求。

3. 原因分析

1）该建筑物屋顶 1～D—F 轴、1—8～F 轴、8～D—F 轴女儿墙根部多处存在水平裂缝，严重处存在外错现象，最大外错约 40mm。

2）该工程 1～D—F 轴、1—8～F 轴、8～D—F 轴女儿墙大部分构造柱箍筋间距在 350mm 左右，不满足设计图纸要求；部分构造柱下端为排水口，未从屋面框架梁上生根，不满足设计图纸要求。

3）该工程刚性防水屋面与女儿墙交接处未设置伸缩缝，不满足设计图纸要求。

4）该工程实测 1—8～F 轴女儿墙的构造柱间距为 3.70m、4.50m 不满足"屋面女儿墙每间隔 3m 左右设构造柱"的设计要求；1～D—F 轴、8～D—F 女儿墙的构造柱间距满足"屋面女儿墙每间隔 3m 左右设构造柱"的设计要求。

5）该工程实测屋顶女儿墙的砌筑砂浆强度和砖强度满足设计图纸要求。

6）由于现浇钢筋混凝土的屋顶板受太阳照射，因屋面隔热材料性能差（设计考虑不周或保温层充水造成夏天蓄热效应使隔热失效）易产生膨胀。在太阳照射下，因混凝土线膨胀系数（$\alpha=1.0\times10^{-5}$）与砖砌体线膨胀系数（$\alpha=0.5\times10^{-5}$）不同，使屋顶板变形比墙体变形大。在女儿墙根部沿房屋的纵向和横向分布，裂缝宽度靠端部大、中部小，南向及西向比北向及东向严重。裂缝是由于温度变化，热胀冷缩，因混凝土与砖砌体的线膨胀系数不相等、相互错动所引起。还有，屋顶层砖砌体女儿墙有外错的根部水平裂缝是由于屋顶保温层漏雨或施工时充水，严寒冬天保温层结冰冻胀，或者由于刚性钢筋混凝土防水屋面，面积较大而未留伸缩缝，并且与女儿墙顶紧连接，夏天太阳照射下受热膨胀，造成了将女儿墙外推、产生外错的水平裂缝。

经综合分析，可得出引起屋顶 1～D—F 轴、1—8～F 轴、8～D—F 轴女儿墙根部多处存在水平裂缝，严重处存在外错现象的原因主要有以下两点：

（1）由于屋顶保温层漏雨或施工时充水，严寒冬天保温层结冰冻胀，或者刚性防水屋面面积较大，且与女儿墙交接处顶紧连接，在受热膨胀的作用下，造成女儿墙外推。

（2）屋面女儿墙的构造柱布置间距偏大，且部分构造柱未从屋面框架梁顶生根，未能有效的抵抗温度作用和热胀冷缩下，因屋面混凝土与砖砌体线膨胀系数不同而产生相互错动的应力，产生水平裂缝并外错。可得出屋顶 1～D—F 轴、1—8～F 轴、8～D—F 轴女儿墙根部多处存在水平裂缝，严重处存在外错现象的主要是由于屋面构造做法不符合设计要求且存在严重损坏和构造柱设置及配筋不当引起的。

4. 鉴定结论

根据上述检测结果，可得出屋顶 1～D—F 轴、1—8～F 轴、8～D—F 轴女儿墙根部多处存在水平裂缝，严重处存在外错现象，主要是由于屋面构造做法不符合设计要求且存在严重损坏和构造柱设置及配筋不当所引起。

5. 处理建议

由于屋面建筑做法和女儿墙破坏严重，适修性差，建议拆除后按照原设计图纸重新恢复施工。

4.1.5　某住宅楼燃气爆燃后鉴定

1. 工程概况

某住宅楼建于 2014 年，为地上五层的底部框架 - 抗震墙砌体结构房屋。一层为商业网点，层高为 3.60m；二~五层为住宅，层高均为 3.00m；屋面设闷顶层，室内外高差为 0.150m，建筑总高度为 15.750m。总建筑面积为 3375.94m²。

该工程基础形式为柱下条形基础，地基基础设计等级为丙类，设计使用年限为 50 年，建筑安全等级为二级，耐火等级为二级，抗震设防类别为标准设防类，抗震设防烈度为 6 度（0.05g），设计地震分组为第三组，建筑场地类别为 3 类，底部框架 - 抗震墙框架部分抗震等级为三级，抗震墙抗震等级为三级。设计现浇混凝土强度等级：基础垫层为 C20，基础及一层底框部分墙、柱、梁、板为 C30，其他层柱、梁、板为 C25。承重墙体采用河道淤泥烧结普通砖与混合砂浆砌筑。本工程地下及室外钢筋混凝土的环境类别为二 b 类，室内潮湿环境为二 a 类，其余为一类。

经了解该工程有正规的设计图纸、建设单位、施工单位、监理单位和勘察单位，验收资料齐全。据委托单位相关人员介绍，该建筑物二单元 202 室由于燃气泄漏造成爆燃，引发局部火灾，燃烧时间约为 30min。为保证结构安全，委托我单位对该建筑物结构构件受爆燃损伤情况进行检测鉴定。

2. 调查检测结果

1）宏观损伤情况检测

该建筑物各层均存在损伤，限于篇幅仅选取二层、三层及其他损坏典型位置进行描述。

（1）二层宏观损伤情况检测

对二层构件损伤情况进行了检测，检测结果见表 4.1-4 ~表 4.1-6。

一单元 102 户构件损伤情况检测结果 表 4.1-4

构件位置	损伤检测结果
21 ~ B—C 轴墙体（分户墙）	墙体存在多条裂缝，总长度约为 2.8m，最大裂缝宽度约为 0.35mm
21 ~ C—1/D 轴墙体（分户墙）	存在一条竖向和一条斜向裂缝，总长度约为 1.8m，最大裂缝宽度约为 0.15mm
检测说明	以上描述裂缝均为贯通性裂缝

二单元 101 户构件损伤情况检测结果 表 4.1-5

构件位置	损伤检测结果
E ~ 16—18 轴墙体	墙体损坏严重，存在多条裂缝，裂缝宽度总长度约为 9.2m，最大裂缝宽度约为 15mm；窗下砖砌体局部碎裂墙体局部严重外闪
18 ~ 1/D—E 轴墙体	墙体北端存在一条竖向裂缝，长度约为 2.4m，最大裂缝宽度约为 3.0mm
17 ~ 1/B—1/C 轴墙体	墙体南端电箱洞口损坏； 墙体存在一条竖向和一条斜向裂缝，总长度约为 4.8m，最大裂缝宽度约为 3.0mm
19 ~ 1/B—1/C 轴墙体	墙体存在多条裂缝，总长度约为 8.6m，最大裂缝宽度约为 0.8mm
1/B ~ 17—19 轴墙体	墙体窗上角存在一条斜向裂缝，长度约为 0.6m，最大裂缝宽度约为 0.8mm
1/B ~ 19—21 轴墙体	墙体窗上角存在一条斜向裂缝，长度约为 0.6m，最大裂缝宽度约为 0.5mm
1/C ~ 17—21 轴墙体	墙体存在多条裂缝，总长度约为 6.5m，最大裂缝宽度约为 0.8mm
16 ~ D—E 轴墙体（分户墙）	墙体北端开裂严重，裂缝长度约为 3.0m，最大裂缝宽度约为 7.0mm，见图 4.1-4
18 ~ 1/C—1/D 轴顶梁	梁侧存在两条斜向和一条竖向裂缝，总长度约为 0.8m，最大裂缝宽度约为 0.10mm
16—18 ~ C—E 轴顶板	顶板板底上鼓严重，最大处约为 162mm，局部钢筋外露屈曲变形，楼板开裂严重，裂缝呈网状开裂
17—19 ~ 1/C—1/D 轴顶板	顶板板底上鼓，楼板呈网状开裂
19—21 ~ 1/C—1/D 轴顶板	顶板板底上鼓严重，最大处约为 270mm，局部钢筋外露屈曲变形，楼板呈网状开裂，如图 4.1-5 所示
18—21 ~ 1/C—1/D 轴顶板	楼板板底开裂，最大裂缝宽度约为 0.4mm
二层 18—21 ~ 1/D—1/E 轴顶板	顶板板底熏黑
检测说明	以上描述裂缝均为贯通性裂缝

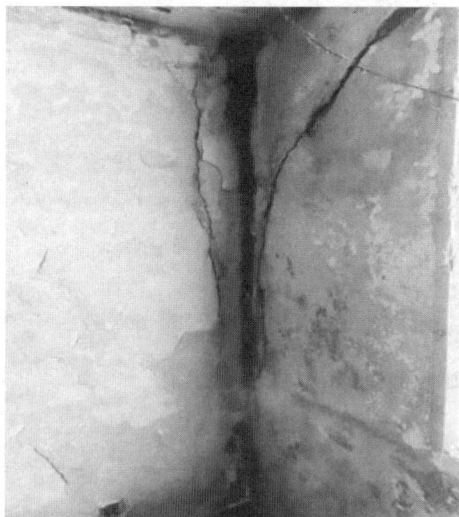

图 4.1-4 二层 16 ~ D—E 轴墙体损伤

图 4.1-5 二层 19—21 ~ 1/C—1/D 轴顶板上鼓

二单元 102 户构件损伤情况检测结果 表 4.1-6

构件位置	缺陷检测结果
14 ~ E 轴纵横墙交接处	纵横墙交接处存在一条竖向裂缝，长度约为 2.8m，最大裂缝宽度约为 0.15mm
16 ~ D—E 轴墙体（分户墙）	墙体存在多条裂缝，裂缝总长度约为 15.7m，最大裂缝宽度约为 5.0mm
楼梯间梯段板踏步	踏步建筑做法与结构梯段板脱开
检测说明	以上描述裂缝均为贯通性裂缝

（2）三层宏观损伤情况检测

对三层构件损伤情况进行了检测，检测结果见表 4.1-7。

二单元 201 户构件损伤检测结果 表 4.1-7

构件位置	缺陷检测结果	备注
16—18 ~ 1/C—E 轴地面、17—18 ~ 1/B—1/C 轴地面、18—21 ~ 1/B—1/C 轴地面	地面隆起，破坏严重，如图 4.1-6 所示	
E ~ 16—18 轴墙体	墙体存在多条裂缝，总长度约为 6.6m，最大裂缝宽度约为 1.1mm；砖砌体局部断裂	
18 ~ 1/D—E 轴墙体	墙体存在多条斜裂缝，总长度约 4.2m，最大裂缝宽度约为 0.3mm	
19 ~ 1/B—1/C 轴墙体	墙体南下角存在多条斜裂缝，总长度约为 3.5m，最大裂缝宽度约为 1.0mm	
17 ~ 1/B—1/C 轴墙体	墙体存在多条裂缝，总长度约为 7.8m，最大裂缝宽度约为 1.0mm	
21 ~ 1/C—1/D 轴墙体	墙体存在一条斜裂缝，长度约为 2.7m，最大裂缝宽度约为 0.5mm	
1/C ~ 19—21 轴墙体	墙体门上角存在一条斜裂缝，长度约为 0.7m，最大裂缝宽度约为 0.3mm	
1/C ~ 17—19 轴墙体	墙体门上角及南下角存在多条裂缝，总长度约为 4.1m，最大裂缝宽度约为 0.4mm	
18—21 ~ 1/C—1/D 轴地面	地面轻微隆起	
检测说明	以上描述裂缝均为贯通性裂缝	

图 4.1-6　三层 16—18 ~ 1/C—E 轴地面隆起、破坏严重

（3）其他

①二单元入户门受冲击变形严重，均已脱落，单元门变形严重，部分楼层室内推拉门脱落。

②该建筑绝大部分窗户玻璃受冲击、振动破损严重，窗框与主体结构间连接均存在不同程度的损坏，部分已全部脱落。

③部分楼层吊顶受冲击、振动破损、脱落。

④二层二单元 101 户北侧外墙存在过火后保温板燃烧变形，部分外墙抹灰层空鼓、脱落。

2）楼板板底的相对高差及挠度变形检测

采用电子全站仪对该建筑物爆燃影响较大区域顶板板底的相对高差及挠度进行检测。

（1）一层 16—21 ~ B—E 轴范围内部分楼板相对高差及挠度

所测一层 19—21 ~ 1/C—1/D 轴、16—18 ~ 1/D—E 轴、20—21 ~ 1/D—E 轴、18—20 ~ 1/D—E 轴、17—19 ~ 1/B—1/C 轴、19—21 ~ 1/B—1/C 轴间顶板板底最大相对高差分别为 37mm、44mm、7mm、10mm、11mm、29mm。所测板底挠度变形见表 4.1-8。

（2）二层 16—21 ~ B—E 轴范围内部分楼板相对高差及挠度

所测二层 18—21 ~ 1/C—1/D 轴、20—21 ~ 1/D—E 轴、18—20 ~ 1/D—E 轴、16—18 ~ 1/C—E 轴、17—19 ~ 1/B—1/C 轴、19—21 ~ 1/B—1/C 轴顶板板底最大相对高差为 26mm、28mm、20mm、162mm、42mm、270mm，均值为 22.1mm、13.4mm、11.1mm、145.2mm、25.6mm、257.4mm。所测板底挠度变形见表 4.1-8。

顶板板底挠度检测结果　　　　　　　　　　　　　　　　表 4.1-8

构件名称	挠度变形（mm）	
	允许值	实测值
一层 19—21 ~ 1/C—1/D 轴顶板	17.0	+22.4
一层 20—21 ~ 1/D—E 轴顶板	16.5	+1.4

构件名称	挠度变形（mm）	
	允许值	实测值
一层 18—20 ~ 1/D—E 轴顶板	16.5	−1.4
一层 16—18 ~ 1/D—E 轴顶板	21.5	+31.9
一层 17—19 ~ 1/B—1/C 轴顶板	21.0	−5.3
一层 19—21 ~ 1/B—1/C 轴顶板	21.0	+21.8
二层 18—21 ~ 1/C—1/D 轴顶板	17.0	−1.5
二层 20—21 ~ 1/D—E 轴顶板	16.5	+13.4
二层 18—20 ~ 1/D—E 轴顶板	16.5	+2.1
二层 16—18 ~ 1/D—E 轴顶板	30.0	−145.2
二层 17—19 ~ 1/B—1/C 轴顶板	21.0	−19.0
二层 19—21 ~ 1/B—1/C 轴顶板	21.0	−257.4
检测说明	1. 所测挠度值包含施工偏差； 2. "+"表示跨中挠度下挠，"−"表示跨中上拱。	

根据表 4.1-8 的检测结果，所测一层 19—21 ~ 1/C—1/D 轴、16—18 ~ 1/D—E 轴、19—21 ~ 1/B—1/C 轴、二层 16—18 ~ 1/C—E 轴、19—21 ~ 1/B—1/C 轴现浇板的挠度不满足规范要求；其余所测现浇板的挠度满足规范要求。

3）顶梁挠度检测

采用电子全站仪对该建筑物因爆燃影响较大区域顶梁的挠度变形进行了检测。所测顶梁挠度均未超出允许挠度限值。

4）墙体垂直度检测

采用电子全站仪对该建筑物因爆燃影响较大区域承重墙体的垂直度进行了检测，检测结果见表 4.1-9。

墙体垂直度检测结果　　表 4.1-9

测点位置	倾斜方向	垂直度（mm）		结论
		允许值	实测值	
二层 1/C ~ 19—21 轴墙	上偏北	10.0	4.3	符合
二层 1/B ~ 19—21 轴墙	上偏南	10.0	1.7	符合
二层 E ~ 16—18 轴墙	上偏南	10.0	26.8	不符合
二层 16 ~ D—E 轴墙	上偏西	10.0	3.6	符合
二层 18 ~ 1/D—E 轴墙	上偏东	10.0	0.9	符合
二层 21 ~ 1/B—1/C 轴墙	上偏东	10.0	6.9	符合
二层 21 ~ 1/C—1/D 轴墙	上偏西	10.0	14.1	不符合
二层 23 ~ 1/B—1/C 轴墙	上偏东	10.0	12.4	不符合

续表

测点位置	倾斜方向	垂直度（mm）		结论
		允许值	实测值	
二层 19 ~ 1/B—1/C 轴墙	上偏东	10.0	25.8	不符合
二层 17 ~ 1/B—1/C 轴墙	上偏西	10.0	6.8	符合
二层 1/B ~ 17—19 轴墙	上偏北	10.0	0.4	符合
二层 1/C ~ 17—19 轴墙	上偏北	10.0	3.3	符合
二层 E ~ 18—20 轴墙	上偏北	10.0	5.2	符合
三层 E ~ 16—18 轴墙	上偏南	10.0	2.0	符合
三层 16 ~ D—E 轴墙	上偏东	10.0	0.7	符合
三层 18 ~ 1/D—E 轴墙	上偏西	10.0	0.8	符合
三层 17 ~ 1/B—1/C 轴墙	上偏东	10.0	2.2	符合
三层 1/B ~ 17—19 轴墙	上偏北	10.0	1.9	符合
三层 19 ~ 1/B—1/C 轴墙	上偏东	10.0	6.1	符合
三层 1/C ~ 17—19 轴墙	上偏北	10.0	2.6	符合
三层 21 ~ 1/B—1/C 轴墙	上偏西	10.0	5.5	符合
三层 1/C ~ 19—21 轴墙	上偏北	10.0	3.3	符合
三层 1/B ~ 19—21 轴墙	上偏北	10.0	2.7	符合
三层 21 ~ 1/C—1/D 轴墙	上偏东	10.0	3.5	符合
检测说明	所测结果包含装饰层的施工误差			

根据表 4.1-9 的检测结果，所测二层 E ~ 16—18 轴、16 ~ D—E 轴、21 ~ 1/C—1/D 轴、23 ~ 1/B—1/C 轴、19 ~ 1/B—1/C 轴墙体的垂直度不符合规范要求；其余所测墙体的垂直度符合规范要求。

5）建筑物整体倾斜检测

采用电子全站仪对该建筑物的整体倾斜情况进行了检测，检测结果见表 4.1-10。

建筑物整体倾斜检测结果 表 4.1-10

测点位置	倾斜方向	倾斜率（‰）	
		实测值	允许值
东南角	上偏西	0.17	4.00
	上偏南	1.34	4.00
西南角	上偏东	0.45	4.00
	上偏北	0.59	4.00
东北角	上偏西	1.08	4.00
	上偏南	1.72	4.00

续表

测点位置	倾斜方向	倾斜率（‰）	
		实测值	允许值
西北角	上偏东	0.08	4.00
	上偏北	1.65	4.00
检测说明	上述检测值包含装饰面层及施工误差		

根据表 4.1-10 的检测结果，该建筑物整体倾斜的倾斜率满足规范要求。

3. 鉴定结论

根据上述检测结果，该建筑物局部存在安全隐患，其中影响较大的二单元东西户共 8 户、一单元西户共 4 户及一层 16—21 轴间商户受损的墙梁板等承重构件需要及时采取处理措施，处理后方可继续使用。其余户数损伤相对较小的 12 户住户及一层剩余商户内受损构件须采取处理措施。

4. 处理建议

1）一层存在裂缝的顶板及顶梁，对裂缝先采用压力灌浆的方法灌缝后再抹聚合物水泥砂浆。处理完毕后，采用碳纤维加固处理。

2）存在裂缝的填充墙体灌缝后采用抹聚合物水泥砂浆＋防裂网处理。变形较大的墙体建议拆除重新砌筑。

3）存在裂缝的抗震墙体采取裂缝封堵加固处理。

4）二层存在变形及开裂较严重的顶板，建议拆除后重新浇筑。

5）二～四层存在变形、位移及开裂的墙体，建议采用灌缝后采用高延性混凝土加固。部分变形较大的部位须局部拆除。

6）存在裂缝且变形不明显的顶板及顶梁，对裂缝先采用压力灌浆的方法灌缝后再抹聚合物水泥砂浆。处理完毕后，采用碳纤维加固处理。

7）表面仅熏黑、未发现明显开裂的构件，清除烟熏痕迹后重新抹灰。

8）其余非结构构件，如门、窗破损脱落、楼梯踏步做法层脱开、吊顶脱落内外墙抹灰空鼓脱落等情况，建议作更换或维修处理。

4.1.6　某储备管理中心附属用房安全性和抗震性能鉴定

1. 工程概况

某储备管理中心管理附属用房，建于 2013 年，为地上二层砌体结构房屋，基础采用现浇钢筋混凝土条形基础，上部承重墙体采用黄河淤泥烧结砖和混合砂浆砌筑，楼屋面板采用现浇混凝土板。该工程一层、二层层高均为 3.60m，室内外高差为 0.45m，建筑高度为 7.65m，建筑面积为 730.86m²。

该工程结构设计使用年限为 50 年，建筑结构安全等级为二级，抗震设防烈度为 7 度，设计基本地震加速度值为 0.10g，设计地震分组为第三组，场地类别为Ⅱ类，抗震设防类别为乙类，场地特征周期为0.45s。该工程构造柱设计混凝土强度等级为C20；现浇混凝土梁板设计混凝土强度等级为C25；墙体采用MU10黄河淤泥烧结砖和M10混合砂浆砌筑，墙厚为240mm；室内环境为一类时，最外层钢筋保护层厚度设计值：梁为20mm，板为15mm。

经了解，该工程建造时有正规的建设单位、勘察单位、设计单位、施工单位和监理单位。现拟进行装修改造，委托我单位对其安全性和抗震性能进行检测鉴定。

2. 调查检测结果

1）资料核查

经核查，该工程施工验收资料齐全、完整、有效，各种施工试验、施工记录等符合规范要求。

2）建筑及结构布置核查

该工程设计施工图纸齐全；依据委托单位提供的建筑、结构施工图纸，对该工程的建筑、结构情况进行核查。经核查，该工程的开间、进深、层高等尺寸，与设计图纸相符；墙体、混凝土梁板、圈梁、构造柱和洞口等布置，与设计图纸相符；使用功能、条件和环境，与设计图纸相符；主体结构未见存在拆建、改造等痕迹。

3）宏观情况检测

至现场检测时，未发现地基基础存在明显的不均匀沉降现象；未发现上部承重结构存在因地基不均匀沉降引起的裂缝和明显变形。未发现上部承重结构存在因承载力不足引起的受力裂缝及不适于继续承载的过大变形。未发现承重围护构件存在承载力不足引起的明显变形。

4）混凝土抗压强度检测

采用回弹法（经龄期修正）对该工程现浇钢筋混凝土构件的混凝土抗压强度进行了检测。经检测，一~二层构造柱的混凝土抗压强度推定值分别为20.7MPa、21.4MPa，一~二层顶梁板的混凝土抗压强度推定值分别为25.8MPa、25.3MPa。所测该工程现浇钢筋混凝土构件的混凝土抗压强度推定值符合设计图纸要求。

5）砌体砌筑砂浆强度检测

采用回弹法对该工程砌体中砌筑砂浆的抗压强度进行了检测。经检测，一~二层墙体的砌筑砂浆抗压强度推定值分别为10.4MPa、10.3MPa。所测该工程砌体中砌筑砂浆的抗压强度推定值符合设计图纸要求。

6）砌体砖强度检测

采用回弹法对该工程砌体中砖的抗压强度进行了检测。经检测，一~二层墙体的砖抗压强度推定等级均为MU10。所测该工程砌体中砖的抗压强度推定等级符合设计图纸要求。

7）钢筋配置情况检测

采用钢筋位置测定仪及钢卷尺对该工程混凝土构件的钢筋配置情况进行了检测。所测该工程现浇钢筋混凝土构件的钢筋数量及间距符合设计图纸及验收规范要求。

8）截面尺寸检测

采用钢卷尺和楼板测厚仪对该工程现浇钢筋混凝土构件的截面尺寸进行了检测。所测该工程现浇钢筋混凝土构件的截面尺寸符合设计图纸及验收规范要求。

9）钢筋保护层厚度检测

采用钢筋位置测定仪对该工程现浇钢筋混凝土梁底纵向钢筋和混凝土板板底钢筋的保护层厚度进行了检测。所测该工程现浇钢筋混凝土梁底纵向钢筋和混凝土板板底的钢筋保护层厚度符合设计图纸及验收规范要求。

10）建筑物整体倾斜

采用电子全站仪对建筑物整体倾斜进行了检测，最倾斜率达到3.21‰，满足《建筑地基基础设计规范》GB 50007—2011 关于多层建筑（高度小于 24m）的整体倾斜率小于或等于 4‰的要求。

3. 安全性鉴定

依据《民用建筑可靠性鉴定标准》GB 50292—2015 的规定，按地基基础、上部承重结构和围护系统的承重部分三个子单元，对该工程进行安全性评定。

1）地基基础

该工程建于 2013 年，已正常使用多年。该工程周边无沟壑、河流、山体、土丘等大落差地势，未发现存在人为造成环境改变迹象，场地地形平坦，建筑场地地基稳定，未发现滑动迹象。未发现地基基础存在明显的不均匀沉降现象；未发现上部承重结构和围护结构存在因地基不均匀沉降引起的裂缝及明显变形。该建筑物整体倾斜满足《建筑地基基础设计规范》GB 50007—2011 的要求。地基基础完好、稳固。地基基础评级结果见表 4.1-11。

地基基础安全性鉴定评级表　　表 4.1-11

结构系统名称	检查项目	检查项目评级	评定结果
地基基础	地基变形	现场检查，建筑物无沉降裂缝、变形或位移	A_u 级
	其他不利影响	未发现地下水位或水质有较大变化，未发现土压力、水压力有显著改变	
	承载力	地基基础承载力符合国家标准要求且建筑物完好	A_u 级

根据地基变形、承载力及考虑其他不利影响的评定结果，该工程地基基础的安全性等级评定为 A_u 级。

2）上部承重结构

（1）构件安全性评级

根据目前装修及使用荷载，依据国家现行相关规范标准和现场实测结果，抗震设防类别为乙类，抗震设防烈度为 7 度（0.10g），设计地震分组为第三组；楼、屋面恒荷载依据现场实际选取，楼面活荷载取 2.0kN/m²，非上人屋面活荷载取 0.5kN/m²，基本风压取 0.45kN/m²，基本雪压取 0.30kN/m²。采用结构设计软件 YJK-A[5.1.0]，进行承载力验算分析。经验算，该工程墙体受压、高厚比、梁板承载力满足规范要求。未发现上部承重结构存在因承载力不足引起的受力裂缝及不适于继续承载的过大变形。

经综合分析，上部承重结构构件安全性的具体评定过程和评级结果见表 4.1-12。

上部承重结构承载功能安全性鉴定评级表　　　表 4.1-12

结构系统名称	检查项目	检查项目统计分析						评定结果
		构件 \ 等级		a_u	b_u	c_u	d_u	
上部承重结构	主要构件集	承重墙	一层墙	100%（54/54）	0	0	0	A_u 级
			二层墙	100%（36/36）	0	0	0	A_u 级
		梁	一层梁	100%（17/17）	0	0	0	A_u 级
			二层梁	100%（34/34）	0	0	0	A_u 级
	一般构件集	板	一层板	100%（26/26）	0	0	0	A_u 级
			二层板	100%（34/34）	0	0	0	A_u 级
备注		（　）数值表示该等级构件数 / 本层该类构件数						

（2）上部承重结构安全性评级

①结构承载功能评级

根据构件承载能力、构造、不适于承载的位移和裂缝或其他损伤等四个检查项目进行确定，具体评定结果见表 4.1-12。该工程上部结构承载功能安全性等级评定为 A_u 级。

②结构整体牢固性等级评定

至现场检测时，未发现上部承重结构存在因承载力不足引起的受力裂缝及不适于继续承载的过大变形。未发现上部承重结构存在明显构造连接缺陷，各构件间连接合理、可靠，工作状态正常。结构整体性等级的具体评定过程和评级结果见表 4.1-13。

结构整体牢固性鉴定评级表　　　表 4.1-13

结构系统名称	检查项目	检查项目评级	评定结果
结构整体性	结构布置及构造	结构布置合理，可形成完整体系，结构传力路线清晰；结构、构件设计合理，连接方式正确、可靠	A_u 级
	结构、构件间的连系	结构设计合理、无疏漏；锚固、拉结、连接方式正确、可靠，无松动变形或其他残损	A_u 级

根据结构布置及构造、结构、构件间的联系安全等级评定结果，该工程结构整体性牢固等级评定结果为 A_u 级。

③结构侧向位移等级评定

至现场检测时，未发现上部结构存在不适于承载的侧向位移变形，结构侧向位移等级评定为 A_u 级。

综合上述结构承载功能、结构整体性以及结构侧向位移的评定结果，该工程上部承重结构的安全性等级评定为 A_u 级。

3）围护系统的承重部分

（1）至现场检测时，围护结构构件外观质量较好；未发现承重围护构件存在承载力不足引起的明显变形。

（2）对该工程围护结构承重构件进行承载力复核验算。经验算，该工程围护结构承重构件的承载力满足规范规定的安全使用要求。

结合上部承重结构安全性等级评定结果，该工程围护系统的承重部分安全性等级评定为 A_u 级。

4）安全性评定

依据《民用建筑可靠性鉴定标准》GB 50292—2015 的规定，根据地基基础、上部承重结构及围护系统的承重部分的安全性评定结果，该工程安全性等级评定为 A_{su} 级。

4. 抗震性能鉴定

该工程建于 2013 年，目前作为办公和宿舍使用。设计抗震设防烈度为 7 度（ $0.10g$ ），且上部承重结构未发现存在不均匀沉降裂缝、倾斜等现象，可不进行地基基础的抗震鉴定。

1）抗震措施鉴定

根据《既有建筑鉴定与加固通用规范》GB 55021—2021、《建筑抗震设计标准》GB/T 50011—2010 及相关规范的要求，该工程为多层砖混（砌体）房屋（乙类设防），剩余使用年限 40 年。按照 7 度的要求核查其抗震措施，按照 7 度地震作用进行抗震验算，具体抗震措施核查结果见表 4.1-14。

根据表 4.1-14 的抗震措施核查结果，该工程的抗震措施满足建造时的抗震规范要求。

2）抗震承载力验算

根据检测值及原设计图纸其他参数，按照 7 度地震作用进行抗震能力复核验算。经验算，该工程墙体的抗震承载力满足原设计图纸的抗震要求。

建筑物抗震措施核查结果

表 4.1-14

项目	核查结果
房屋高度	该工程房屋高度为 9.75m，满足"设防烈度 7 度，240mm 厚普通砖多层砌体房屋总高度不超过 21m"的要求
房屋层数	该工程房屋层数为 2 层，满足"设防烈度 7 度，240mm 厚普通砖多层砌体房屋层数不超过 7 层"的要求

续表

项目	核查结果
房屋层高	该工程房屋一层、二层层高分别为3.6m、3.6m，满足"层高不应超过3.6m"的规范要求
结构体系及结构布置	1. 该工程采用纵横墙共同承重，满足"应优先采用横墙承重或纵横墙共同承重的结构体系"的要求； 2. 该工程满足"纵横墙的布置宜均匀对称，沿平面内宜对齐，沿竖向应上下连续，同一轴线间的窗间墙宜均匀"的要求； 3. 该工程的高宽比为0.39，满足"多层砌体房屋最大高宽比不超过2.5"的要求； 4. 该工程抗震横墙的最大间距为7.5m，满足"设防烈度为7度时，现浇或整体装配式混凝土楼盖、屋盖多层砌体房屋抗震横墙的间距不超过15.0m"的要求
结构构件材料的实际强度	1. 该工程实测砌体砖的推定强度等级为MU10，满足"普通砖的强度等级不应低于MU10"的规定； 2. 该工程实测墙体砌筑砂浆的强度推定值，满足"砖砌体的砂浆强度等级不应低于M5"的要求
整体性连接构造	1. 该工程墙体平面内布置应闭合纵横墙连接处墙体内无烟道、通风道等竖向孔道纵横墙交接处应咬槎较好，拉结钢筋设置符合标准要求。 2. 该工程圈梁、构造柱设置满足规范要求
局部易倒塌的部件及其连接	该工程承重窗间墙最小宽度、承重外墙尽端至门窗洞口边的最小距离、内墙阳角至门窗洞口边的最小尺寸、承重外墙尽端至门窗洞口边的最小距离满足规范要求

3）抗震性能评定

该工程抗震措施和抗震承载力满足规范要求；抗震性能满足建造时设防要求。

5. 鉴定结论

1）依据《既有建筑鉴定与加固通用规范》GB 55021—2021和《民用建筑可靠性鉴定标准》GB 50292—2015的相关要求，在正常使用情况下，该储备管理中心管理附属用房的安全性等级评定为A_{su}级，满足安全使用要求。

2）依据《既有建筑鉴定与加固通用规范》GB 55021—2021和《建筑抗震鉴定标准》GB 55023—2009的及相关规范的要求，按照后续使用年限40年，抗震设防烈度为7度（0.10g），设计地震分组为第三组，抗震设防类别为乙类，济南市救灾应急物资储备管理中心管理附属用房的抗震性能满足建造时的规范要求。

3）建议本次装修及局部结构改造前，应依据该鉴定报告的检测鉴定结果和后期改造方案对该建筑物进行承载力复核验算，根据承载力复核验算结果采取加固处理。在后续使用过程中，未经技术鉴定或设计许可，不得擅自改变结构布置、使用用途及环境；同时，应加强对建筑物的维修、维护，发现问题及时采取处理措施。

4.1.7 某住宅楼雨篷板坍塌原因鉴定

1. 工程概况

某住宅楼建于2012年，为地上六层砌体结构房屋，地上一层使用功能为储藏室，地上二~六层使用功能为住宅，建筑高度约为17.70m，建筑面积约为3400.00m²。

该工程结构设计使用年限为50年，建筑结构安全等级为二级，场地类别为Ⅲ类，建筑抗震设防类别为标准设防类，抗震设防烈度为7度（0.10g），施工质量控制等级为B级。该工程上部承重结构现浇柱梁板设计混凝土强度等级均为C25，二b类环境下悬挑板钢筋保护层设计厚度为 25mm。该工程在楼梯出入口设置悬挑雨篷，雨篷悬挑长度为 1.20m，楼板设计厚度为 120mm，雨篷周边设置有 380mm 高的反檐，如图 4.1-7 所示。

该住宅楼东单元楼梯出入口雨篷于某日夜间降雨时发生整体掉落，如图 4.1-8 所示。委托对该住宅楼东单元楼梯出入口雨篷掉落原因进行检测鉴定。

图 4.1-7　楼梯出入口雨篷掉落前照片

图 4.1-8　楼梯出入口雨篷掉落后照片

2. 调查检测结果

1）宏观情况

现场检测时，发现该工程东单元楼梯出入口雨篷沿根部已整体掉落；从根部断裂截面可以看出，悬挑雨篷板设计上部的受力钢筋位于截面下部，钢筋被拉断，纵向钢筋出现明显的缩径现象。

2）结构上作用调查

该工程东单元楼梯出入口雨篷上部建筑做法为水泥砂浆找坡层，下部为腻子装饰层，与设计图纸相符；排水孔存在堵塞情况，可能存在的积水荷载为 3.8kN/m²。

3）混凝土抗压强度检测

采用钻芯法对该工程东单元楼梯出入口雨篷板的混凝土抗压强度进行了检测。经检测，该工程东单元楼梯出入口雨篷板的混凝土抗压强度推定值为 28.6MPa，符合设计图纸要求。

4）钢筋配置情况检测

采用钢卷尺对该工程东单元楼梯出入口雨篷断裂处钢筋间距进行了检测。经检测，该工程东单元楼梯出入口雨篷钢筋间距为 133mm，不符合设计图纸钢筋间距 150mm 及验收规范允许偏差的要求。符合验算时考虑其钢筋间距偏小对构件承载力的有利作用。

从断裂混凝土板中截取钢筋，对其质量偏差、力学性能在试验室进行了检测。经检测，该工程东单元楼梯出入口雨篷所用钢筋符合设计图纸 C8 的要求。

5）构件截面尺寸检测

采用钢直尺对该工程东单元楼梯出入口雨篷板厚度进行了检测。经检测，该工程东单元楼梯出入口雨篷板厚度为116mm，符合设计图纸板厚120mm的要求。

6）钢筋保护层厚度检测

采用钢直尺对该工程东单元楼梯出入口雨篷板负弯矩钢筋保护层厚度进行了检测，检测结果见表4.1-15。根据表4.1-15的检测结果，该工程东单元楼梯出入口雨篷板负弯矩钢筋保护层厚度偏大，不符合设计图纸及验收规范的要求。

雨篷板负弯矩钢筋保护层厚度检测结果　　　　　　　　　表 4.1-15

构件名称	检测部位	保护层厚度（mm）						
		设计	实测					
			1	2	3	4	5	6
7 号楼东单元楼梯出入口雨篷	根部	25	92	92	93	90	93	93

3. 复核验算

1）根据原设计图纸中设计混凝土强度、钢筋配置情况、板厚和设计荷载等参数，对该工程楼梯出入口雨篷进行了复核验算；经验算该工程楼梯出入口雨篷承载力、挠度和裂缝宽度符合建造时的设计规范规定的安全使用要求。

2）根据混凝土强度、钢筋配置、板厚、钢筋保护层厚度检测值和原设计荷载等参数，对该工程楼梯出入口雨篷进行了复核验算；经验算，该工程楼梯出入口雨篷承载力、挠度和裂缝宽度不符合建造时的设计规范规定的安全使用要求。

3）根据混凝土强度、钢筋配置、板厚、钢筋保护层厚度检测值和原设计荷载等参数，考虑存在的积水荷载为3.8kN/m²，对该工程楼梯出入口雨篷进行了复核验算；经验算，该工程楼梯出入口雨篷承载力、挠度和裂缝宽度严重不符合建造时的设计规范规定的安全使用要求。

4. 原因分析

1）该工程7号楼东单元楼梯出入口雨篷钢筋直径、板厚符合设计及验收规范要求；钢筋间距偏小、负弯矩钢筋保护层厚度偏大，不符合设计及验收规范要求。

2）根据混凝土强度、钢筋配置、板厚、钢筋保护层厚度检测值和原设计荷载等参数，对该工程楼梯出入口雨篷进行了复核验算；经验算，该工程楼梯出入口雨篷承载力、挠度和裂缝宽度不符合建造时的设计规范规定的安全使用要求。

3）根据混凝土强度、钢筋配置、板厚、钢筋保护层厚度检测值和原设计荷载等参数，考虑存在的积水荷载为3.8kN/m²，对该工程楼梯出入口雨篷进行了复核验算；经验算，该工程楼梯出入口雨篷承载力、挠度和裂缝宽度严重不符合建造时的设计规范规定的安全使用要求。

综上所述，并结合现场情况，该工程7号楼东单元楼梯出入口雨篷整体掉落主要是由于负弯矩钢筋保护层厚度偏大，严重降低了构件承载力和降雨产生的积水荷载导致所受荷载效应增大所共同引起。

5. 鉴定结论

根据上述检测结果，该工程东单元楼梯出入口雨篷整体掉落主要是由于负弯矩钢筋保护层厚度偏大，严重降低了构件承载力和降雨产生的积水荷载导致所受荷载效应增大所共同引起。

6. 处理建议

由于雨篷悬挑板支点处受力情况特殊，支点处剪力和弯矩均为受力最大截面处，承载力的变异性大于同荷载情况下的简支梁且该工程雨篷四周均有反檐。当未采用不易堵塞的排水构造措施，建议对该楼梯出入口考虑满水积水荷载进行验算后，按照现行设计规范要求重新进行施工。对于其他雨篷，建议先进行检测鉴定，考虑满水积水荷载进行验算后，采取相应的加固处理措施。

4.1.8　某砌体结构办公楼现浇混凝土梁柱钢筋锈蚀原因鉴定

1. 工程概况

某办公楼建于 2000 年初，为地上四层的砖混结构房屋，一～四层层高均为 3.60m，室内外高差为 0.60m，建筑高度为 15.00m，建筑面积约为 1350.00m²。该建筑物上部结构承重墙体采用 240mm 厚烧结普通砖和混合砂浆砌筑，楼面板和屋面板采用预制空心板（局部采用现浇混凝土板）。

由于使用过程中，发现部分混凝土构件存在钢筋锈蚀现象。为保证使用安全，委托对该建筑物混凝土构件中氯离子和硫酸根离子含量进行检测鉴定。

2. 调查检测结果

1）宏观情况

（1）现场检测时，发现大部分四周外立面的现浇混凝土梁柱存在钢筋锈蚀现象，具体情况如下：

1～A 轴柱、3～A 轴柱、5～B 轴柱、6～B 轴柱、8～B 轴柱、9～B 轴柱、11～A 轴柱、13～A 轴柱、13～E 轴柱、9～E 轴柱（图 4.1-9）、8～D 轴柱、7～D 轴柱、6～D 轴柱（图 4.1-10）、5～D 轴柱、3～E 轴柱、1～E 轴柱从一层至顶层存在钢筋锈蚀现象，沿钢筋产生顺筋裂缝。严重处，混凝土保护层锈胀脱落。

三层 13～C 轴柱、三层 13～D 轴柱、三层 1～C 轴柱、三层 1～D 轴柱、四层 5～C 轴柱、四层 9～C 轴柱存在钢筋锈蚀现象，沿钢筋产生顺筋裂缝。严重处，混凝土保护层锈胀脱落。

一层顶 11—12～E 轴梁、一层顶 12—13～E 轴梁、一层顶 8—9～D 轴梁、一层顶 3—4～D 轴梁、一层顶 4—5～D 轴梁、一层顶 5—6～D 轴梁、一层顶 1—2～E 轴梁、一层顶 2—3～E 轴梁、二层顶 11—12～E 轴梁、二层顶 12—13～E 轴梁、二层顶 8—9～D 轴梁、二层顶 5—6～D 轴梁、二层顶 1—2～E 轴梁、二层顶 2—3～E 轴梁、三层

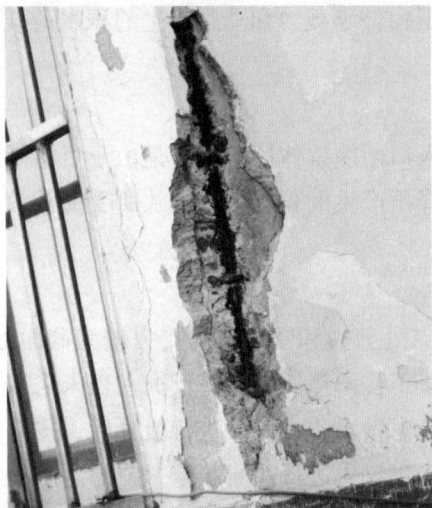

图 4.1-9　混凝土柱钢筋锈胀典型照片

图 4.1-10　混凝土柱钢筋锈胀典型照片

顶 11—12 ~ E 轴梁、三层顶 12—13 ~ E 轴梁、三层顶 8—9 ~ D 轴梁、三层顶 4—5 ~ D 轴梁、三层顶 5—6 ~ D 轴梁、三层顶 6—7 ~ D 轴梁、三层顶 1—3 ~ E 轴梁、四层顶 8—9 ~ D 轴梁存在钢筋锈蚀现象，混凝土保护层锈胀开裂，沿钢筋产生顺筋裂缝。

（2）现场检测时，发现部分室内的现浇混凝土梁柱存在钢筋锈蚀现象，具体情况如下：

一层 8 ~ C 轴柱、三层 6 ~ C 轴柱、三层 8 ~ D 轴柱存在钢筋锈蚀现象，混凝土保护层锈胀开裂，沿钢筋产生顺筋裂缝；四层顶 7 ~ C—D 轴梁、四层顶 5—6 ~ 1/B 轴梁、三层顶 5—6 ~ 1/B 轴、三层顶 6—8 ~ B 轴梁、三层顶 7 ~ B—C 轴梁存在钢筋锈蚀现象，沿钢筋产生顺筋裂缝，严重处混凝土保护层锈胀脱落。

（3）至现场检测时，未发现地基基础存在明显的不均匀沉降现象；未发现上部承重墙体存在明显的由地基不均匀沉降引起的斜裂缝。

2）氯离子和硫酸根离子含量检测

现场对存在钢筋锈蚀现象的现浇钢筋混凝土构件进行了取样，对其氯离子和硫酸根离子的含量进行了检测，并根据强度等级为 C20 的混凝土当地常用配合比（水泥：水：砂：石子 =303：185：669：1243）进行了换算，换算后的检测结果见表 4.1-16 和表 4.1-17。根据表 4.1-16 和表 4.1-17 的检测结果，所测存在钢筋锈蚀现象的现浇钢筋混凝土构件中氯离子和硫酸根离子的最大含量不满足规范要求。

混凝土氯离子含量检测结果 　　　　　　　　　　　　　　　　表 4.1-16

样品编号	实测值（%）	最大含量允许值（%）
样品 1	1.29	0.30
样品 2	0.70	0.30

混凝土硫酸根离子含量检测结果		表 4.1-17
样品编号	实测值（%）	最大含量允许值（%）
样品 1	11.84	4.00
样品 2	8.21	4.00

3. 鉴定结论

根据上述检测结果，该建筑物大部分现浇钢筋混凝土构件存在钢筋锈蚀现象，混凝土保护侧层锈胀开裂严重处脱落。主要是由于现浇钢筋混凝土构件中氯离子和硫酸根离子的最大含量不满足规范要求产生的，严重影响构件的耐久性，降低了构件的承载力，建议采取处理措施。

4.2　混凝土结构工程检测鉴定实例

4.2.1　某地下车库施工质量鉴定

1. 工程概况

某地下车库，为地下一层现浇钢筋混凝土框架结构，基础类型为筏板＋下柱墩，层高为 3.80m。

该工程设计使用年限为 50 年，建筑结构的安全等级为二级，抗震设防类别为标准设防类，抗震设防烈度为 7 度，设计基本地震加速度为 0.10g，设计地震分组为第三组，建筑场地土类别为 II 类。该工程车库非人防区域基础、墙、柱、梁、板设计混凝土强度等级均为 C30。该工程环境类别：车库有覆土的车库及地下室顶板为二 b 类，车库内部为一类；二 b 类环境下楼板钢筋保护层设计厚度为 25mm，梁最外侧钢筋保护层设计厚度为 35mm；一类环境下楼板钢筋保护层设计厚度为 15mm，梁最外侧钢筋保护层设计厚度为 20mm。

经了解该工程有正规的建设单位、勘察单位、设计单位、监理单位和施工单位。因缺少质量监督手续，委托单位委托对该工程施工质量进行检测鉴定。

2. 调查检测结果

1）资料核查

经核查，该工程施工验收资料齐全、完整、有效，各种施工试验、施工记录等符合规范要求。

2）建筑及结构布置核查

根据委托单位提供的设计图纸并结合现场实际情况，我单位技术人员对该工程结构布置情况进行了现场核查,结果如下:该工程轴距、跨度、层高等尺寸与设计图纸相符;墙、柱、梁、板等结构构件布置与设计图纸相符。

3)宏观情况

至现场检测时,未发现地基基础存在明显的不均匀沉降现象;未发现上部承重结构存在因地基不均匀沉降引起的裂缝和明显的变形。未发现该工程上部承重结构存在因承载力不足引起的受力裂缝及不适于继续承载的过大变形;未发现上部承重结构的混凝土构件存在《混凝土结构工程施工质量验收规范》GB 50204—2015 第 8.1.2 条规定的外观质量缺陷。

4)混凝土抗压强度检测

采用回弹法对该工程现浇钢筋混凝土构件的混凝土抗压强度进行了检测。经检测,筏板、地下一层墙柱和底下一层顶梁板的混凝土抗压强度推定值分别为 36.8MPa、32.1MPa、33.6MPa,符合设计图纸要求。

5)钢筋配置情况检测

采用钢筋位置测定仪及钢卷尺对该工程混凝土构件的钢筋配置情况进行了检测。所测该工程现浇钢筋混凝土构件的钢筋数量及间距符合设计图纸及验收规范要求。

6)截面尺寸检测

采用钢卷尺和楼板测厚仪对该工程现浇钢筋混凝土构件的截面尺寸进行了检测。所测该工程现浇钢筋混凝土构件的截面尺寸符合设计图纸及验收规范要求。

7)框架柱垂直度

采用电子全站仪对该工程框架柱的垂直度进行了检测,检测结果见表 4.2-1。根据表 4.2-1 的检测结果,该工程部分框架柱的垂直度不符合验收规范要求。

框架柱垂直度检测结果　　　　　　　　　　表 4.2-1

构件名称	倾斜方向	倾斜值(mm)		结论
		实测值	允许值	
一层 4~C 轴柱	上偏东	2.0	10.0	符合
	上偏南	26.0	10.0	不符合
一层 3~D 轴柱	上偏西	17.0	10.0	不符合
	上偏北	1.0	10.0	符合
一层 5~C 轴柱	上偏西	6.0	10.0	符合
	上偏南	3.0	10.0	符合
一层 5~D 轴柱	上偏西	8.0	10.0	符合
	上偏北	8.0	10.0	符合
一层 5~B 轴柱	上偏西	7.0	10.0	符合
	上偏北	11.0	10.0	不符合
一层 3~B 轴柱	上偏西	7.0	10.0	符合
	上偏北	1.0	10.0	符合

构件名称	倾斜方向	倾斜值（mm）		结论
		实测值	允许值	
一层 2~E 轴柱	上偏西	12.0	10.0	不符合
	上偏南	9.0	10.0	符合
一层 2~F 轴柱	上偏东	4.0	10.0	符合
	上偏南	20.0	10.0	不符合
一层 3~E 轴柱	上偏西	16.0	10.0	不符合
	上偏南	25.0	10.0	不符合
一层 2~G 轴柱	上偏西	3.0	10.0	符合
	上偏南	6.0	10.0	符合
一层 3~J 轴柱	上偏西	0.0	10.0	符合
	上偏北	24.0	10.0	不符合
一层 6~H 轴柱	上偏东	1.0	10.0	符合
	上偏南	16.0	10.0	不符合
一层 6~G 轴柱	上偏西	1.0	10.0	符合
	上偏南	2.0	10.0	符合
一层 8~H 轴柱	上偏东	17.0	10.0	不符合
	上偏南	18.0	10.0	不符合
一层 8~G 轴柱	上偏东	11.0	10.0	不符合
	上偏南	20.0	10.0	不符合
一层 11~G 轴柱	上偏西	20.0	10.0	不符合
	上偏南	22.0	10.0	不符合
一层 12~G 轴柱	上偏西	11.0	10.0	不符合
	上偏南	19.0	10.0	不符合
一层 11~J 轴柱	上偏西	9.0	10.0	符合
	上偏南	15.0	10.0	不符合
一层 12~J 轴柱	上偏东	8.0	10.0	符合
	上偏南	10.0	10.0	符合
一层 15~G 轴柱	上偏西	8.0	10.0	符合
	上偏南	12.0	10.0	不符合
一层 11~H 轴柱	上偏西	26.0	10.0	不符合
	上偏南	0.0	10.0	符合

8）钢筋保护层厚度

采用钢筋位置测定仪，对该工程现浇钢筋混凝土梁底纵向钢筋和混凝土板负弯矩钢筋的保护层厚度进行了检测。所测该工程现浇钢筋混凝土梁底纵向钢筋和混凝土板负弯矩钢筋保护层厚度，符合设计图纸及验收规范的要求。

233

3. 复核验算

对所测框架柱,考虑混凝土柱垂直度检测值及设计图纸其他参数,进行了复核验算。经复核验算,在正常使用情况下,该工程现浇混凝土柱的承载力、轴压比满足规范要求。

4. 鉴定分析

1)该工程施工验收资料齐全、完整、有效,各种施工试验、施工记录等符合规范要求。

2)该工程轴距、跨度、层高等尺寸与设计图纸相符;墙、柱、梁、板等结构构件布置与设计图纸相符。

3)至现场检测时,未发现地基基础存在明显的不均匀沉降现象;未发现上部承重结构存在因地基不均匀沉降引起的裂缝和明显的变形。未发现该工程上部承重结构存在因承载力不足引起的受力裂缝及不适于继续承载的过大变形;未发现上部承重结构的混凝土构件存在《混凝土结构工程施工质量验收规范》GB 50204—2015 第 8.1.2 条规定的外观质量缺陷。

4)该工程的混凝土抗压强度、钢筋配置情况、截面尺寸、现浇钢筋混凝土梁底纵向钢筋和非悬挑板板顶负弯矩钢筋的钢筋保护层厚度符合设计图纸及施工验收规范的要求。

5)该工程部分框架柱的垂直度不符合验收规范要求。对所测框架柱,考虑混凝土柱垂直度检测值及设计图纸其他参数,进行了复核验算。经复核验算,在正常使用情况下,该工程现浇混凝土柱的承载力、轴压比满足规范要求。

5. 鉴定结论

根据上述检测鉴定结果,该地下车库所测项目均符合设计或符合设计及验收规范要求;在设计用途和设计荷载下,满足规范规定的安全使用要求。

4.2.2 某现浇钢筋混凝土框架结构厂房裂缝情况鉴定

1. 工程概况

某现浇钢筋混凝土框架结构厂房,建于 2013 年,设计使用功能为丙类医药生产,建筑物耐火等级为一级,共分为 A 区、B 区和 C 区的三个建筑分区。A 区和 B 区为地上两层的现浇混凝土框架结构房屋,基础采用现浇混凝土柱下独立基础,楼面板和屋面板均采用现浇钢筋混凝土板,屋面结构起坡,室内外高差为 0.30m,一层和二层层高为 6.30m,建筑物总高度为 13.70m;C 区为地上三层的现浇混凝土框架结构房屋,基础采用现浇混凝土柱下独立基础,楼面板和屋面板均采用现浇钢筋混凝土板,屋面结构起坡,室内外高差为 0.30m,一层至三层层高均为 4.20m,建筑物总高度为 13.70m,建筑面积为 10236.08m²。

该建筑物设计使用年限为 50 年,建筑结构安全等级为二级,结构重要性系数为 1.0,场地类别为 II 类,工程抗震设防烈度为 6 度,设计基本地震加速度值为 0.05g,设计地震分组为第三组,抗震设防类别为丙类,框架的抗震等级为四级。该工程基础垫层设计混凝土强度等级为 C15；基础及上部承重主体结构的混凝土梁、板、柱设计混凝土强度等级均为 C30。设计持力层为第②层黄土状粉质黏土层，经强夯处理后地基承载能力特征值 f_{ak}=180kPa；如设计标高未到持力层，应继续开挖至持力层，然后采用级配砂石回填至设计标高；每层填土一般不应大于 300mm，压实系数大于 0.97，承载力特征值不得低于 180kPa。

根据该工程岩土工程勘察报告，地形总体呈南高北低之势，场地普遍存在人工取土挖掘形成深坑，地形起伏较大；各钻孔孔口标高在 65.48～76.70m 之间，最大高差 11.22m。场地地貌类型为山前冲洪积平原，主要土层如下：

①耕土（Q_{4ml}）：浅灰褐色，稍密，稍湿，主要由黏性土组成，见少量煤灰、砖屑，表层见大量植物根系及腐殖质。该层场区普遍分布，层厚 0.30～0.80m，平均 0.43m；层底标高 65.00～76.22m，平均 72.75m。

②黄土状粉质黏土（Q_{4al+pl}）：浅黄色~灰黄色，可塑~硬塑，干强度中等，韧性偏低，稍有光泽，无摇振反应，局部锹镐较难挖，见少量虫孔及白色钙质条纹，偶见浅褐色斑状氧化铁及白色钙质结核，垂直解理不发育。该层场区普遍分布，局部缺失，层厚 1.40～7.30m，平均 5.33m；层底埋深 1.90～7.60m，平均 5.77m；层底标高 65.35～69.58m，平均 67.79m。

③粉质黏土（Q_{4al+pl}）：浅黄色，可塑，局部硬塑，干强度、韧性中等，稍有光泽，无摇振反应，见少量褐色铁质氧化物。该层场区普遍分布，层厚 1.10～5.90m，平均 3.57m；层底埋深 1.60～12.60m，平均 8.96m；层底标高 60.90～66.46m，平均 64.08m。

④粉质黏土（Q_{4al+pl}）：黄褐色，可塑，局部硬塑，干强度、韧性中等，稍有光泽，无摇振反应，见少量褐色铁质氧化物，偶见姜石。该层场区普遍分布，层厚 2.10～6.10m，平均 4.32m；层底埋深 5.90～17.50m，平均 13.05m；层底标高 56.98～61.51m，平均 59.62m。

④卵石（Q_{4al+pl}）：黄褐杂浅灰色，稍密，局部中密，稍湿，卵石母岩主要为石灰岩，少量砂岩，亚圆状，一般粒径 2～8cm，最大大于 10cm，颗粒不均，排列较紧密，含量 80% 左右，充填可塑状态黏性土及中细砂，充填不均匀。该层 75、78、86、88 号孔处有揭露，层厚 1.20～3.50m，平均 2.15m；层底埋深 8.40～13.00m，平均 10.35m；层底标高 58.01～61.88m，平均 60.83m。该层进行重型（2）动探 $N_{63.5}$ 试验 0.90m，修正锤击数 $N_{63.5}$=8.70～11.10 击，修正击数平均值 $N_{63.5}$=9.60 击，标准差 0.8，变异系数 0.08。

⑤黏土（Q_{3al+pl}）：浅褐色，硬塑，局部可塑，干强度、韧性高，有光泽，无摇振反应，见少量黑色豆状铁锰质结核及白色钙质结核，局部含少量姜石，最大含量约 10%。该层场区普遍分布，层厚 3.30～6.30m，平均 4.66m；层底埋深 11.50～19.80m，平均 16.49m；层底标高 52.48～56.87m，平均 54.67m。

⑥卵石（Q_{3al+pl}）：黄褐杂浅灰色，中密，饱和，卵石母岩主要为石灰岩，少量砂岩，亚圆状，一般粒径 2～10cm，最大大于 15cm，颗粒不均，排列较紧密，含量 80% 左

右，充填可塑状态黏性土及中细砂，充填不均匀。该层场区普遍分布，仅185号孔揭穿，层厚0.20～5.20m，平均2.59m；层底埋深15.00～20.00m，平均19.09m；层底标高47.64～56.12m，平均52.08m。

⑦粉质黏土（Q_{3al+pl}）：褐黄色，硬塑，干强度、韧性中等，稍有光泽，无摇振反应，见少量黑色豆状铁锰质结核，局部含少量卵石颗粒。该层仅185号孔有揭露，未揭穿，最大揭露厚度3.50m，最大揭露深度20.00m。勘察期间，拟建场地部分钻孔见地下水，测得地下水稳定水位埋深9.52～19.90m，平均16.33m，稳定水位标高55.06～55.87m，平均55.45m。主要含水层为第⑥层卵石，地下水属第四系孔隙潜水，主要由大气降水补给，主要通过地面蒸发方式和人为开采排泄，地下水年正常水位升降变化幅度一般在2.00m以内，近3～5年地下水位呈逐年下降的趋势。

该建筑物自建成后，发现上部承重结构和围护结构产生开裂情况，并且有不断发展的趋势，为分析上述裂缝出现原因和后续处理提供依据，委托单位委托我单位对该上部承重结构和围护结构的进行检测鉴定。

2. 调查检测结果

1）宏观损伤情况检测

现场检测时，发现上部承重结构和围护结构存在不同程度的裂缝及明显的变形。

（1）围护结构：对该建筑物的外立面围护结构的裂缝和变形情况进行了普查，外立面围护墙体的裂缝分布情况见图4.2-1～图4.2-4所示，各位置处的裂缝和变形详细情况如表4.2-2所示。

建筑物围护结构宏观损坏情况检测结果　　　　表4.2-2

构件位置	检测结果
一层15～A处墙体	东侧面存在数条南高北低的斜裂缝，最大裂缝宽度为0.40m
一层15～B—C处墙体	东侧面存在一条南高北低的斜裂缝，围护墙体与框架柱交接处存在多条竖向裂缝，最大裂缝宽度为0.40mm
一层15～C—D处墙体	东侧面存在一条南高北低的斜裂缝，最大裂缝宽度为2.0mm
一层15～D—E处墙体	东侧面门洞口南侧存在一条竖向裂缝，最大裂缝宽度为1.20mm；门洞口北侧存在一条竖向裂缝，最大裂缝宽度为1.20mm
一层至二层7～E—F轴墙体	东侧面存在数条南高北低的斜裂缝，最大裂缝宽度为10.00mm
7～G轴处	该变形缝南侧建筑明显向南侧倾斜
一层7～J—K轴墙体	东侧面存在数条北高南低的斜裂缝，最大裂缝宽度为4.00mm
一层至三层1～J—K轴墙体	西侧面围护墙体与框架柱交接处存在多条竖向裂缝，围护墙体与框架梁交接处存在多条水平裂缝，最大裂缝宽度为0.80mm
1～G轴处	该变形缝南侧建筑明显向西侧倾斜
一层至二层1～E—G轴墙体	西侧面存在数条北高南低的斜裂缝，最大裂缝宽度为3.00mm
一层至二层1～D—E轴墙体	西侧面存在数条北高南低的斜裂缝，最大裂缝宽度为0.60mm；围护墙体与框架柱交接处存在多条竖向裂缝，最大裂缝宽度为2.00mm

续表

构件位置	检测结果
一层至二层 1 ~ C—D 轴墙体	西侧面存在数条南高北低的斜裂缝，最大裂缝宽度为 7.0mm； 围护墙体与框架柱交接处存在多条竖向裂缝，最大裂缝宽度为 0.60mm
一层至二层 1 ~ B—C 轴墙体	西侧面存在数条南高北低的斜裂缝，最大裂缝宽度为 40.00mm；墙体和窗户变形严重
一层至二层 1 ~ A—B 轴墙体	西侧面存在数条南高北低的斜裂缝，最大裂缝宽度为 40.00mm；墙体和窗户变形严重
一层 14—15 ~ E 轴墙体	北侧面存在数条东高西低的斜裂缝，最大裂缝宽度为 2.00mm
一层 12 ~ E 轴处墙体	北侧面围护墙体与框架柱交接处存在数条竖向裂缝和水平裂缝，最大裂缝宽度为 2.50mm
一层 1/11 ~ E 轴处墙体	北侧面围护墙体存在数条不规则裂缝，最大裂缝宽度为 3.00mm
一层 10—11 ~ E 轴处墙体	北侧面围护墙体存在数条竖向裂缝和水平裂缝，最大裂缝宽度为 3.00mm
一层 8—9 ~ E 轴墙体	北侧面存在数条西高东低的斜裂缝，最大裂缝宽度为 4.00mm
一层至三层 6—7 ~ K 轴墙体	北侧面存在数条东高西低的斜裂缝，最大裂缝宽度为 4.00mm
一层至三层 5—6 ~ K 轴墙体	北侧面存在数条东高西低的斜裂缝，最大裂缝宽度为 2.00mm
一层至三层 3—4 ~ K 轴墙体	北侧面存在数条东高西低的斜裂缝，最大裂缝宽度为 5.00mm
一层至三层 2—3 ~ K 轴墙体	北侧面存在数条东高西低的斜裂缝，最大裂缝宽度为 2.00mm
一层至三层 1—2 ~ K 轴墙体	北侧面存在数条西高东低的斜裂缝，最大裂缝宽度为 0.60mm
一层至二层 1—2 ~ A 轴墙体	南侧面存在数条东高西低的斜裂缝，最大裂缝宽度为 3.00mm
一层至二层 3—4 ~ A 轴墙体	南侧面存在数条西高东低的斜裂缝，最大裂缝宽度为 10.00mm
二层 4—5 ~ A 轴墙体	南侧面存在数条西高东低的斜裂缝和围护墙体与框架柱交接处存在多条竖向裂缝
一层 5—6 ~ A 轴墙体	南侧面存在一条东高西低的斜裂缝和围护墙体与框架柱交接处存在一条竖向裂缝，最大裂缝宽度为 3.0mm
一层至二层 6—7 ~ A 轴墙体	南侧面存在数条西高东低的斜裂缝，最大裂缝宽度为 8.0mm
一层至二层 8—9 ~ A 轴墙体	南侧面存在数条西高东低的斜裂缝，最大裂缝宽度为 10.00mm
一层 10—11 ~ A 轴墙体	南侧面存在一条西高东低的斜裂缝和围护墙体与框架柱交接处存在一条竖向裂缝，最大裂缝宽度为 3.00mm
一层 12 ~ A 轴墙体	南侧面围护墙体与框架柱交接处存在一条竖向裂缝，最大裂缝宽度为 0.60mm
一层 14—15 ~ A 轴墙体	南侧面存在数条东高西低的斜裂缝，最大裂缝宽度为 0.80mm
一层至二层 7 ~ E—F 轴墙体	西侧面存在数条北高南低的斜裂缝，最大裂缝宽度为 4.00mm
一层至二层 7 ~ F—G 轴墙体	西侧面存在数条北高南低的斜裂缝，最大裂缝宽度为 5.00mm
一层至二层 2 ~ F—G 轴墙体	东侧面存在数条北高南低的斜裂缝，最大裂缝宽度为 2.00mm
一层至三层 2—3 ~ H 轴墙体	南侧面存在数条西高东低的斜裂缝，最大裂缝宽度为 8.00mm
一层至二层 2—3 ~ E 轴墙体	北侧面存在数条东高西低的斜裂缝和围护墙体与框架柱、框架梁交接处存在一条竖向裂缝和水平裂缝，最大裂缝宽度为 2.0mm
一层至二层 3—4 ~ E 轴墙体	北侧面存在数条东高西低的斜裂缝，最大裂缝宽度为 8.0mm
一层至二层 4—5 ~ E 轴墙体	北侧面存在数条东高西低的斜裂缝，最大裂缝宽度为 10.0mm

续表

构件位置	检测结果
一层 1—2~H 轴墙体	北侧面存在数条西高东低的斜裂缝，最大裂缝宽度为 4.0mm
二层 1—2~H 轴墙体	北侧面存在数条西高东低的斜裂缝，最大裂缝宽度为 2.0mm
2—3—0/A—A 轴范围内的楼梯间一层 2—3~A 轴墙体	南侧面存在数条西高东低的斜裂缝，最大裂缝宽度为 5.0mm； 围护墙体与框架柱、框架梁交接处存在一条竖向裂缝和水平裂缝，最大裂缝宽度为 5.0mm
2—3—0/A—A 轴范围内的楼梯间二层 2—3~A 轴墙体	南侧面存在数条西高东低的斜裂缝，最大裂缝宽度为 5.0mm； 围护墙体与框架柱、框架梁交接处存在一条竖向裂缝和水平裂缝，最大裂缝宽度为 6.0mm

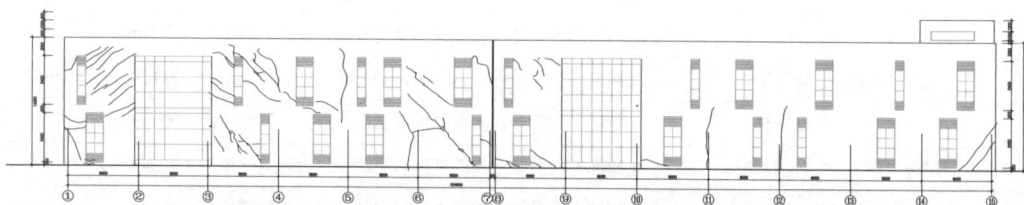

图 4.2-1　1—15 轴立面裂缝分布图

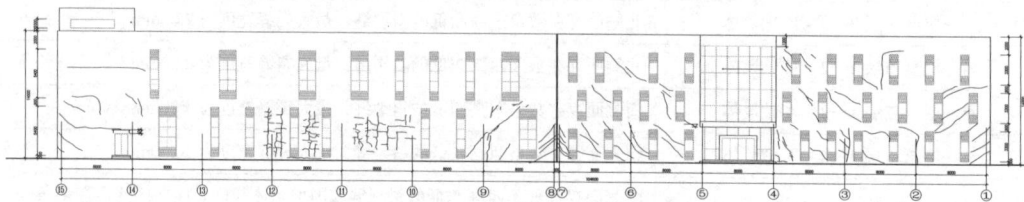

图 4.2-2　15—1 轴立面裂缝分布图 A

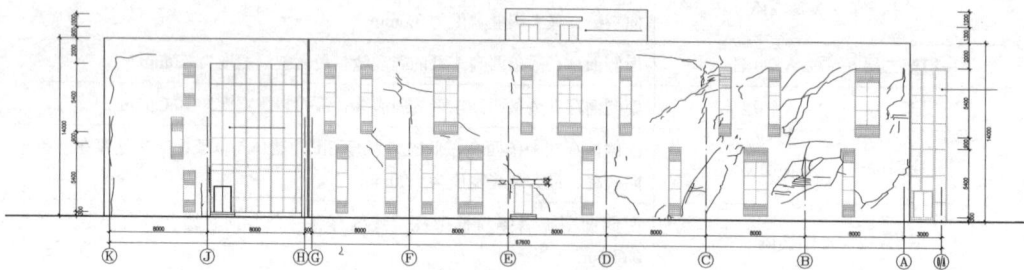

图 4.2-3　K—0/A 轴立面裂缝分布图

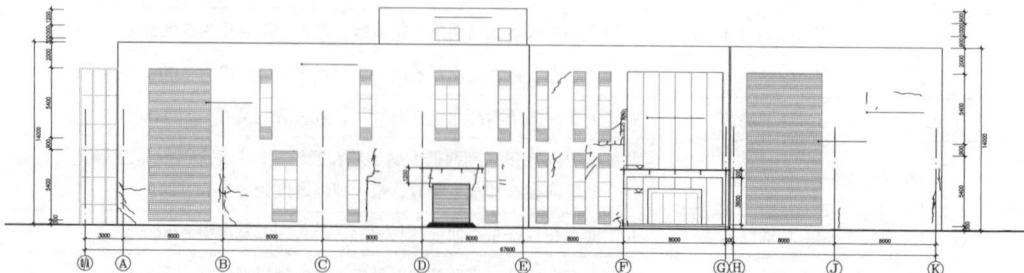

图 4.2-4　0/A—K 轴立面裂缝分布图

（2）上部承重结构：现场检测时，对该建筑物的上部承重结构构件的开裂情况进行了普查，发现 1—5 ~ 0/A—D 轴范围内存在明显的开裂现象。具体情况如下：2—3 ~ 0/A—A 轴范围内的楼梯间构件开裂情况：一层顶至二层顶框架梁两端存在开裂现象，但裂缝方向相反，沉降大的一端裂缝自下而上，沉降小的一端自上而下，裂缝宽度分布在 0.08 ~ 0.15mm 的范围内。一层至二层框架柱梁柱节点的上下端存在水平裂缝，裂缝宽度分布在 0.08 ~ 0.15mm 的范围内；楼梯休息平台板及梯段板存在开裂现象。1—5 ~ A—D 轴范围内上部承重结构开裂情况：二层顶框架梁两端存在裂缝开裂现象，但裂缝方向相反，沉降大的一端裂缝自下而上，沉降小的一端自上而下，裂缝宽度分布在 0.08 ~ 0.12mm 的范围内；二层框架柱梁柱节点的上下端存在水平裂缝，裂缝宽度分布在 0.08 ~ 0.20mm 的范围内；二层顶板与框架柱交接处在开裂现象。

2）结构实体工程质量检测

（1）该工程建造时建设单位、设计单位、勘察单位、施工单位和监理单位齐全；有正规的设计施工图纸，施工资料齐全、完整。

（2）根据原设计图纸并结合现场实际情况，对该工程的结构布置情况进行了现场核查，结果如下：该工程的柱距、层高等尺寸与设计图纸相符；框架柱、混凝土梁、混凝土板等构件布置与原设计图纸相符。

（3）采用回弹法（经龄期修正）对上部承重结构现浇钢筋混凝土构件的混凝土抗压强度进行了检测；所测上部承重结构现浇混凝土构件的混凝土强度符合设计图纸要求。

（4）采用钢筋位置测定仪对上部承重结构现浇钢筋混凝土构件的钢筋配置情况进行了检测；所测上部承重结构现浇钢筋混凝土构件的钢筋间距及数量满足设计图纸及验收规范要求。

（5）现场对部分上部结构现浇钢筋混凝土梁、柱的截面尺寸进行了检测；所测构件的截面尺寸符合设计图纸及验收规范要求。

（6）采用钢筋位置测定仪对非悬挑梁的纵向钢筋和非悬挑板的板底钢筋保护层厚度进行了检测；所测非悬挑梁和非悬挑板的钢筋保护层厚度合格率符合设计图纸及验收规范要求。

（7）采用电子全站仪对破坏严重区域及其周边框架柱的垂直度进行了检测，检测结果见表 4.2-3。共检测 33 个框架柱，其中 7 个框架柱垂直度合格，26 个框架柱垂直度不合格，倾斜值分布在 14 ~ 53mm 的范围内，最大倾斜值达到 53mm。

框架柱垂直度检测结果　　　　　　　　　　　　　　　表 4.2-3

构件名称	倾斜方向	倾斜值（mm）		结论
		实测值	允许值	
一层 8 ~ A 轴柱	上偏东	8.0	12.0	符合
	上偏北	26.0	12.0	不符合

构件名称	倾斜方向	倾斜值（mm）		结论
		实测值	允许值	
一层 8 ~ B 轴柱	上偏东	16.0	12.0	不符合
	上偏南	0.0	12.0	符合
一层 9 ~ A 轴柱	上偏东	21.0	12.0	不符合
	上偏南	3.0	12.0	符合
一层 9 ~ B 轴柱	上偏东	15.0	12.0	不符合
	上偏南	4.0	12.0	符合
一层 10 ~ A 轴柱	上偏西	9.0	12.0	符合
	上偏南	17.0	12.0	不符合
一层 10 ~ B 轴柱	上偏西	5.0	12.0	符合
	上偏北	1.0	12.0	符合
一层 1 ~ A 轴柱	上偏西	3.0	12.0	符合
	上偏北	53.0	12.0	不符合
一层 2 ~ A 轴柱	上偏西	8.0	12.0	符合
	上偏北	20.0	12.0	不符合
一层 1 ~ B 轴柱	上偏东	14.0	12.0	不符合
	上偏北	41.0	12.0	不符合
一层 2 ~ B 轴柱	上偏东	20.0	12.0	不符合
	上偏北	54.0	12.0	不符合
二层 1 ~ A 轴柱	上偏东	5.0	12.0	符合
	上偏南	10.0	12.0	符合
二层 2 ~ A 轴柱	上偏西	8.0	12.0	符合
	上偏北	14.0	12.0	不符合
二层 2 ~ B 轴柱	上偏东	8.0	12.0	符合
	上偏北	26.0	12.0	不符合
二层 3 ~ B 轴柱	上偏东	16.0	12.0	不符合
	上偏南	0.0	12.0	符合
二层 4 ~ B 轴柱	上偏东	21.0	12.0	不符合
	上偏南	3.0	12.0	符合
二层 4 ~ C 轴柱	上偏东	15.0	12.0	不符合
	上偏南	4.0	12.0	符合
二层 3 ~ C 轴柱	上偏西	9.0	12.0	符合
	上偏南	17.0	12.0	不符合
二层 2 ~ C 轴柱	上偏西	5.0	12.0	符合
	上偏北	1.0	12.0	符合

续表

构件名称	倾斜方向	倾斜值（mm）		结论
		实测值	允许值	
二层 1 ~ C 轴柱	上偏东	5.0	12.0	符合
	上偏南	10.0	12.0	符合
二层 1 ~ D 轴柱	上偏西	8.0	12.0	符合
	上偏北	14.0	12.0	不符合
二层 2 ~ D 轴柱	上偏东	8.0	12.0	符合
	上偏北	26.0	12.0	符合
二层 1 ~ B 轴柱	上偏东	16.0	12.0	不符合
	上偏南	0.0	12.0	符合
二层 6 ~ A 轴柱	上偏东	21.0	12.0	不符合
	上偏南	3.0	12.0	符合
二层 7 ~ A 轴柱	上偏东	15.0	12.0	不符合
	上偏南	4.0	12.0	符合
二层 6 ~ C 轴柱	上偏西	9.0	12.0	符合
	上偏南	17.0	12.0	不符合
二层 6 ~ B 轴柱	上偏西	5.0	12.0	符合
	上偏北	1.0	12.0	符合
二层 7 ~ B 轴柱	上偏东	5.0	12.0	符合
	上偏南	10.0	12.0	符合
二层 7 ~ C 轴柱	上偏西	8.0	12.0	符合
	上偏北	14.0	12.0	不符合
二层 8 ~ A 轴柱	上偏东	8.0	12.0	符合
	上偏北	26.0	12.0	不符合
二层 8 ~ B 轴柱	上偏东	16.0	12.0	不符合
	上偏南	0.0	12.0	符合
二层 9 ~ A 轴柱	上偏东	21.0	12.0	不符合
	上偏南	3.0	12.0	符合
二层 9 ~ B 轴柱	上偏东	15.0	12.0	不符合
	上偏南	4.0	12.0	符合
二层 9 ~ C 轴柱	上偏西	9.0	12.0	符合
	上偏南	17.0	12.0	不符合

注：所测结果包含施工过程中产生的误差。

（8）采用电子全站仪对破坏严重区域及其周边混凝土梁的挠度变形进行了检测，共检测 83 个混凝土梁，其中 81 个混凝土梁挠度变形合格，2 个混凝土梁挠度变形不合格，挠度变形分别为 38mm、65mm，最大挠度变形达到 65mm。

（9）采用电子全站仪对建筑物整体倾斜进行了检测，检测结果见表4.2-4。共检测13个测点，其中1个测点倾斜率达到4.56‰，不满足《建筑地基基础设计规范》GB 50007—2011关于多层建筑（高度小于24m）的整体倾斜率小于或等于4‰的要求；其余各检测点的倾斜率满足规范要求。

建筑物整体倾斜检测结果　　　　　　　　　　　　表4.2-4

测点位置	倾斜方向	倾斜率（‰）	
		实测值	允许值
15 ~ E 轴处测点	上偏东	0.64	4.00
	上偏北	1.40	4.00
7 ~ H 轴处（变形缝南侧）测点	上偏东	1.10	4.00
7 ~ H 轴处（变形缝北侧）测点	上偏西	0.68	4.00
7 ~ F 轴处测点	上偏东	1.33	4.00
7 ~ K 轴处测点	上偏东	1.74	4.00
	上偏北	4.56	4.00
8 ~ E 轴处测点	上偏北	0.00	4.00
1 ~ K 轴处测点	上偏东	1.12	4.00
	上偏南	1.11	4.00
1 ~ J 轴处测点	上偏西	0.97	4.00
1 ~ H 轴处测点	上偏西	0.69	4.00
1 ~ A 轴处测点	上偏东	0.60	4.00
	上偏北	0.64	4.00
7 ~ A 轴处测点	上偏南	1.03	4.00
8 ~ A 轴处测点	上偏南	2.35	4.00
15 ~ A 轴处测点	上偏东	2.32	4.00
	上偏南	0.87	4.00
备注	所测结果包含外立面装饰面层施工误差		

3）地基补充勘察检测

为探明地基土特别是回填土的情况，在建筑物外侧补充6个钻探孔，最大钻深20m。其中，补充3个探孔取土，测定地基土的压实度情况。经检测结果表明：各钻孔基底标高以下均存在不同厚度的杂填土，其中建筑物东北角基底下杂填土厚度最大约7.0m，建筑物西侧两个钻孔中存在0.4 ~ 2.0m厚的淤泥层；3个探坑现状下土样的压实系数为0.86、0.89、0.93，均不满足不小于0.97的设计要求。

3. 原因分析

1）根据原设计图纸并结合现场实际情况，对该工程的结构布置情况进行了现场核查，结果如下：该工程的柱距、层高等尺寸与设计图纸相符；框架柱、混凝土梁、混凝土板等构件布置与原设计图纸相符。

2）采用回弹法（经龄期修正）对上部承重结构现浇钢筋混凝土构件的混凝土抗压强度进行了检测；所测上部承重结构现浇混凝土构件的混凝土强度符合设计图纸要求。

3）采用钢筋位置测定仪对上部承重结构现浇钢筋混凝土构件的钢筋配置情况进行了检测；所测上部承重结构现浇钢筋混凝土构件的钢筋间距及数量满足设计图纸及验收规范要求。

4）现场对部分上部结构现浇钢筋混凝土梁、柱的截面尺寸进行了检测；所测构件的截面尺寸符合设计图纸及验收规范要求。

5）采用钢筋位置测定仪对非悬挑梁的纵向钢筋和非悬挑板的板底钢筋保护层厚度进行了检测；所测非悬挑梁和非悬挑板的钢筋保护层厚度合格率符合设计图纸及验收规范要求。

6）采用电子全站仪对破坏严重区域及其周边框架柱的垂直度进行了检测，共检测33个框架柱。其中，7个框架柱垂直度合格，26个框架柱垂直度不合格，倾斜值分布在14～53mm的范围内，最大倾斜值达到53mm。

7）采用电子全站仪对破坏严重区域及其周边混凝土梁的挠度变形进行了检测，共检测83个混凝土梁，其中81个混凝土梁挠度变形合格，2个混凝土梁挠度变形不合格，挠度变形分别为38mm、65mm，最大挠度变形达到65mm。

8）采用电子全站仪对建筑物整体倾斜进行了检测，共检测13个测点，其中1个测点倾斜率达到4.56‰，不满足《建筑地基基础设计规范》GB 50007—2011关于多层建筑（高度小于24m）的整体倾斜率小于或等于4‰的要求；其余各检测点的倾斜率满足规范要求。

9）至现场检测时，发现上部承重结构和围护结构存在不同程度的裂缝和明显的变形。

10）根据补充勘察情况表明：原状土层分布与原勘察报告基本相符；原勘察基底以下回填土未按照设计要求采用级配砂石回填，回填土为含砖块、生活垃圾、煤矸石等的杂填土，压实系数未达到0.97的设计要求。

经综合分析，该建筑物上部承重结构和围护结构的裂缝和变形是由地基基础不均匀沉降造成的；基底以下回填材料及压实系数不满足设计要求，且厚度不一致是引起地基基础不均沉降变形的主要原因。

4. 鉴定结论

根据上述检测结果，该建筑物上部承重结构和围护结构的裂缝和变形是由地基基础不均匀沉降造成的；基底以下回填材料及压实系数不满足设计要求，且厚度不一致是引起地基基础不均沉降变形的主要原因。建议对地基基础采取加固处理措施后，再对上部承重结构和围护结构采用相应的处理措施。

5. 处理建议

1）建议对基础采用微型桩进行加固处理。

2）基础加固处理完成后，对损坏严重的围护结构墙体拆除按照原设计图纸要求重新施工；对损坏相对较轻的围护结构墙体进行裂缝封闭处理后，采用水泥砂浆双面钢筋网进行加固处理；对存在损伤的主体结构构件进行裂缝封闭处理后，采用外包型钢进行加固处理；对损坏的门窗拆除更换。

4.2.3 某在建住宅楼混凝土板裂缝及冻害情况鉴定

1. 工程概况

某住宅楼，为地上五层的现浇混凝土框架结构，基础采用现浇混凝土柱下独立基础，储藏室层高为 2.80m，一层至三层层高均为 3.00m，四层层高为 3.40m，室内外高差为 0.30m，建筑高度为 15.50m，建筑面积为 2399.39m²。

该工程的结构设计使用年限为 50 年，建筑结构安全等级为二级，抗震设防类别为标准设防类，抗震设防烈度为 7 度（0.10g）。设计地震分组为第三组，建筑场地类别为 Ⅱ 类，场地特征周期为 0.40s，框架的抗震等级为三级。该工程基础垫层的设计混凝土强度等级为 C15，基础、框架梁柱、板、楼梯的设计混凝土强度等级为 C30。

经了解，该建筑物有正规的建设单位、设计单位、施工单位和监理单位。由于质量监督过程中，发现该建筑物部分楼板存在裂缝及冻害现象，为保证结构安全，委托单位选取该工程具有典型代表的二层顶板 19—21～B—C 轴和三层顶板 19—21～B—C 轴委托对其裂缝及冻害情况现场进行鉴定。

2. 调查检测结果

1）宏观情况检测

（1）现场检测时，发现二层顶板 19—21～B—C 轴的板底存在多条裂缝，裂缝位置、走向和宽度如图 4.2-5 所示。具体情况如下：裂缝 1 为沿板底钢筋开裂的顺筋裂缝，最大裂缝宽度为 0.40mm；裂缝 2 为一条斜向 45° 的不规则裂缝，最大裂缝宽度为 0.30mm。

（2）现场检测时，发现三层顶板 19—21～B—C 轴板顶局部存在受冻疏松的混凝土层，经现场剔凿量测其混凝土最大受冻深度约为 39mm；板底存在较大面积的冰花印记如图 4.2-6 所示，经现场剔凿量测其混凝土最大受冻深度约为 8mm。

（3）至现场检测时，未发现二层顶板 19—21～B—C 轴和三层顶板 19—21～B—C 轴存在因承载力不足引起的受力裂缝及不适宜继续承载的变形或位移。

2）构件混凝土强度检测

采用钻芯法对二层顶板 19—21～B—C 轴和三层顶板 19—21～B—C 轴的混凝土抗压强度进行了检测。经检测，二层顶板 19—21～B—C 轴和三层顶板 19—21～B—C 轴的混凝土抗压强度推定值分别为 30.9MPa、30.2MPa，符合设计图纸要求。

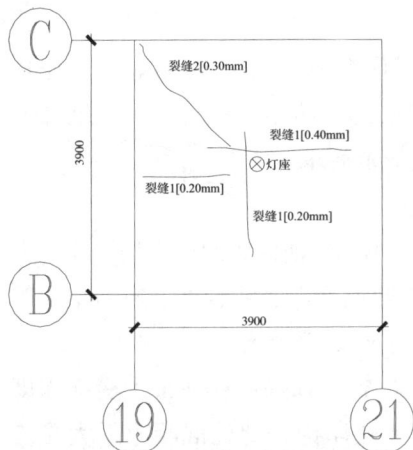

图 4.2-5　二层顶板 19—21 ~ B—C
轴板底裂缝示意

图 4.2-6　三层顶板 19—21 ~ B—C 轴板底冰花

3）构件钢筋配置情况检测

采用钢筋位置测定仪检测了二层顶板 19—21 ~ B—C 轴和三层顶板 19—21 ~ B—C 轴的钢筋配置情况。经检测，所测二层顶板 19—21 ~ B—C 轴和三层顶板 19—21 ~ B—C 轴的钢筋间距情况符合设计及验收规范要求。

4）构件截面尺寸检测

采用楼板测厚仪对二层顶板 19—21 ~ B—C 轴和三层顶板 19—21 ~ B—C 轴的厚度进行了检测。经检测，二层顶板 19—21 ~ B—C 轴和三层顶板 19—21 ~ B—C 轴的板厚分别为 113mm、112mm，符合设计图纸及验收规范要求。

5）钢筋保护层厚度检测

采用钢筋位置测定仪对二层顶板 19—21 ~ B—C 轴和三层顶板 19—21 ~ B—C 轴的钢筋保护层厚度进行了检测，检测结果见表 4.2-5。根据表 4.2-5 的检测结果，所测二层顶板 19—21 ~ B—C 轴和三层顶板 19—21 ~ B—C 轴负弯矩钢筋保护层厚度合格率不符合设计及验收规范要求；板底钢筋的钢筋保护层厚度合格率符合设计及验收规范要求。

混凝土板钢筋保护层厚度检测结果（mm）　表 4.2-5

构件名称	检测部位	保护层厚度设计值	保护层厚度实测值						合格率（%）	>1.5 倍允许偏差数
			1	2	3	4	5	6		
二层顶板 19—21 ~ B—C 轴	板顶钢筋沿 19 轴	15	32	25	37	37	38	32	0	5
	板顶钢筋沿 21 轴	15	37	38	36	37	31	31	0	6
	板底钢筋东西向	15	22	23	22	20	22	23	100.0	0
三层顶板 19—21 ~ B—C 轴	板顶钢筋沿 19 轴	15	34	32	34	44	36	35	0	6
	板顶钢筋沿 21 轴	15	39	43	45	46	44	47	0	6
	板底钢筋东西向	15	21	19	19	22	21	12	100.0	0

3. 复核验算

依据原设计图纸和现场实测数据，对该工程二层顶板 19—21 ~ B—C 轴和三层顶板 19—21 ~ B—C 轴进行复核验算，经验算，该工程二层顶板 19—21 ~ B—C 轴和三层顶板 19—21 ~ B—C 轴的承载力、挠度、裂缝满足规范要求。

4. 原因分析

1）根据上述检测结果，可判断二层顶板 19—21 ~ B—C 轴板底的裂缝均为非受力裂缝，该裂缝可能是由早期施工荷载的扰动、混凝土收缩变形、线管处的应力集中等引起的，不影响结构安全，影响构件的耐久性，建议采取处理措施。

2）根据上述检测结果，三层顶板 19—21 ~ B—C 轴板顶局部存在最大受冻深度约为 39mm 疏松的混凝土层；板底存在较大面积的冰花印记，此处混凝土最大受冻深度约为 8mm；上述板顶和板底的疏松混凝土层影响构件的承载力，建议采取处理措施、

3）该工程实测二层顶板 19—21 ~ B—C 轴和三层顶板 19—21 ~ B—C 轴的混凝土抗压强度、钢筋配置、板厚、板底钢筋的钢筋保护层厚度符合设计及验收规范的要求；二层顶板 19—21 ~ B—C 轴和三层顶板 19—21 ~ B—C 轴负弯矩钢筋保护层厚度不符合设计及验收规范要求。

4）经验算，该工程二层顶板 19—21 ~ B—C 轴和三层顶板 19—21 ~ B—C 轴（不考虑损伤缺陷）的承载力、承载力、挠度、裂缝满足规范要求。

5. 鉴定结论

根据上述检测鉴定结果，经处理后该工程二层顶板 19—21 ~ B—C 轴和三层顶板 19—21 ~ B—C 轴满足安全使用要求。针对该建筑物其他存在类似裂缝和冻害情况的混凝土板，建议采取相应的处理措施。

6. 处理建议

1）建议对裂缝采取封闭处理措施。封闭裂缝时，对宽度≤ 0.2mm 的裂缝，采用封缝胶（JH 结构锚固胶）进行封闭处理；对宽度 > 0.2mm 的裂缝应采用灌缝专用胶（AB- 灌浆树脂）或环氧树脂进行压力灌缝处理。

2）建议对板顶受冻混凝土采取置换混凝土的方法进行处理。置换混凝土采用强度等级不低于 C35 的高强灌浆料。施工时，剔除原楼板板顶疏松的混凝土至密实混凝土处（剔凿深度不应小于 40mm），并进行凿毛处理，不得损伤板内原有钢筋。浇筑新混凝土前应保证板内原钢筋顺直，位置准确，损伤钢筋应在邻近补加 1 根相同钢筋。施工过程中应做好可靠支撑。

3）建议对板底疏松混凝土采取涂抹高强聚合物修复砂浆的方法进行处理。首先，剔除掉表面的疏松层至混凝土密实处；然后，采用高强聚合物修复砂浆抹面恢复至原截面尺寸。

4.2.4 某大跨度单层现浇钢筋混凝土框架横梁裂缝情况鉴定

1. 工程概况

某厂房建于2008年，为单层现浇钢筋混凝土结构+双T板屋面房屋，东西向长18.00m，南北向长64.00m，层高5.70m（至梁顶）；沿A轴、B轴、C轴和D轴设置四榀纵向平面混凝土框架，柱距为6.00m；B—C轴间和C—D轴间屋面采用跨度20.00m预制双T屋面板，A—B轴间屋面采用跨度24.00m预制双T屋面板，支承于纵向框架梁上。

据委托单位人员反映，近期发现西车间南侧开敞部分B轴列和C轴列框架梁上翼缘有混凝土脱落、坠落现象，且部分框架梁端部存在斜向裂缝，为保证结构安全使用，委托对该工程南侧开敞部分横梁屋面B～1—2轴梁、屋面B～2—3轴梁、屋面B～3—4轴梁、屋面C～1—2轴梁、屋面C～2—3轴梁、屋面C～3—4轴梁裂缝情况进行检测鉴定。

2. 调查检测结果

1）宏观情况检测

（1）框架梁裂缝情况

现场检测发现，屋面B～1—2轴梁、屋面B～2—3轴梁、屋面B～3—4轴梁、屋面C～1—2轴梁、屋面C～2—3轴梁、屋面C～3—4轴梁均存在不同程度的斜向裂缝，绝大多数裂缝呈"上宽下窄"状；而且，裂缝始端大多位于支承双T板板肋的位置；个别位置处存在竖向裂缝，裂缝位置与箍筋位置重合；裂缝具体情况见图4.2-7～图4.2-10。

（2）框架梁损伤情况

B轴和C轴部分框架梁上翼缘在支承双T板板肋位置存在局部损坏、混凝土脱落现象。损坏情况见图4.2-11。

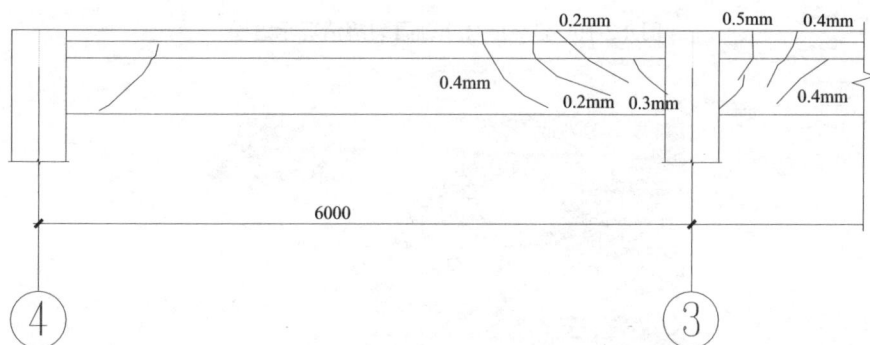

图 4.2-7　B～1/2—4轴梁裂缝情况示意图

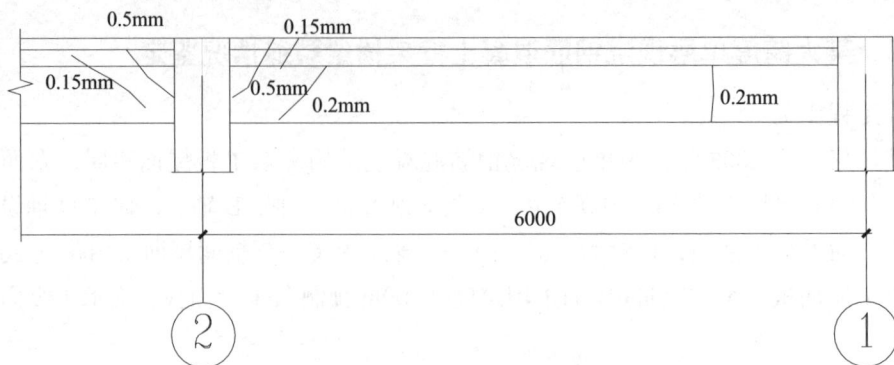

图 4.2-8　B ~ 1—1/2 轴梁裂缝情况示意图

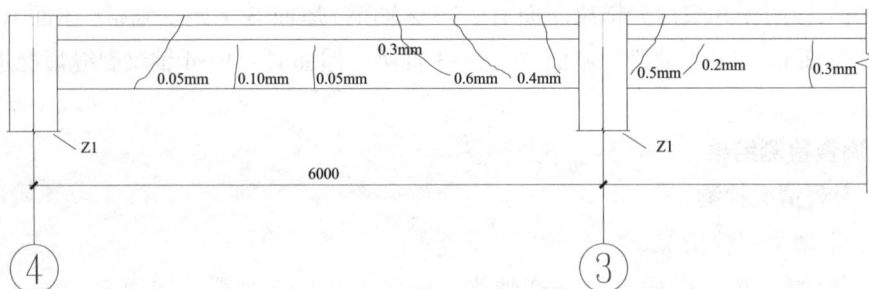

图 4.2-9　C ~ 1/2—4 轴梁裂缝情况示意图

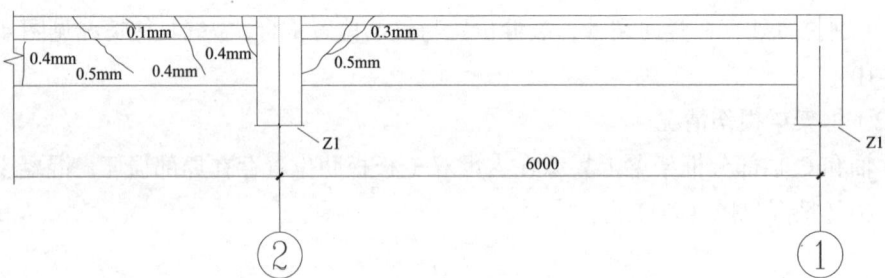

图 4.2-10　C ~ 1—1/2 轴梁裂缝情况示意图

图 4.2-11　B ~ 3—4 轴梁上翼缘局部（板肋处）损坏、混凝土脱落

（3）屋面双 T 板损坏情况

现场检测发现，部分支承于 B 列和 C 列框架梁的双 T 板板肋在端部存在开裂、局部损坏现象；个别支承于 C 列框架梁的双 T 板板肋存在裂缝。大部分支承于 B 列和 C 列框架梁的双 T 板之间嵌缝材料普遍开裂，最大缝隙宽度已近 20mm。

现场检测发现，B 列和 C 列框架梁顶部预埋件存在不平整、尺寸偏小、位置不当等问题，梁南北两侧双 T 板板肋在梁上支承长度也存在偏差；部分双 T 板端部填塞钢筋；部分双 T 板端部支座处于悬空状态。

2）构件混凝土强度检测

采用回弹法对屋面 B～1—2 轴梁、屋面 B～2—3 轴梁、屋面 B～3—4 轴梁、屋面 C～1—2 轴梁、屋面 C～2—3 轴梁、屋面 C～3—4 轴梁的混凝土抗压强度进行了检测，并按照《民用建筑可靠性鉴定标准》GB 50292—2015 附录 K 的方法进行了龄期修正。经检测，所测屋面 B～1—2 轴梁、屋面 B～2—3 轴梁、屋面 B～3—4 轴梁、屋面 C～1—2 轴梁、屋面 C～2—3 轴梁、屋面 C～3—4 轴梁的混凝土强度推定值分别为 35.2MPa、36.9MPa、36.1MPa、30.5MPa、30.2MPa、32.4MPa，符合设计图纸要求。

3）构件钢筋配置情况检测

采用钢筋位置测定仪检测了屋面 B～1—2 轴梁、屋面 B～2—3 轴梁、屋面 B～3—4 轴梁、屋面 C～1—2 轴梁、屋面 C～2—3 轴梁、屋面 C～3—4 轴梁的钢筋配置情况。经检测，所测屋面 B～1—2 轴梁、屋面 B～2—3 轴梁、屋面 B～3—4 轴梁、屋面 C～1—2 轴梁、屋面 C～2—3 轴梁、屋面 C～3—4 轴梁的纵向钢筋、腰筋数量和箍筋间距，符合设计图纸和验收规范要求。

4）构件截面尺寸检测

采用钢卷尺对屋面 B～1—2 轴梁、屋面 B～2—3 轴梁、屋面 B～3—4 轴梁、屋面 C～1—2 轴梁、屋面 C～2—3 轴梁、屋面 C～3—4 轴梁的截面尺寸进行了检测。经检测，所测屋面 B～1—2 轴梁、屋面 B～2—3 轴梁、屋面 B～3—4 轴梁、屋面 C～1—2 轴梁、屋面 C～2—3 轴梁、屋面 C～3—4 轴梁的截面尺寸符合设计图纸和验收规范要求。

5）框架梁挠度变形检测

采用电子全站仪对屋面 B～1—2 轴梁、屋面 B～2—3 轴梁、屋面 B～3—4 轴梁、屋面 C～1—2 轴梁、屋面 C～2—3 轴梁、屋面 C～3—4 轴梁的挠度变形进行了检测。经检测，所测屋面 B～1—2 轴梁、屋面 B～2—3 轴梁、屋面 B～3—4 轴梁、屋面 C～1—2 轴梁、屋面 C～2—3 轴梁、屋面 C～3—4 轴梁的挠度满足规范要求。

6）框架柱垂直度检测

采用电子全站仪对框架柱的垂直度进行了检测。经检测，部分框架柱的垂直度不满足《民用建筑可靠性鉴定标准》GB 50292—2015 中 A 级的要求，但满足《工业建筑可靠性鉴定标准》GB 50144—2008 中 B 级（尚不明显影响正常使用）的要求。

7）屋面双 T 板挠度变形检测

采用电子全站仪对南侧开敞部分屋面双 T 板的挠度变形进行了检测。经检测，所测屋面双 T 板的挠度变形满足要求。

8）钢筋保护层厚度检测

采用钢筋位置测定仪对屋面 B ~ 1—2 轴梁、屋面 B ~ 2—3 轴梁、屋面 B ~ 3—4 轴梁、屋面 C ~ 1—2 轴梁、屋面 C ~ 2—3 轴梁、屋面 C ~ 3—4 轴梁的梁底纵向钢筋保护层厚度进行了检测。经检测，所测屋面 B ~ 1—2 轴梁、屋面 B ~ 2—3 轴梁、屋面 B ~ 3—4 轴梁、屋面 C ~ 1—2 轴梁、屋面 C ~ 2—3 轴梁、屋面 C ~ 3—4 轴梁的钢筋保护层厚度符合设计图纸和验收规范要求。

3. 原因分析

1）该工程实测屋面 B ~ 1—2 轴梁、屋面 B ~ 2—3 轴梁、屋面 B ~ 3—4 轴梁、屋面 C ~ 1—2 轴梁、屋面 C ~ 2—3 轴梁、屋面 C ~ 3—4 轴梁的混凝土抗压强度、钢筋配置情况、截面尺寸、钢筋保护层厚度符合设计及验收规范要求。

2）该工程实测屋面 B ~ 1—2 轴梁、屋面 B ~ 2—3 轴梁、屋面 B ~ 3—4 轴梁、屋面 C ~ 1—2 轴梁、屋面 C ~ 2—3 轴梁、屋面 C ~ 3—4 轴梁挠度变形及该区域内屋面双 T 板的挠度变形满足规范要求。

3）该工程实测部分排架柱的垂直度不满足《民用建筑可靠性鉴定标准》GB 50292—2015 中 A 级的限值要求，但满足《工业建筑可靠性鉴定标准》GB 50144—2008 中 B 级（尚不明显影响正常使用）的要求。

4）根据检测结果，并经综合分析该工程框架梁翼缘损坏、双 T 板板肋端部局部开裂损坏原因：

（1）双 T 板板肋端部设有预埋件支承于框架梁（及翼缘）顶部预埋钢板上，因梁顶预埋钢板不平整、尺寸偏小、位置不当或双 T 板位置偏差等原因，会导致实际支承面积变小，支座反力合力点位置外移，翼缘附近承受很大的局部压力，致使翼缘因局部受压不足而开裂、破坏。双 T 板板肋端部实际支承面积变小，也会导致板肋端部混凝土局部受压承载力不足而开裂、破坏。

（2）双 T 板跨度较大（20m 和 24m），两端与梁顶预埋件焊接，若屋面保温效果不良，当外界温度降低、室内外温差较大时，会在支承端部产生过大的温度应力，导致梁翼缘混凝土被拉裂破坏或双 T 板板肋端部混凝土开裂。

（3）双 T 板安装过程中，若在屋面做法施工前，提前将板肋两端与梁顶预埋件焊接，则屋面做法产生的荷载会在支撑端部产生弯矩，梁外侧（翼缘处）会产生压应力，翼缘有可能因受压不足而破坏。

（4）个别双 T 板板肋端部斜裂缝为斜向剪切裂缝。

5）根据检测结果，并经综合分析该工程框架梁裂缝原因：

（1）B 列和 C 列框架梁裂缝大部分均为靠近支座负弯矩区的斜向裂缝，而且绝大多数裂缝位于双 T 板板肋端部，呈"上宽下窄"形态，该裂缝为集中荷载作用处的弯剪型斜裂缝。B 列和 C 列框架梁承受双 T 板板肋传来的集中荷载，荷载值较大且 90% 以上为永久荷载，长期处于近满荷状态，梁支座附近集中荷载作用处的梁体处于压、拉、剪复合受力状态，主拉应力较大，当主拉应力超过混凝土抗拉强度时，会产生垂直于主拉应力方向的斜向裂缝，在荷载的长期作用下，裂缝还会不断发展。

（2）B 列和 C 列框架梁裂缝个别位置的侧面竖向裂缝，裂缝位置与箍筋位置重合，均为非受力裂缝，主要是由于混凝土收缩造成的。

4. 鉴定结论

1）该建筑物 B 列和 C 列框架梁部分框架梁翼缘在支承双 T 板板肋位置存在局部损坏、混凝土脱落现象；部分支承 B 列和 C 列框架梁双 T 板板肋的端部存在开裂、局部损坏现象。以上主要是由于混凝土局部受压不足、温度应力引起的，影响结构安全，应进行加固处理。个别双 T 板板肋端部斜裂缝为斜向剪切裂缝，影响结构安全，应进行加固处理。

2）该建筑物 B 列和 C 列框架梁均存在不同程度的斜向裂缝，该裂缝为集中荷载作用处的弯剪型斜裂缝，影响结构安全，应进行加固处理。B 列和 C 列框架梁裂缝个别位置的侧面竖向裂缝，均为非受力裂缝，由主要是由于混凝土收缩、温度应力造成的，影响耐久性，建议采取加固处理措施。

4.2.5 某综合楼大跨度现浇楼盖结构中框架边梁裂缝情况鉴定

1. 工程概况

某综合楼为地上二层（局部三层）的现浇混凝土框架结构房屋，基础采用现浇钢筋混凝土独立基础，楼面板和屋面板均采用现浇钢筋混凝土板，一层层高为 4.00m，二层层高为 4.80m，室内外高差为 0.45m，总高度为 9.25m，建筑面积为 1965.16m²。

该工程建筑结构安全等级为二级，结构重要性系数为 1.0，设计使用年限为 50 年，建筑抗震设防类别为标准设防类，抗震设防烈度为 6 度，设计地震分组为第一组，设计基本加速度为 0.05g，场地类别为 II 类，框架抗震等级为四级，基本风压为 0.65kN/m²，基本雪压为 0.50kN/m²，上人屋面活荷载为 2.00kN/m²，非上人屋面活荷载为 0.50kN/m²。该工程基础垫层的设计混凝土强度等级为 C15，基础及上部承重结构梁板柱的设计混凝土强度等级均为 C30。

该工程二层 10—21 轴范围内为会议室，其中屋盖采用了框架主梁支承多根单跨大跨度次梁的现浇混凝土梁板结构体系，结构平面布置如图 4.2-18 所示。A 轴和 E 轴上框架边梁截面尺寸为 400mm×750mm，跨度分别为 8.00m、9.20m，钢筋配置情况如图 2-8-1 所示；10—21 轴范围内次梁截面尺寸为 200mm×750mm，跨为 13.00m，布置间距分别为 1.00m、0.90m、0.80m，钢筋配置情况见图 4.2-12；10—21 轴范围内现浇混凝土板的厚度为 60mm；屋盖现浇混凝土构件的设计混凝土强度等级为 C30，恒荷载为 3.1kN/m²（不含构件自重），11—15 轴间活荷载为 5.0kN/m²，其余屋盖活荷载为 2.0kN/m²；设计时假定次梁与框架边梁的支座为铰支座，即不考虑框架边梁对次梁端部的转动约束，且不考虑支座竖向位移，仅用于传递竖向荷载。

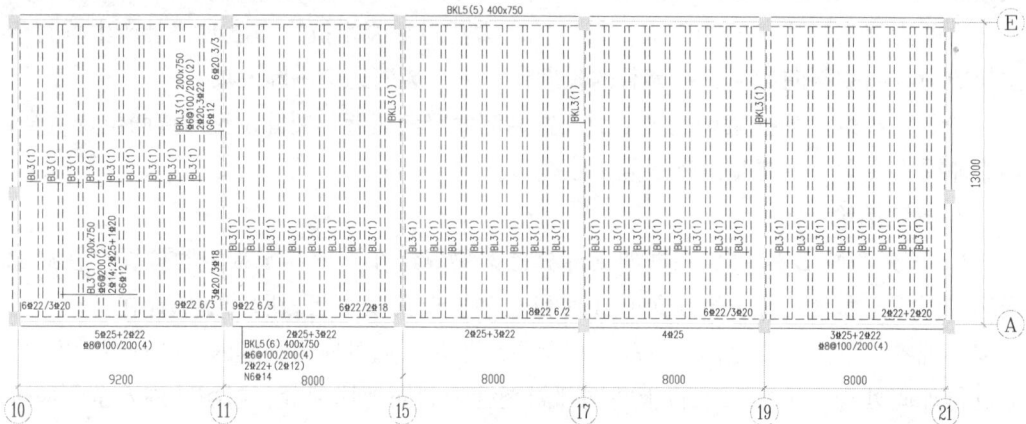

图 4.2-12　屋盖结构钢筋配置图

现由于发现二层顶 10—21 轴和 A—E 轴范围内 A 轴和 E 轴混凝土梁端侧面普遍存在斜向裂缝，委托单位委托对 A 轴和 E 轴混凝土梁施工质量进行鉴定，并分析裂缝形成的原因。

2.调查检测结果

1）宏观裂缝情况检测

该工程竣工后，发现 A 轴和 E 轴上框架边梁端部内侧普遍存在斜向裂缝（A 轴和 E 轴上框架边梁呈对称分布，裂缝情况基本相同，仅给出 A 轴框架边梁的裂缝分布示意图，如图 4.2-13 所示），具体情况如下：

框架柱两侧的框架边梁端部及次梁间边梁区段内侧均出现多条约 45° 的斜向裂缝，裂缝宽度在 0.14 ~ 1.20mm 的范围内，裂缝深度约为 50mm。框架边梁的 45° 斜裂缝在框架柱两侧最为严重，跨中区域内未发现此类裂缝。

框架边梁跨中区域内出现多条竖向裂缝，裂缝宽度在 0.15 ~ 0.20mm 的范围内。

投入使用一段时间后，经观察，框架边梁端部的 45° 斜裂缝有进一步的发展，且边梁外侧出现了与端部斜裂缝走势类似的斜裂缝。

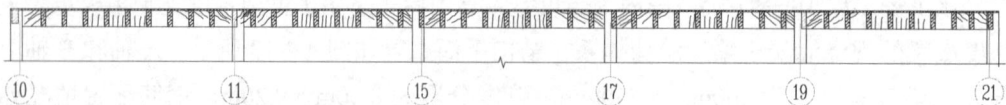

图 4.2-13　A 轴框架边梁内侧裂缝分布示意图

2）结构实体工程质量检测

（1）该工程建造时，建设单位、设计单位、勘察单位、施工单位和监理单位齐全；有正规的设计施工图纸，施工资料齐全、完整。

（2）根据原设计图纸并结合现场实际情况，对该工程的结构布置情况进行了现场核查，结果如下：该工程的柱距、层高等尺寸与设计图纸相符；框架柱、混凝土梁、混凝土板等构件布置与原设计图纸相符。

（3）采用回弹法对 A 轴和 E 轴上框架边梁的混凝土抗压强度进行了检测；所测现浇混凝土构件的混凝土强度推定值符合原设计图纸要求。

（4）现场对 A 轴和 E 轴上框架边梁截面尺寸进行了检测，所测现浇混凝土构件的截面尺寸符合原设计图纸及验收规范要求。

（5）采用钢筋位置测定仪对 A 轴和 E 轴上框架边梁钢筋配置情况进行了检测，所测现浇钢筋混凝土构件的钢筋配置情况符合原设计图纸及验收规范要求。

3）结构使用条件调查

该工程上永久作用主要为结构构件、建筑做法等自重；可变作用主要为屋面活荷载、雪荷载、风荷载等；偶然作用为地震作用。结构构件上的荷载无超载使用情况。

3. 裂缝原因分析

1）分析方法

该工程屋盖结构的设计假定为次梁与框架边梁的支座设置为铰支座，不考虑次梁端部传递弯矩，即框架边梁不存在协调扭转作用。实际工程中屋盖通常采用整体现浇混凝土方式进行施工，次梁端部存在一定的嵌固作用，通常忽略不计。但是当屋盖次梁跨度大、等间距密集布置、荷载大时，在拆模后和使用阶段次梁跨中会产生较大的竖向挠曲变形，次梁端部转动受到的框架边梁的约束不可忽略，从而在框架边梁上产生类似荷载作用的"协调扭矩"。从框架边梁的端部裂缝位置、走向等可以看出，造成上述裂缝的拉应力方向与"协调扭矩"产生的主拉应力方向基本一致，可以初步判定框架边梁端部裂缝与"协调扭矩"有关，属于扭转裂缝。

2）框架边梁受力分析

A 轴和 E 轴上框架边梁呈对称分布，裂缝情况基本相同，以 A 轴框架边梁为例采用结构分析软件对该工程进行建模复核验算，模型中将框架边梁和次梁的支座设定为符合实际情况的固定支座，考虑框架边梁对次梁端部的转动约束和支座竖向位移。在使用阶段，由于模板和支撑已拆除，框架边梁处于弯剪扭复合受力状态，荷载考虑屋盖自重荷载＋活荷载。

（1）经复核验算，A 轴框架边梁承受的弯矩和剪力如表 4.2-6 所示，扭矩分布如图 4.2-14 所示，计算需要抗扭配筋量如表 4.2-7 所示。从计算结果来看，框架边梁端部支座截面承担了很大的弯矩、剪力和扭矩，框架边梁的纵向钢筋和箍筋配筋量不满足抗扭要求，抗扭能力严重不足，剪扭承载力不满足要求。

（2）根据现行《混凝结构设计标准》GB/T 50010—2010 的规定：在弯矩、剪力和扭矩共同作用下，当 H_w/b 不大于 4 时，其截面应符合 $V/(bh_0) + T/(0.8W_t) \leqslant 0.25\beta_c f_c$ 的要求。A 轴上各框架边梁支座端部截面处根据上式计算的 $V/(bh_0) + T/(0.8W_t)$ 最小值为 4440kN，最大值为 9690kN，均大于 $0.25\beta_c f_c$=3575kN。A 轴框架边梁截面偏小，不符合要求。

（3）由图 4.2-14、图 4.2-15 可以得出，支承多根大跨度次梁的框架边梁与次梁的固接连接产生嵌固约束，在构件有限长度内，次梁布置越靠近柱边时，产生的约束扭矩越大；次梁越靠近框架边梁中部，产生的约束扭矩越小。

A 轴框架边梁弯矩和剪力计算结果　　　　　　　　　　　表 4.2-6

构件名称（A 轴）	左侧梁端截面		跨中截面		左侧梁端截面	
	弯矩（kN·m）	剪力（kN）	弯矩（kN·m）	剪力（kN）	弯矩（kN·m）	剪力（kN）
10—11 轴梁	−550.2	424.5	559.8	25.4	−657.2	−447.7
11—15 轴梁	−649.0	505.7	429.5	−10.0	−536.0	−488.1
15—17 轴梁	−496.0	384.8	391.1	−11.4	−488.8	−400.2
17—19 轴梁	−477.2	374.1	351.2	−24.2	−534.7	−407.9
19—21 轴梁	−574.8	437.9	510.4	35.1	−218.0	−342.7

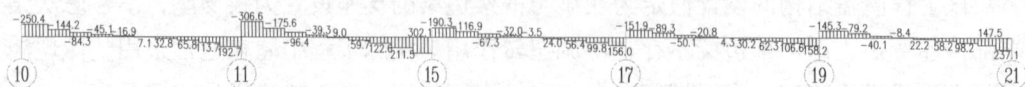

图 4.2-14　A 轴边梁扭矩示意图（kN·m/m）

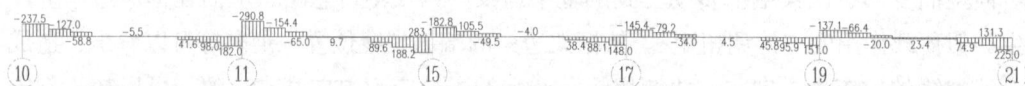

图 4.2-15　优化后 A 轴边梁扭矩示意图（kN·m/m）

A 轴框架边梁抗扭钢筋计算结果（mm^2）　　　　　　表 4.2-7

构件名称（A 轴）	受扭纵向钢筋	外周单肢抗扭箍筋
10—11 轴梁	5150	210
11—15 轴梁	6450	270
15—17 轴梁	3810	160
17—19 轴梁	3090	130
19—21 轴梁	4830	200

（4）选取 A 轴框架边梁为例，根据同济大学和哈尔滨工业大学的研究分析结果，进行承载力复核验算。框架边梁纯扭下的 T_{cr0} 按照式（4.2.5-1）计算；在弯剪扭复合受力状态下，开裂扭矩 T_{cr} 和扭转开裂时的剪力 V_{cr} 按照式（4.2.5-2）进行计算。

$$T_{cr0} = 0.8 f_t W_t \qquad (4.2.5\text{-}1)$$

$$T_{cr}/T_{cr0} + V_{cr}/V_{cr0} = 1 \qquad (4.2.5\text{-}2)$$

式中　W_t——截面塑性抗扭矩，取 $W_t = b^2(3h-b)/6 + h_f^2(b_f-b)/2$，其中 b_f 和 h_f 分别为梁翼缘宽度和高度；

　　　f_t——混凝土的抗拉强度；

　　V_{cr0}——弯剪单独作用时斜截面的开裂剪力，取 $V_{cr0} = 1.5 f_t b h_0/(a/h_0)$，其中 a 为剪跨（按照 0.90m 考虑），h_0 为有效截面高度。

经计算，T_{cr0} 为 49.3kN·m，V_{cr0} 为 498.18kN。在弯剪扭复合受力状态下，A轴各框架边梁上的最大开裂扭矩 T_{cr} 为 15.39kN·m；实际承担扭矩为 237.1kN·m，远大于开裂扭矩，所以 A 轴上所有框架边梁端部出现扭转裂缝，与端部裂缝分布情况相符。

4. 鉴定意见

1）该工程所测 A 轴和 E 轴上框架边梁的混凝土强度、截面尺寸、钢筋配置情况、钢筋保护层厚度符合原设计图纸及验收规范要求。

2）该工程结构设计模型与实际受力情况不完全相符，设计方案不佳；综合考虑弯矩、剪力和扭矩共同作用，A 轴和 E 轴上框架边梁梁端部的承载力不满足规范要求。

5. 设计建议

1）支承多根大跨度次梁的框架边梁与次梁的固接连接产生嵌固约束作用，在构件有限长度内，次梁布置越靠近柱边时，产生的约束扭矩越大；次梁越靠近框架边梁中部，产生的约束扭矩越小。

2）在大跨度次梁现浇楼盖结构中，支承多根次梁的框架边梁始终处于弯剪扭复合受力状态，框架边梁两端 1/3 跨度内嵌固约束作用显著，应高度重视不可折减或忽略，设计时应考虑抗扭作用。边梁中部约 1/3 跨度内次梁的嵌固约束作用不显著，可不计边梁的约束影响，边梁的最大扭矩变化较小；中部约 1/3 跨度内次梁可按照两端简支梁设计。

3）在确定大跨度次梁现浇楼盖结构布置方案时，可通过将次梁与边梁采用铰接连接、减小楼盖荷载、合理布置次梁位置、采用预应力次梁等方法消除或减小边梁的协调扭矩值。

4.2.6　某石油化工企业污水池裂缝情况鉴定

1. 工程概况

某石油化工企业污水池，为半地下封闭式现浇混凝土水池，平面尺寸为 36.00m×112.00m（污水池结构平面布置图如图 4.2-16 所示），池壁高 6.20m（局部 7.80m），埋深 2.00m（局部 3.60m），池壁厚度为 450mm；池壁内侧水平向钢筋和竖向钢筋为 ϕ14@150，标高 1m 以下附加 ϕ14@150 钢筋；池壁外侧水平向钢筋和竖向钢

筋为 $\phi 14@150$；水池顶板厚度为 250mm，配筋为双层双向 $\phi 14@150$；水池基础位于粉土层，采用 500mm 现浇混凝土筏形基础，基础与粉土层之间有一层厚度 100mm 的 C15 混凝土垫层；水池底板和顶板设置两条宽 800mm 的后浇带，间距为 24m；基础及水池上部结构的设计混凝土强度等级均为 C30。从 2017 年初开始施工，到 2018 年初建成投入使用。施工时，先浇筑混凝土基础筏板及 500mm 高池壁，然后再一次性整体浇筑池壁，池壁未设置后浇带和温度收缩缝，也未做计算和制定其他控制温度收缩的措施；仅在底板面以上 500mm 处池壁上设置一道水平施工缝，施工缝处设置钢板止水带。

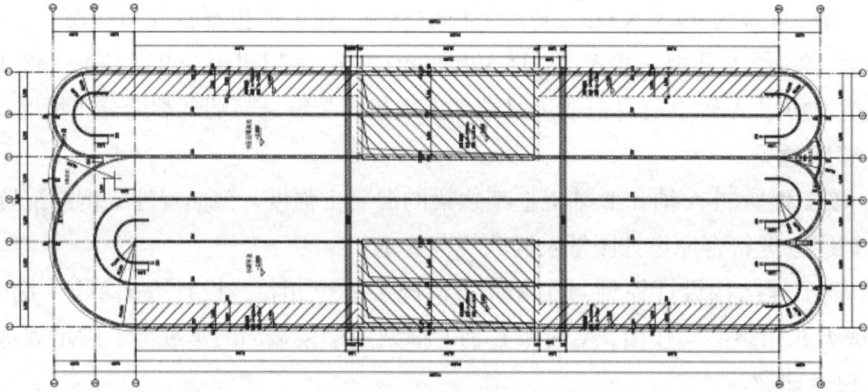

图 4.2-16 污水池结构平面布置图

2. 调查检测结果

1）宏观裂缝情况检测

该工程自建成到投入使用一年内，水池周边池壁开始陆续出现裂缝，并且扩展增多，池壁出现明显的渗漏现象，冬季尤为严重。为方便描述约定沿侧面为竖向；裂缝绝大多数为竖向贯穿裂缝；个别位置为斜向贯穿裂缝；部分位置处存在表面裂缝；具体情况如下：

（1）所有裂缝均出现在外墙上，绝大多数裂缝的方向基本与外墙长边方向垂直，个别墙端有斜向裂缝；绝大多数裂缝顶部距顶板约 0.4～0.8m。

（2）裂缝分布以长边方向的中点基本轴对称，自中部 1/3 范围内局部下沉区域裂缝集中，逐渐向两边分散减少；局部下沉交接处存在变截面，此位置处存在应力集中，裂缝较为密集。

（3）池壁裂缝间距不均一，多数裂缝间距为 3.2m、2.4m、1.6m，个别裂缝间距为 4.0m；裂缝集中区域间距多为 0.8m。

（4）裂缝宽度一般为 0.2～0.4mm，少数达到 1mm 以上，两端偏窄、中间偏宽，呈枣核状；沿池壁高度裂缝基本位于中部，少数裂缝贯穿全高。

（5）部分位置处裂缝进行堵漏修补后，其后又出现新的裂缝。

（6）在贯穿裂缝之间分布有宽度约为 0.1 ~ 0.2mm 的表面裂缝。

2）结构实体工程质量检测

（1）该工程建造时建设单位、设计单位、勘察单位、施工单位和监理单位齐全；有正规的设计施工图纸，施工资料齐全、完整。

（2）根据原设计图纸并结合现场实际情况，对该工程的结构布置情况进行了现场核查，结果如下：该工程的柱距、高度等尺寸与设计图纸相符；剪力墙、框架柱、混凝土梁、混凝土板等构件布置与原设计图纸相符。

（3）采用回弹法该工程池壁的混凝土抗压强度进行了检测；所测池壁的混凝土强度推定值符合原设计图纸要求。

（4）现场楼板测厚仪对该工程池壁的截面尺寸进行了检测，所测池壁的截面尺寸符合原设计图纸及验收规范要求。

（5）采用钢筋位置测定仪该工程池壁的钢筋配置情况进行了检测，所测池壁的钢筋配置情况符合原设计图纸及验收规范要求。

（6）采用钢筋位置测定仪该工程池壁的钢筋保护层厚度情况进行了检测，所测池壁的钢筋保护层厚度符合原设计图纸及验收规范要求。

3. 裂缝分析

1）分析思路

由于裂缝主要分布在水池南北向外侧池壁，裂缝原因分析也主要是针对此池壁进行分析。该水池池壁的壁面存在季节温差、昼夜温差、日照温差等；季节温差是一种长期缓慢均匀温差，对结构整体影响作用较大；其他几种类型温度作用对结构整体影响相对小，对池壁表面的温度差有影响，对表面裂缝产生有显著作用。该污水池内温度长年保持在 37℃ 左右，冬季场地最冷月平均气温取 −5℃；夏季温度高，温度升高后混凝土体积会膨胀，能抵消一部分混凝土的收缩变形，会抑制结构裂缝的发展；在冬季结构因温度降低而受冷收缩，与混凝土自身收缩变形叠加后会使结构出现较大的拉应力，当拉应力超过混凝土抗拉强度时池壁就会开裂；通过有限元软件 SAP2000 对该污水池池壁进行计算分析。

2）混凝土池壁计算

（1）计算条件

根据原设计图纸，该水池顶板厚 250mm，底板厚 500mm，池壁顶部壁厚 350mm，底部壁厚 500mm，混凝土设计强度等级为 C30。池壁外填土标高 ±0.000m，池顶标高 4.200m，池底标高 −2.00m（−3.600m），设计池壁配筋见图 4.2-17、图 4.2-18；荷载取值如下：根据该水池现有状态下的实际使用情况，池壁内油面标高取 3.5m，池内油温冬季 32℃，夏季 41℃，场地最冷月平均气温取 −5℃，池内油重度 9.0kN/m³。计算时，池壁外填土重度取 18.0kN/m³，主动土压力系数取 1/3；池顶活荷载取 0.5kN/m²。

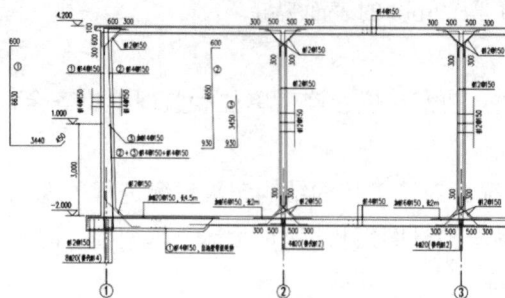

图 4.2-17 6.20m 高池壁设计配筋图

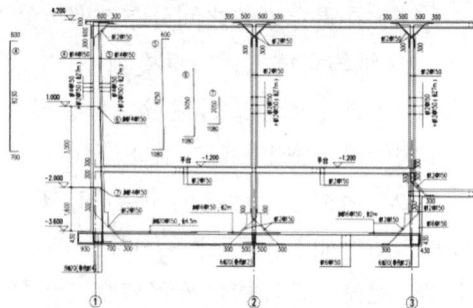

图 4.2-18 7.80m 高池壁设计配筋图

（2）计算结果

工况 1：闭水试验

该工况模拟的是池外无土、池内有水、无温差的情况下水池池壁的受力情况，主要研究水压梯度对混凝土池壁的影响。池壁水平方向、竖直方向的弯矩内力云图见图 4.2-19、图 4.2-20。

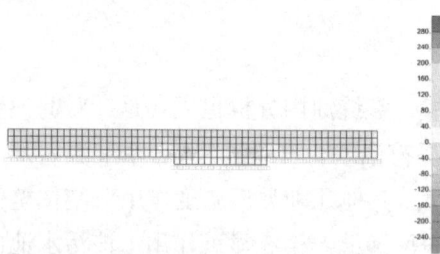

图 4.2-19 池壁水平方向弯矩内力云图

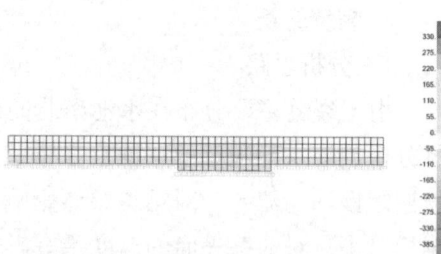

图 4.2-20 池壁竖直方向弯矩内力云图

该工况下池壁典型位置处的弯矩值如表 4.2-8 所示，均满足规范要求。

工况 1 池壁承载力计算结果　　　　　　　　　　表 4.2-8

位置			闭水试验	截面承载力
6.2m 高池壁	竖向	池底（内拉）	170kN·m	302kN·m
		中间（外拉）	−62kN·m	136kN·m
	水平	中间（外拉）	−11kN·m	136kN·m
7.8m 高池壁	竖向	池底（内拉）	313kN·m	439kN·m
		中间（外拉）	−108kN·m	136kN·m
	水平	中间（外拉）	−37kN·m	136kN·m

工况 2：正常使用（不考虑温度变化作用）

该工况模拟的条件是池内有油、池外有土，但不考虑温度变化作用，研究在无温差作用时，现有实际使用状态下水池池壁的受力情况，池壁承载能力极限状态下水平方向、竖直方向的弯矩内力云图见图 4.2-21、图 4.2-22；池壁正常使用极限状态下水平方向、竖直方向的弯矩内力云图见图 4.2-23、图 4.2-24。

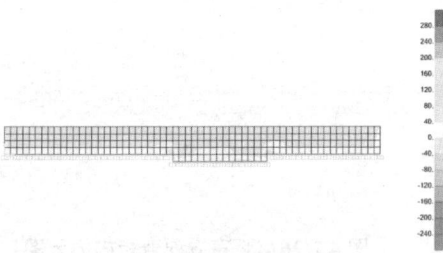

图 4.2-21　水平方向弯矩内力云图

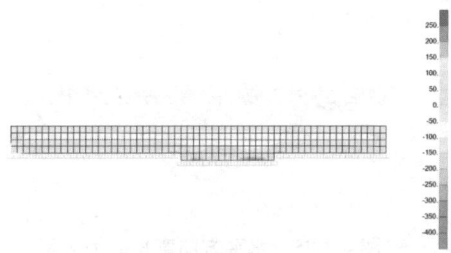

图 4.2-22　竖直方向弯矩内力云图

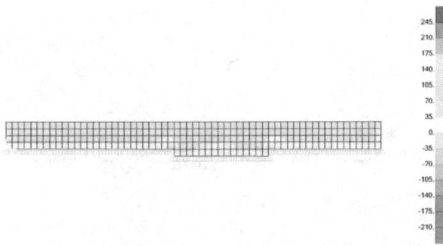

图 4.2-23　水平方向弯矩内力云图

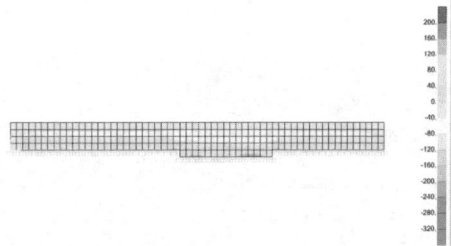

图 4.2-24　竖直方向弯矩内力云图

该工况下，池壁典型位置处的弯矩值与裂缝宽度见表 4.2-9，均满足规范要求。

工况 2 池壁承载力计算结果　　　　　　　　　　　　　　　　　表 4.2-9

位置			承载能力极限状态	正常使用极限状态	截面承载力	裂缝宽度
6.2m 高池壁	竖向	池底（内拉）	168kN·m	127kN·m	302kN·m	0.068mm
		中间（外拉）	−61kN·m	−47kN·m	136kN·m	0.044mm
	水平	中间（外拉）	−11kN·m	−9kN·m	136kN·m	—
7.8m 高池壁	竖向	池底（内拉）	287kN·m	217kN·m	439kN·m	0.146mm
		中间（外拉）	−106kN·m	−80kN·m	136kN·m	0.203mm
	水平	中间（外拉）	−34kN·m	−27kN·m	136kN·m	—

工况 3：正常使用（考虑温度变化作用）

该工况模拟的条件是池内有油、池外有土、考虑温度变化作用，研究温差对现有实际使用状态下水池池壁的受力影响，池壁承载能力极限状态下水平方向、竖直方向的弯矩内力云图见图 4.2-25、图 4.2-26；池壁正常使用极限状态下水平方向、竖直方向的弯矩内力云图见图 4.2-27、图 4.2-28。

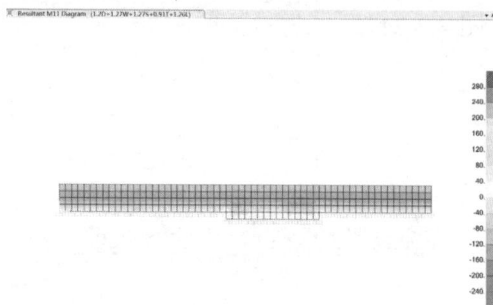

图 4.2-25　水平方向弯矩内力云图

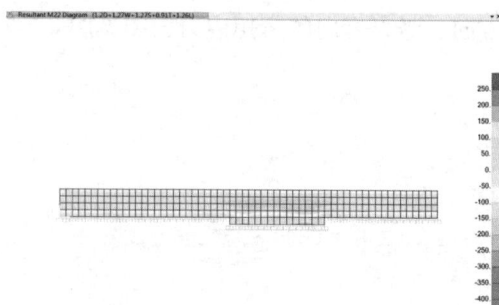

图 4.2-26　竖直方向弯矩内力云图

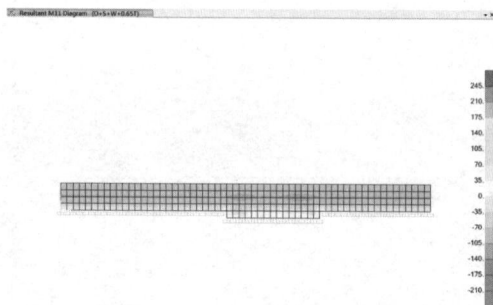

图 4.2-27　水平方向弯矩内力云图

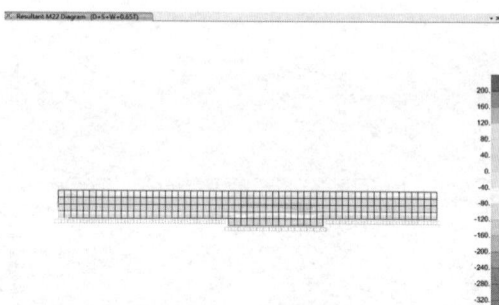

图 4.2-28　竖直方向弯矩内力云图

该工况下池壁典型位置处的弯矩值与裂缝宽度见表 4.2-10；池壁外侧中部承载力不满足规范要求，池壁外侧中部裂缝宽度不满足规范要求。

工况 3 池壁承载力计算结果　　　　　　　表 4.2-10

位置			承载能力极限状态	正常使用极限状态	截面承载力	裂缝宽度
6.2m 高池壁	竖向	池底（内拉）	47kN·m	42kN·m	302kN·m	—
		中间（外拉）	−154kN·m	−113kN·m	136kN·m	0.374mm
	水平	中间（外拉）	−152kN·m	−110kN·m	136kN·m	0.440mm
7.8m 高池壁	竖向	池底（内拉）	220kN·m	175kN·m	439 kN·m	—
		中间（外拉）	−179kN·m	−134kN·m	136kN·m	0.482mm
	水平	中间（外拉）	−166kN·m	−121kN·m	136kN·m	0.508mm

4. 鉴定结论

根据现场实测结果和后期计算分析，该水池结构布置与设计图纸相符，无不均匀沉降现象，池壁的混凝土强度、截面尺寸、钢筋配置情况等符合设计图纸要求，池壁产生开裂现象的主要原因是温度变化及混凝土收缩因素对水池池壁内力产生影响，进而导致水池池壁开裂。考虑到水池池壁开裂已造成了明显的渗漏现象，为此裂缝应予修补并进行结构的加固处理。

5. 处理建议

针对该水池池壁裂缝的加固处理措施，首先对裂缝进行修补封闭，然后对池壁粘贴碳纤维，最后在池壁外侧新增保温处理。

1）对裂缝进行修补封闭时，沟槽深度为 20～30mm，宽度不小于 50mm，对剔沟后界面冲洗干净、充分湿润、无明水后涂刷界面剂，结合面处理完毕后，采用Ⅰ级聚合物改性水泥砂浆填充压实。

2）沿裂缝粘贴 300g 碳纤维布一层（使纤维方向垂直于裂缝方向）、范围至裂缝两侧各 100mm，再沿池壁水平方向粘贴 100mm 宽 300g 碳纤维布一层、净距 100mm，最后沿池壁竖直方向粘贴 100mm 宽 300g 碳纤维布压条一层、净距 100mm。碳纤维必须选用聚丙烯腈基 15k 以下的小丝束纤维，严禁使用大丝束纤维（本工程采用高强度Ⅰ级单向织物，$300g/m^2$）。

3）上述处理完毕后，在池壁外侧及顶板温差变化较大部位做保温隔热处理（包括 ±0.000m 以下区域），控制温差不超过 10℃；保温材料采用粘结砂浆加聚氨酯保温板做法，保温层厚度不应小于 100mm。

4.2.7　某筒－柱支承式钢筋混凝土圆形筒仓裂缝原因分析

1. 工程概况

该生料均化库建于 2005 年，为钢筋混凝土单支筒结构，筒仓内储存的生料为湿度较低的干粉状料，筒仓内温度常年在 80℃左右，日常储料荷载约为 8000t。目前，该生料均化库仍在使用。在使用过程中发现仓壁外侧中下部存在较多裂缝，个别位置处混凝土块掉落，影响筒仓的正常使用。为保证筒仓的使用功能，了解其安全现状对该筒仓结构进行技术鉴定，并根据实际鉴定结果提出相应的筒仓加固处理建议。

该筒壁基础采用环形筏形基础，仓下支承结构部分基础采用独立基础，仓下支承结构高度为 15.056m，筒壁厚度为 450mm，仓壁内直径为 17.80m，内部采用四根框架柱支承，筒仓仓底板位于 15.056m 高度处，为倒锥形多孔漏斗，底板厚度为 600mm；15.056m 以上仓壁厚度为 350mm，仓壁内直径为 18.00m，未设置保温内衬层；筒仓顶盖为钢梁＋组合楼承楼面，楼板厚度为 140mm；基础及上部结构设计混凝土强度等级均为 C30；仓壁钢筋规格型号为 HRB335；15.056～26.586m 范围内设置减压锥；5.056m 以上仓壁的环向钢筋采用双面焊接连接，焊接长度为 6d，竖向钢筋采用搭接连接，连接接头处均错开；设计容积为 10000t，储料最大高度为 44.0m；储料高度约为 36.0m；施工采用滑模工艺连续浇筑。

2. 调查检测结果

1）外观质量及损伤情况

该仓底底板结构存在两条明显环形裂缝及局部不规则裂缝，裂缝宽度在0.40～0.70mm之间。经检测，环向裂缝主要位于环向钢筋位置处，个别裂缝位于施工模板拼缝处，具体裂缝情况详见表4.2-11。

仓底底板裂缝检测结果　　　　　　　　　　　表4.2-11

构件位置	外观质量缺陷检测结果
底板东侧	裂缝宽度为0.50～0.60mm
底板南侧	裂缝宽度为0.60～0.70mm
底板西侧	裂缝宽度为0.40～0.50mm
底板北侧	裂缝宽度为0.40～0.60mm

受现场条件所限，仓内无法进入检测，故本次仅对仓底板下方的筒仓内、外侧壁及上方的外壁进行检测，检测发现局部存在混凝土不密实、钢筋外露锈蚀、筒壁外侧存在竖向裂缝及环向裂缝等外观质量缺陷，检查的具体结果如表4.2-12所示。

筒仓壁结构外观质量缺陷检测结果　　　　　　表4.2-12

构件位置	外观质量缺陷检测结果
高度10.750m处筒壁内侧	局部存在混凝土不密实的现象
高度15.056m下方锥壳内壁	筒壁内侧收口处局部存在混凝土不密实的现象
高度0～16m筒壁外侧	内壁局部存在混凝土不密实的现象
高度16～43m筒壁外侧	筒壁外侧个别位置存在轻微的环向裂缝
高度43m～顶部筒壁外侧	筒壁外侧各侧面存在大量竖向裂缝和一些环向裂缝，部分区域的裂缝呈现为网格状；大多数竖向裂缝之间的间距基本与筒仓壁竖向钢筋之间的间距相接近；局部混凝土存在不密实现象，剔凿后混凝土不密实的深度约为5cm，其中高度20～30m间的竖向裂缝宽度较宽，最大裂缝宽度约为1mm

现场检测时，发现顶板板顶面层普遍存在开裂或修补后开裂的现象。设备基础存在混凝土锈胀、钢筋外露锈蚀等现象。

2）结构实体质量检测

（1）混凝土强度：仓下框架柱、仓下框架梁板、仓底底板、筒仓壁混凝土强度推定值分别为42.6MPa、36.0MPa、34.5MPa、33.0MPa，均满足原设计等级C30的要求。

（2）截面尺寸：采用钢卷尺对仓下支承结构梁柱的截面尺寸进行了抽样检测，所测仓下支承结构梁柱的截面尺寸满足原设计及验收规范要求。

（3）构件钢筋配置情况：所测仓下支承结构、仓底底板、筒仓外壁混凝土构件的钢筋间距及数量满足原设计及验收规范要求。

（4）混凝土保护层厚度：所测该筒仓筒壁外表面的部分环向钢筋保护层厚度不满足原设计及验收规范要求，环向钢筋保护层厚度平均值为 36.4mm。

3. 受力分析

1）计算模型

为深入了解该钢筋混凝土筒仓整体受力情况，特别是筒仓仓壁在不同内外温差作用下主应变的分布情况，对其进行筒仓有限元受力分析。根据《钢筋混凝土筒仓设计标准》GB 50077 的相关规定、结构施工图及现场实地检测结果，利用 ABAQUS 有限元软件，建立筒仓结构整体模型进行受力分析。计算模型见图 4.2-29。

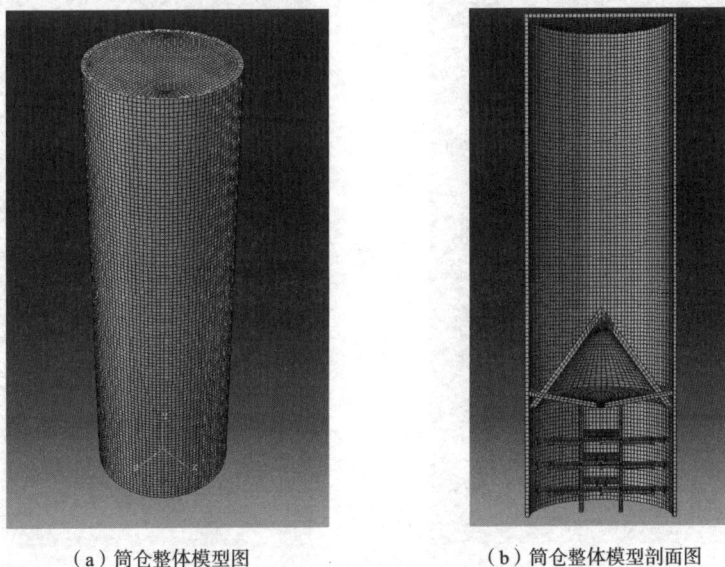

（a）筒仓整体模型图　　　　　　　（b）筒仓整体模型剖面图

图 4.2-29　筒仓结构整体模型图

筒仓模型各计算条件如下：

该筒仓结构混凝土强度等级为 C30，钢筋混凝土的自重取为 25kN/m³，混凝土的弹性模量为 $3 \times 10^4 N/mm^2$，混凝土的热膨胀系数为 $1 \times 10^{-5}/℃$，混凝土的泊松比取为 0.25。该筒仓结构主要考虑以下作用：筒仓结构整体自重，考虑筒仓顶面、底下部各层楼面的活荷载，考虑顶面以及其余附属部分对筒仓侧壁的约束效应；筒仓内储存的贮料对侧壁产生的摩擦力；筒仓内储存的贮料对侧壁产生的侧压力；筒仓结构内外温度差异导致的温度作用，在筒仓内侧和外侧环境设置不同的温度条件，来模拟不同温差条件下的情况。在进行有限元计算分析时，使用混凝土弹性块体单元对筒仓进行计算，按照《钢筋混凝土筒仓设计标准》GB 50077 中的有关规定来确定筒仓内储存的贮料对筒仓侧壁的作用，其中筒仓内贮料重力密度依据现场检测结果取 14kN/m³，内摩擦角 $\varphi=33°$。

2）计算结果

对于混凝土构件来说，裂缝的产生主要是由于混凝土结构内部受到拉应力作用引起的，当混凝土所受拉应力超过自身强度时，便会导致裂缝出现。混凝土结构开裂的严重程度取决于结构内外变形差异的大小。该筒仓结构在自重、贮料以及温度共同作用下，最大受力部位与最小部位的变形值之差约为10%。自重、贮料以及温度共同作用下筒仓结构的应力、应变云图见图4.2-30，不同温差条件下筒仓仓壁的最大拉应变见表4.2-13。

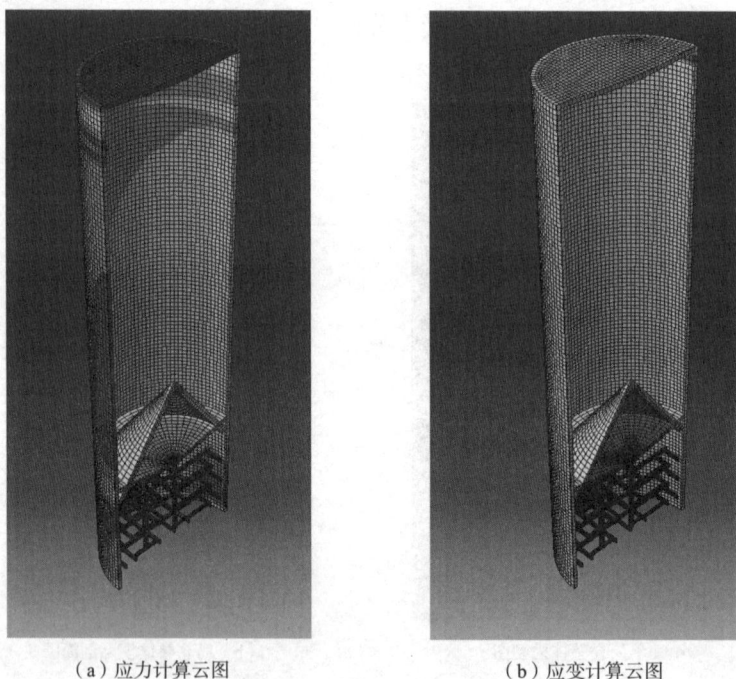

（a）应力计算云图　　　　　　　　　（b）应变计算云图

图 4.2-30　筒仓结构应力、应变云图

筒仓壁最大拉应变（×10⁻⁴）　　　　　　　表 4.2-13

内外温差	40℃	80℃	120℃
外壁最大主应变	0.9	3.0	5.1
内壁最大主应变	0.7	2.7	4.7

对不同温差条件进行计算，可得出以下结论：

（1）在筒仓结构内壁外壁温度差达到40℃时，筒仓内壁、外壁最大拉应变均较小，同时筒仓结构的混凝土内部的钢筋受力约束混凝土，防止内外壁混凝土产生裂缝，从而保持筒仓结构正常使用。

（2）在筒仓结构内壁外壁温差达到80℃时，内壁、外壁受到的最大拉应变均已超过混凝土的极限拉应变值，内壁、外壁均会出现裂缝，影响该筒仓结构的正常使用。

（3）在筒仓结构内壁外壁温差达到120℃时，内壁、外壁最大拉应变已远超过极限应变值，此时可能会引发严重的裂缝贯通。

（4）在其他条件不变的情况下，筒仓结构内外壁温差的增加，导致结构承受的拉应力以及裂缝宽度也不断增加。当内外温差翻倍时，拉应力随之增加1倍，裂缝宽度随之增加1.5倍。

（5）筒仓结构内外壁温差比混凝土强度更能影响筒仓结构裂缝的产生。

4. 裂缝原因分析

1）仓底底板环形裂缝产生的原因，主要与材料收缩、温度应力等因素有关。混凝土随温度变化会产生热胀冷缩变形，收缩受到约束时，混凝土会产生收缩拉应力；同时，当变形受到约束时即在混凝土内部产生温度拉应力。当产生的应力超过强度时，便会产生裂缝。

2）高度16～43m筒壁外侧竖向裂缝产生的原因，主要是在使用过程中仓内生料对筒壁产生环向应力，而筒内温度常年在80℃左右，筒内生料均为湿度较低的干粉状料，筒仓内部未设置保温内衬，筒壁内外温差大产生温度应力，温度应力与荷载应力叠加后，仓壁截面外侧承受较大的拉应力。当拉应力超过混凝土的抗拉强度时就会开裂，而20～30m高度处裂缝较上部裂缝宽，主要是因为该部位为筒内减压锥的顶部，为筒壁受力最大处，出现的竖向裂缝最宽，与筒壁受力大小吻合。仓壁环向产生受拉裂缝后，裂缝位置的钢筋与周围混凝土发生相对滑移，减弱了混凝土对钢筋的握裹力；随着季节温度的变化，仓壁环向截面组合拉应力随季节的波动变化，会导致竖向裂缝的宽度出现增减现象，进而削弱裂缝部位环向钢筋与混凝土之间的握裹作用，随着温度应力的反复改变，使得筒壁混凝土的裂缝日趋加剧。

3）对于筒壁环向裂缝产生的原因主要是滑模工艺连续浇筑施工过程中措施不到位，导致模板与混凝土摩擦力变大，滑模提升时会产生环形裂缝，温度等环境因素的影响也会到导致裂缝的发展。筒壁混凝土和模板接槎处存在薄弱面，在滑升的过程中也会造成一部分混凝土不密实、孔洞的产生，易出现渗漏水的现象。

4）现场检测时发现该筒仓结构除了裂缝外，部分混凝土板局部后开洞口处存在钢筋外露锈蚀、局部框架柱存在混凝土疏松、钢筋外露等外观质量缺陷；上述混凝土疏松主要是由于混凝土施工过程中的漏振产生的。

5. 鉴定结论

本研究通过技术分析，对该筒仓结构的裂缝成因进行了深入探讨，着重从施工和设计两方面对裂缝产生的原因进行详细总结：施工工艺实施阶段缺乏规范性，在施工过程中滑模工艺连续浇筑措施不到位；该筒仓结构存在部分混凝土疏松、不密实的情况，部分混凝土保护层厚度偏小甚至存在露筋等施工质量缺陷；该筒仓结构使用阶段仓壁内外形成较大温差，使仓壁截面外侧承受较大的拉应力。这里，进一步依据有关规范给出了筒仓结构加固处理的技术方案，为今后类似类型筒仓结构的设计和施工提供了创新思路。

6. 仓壁加固处理方案

对该筒仓结构进行加固处理，根据现场调查情况，参考相关规范完成对仓壁加固处理方案的制定。

对裂缝进行修复处理，具体处理措施如下：

（1）裂缝较细、较浅（裂缝宽度 <0.2mm）且表面裂缝不多时，可只进行裂缝封闭处理；

（2）裂缝宽度 ≥ 0.2mm 时，可采用压力注射封缝胶进行裂缝封闭处理；

（3）裂缝修复完成后，构件表面涂抹 20mm 厚聚合物改性水泥砂浆。

对该筒仓仓底底板进行加固，具体措施如下：沿仓底底板卸料口两侧新加钢丝绳，钢丝绳两端固定于减压锥与仓底底板交界处，锚固构件可由施工单位确定，应采用机械锚固方法，不得将结构胶用于受力构件的锚固，避免高温失效。

对筒仓仓壁进行加固，具体措施如下：在筒壁外侧进行加固时，首先清除混凝土表面的杂质以及锈蚀，保持结合面湿润。采用单侧增加钢丝网—聚合物砂浆面层进行加固，利用闭体花篮螺栓来连接环向钢丝绳，使环向钢丝绳绷紧。竖向构造筋采用机械连接的连接方式，连接接头错开，喷涂砂浆前应在构件表面涂刷界面胶。聚合物砂浆的有关配合比应按照说明配制，施工过程中进行两次压抹（喷射），钢丝网保护层厚度为 20mm。施工现场环境在温度 20℃以上时，聚合物砂浆收光后 20min 便可刷水养护，最少应湿润养护 7d 并避免硬性冲击。

4.2.8 某现浇钢筋混凝土剪力墙结构住宅楼混凝土鼓包、爆裂情况鉴定

1. 工程概况

某住宅楼，为地下 1 层、地上 24 层的现浇混凝土剪力墙结构住宅，建筑高度为 73.60m，建筑物面积为 14324.27m²。该工程主体结构形式为现浇混凝土剪力墙结构，基础形式为筏形基础，建筑结构安全等级为二级，主体结构设计使用年限为 50 年，抗震设防类别为标准设防类（丙类），抗震设防烈度为 7 度（0.10g），设计地震分组为第三组。该工程梁板混凝土设计强度等级均为 C30。

经了解，该工程有正规的建设单位、勘察单位、设计单位、监理单位、施工单位。由于该楼业主在装修过程中发现板底普遍存在混凝土鼓包、爆裂现象，选取具有代表性的 3 层 9—13 ~ 2/D—1/E 轴顶板、12 层 13—16 ~ 2/D—1/E 轴顶板、23 层 13—16 ~ 2/D—1/E 轴顶板委托对该工程板底混凝土鼓包、爆裂情况进行检测鉴定。

2. 调查检测结果

1）宏观情况检测

（1）现场检测时，发现该工程混凝土板底普遍存在不同程度的鼓包、爆裂现象，爆裂位置呈散点状分布，将鼓包处混凝土剔凿后发现鼓包处粗骨料已粉化，颜色主要有黑褐色、浅绿色，少量为白色。一经触碰，粉末状物质即脱落，爆裂以骨料为中心向四周辐射。混凝土爆裂深度、尺寸与爆裂点处粉化的骨料粒径大小及深度有关，粒

径越大、距表面深度越大，爆裂情况越严重。现场检测时，爆裂典型照片如图 4.2-31、图 4.2-32 所示。

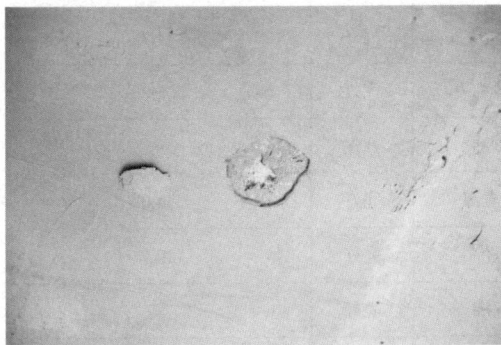

图 4.2-31　板底混凝土爆裂

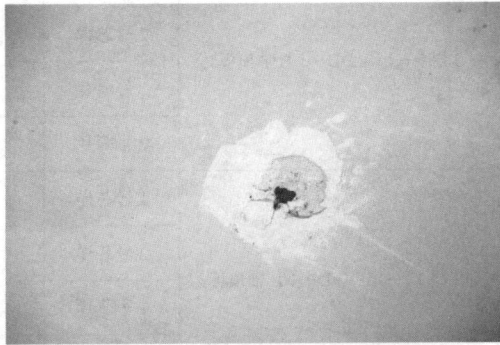

图 4.2-32　板底混凝土爆裂

（2）经现场量测，绝大多数爆裂点骨料的粒径及深度均在 10mm 以内。从上述破坏特征可以看出，混凝土爆裂是由于掺入不合格的骨料所引起的。骨料在遇水或有湿气的环境中发生了膨胀性的化学反应，产生较大的膨胀应力。当应力超过混凝土抗拉强度时，会将周边混凝土撑开，导致表层混凝土开裂、剥落，而钢渣骨料自身则因发生化学反应后变得酥松。

2）混凝土强度检测

采用钻芯法对该工程 3 层 9—13 ~ 2/D—1/E 轴顶板、12 层 13—16 ~ 2/D—1/E 轴顶板、23 层 13—16 ~ 2/D—1/E 轴顶板的混凝土抗压强度进行了检测。经检测，该工程 3 层 9—13 ~ 2/D—1/E 轴顶板、12 层 13—16 ~ 2/D—1/E 轴顶板、23 层 13—16 ~ 2/D—1/E 轴顶板的混凝土抗压强度推定值分别为 38.3MPa、37.5MPa、33.7MPa，符合设计图纸要求。

3）混凝土沸煮试验及芯样抗压强度检测

对选取板底存在鼓包、爆裂现象的 3 层 9—13 ~ 2/D—1/E 轴顶板、12 层 13—16 ~ 2/D—1/E 轴顶板、23 层 13—16 ~ 2/D—1/E 轴顶板，现场每块顶板钻取 2 个芯样，在每个芯样切取一个约 10mm 厚混凝土薄片及一个 75mm 高标准芯样试件；选取 2 个薄片与一个芯样试件进行煮沸试验。煮沸试验结束后，将完好的芯样进行混凝土抗压强度检测，检测结果见表 4.2-14。所取芯样表面及内部个别位置存在同爆裂点相同的骨料，但数量相对于板底位置较少；其中，6 块薄片中有 3 块薄片开裂，3 块未开裂，3 个煮沸的芯样均未开裂；所测未开裂芯样的混凝土抗压强度换算值满足原设计要求。

混凝土沸煮试验及芯样抗压强度检测   表 4.2-14

构件名称	试样类型	试样处理情况	是否完好	芯样抗压强度换算值（MPa）
3 层 9—13 ~ 2/D—1/E 轴顶板	1 号芯样	未煮沸	完好	34.9
	2 号芯样	煮沸	完好	31.7
	1 号薄片	煮沸	完好	—
	2 号薄片	煮沸	开裂	—
12 层 13—16 ~ 2/D—1/E 轴顶板	1 号芯样	未煮沸	完好	34.0
	2 号芯样	煮沸	完好	30.5
	1 号薄片	煮沸	完好	—
	2 号薄片	煮沸	开裂	—
23 层 13—16 ~ 2/D—1/E 轴顶板	1 号芯样	未煮沸	完好	34.2
	2 号芯样	煮沸	完好	31.2
	1 号薄片	煮沸	完好	—
	2 号薄片	煮沸	开裂	—

4）钢筋配置情况检测

采用钢筋位置测定仪对选取现浇混凝土板的钢筋配置情况进行了检测，检测结果见表 4.2-15。所测现浇混凝土板的钢筋间距符合原设计及验收规范要求。

混凝土板钢筋配置情况检测结果（mm）   表 4.2-15

构件位置	东西向钢筋间距		南北向钢筋间距	
	设计	实测	设计	实测
3 层 9—13 ~ 2/D—1/E 轴顶板	@150	@149	@150	@142
12 层 13—16 ~ 2/D—1/E 轴顶板	@150	@150	@150	@140
23 层 13—16 ~ 2/D—1/E 轴顶板	@150	@147	@150	@151

5）钢筋保护层厚度检测

采用钢筋位置测定仪对选取现浇混凝土板板底的钢筋保护层厚度进行了检测，检测结果见表 4.2-16。所测现浇混凝土板的钢筋保护层厚度满足原设计及验收规范要求。

混凝土板钢筋保护层厚度检测结果（mm）　　　　　表 4.2-16

构件名称、部位		保护层厚度						
		设计	实测					
			1	2	3	4	5	6
3 层 9—13 ~ 2/D—1/E 轴顶板	短跨向	15	23	22	21	23	25	20
12 层 13—16 ~ 2/D—1/E 轴顶板	短跨向	15	20	21	22	22	20	22
23 层 13—16 ~ 2/D—1/E 轴顶板	短跨向	15	15	14	16	19	14	19

6）面能谱（SEM）和点能谱（EDS）分析

现场选取有代表性的表面鼓包脱落部位出现异常的白色或灰色材料取样，分别做了面能谱和点能谱分析，分析结果如下：取样部位材料的主要元素为氧、钙、碳、硅、铝、镁，还含有少量的铁、钠、钾等其他微量元素。

7）X 射线衍射（XRD）分析和 X 射线荧光（XRF）分析

为进一步确定取样材料的化学成分，进行了 XRD（X 射线衍射分析）和 XRF（X 射线荧光分析），分析结果见图 4.2-33、图 4.2-34。

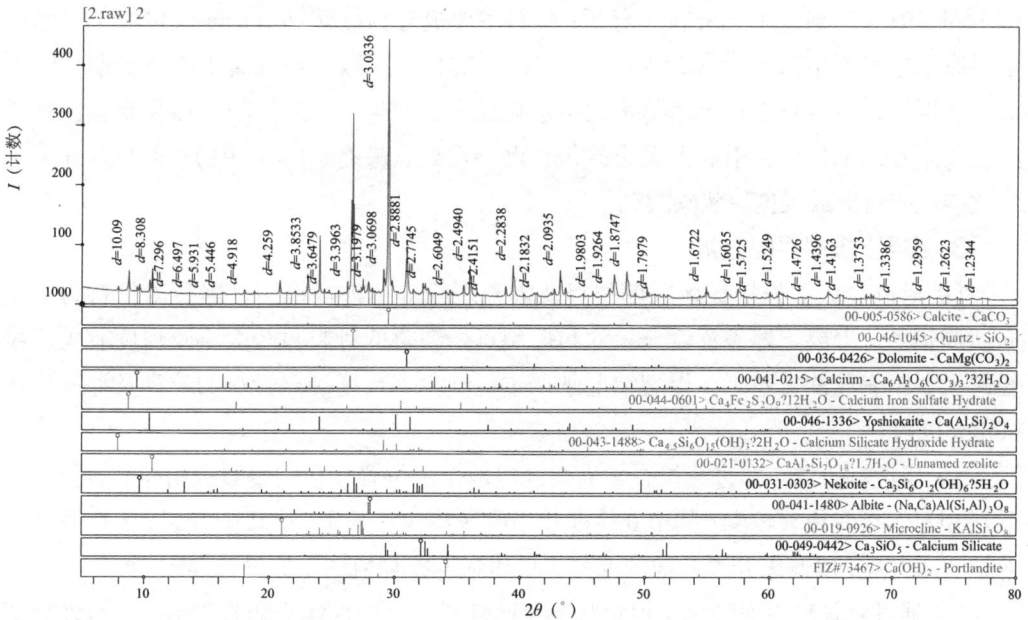

图 4.2-33　X 射线衍射（XRD）分析结果

分析结果				
分析类型	EZ 扫描		文件名	EZS129
分析日期	2022-3-28 13:23			
样品名	2			
No.	组分	单位	结果	
1	CO_2	mass%	32.1036	
2	Na_2O	mass%	0.1703	
3	MgO	mass%	2.1414	
4	Al_2O_3	mass%	4.6855	
5	SiO_2	mass%	14.7411	
6	P_2O_5	mass%	0.0887	
7	SO_3	mass%	0.9308	
8	Cl	mass%	0.0256	
9	K_2O	mass%	0.4334	
10	CaO	mass%	41.0264	
11	TiO_2	mass%	0.2017	
12	Cr_2O_3	mass%	0.0102	
13	MnO	mass%	0.1072	
14	Fe_2O_3	mass%	3.2206	
15	CuO	mass%	0.0098	
16	ZnO	mass%	0.0066	
17	Rb_2O	mass%	0.0016	
18	SrO	mass%	0.0434	
19	Y_2O_3	mass%	0.0015	
20	ZrO_2	mass%	0.0076	
21	BaO	mass%	0.0430	

图 4.2-34　X 射线荧光（XRF）分析结果

通过对鼓包脱落部位出现异常的白色或灰色固体取样，进行 XRD（X 射线衍射分析）和 XRF（X 射线荧光分析）分析：材料主要成分为碳酸钙。推断鼓包的主要原因是混凝土原材料中掺杂了含有生石灰（CaO）的材料所致。在混凝土浇筑初期，随着混凝土振捣，生石灰上浮迅速与水发生水化反应，产生大量热，吸水体积膨胀，生成白色粉末 Ca（OH）$_2$，引起混凝土鼓包、爆裂现象。最终，Ca（OH）$_2$再与空气中二氧化碳反应，形成灰色块状碳酸钙。

3. 混凝土爆裂原因分析

1）通过对该工程楼板板底爆裂点及鼓包现象进行现场检测，爆裂以骨料为中心向四周辐射。混凝土爆裂深度、尺寸与爆裂点处粉化的骨料粒径大小及深度有关，粒径越大、距表面深度越大，爆裂情况越严重。绝大多数爆裂点骨料的粒径及深度均在 10mm 以内。

2）通过对所取芯样进行检查，表面及内部个别位置存在同爆裂点相同的骨料，但数量相对于板底位置较少；其中 6 块薄片中有 3 块薄片开裂，3 块未开裂，3 个煮沸的芯样均未开裂；所测未开裂芯样的混凝土抗压强度换算值满足原设计要求。

3）通过对骨料表面颜色、粉化状态及该骨料可以产生体积膨胀等情况，以及面能谱（SEM）、点能谱（EDS）、X 射线衍射（XRD）分析、X 射线荧光（XRF）的分析，可以判断爆裂处的骨料为钢渣骨料。使用处理不当的钢渣作为骨料，其安定性问题突出。钢渣的主要组分有游离氧化钙（f-CaO）、MgO、FeO、C_3S、C_2S 等，这些组分在一定条件下都具有不稳定性，潮湿环境下钢渣吸水后，f-CaO 要消解成 Ca（OH）$_2$，体积将膨胀 0～300%，该部分 f-CaO 是在高温条件下形成的，结构致密、水化速率缓慢，这是产生钢渣体积稳定性不良的主要物质，是导致膨胀的重要原因。MgO 遇水反应生成 Mg（OH）$_2$，体积增大 2.48 倍；FeO 与水缓慢反应后生成 Fe（OH）$_3$ 及 Fe（OH）$_2$，亦将产生体积膨胀。因此混凝土发生膨胀鼓包的原因主要是钢渣遇水或潮湿环境后水化，生成 Ca（OH）$_2$、Mg（OH）$_2$、Fe（OH）$_3$ 及 Fe（OH）$_2$ 等产生体积膨胀，导致混凝土楼板鼓包开裂。Fe（OH）$_2$ 刚生成时是白色的，在空气中慢慢转化成灰绿色，最后成为红褐色，这也是鼓包处有铁锈状及绿色粉末状物质出现的原因。含有 f-CaO、MgO 及 FeO 的钢渣常温下是不稳定的。只有当 f-CaO、MgO 及 FeO 消解完全或含量很少时才会稳定，混凝土鼓包现象才会趋于停止；而且，MgO 及 FeO 吸水后发生缓慢作用，将产生后期膨胀，反应时间较长。

4）在混凝土配制及搅拌的过程中，部分钢渣骨料尚未完全反应；浇筑混凝土时，混凝土在振捣作用下会趋于液化，具有一定的流动性，在振捣成型及其随后的静停过程中，粗骨料在自重作用下会下沉，大部分钢渣沉聚于楼板底部；板底或近板底未充分反应的游离氧化钙 f-CaO、氧化镁 MgO 等物质与外界水分发生了膨胀性的化学反应，产生较大的膨胀应力。当应力超过混凝土抗拉强度时，会将周边混凝土撑开，导致表层混凝土开裂、剥落，而钢渣骨料自身则因发生化学反应后变得酥松。而在距离底部较深处的钢渣基本不与空气中的水分接触，且受到混凝土及钢筋的约束作用，不易产生混凝土爆裂的现象。

综上所述，该工程混凝土板板底出现鼓包、爆裂现象，主要是由于部分沉聚于楼板底部的钢渣中未充分反应的游离氧化钙 f-CaO、氧化镁 MgO 等物质与外界水分发生了膨胀性的化学反应，产生较大的膨胀应力，当应力超过混凝土抗拉强度时，会将周边混凝土撑开，导致表层混凝土开裂、剥落。

4. 鉴定结论

1）该工程所测混凝土板的混凝土抗压强度、钢筋间距、钢筋保护层厚度满足原设计及验收规范要求。

2）该工程混凝土板板底出现鼓包、爆裂现象，主要是由于混凝土原材料中掺入了钢渣引起的。沉聚于混凝土板底的钢渣引起的鼓包、爆裂深度未超过板底受力钢筋保护层厚度，目前对混凝土板的承载力无显著影响，不影响结构构件的安全性，但影响其外观，建议采取修复处理措施。

5. 处理意见

一般而言，延长浸泡或充分湿水将加速 f-CaO 等该矿物质中组分的消解，使该矿物质中的有害物质进行充分水化，降低其含量。因此，采用持续浇热水的方法使混凝土构件充分湿润，可以加速混凝土爆裂的出现，以便及时进行下一步的处理，结合该工程的实际情况，建议采取以下处理措施：

1）铲除混凝土板底的腻子层后，采用持续喷热水的方法使其充分湿润，周期不宜少于 45d（具体以不出现明显的鼓包、爆裂现象为准）。

2）将出现的混凝土鼓包爆裂处全部清理干净，鼓包处的铁锈状及白色、浅绿色物质需要彻底剔除，并剔至密实部分加深不小于10mm。

3）损伤缺陷较小部位采用强度等级不小于M35高强聚合物修复砂浆抹面修复；损伤缺陷深度大于40mm且面积较大部位采用强度等级为不小于C35的高强灌浆料修复。

4）修复完成后，观察一段时间如果没有出现新的鼓包爆裂现象，采取以下处理措施：

方案一：鼓包爆裂修复处，表面喷水湿润，用42.5级水泥掺302胶（302胶中掺入水，水与302胶比例为1:1）对混凝土表面涂刷3遍；然后，在整个板底面采用1:2.5防水砂浆抹面，抹面厚度不应小于15mm。厨房、卫生间及地下室等潮湿环境的防水建议做至顶板（整个房间包含顶板）。

方案二：将混凝土板底表面的污物清理干净，采用一次性软毛刷或特制滚筒将涂抹环氧树脂结构胶均匀涂抹于板底表面，不得漏刷、流淌或有气泡。厨房、卫生间及地下室等潮湿环境的防水建议做至顶板（整个房间包含顶板）。为便于后续面层施工，宜在表面胶完全凝固之前均匀撒干净的细砂（后续外抹水泥砂浆）或水泥干粉（后续外刮腻子）。

4.2.9 某住宅小区地下车库局部坍塌原因鉴定

1. 工程概况

该住宅小区地下车库为板柱—抗震墙结构体系的地下一层建筑物，层高为3.55m，柱网尺寸为8.10m×8.10m，基础采用筏形基础，筏板厚度为400mm，基础持力层为粉质黏土层；柱帽采用四方锥台上翻柱帽，大部分柱帽顶面尺寸为3200mm×3200mm，柱帽底面尺寸为4100mm×4100mm，锥台侧面坡度为45°，柱帽高度为800mm（含顶板厚度）；柱帽采用双层双向配筋，顶部X向和Y向配筋均为Φ22@130；车库顶板厚度为350mm，板底钢筋X向和Y向均为Φ14@150，板顶钢筋X向和Y向均为Φ10@150。该地下车库混凝土柱、顶板及柱帽的设计混凝土强度等级均为C35。该地下车库设计恒荷载为：结构构件自重（程序自动计算）、覆土荷载27.0kN/m²；活荷载为：绿化荷载5.0kN/m²，消防车道荷载20.0kN/m²。该小区目前正在进行园区绿化施工，某日下午该地下车库（1—26）—（1—30）~（A—v）—（B—a）轴范围内顶板突然发生坍塌。

2. 调查检测结果

1）坍塌及堆载情况调查

（1）根据委托方提供的资料，坍塌事故发生前，该车库顶板1.50m厚的设计覆土已施工完成，正在进行园区　　　　　绿化种植土的运输及堆放作业，为绿化工程做准备。施工现场在（1—26）—（1—30）~（A—v）—（B—a）轴区域内集中堆放了土方27车，土方量约为405m³；坍塌前堆土最高位置（1—26）—（1—28）~（A—x）~（B—a）区域内堆土高度约4.5m（不包含原车库顶板的1.50m厚覆土），堆土范围及堆土高度如图4.2-35所示。

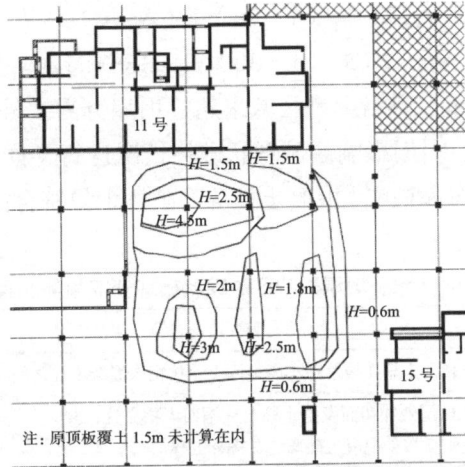

图 4.2-35　临时堆土情况调查后复原图

（2）现场对现状下坍塌区域附近车库顶板覆土及坍塌区域内临时堆土进行了取样。经检测，车库顶板原覆土天然密度平均值为 1.99g/cm³，临时堆土的天然密度平均值为 1.93g/cm³。

2）坍塌区域及影响区域现状检测

现场对 ①-26—①-30~A-v—B-a 轴范围内地下车库坍塌情况及对周边结构构件的影响进行了初步调查，并根据现场调查情况划分为坍塌区域、坍塌影响区域和未受影响区域，各区域范围如图 4.2-36 所示。

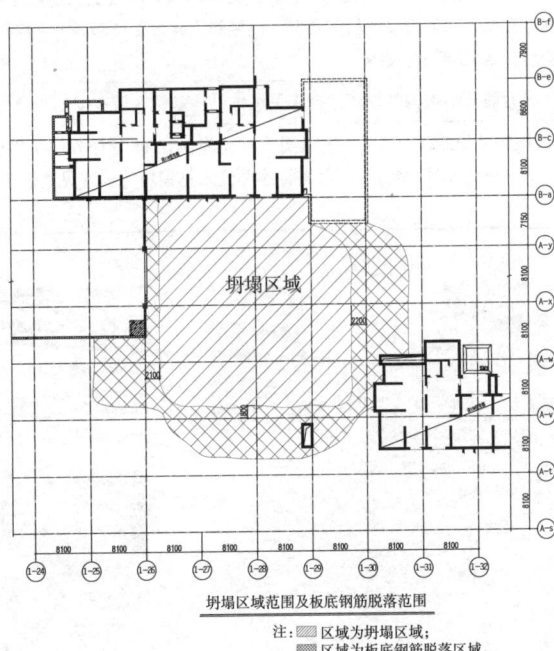

图 4.2-36　坍塌区域范围及板底钢筋脱落范围示意图

坍塌区域造成了（1—25）—（1—26）~（A—v）—（A—x）轴、（1—26）—（1—30）~（A—t）—（A—v）轴、（1—30）—（1—31）~（A—v）—（B—a）轴区域的车库顶板发生了损坏，坍塌影响区域未超过坍塌分界线外一个柱距；其他区域未受到影响。对坍塌区域、坍塌影响区域现状破坏情况进行了详细检测，检测结果见表4.2-17。从破坏情况看，车库柱帽、混凝土柱等的破坏现象符合混凝土冲切破坏的特征。

坍塌区域及坍塌影响区域现状破坏情况检测结果 表 4.2-17

区域	破坏情况检测结果
车库坍塌区域	坍塌区域顶板、柱帽和覆土整体掉落在车库地面上，柱帽与混凝土柱之间发生了冲切破坏，见图 4.2-37
	坍塌区域混凝土柱及柱帽处冲切面发生于柱与柱帽四周相交处，并向上发展，在柱头处形成垂直破坏面；最终破坏时，柱与柱帽交接处混凝土破碎，见图 4.2-38
	坍塌区域的混凝土柱发生了明显倾斜，且根部有明显的裂缝，根部破坏严重区域的混凝土破碎或开裂、纵向钢筋屈服拉断，见图 4.2-39
	车库顶板及其上部的堆土完全坍塌至车库底板上，清理后未发现底板存在明显的裂缝、冲击损坏、变形等现象
车库坍塌影响区域	坍塌区域与坍塌影响区域的分界线在（1—26）轴、（A—v）轴及（1—30）轴的柱帽边界处，分界线处柱帽顶部的钢筋全部从坍塌部分的顶板中拔出
	在（1—26）轴、（A—v）轴及（1—30）轴的柱帽边界处，分界线处顶板部分上部钢筋拉断
	在（1—26）轴、（A—v）轴及（1—30）轴的柱帽边界处，下部钢筋从板底拉断脱落，板底混凝土脱落
	靠近坍塌分界线处损坏的板，由于板底钢筋的拉断脱落，板底混凝土保护层基本全部脱落。除板底混凝土保护层脱落及钢筋撕开脱落外，未见顶板有其他裂缝及明显变形
	坍塌影响区域顶板发生损坏，混凝土柱未见明显倾斜、变形及裂缝，底板未见明显裂缝及变形等损伤
周边相邻 11 号楼	11 号楼与坍塌破坏区域的分界线为连接部位处，此处车库顶板混凝土从连接处断裂，个别钢筋露出；部分连接钢筋保留在连接部位的剪力墙及其连梁上，连接部位剪力墙局部混凝土保护层脱落，连梁混凝土保护层剥落、钢筋变形、连梁端部有裂缝
	未见其他部位的剪力墙及结构构件损坏，也未见主体结构基础底板有损伤现象
周边相邻 15 号楼	15 号楼与坍塌区域的分界线没有发生在相连处，而是发生在 15 号楼外侧车库柱帽边缘，距离 15 号楼外墙的水平距离约为 3.0m；15 号楼与车库顶板相连部位未见损坏，也未见附近位置主体结构基础底板有损伤现象

图 4.2-37　顶板坍塌至车库地面照片

图 4.2-38　柱帽及柱头冲切破坏　　图 4.2-39　柱根部钢筋屈服、混凝土损伤脱落

3）结构实体工程质量检测

（1）该工程建造时建设单位、设计单位、勘察单位、施工单位和监理单位齐全；有正规的设计施工图纸，施工资料齐全、完整。

（2）根据原设计图纸并结合现场实际情况，对地下车库的结构布置情况进行了现场核查，结果如下：该地下车库的柱距、层高等尺寸与设计图纸相符；框架柱、柱帽、混凝土板等构件布置与原设计图纸相符。

（3）采用回弹法（经钻芯修正）对未坍塌区域内混凝土柱、柱帽及顶板的混凝土抗压强度进行了检测；采用钻芯法对坍塌区域内混凝土柱无明显损伤处的混凝土抗压强度进行了检测。所测现浇混凝土构件的混凝土强度推定值符合原设计图纸要求。

（4）现场选取部分混凝土柱、柱帽和混凝土板对其截面尺寸进行了检测，所测现浇混凝土构件的截面尺寸符合原设计图纸及验收规范要求。

（5）采用钢筋位置测定仪对混凝土柱、混凝土板和柱帽的钢筋配置情况进行了检测，所测现浇钢筋混凝土构件的钢筋配置情况符合原设计图纸及验收规范要求。

（6）现场截取柱帽中主要受力钢筋（Φ22 和 Φ14）进行力学性能检测，所测柱帽受力钢筋的力学性能符合规范要求。

（7）采用电子全站仪对部分混凝土柱的垂直度情况进行了检测，所测混凝土柱的垂直度满足验收规范要求。

3. 承载能力复核验算

1）根据现场实测数据和设计图纸等资料，对原设计荷载作用工况下坍塌区域地下车库承载力进行了复核验算；经验算，在原设计荷载作用下，地下车库顶板、柱帽及混凝土柱的承载力满足设计规范要求。

2）根据现场实测数据和设计图纸等资料，对考虑现场堆土荷载和原设计荷载作用组合工况下坍塌区域地下车库承载力进行了复核验算；经验算，在考虑现场堆土荷载和原设计荷载作用下，地下车库的部分柱帽受弯、受冲切承载力不能满足设计规范要求，顶板受弯承载力亦不能满足设计规范要求。

4. 坍塌原因分析

1）该地下车库的结构布置与原设计图纸相符；所测地下车库现浇混凝土构件的混凝土强度、钢筋配置、截面尺寸、垂直度均符合原设计图纸及验收规范要求；所测地下车库柱帽受力钢筋力学性能符合规范要求。

2）经承载能力复核验算，在原设计荷载作用下，地下车库顶板、柱帽及混凝土柱的承载力满足设计规范要求；在考虑现场堆土荷载和原设计荷载作用下，地下车库的部分柱帽受弯、受冲切承载力不能满足设计规范要求，顶板受弯承载力亦不能满足设计规范要求。

综上所述，并结合现场破坏情况，该地下车库局部坍塌是由于车库顶板临时堆土造成严重超载引起的。

5. 鉴定意见

1）该地下车库坍塌区域的顶板和柱帽全部破坏，混凝土柱也发生了明显的破坏。混凝土柱的破坏包括：倾斜、纵向钢筋拉断、柱底损伤开裂等。除混凝土柱根部与车库底板连接处由于柱倾斜、钢筋拉断等造成的局部损伤外，未见车库底板其他部位有裂缝、局部损坏等现象。

2）该地下车库坍塌对坍塌分界线外一个柱距范围内的车库顶板造成了损坏，应采取修复措施；损坏车库顶板下的混凝土柱及车库底板未见明显裂缝及变形等损伤。11号楼与车库顶板相连部位剪力墙的局部混凝土保护层脱落，连梁的混凝土保护层剥落、钢筋变形、连梁端部有裂缝，应采取修复措施，修复后不影响结构承载力。11号楼其他部位未见明显损伤现象。15号楼与坍塌破坏区域的分界线没有发生在相连部位处，而是发生在15号楼外侧车库柱帽边缘，15号楼与车库顶板相连部位未见损坏，也未见附近位置主体结构基础底板有损伤现象，对15号楼结构承载力无影响。除上述区域外，其他区域未受到影响。

3）该地下车库的结构布置与原设计图纸相符；所测地下车库现浇混凝土构件的混凝土强度、钢筋配置、截面尺寸均符合原设计图纸及验收规范要求；所测地下车库柱帽受力钢筋力学性能符合规范要求。

4）经承载能力复核验算，在原设计荷载作用下，地下车库顶板、柱帽及混凝土柱的承载力满足设计规范要求；在考虑现场堆土荷载和原设计荷载作用下，地下车库的部分柱帽受弯、受冲切承载力不能满足设计规范要求，顶板受弯承载力亦不能满足设计规范要求。

综上所述，该地下车库局部坍塌是由于车库顶板临时堆土造成严重超载引起的。

6. 处理建议

1）现场清理前，应做好清理预案，确保清理过程中的结构及施工安全。

2）应结合后期修复，按规范要求，合理确定清理的范围、边界及其连接做法与构造，委托具备相应资质的单位制定详细结构处理与修复方案。

3）清理及后期修复过程中，应对地下车库及其相邻建筑的状况进行跟踪监测、制定预案，遇到异常情况及时研究解决。

4.2.10 某现浇混凝土框架结构厂房火灾后鉴定

1. 工程概况

某厂房建于 2020 年，为地上一层现浇钢筋混凝土框架结构房屋，基础采用现浇钢筋混凝土独立基础，建筑高度为 12.60m，建筑面积为 2950.00m²。

该工程由建筑结构的安全等级为一级，结构重要性系数为 1.1，结构设计使用年限为 50 年，基础设计等级为丙级，抗震设防烈度为 7 度（0.10g），设计地震分组为第三组，抗震设防类别为标准设防类，建筑场地类别为Ⅱ类，场地特征周期为 0.45s，框架抗震等级为二级，耐火等级为二级；基础垫层的设计混凝土强度等级为 C15，基础、墙柱和梁板的设计混凝土强度等级均为 C30；二次结构现浇混凝土构件的设计混凝土强度等级为 C25；填充墙采用 A3.5 加气混凝土砌块和 M7.5 砂浆砌筑；室内环境为一类时：梁设计钢筋保护层厚度为 20mm，板设计钢筋保护层厚度为 15mm。

经了解，该建筑物有正规设计图纸和建设单位、施工单位、监理单位。现由于该建筑物电气设备发生火灾，为了解建筑物损伤情况和出具修复处理方案提供依据，委托对该工程主体结构工程火灾后损伤情况进行检测鉴定。

2. 调查检测结果

1）火灾基本情况

经相关单位人员介绍，该建筑物起火区域位于设备用房，设备燃烧时间为 10h 左右，主要燃烧材料为变配电器、电缆等设备材料。

现场检测时，该建筑物内部已进行了清理，通过调查该建筑物现场残留物及构件外观状况对构件表面火灾时遭受最高温度进行了初步判断，具体结果如下：钢支架、钢吊车梁等存在扭曲变形、表面油漆烧光，可判断钢构件表面过火时最高温度高于700℃。填充墙的混凝土砌块呈浅黄色且存在大面积的非贯通裂缝，砂浆抹面大面积脱落，可判断填充墙砌块表面过火时最高温度为 850～900℃。大部分混凝土构件表面呈灰白色，个别呈浅黄色；局部存在混凝土剥落，表面存在较多裂缝；大部分混凝土构件锤击反应声音较响亮，个别混凝土构件锤击反应声音发闷，留下明显痕迹；可判断混凝土构件表面过火时最高温度为 500～800℃。

2）宏观情况

（1）现场检测时，未发现地基基础存在明显的不均匀沉降现象；未发现内上部承重结构和围护结构存在因地基基础不均匀沉降引起的裂缝和明显变形；未发现上部承重结构存在因承载力不足引起的受力裂缝及不适于继续承载的过大变形。

（2）现场检测时，1—7 轴范围内主体结构的装饰装修面层表面较大面积附着油烟和烟灰，装饰装修面层无脱落现象；主体结构构件未遭受明显烧灼。

（3）现场检测时，7—11 轴范围内主体结构的装饰装修面层存在大面积脱落现象。主体结构构件遭受烧灼，钢支架、钢吊车梁等存在扭曲变形、表面油漆烧光；填充墙的混凝土砌块呈浅黄色且存在大面积的非贯通裂缝，砂浆抹面大面积脱落；大部分混凝土构件表面呈灰白色，个别呈浅黄色；部分混凝土构件存在混凝土剥落，表面存在较多裂缝；大部分混凝土构件锤击反应声音较响亮，个别混凝土构件锤击反应声音发闷留下明显痕迹。具体检测结果见表4.2-18（限于篇幅仅选取部分典型位置进行描述）。

受火部分损伤情况检测结果   表 4.2-18

构件名称	检测结果	初步鉴定评级
一层 10—11 ~ A—B 轴范围内顶板、一层 9—10 ~ A—1/A 轴顶板、一层 9—10 ~ 1/A—B 范围内顶板、一层 8—9 ~ A—2/A 轴范围内顶板、一层 8—9 ~ 2/A—B 轴范围内顶板	混凝土颜色为浅灰白，略显黄色，表面轻微裂缝，板底混凝土无爆裂脱落，无露筋，锤击声音较响亮；表面抹灰部分熏黑、脱落	Ⅱ b
一层 B ~ 7—11 轴顶梁、一层 3/A ~ 7—11 轴顶梁、一层 2/A ~ 7—9 轴顶梁、一层 2/A ~ 9—10 轴顶梁、一层 2/A ~ 10—11 轴顶梁、一层 1/A ~ 7—11 轴顶梁、一层 A ~ 9—10 轴顶梁、一层 A ~ 7—8 轴顶梁	混凝土颜色为浅灰白，梁表面轻微裂缝，混凝土无爆裂脱落，无露筋，锤击声音较响亮；表面抹灰部分熏黑、脱落	Ⅱ b
一层 11 ~ A 轴、11 ~ B 轴柱顶、一层 10 ~ A 轴柱顶、一层 10 ~ B 轴柱顶、一层 9 ~ B、9 ~ A 轴柱顶、一层 7 ~ A、7 ~ B、8 ~ A 轴柱顶	混凝土颜色为浅灰白，表面轻微裂缝，混凝土无爆裂脱落，无露筋，锤击声音较响亮；表面抹灰部分熏黑、脱落	Ⅱ b
一层 A ~ 7—11 轴范围内柱下部、一层 8 ~ B 轴柱下部	混凝土颜色为浅灰白，表面轻微裂缝，混凝土局部爆裂脱落，局部钢筋外露，锤击声音较响亮；表面抹灰部分熏黑、脱落	Ⅱ b
一层 7 ~ B 轴柱下部	混凝土颜色为黑色覆盖，表面轻微裂缝，混凝土局部爆裂脱落，钢筋外露，锤击声音较闷；表面抹灰部分熏黑、脱落	Ⅲ
一层 11 ~ A、11 ~ B、10 ~ A、10 ~ B、9 ~ A、9 ~ B、8 ~ A、8 ~ B、一层 7 ~ A、7 ~ B 轴牛腿	混凝土颜色为浅灰白，略显黄色，端部开裂严重，混凝土局部爆裂脱落，钢筋外露，锤击声音较闷；表面抹灰部分黑、脱落，见图 4.2-40	Ⅳ
一层 7—11 ~ A—B 轴范围内构造柱	混凝土颜色为浅灰白，略显黄色，部分黑色覆盖，表面轻微裂缝，混凝土无爆裂脱落，无露筋，锤击声音较响亮；表面抹灰部分熏黑、脱落	Ⅱ b
一层 7—11 ~ A—B 轴范围内填充墙	加气混凝土砌块表面呈浅黄色，普遍存在网状裂缝；装饰面层存在大面积脱落，见图 4.2-41	Ⅲ
一层 A ~ 9—10 轴剪力墙、一层 A ~ 7—8 轴剪力墙	混凝土颜色为浅黄、显白色，局部黑色覆盖，锤击声哑，混凝土爆裂脱落，钢筋外露，表面抹灰部分熏黑、脱落，见图 4.2-42	Ⅲ
一层 A ~ 8—9 轴剪力墙	混凝土颜色为浅灰白，略显黄色，局部黑色覆盖，局部混凝土轻微破损，钢筋外露，锤击声音较响。表面抹灰部分熏黑、脱落	Ⅱ b
一层 7—11 轴范围内吊车梁	表面油漆烧光，存在严重扭曲变形，见图 4.2-43	Ⅳ
混凝土构件疏松损伤深度	现场采用钻芯法，对混凝土构件表面的疏松损伤深度进行了抽样检测，表面疏松面层厚度基本分布在 3 ~ 20mm 的范围	

构件名称	检测结果	初步鉴定评级
填充墙体疏松损伤深度	现场采用钻芯法，对填充墙砌块和砌筑砂浆的疏松损伤深度进行了抽样检测，表面疏松面层厚度基本分布在 5 ~ 20mm 的范围	

图 4.2-40　牛腿典型照片

图 4.2-41　填充墙典型照片

图 4.2-42　剪力墙典型照片

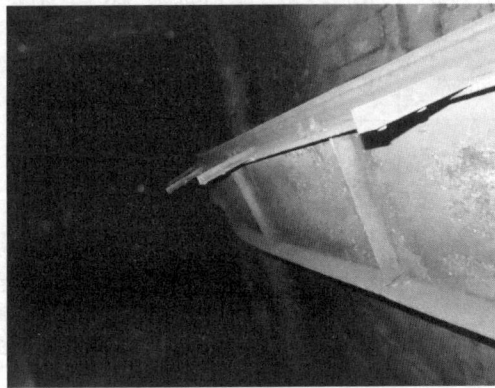

图 4.2-43　吊车梁典型照片

3）结构布置情况核查

该建筑物设计施工图纸齐全，依据委托单位提供的结构施工图纸，对该工程主体结构平面布置情况进行核查。经现场检测核查，该建筑物主体结构布置与设计图纸相符。

4）混凝土抗压强度检测

（1）采用回弹法对该建筑物 1—7 轴范围内上部承重结构和二次结构现浇混凝土构件的混凝土抗压强度进行了检测。经检测，该工程一层框架柱及剪力墙、一层顶梁板、二次结构现浇混凝土构件的混凝土抗压强度推定值分别为 34.3MPa、32.2MPa、25.7MPa，符合设计要求。

（2）采用钻芯法对该建筑物 7—11 轴范围内上部承重结构和二次结构现浇混凝土构件的混凝土抗压强度进行了检测。经检测，该工程一层框架柱及剪力墙、一层顶梁板、二次结构现浇混凝土构件的混凝土抗压强度推定值分别为 37.1MPa、33.5MPa、26.2MPa，符合设计要求。

5）钢材抗拉强度检测

采用里氏硬度计对该建筑物 1—7 轴范围内吊车梁的抗拉强度进行了检测。经检测，所测该建筑物 1—7 轴范围内吊车梁的抗拉强度推定值符合设计 Q355 级钢的要求。

6）钢筋力学性能检测

现场从该建筑物剪力墙混凝土爆裂脱落处外露钢筋现场取样，对其力学性能、弯曲性能及质量偏差进行了检测，检测结果见表 4.2-19～表 4.2-21。根据表 4.2-19～表 4.2-21 的检测结果，所测该建筑物剪力墙混凝土爆裂脱落处现场取样钢筋的力学性能、弯曲性能符合规范要求；钢筋质量偏差符合规范要求。

钢筋力学性能检测结果 表 4.2-19

公称直径 （mm）	标距 （mm）	面积 （mm²）	屈服强度		抗拉强度		强屈比 超强比	最大力总伸长率	
			拉力 （kN）	强度 （MPa）	拉力 （kN）	强度 （MPa）		最大力断后标距 （mm）	最大力总伸长率 （%）
Φ20	100	314.2	139.26	445	202.58	645	1.45 1.11	112	12.3
Φ20	100	314.2	135.85	430	202.24	645	1.50 1.08	113	13.3
Φ20	100	314.2	134.82	430	200.41	640	1.49 1.08	114	14.3
Φ20	100	314.2	135.63	430	201.12	640	1.49 1.08	111	11.3

钢筋弯曲性能检测结果 表 4.2-20

直径（mm）	弯心直径（mm）	反向弯曲	
		正 90°	反 20°
Φ20	100	无裂纹	无裂纹
Φ20	100	无裂纹	无裂纹
Φ20	100	无裂纹	无裂纹
Φ20	100	无裂纹	无裂纹

钢筋重量偏差检测结果 表 4.2-21

直径（mm）	重量偏差（%）	
	允许偏差	实测偏差
Φ20	±5.0	-4.4
Φ20	±5.0	-4.9

7）填充墙砌筑砂浆抗压强度检测

（1）采用贯入法对该建筑物 1—7 轴范围内填充墙砌筑砂浆抗压强度进行了检测。经检测，所测该建筑物 1—7 轴范围内填充墙砌筑砂浆抗压强度推定值符合设计图纸要求。

（2）采用点荷法对该建筑物 7—11 轴范围内填充墙内部砌筑砂浆取样后的抗压强度进行了检测。经检测，所测该建筑物 7—11 ~ A—B 轴范围内填充墙内部砌筑砂浆抗压强度推定值符合设计图纸要求。

8）钢筋配置情况检测

采用钢筋位置测定仪、钢卷尺对该建筑物 1—11 轴范围内上部承重结构现浇混凝土构件的钢筋配置情况进行了检测。经检测，所测该建筑物 1—11 轴范围内上部承重结构现浇混凝土构件的钢筋数量和间距符合设计图纸及验收规范要求。

9）截面尺寸检测

（1）采用钢卷尺对该建筑物 1—11 轴范围内上部承重结构现浇钢筋混凝土构件的截面尺寸进行了检测。经检测所测该建筑物 1—11 轴范围内上部承重结构现浇混凝土构件的截面尺寸符合设计图纸及验收规范要求。

（2）采用钢卷尺、钢板测厚仪对该建筑物 1—11 轴范围内钢吊车梁的截面尺寸进行了检测。经检测，所测该建筑物 1—11 轴范围内钢吊车梁的截面尺寸偏差符合设计图纸及规范要求。

10）框架柱和墙体垂直度检测

（1）采用电子全站仪对该建筑物 1—11 轴范围内框架柱的垂直度进行了检测，检测结果见表 4.2-22。根据表 4.2-22 的检测结果，所测该建筑物 1—11 轴范围内部分框架柱垂直度不符合验收规范要求；经现场进一步检测，上述主要是由于装饰面层不平整及混凝土柱存在施工误差造成的，不显著影响承载力和正常使用。

框架柱垂直度检测结果　　　　　　　　　　　　　　　　　　　　表 4.2-22

构件名称	倾斜方向	倾斜（mm）		结论
		实测	允许	
11 ~ B 轴柱	上偏北	23.5	12.0	不符合
10 ~ B 轴柱	上偏东	18.1	12.0	不符合
	上偏北	6.5	12.0	符合
9 ~ B 轴柱	上偏东	19.3	12.0	不符合
	上偏北	3.9	12.0	符合
	上偏北	6.7	12.0	符合
7 ~ B 轴柱	上偏东	10.3	12.0	符合
	上偏北	32.8	12.0	不符合
8 ~ A 轴柱	上偏东	24.8	12.0	不符合
	上偏北	5.8	12.0	符合

续表

构件名称	倾斜方向	倾斜（mm）		结论
		实测	允许	
9~A轴柱	上偏西	3.6	12.0	符合
	上偏北	4.8	12.0	符合
10~A轴柱	上偏西	1.7	12.0	符合
	上偏北	21.9	12.0	不符合
11~A轴柱	上偏东	6.9	12.0	符合
	上偏北	24.3	12.0	不符合
7~A轴柱	上偏东	29.9	12.0	不符合
	上偏南	7.4	12.0	符合
6~A轴柱	上偏东	38.5	12.0	不符合
	上偏南	20.0	12.0	不符合
5~A轴柱	上偏东	1.0	12.0	符合
	上偏南	16.7	12.0	不符合
6~B轴柱	上偏东	18.3	12.0	不符合
	上偏北	18.8	12.0	不符合
5~B轴柱	上偏东	2.3	12.0	符合
	上偏北	3.5	12.0	符合
4~B轴柱	上偏东	5.0	12.0	符合
	上偏南	12.6	12.0	不符合
3~B轴柱	上偏西	12.0	12.0	符合
	上偏北	22.6	12.0	不符合
4~A轴柱	上偏东	27.6	12.0	不符合
	上偏南	10.0	12.0	符合
3~A轴柱	上偏东	15.6	12.0	不符合
	上偏北	12.0	12.0	符合
2~A轴柱	上偏西	11.5	12.0	符合
	上偏南	2.0	12.0	符合
检测说明	所测结果包含混凝土柱及装饰面层的施工误差			

（2）采用电子全站仪对该建筑物1—11轴范围内剪力墙的垂直度进行了检测，检测结果见表4.2-23。根据表4.2-23的检测结果，所测该建筑物1—11~A—B轴范围内部分剪力墙垂直度不符合验收规范要求；经现场进一步检测，上述主要是由于装饰面层不平整及剪力墙存在施工误差造成的，不显著影响承载力和正常使用。

剪力墙垂直度检测结果　　　　　　　表 4.2-23

构件名称	倾斜方向	倾斜（mm）		结论
		实测	允许	
A ~ 8—9 轴剪力墙	上偏北	22.5	12.0	不符合
A ~ 9—10 轴剪力墙	上偏北	31.2	12.0	不符合
A ~ 10—11 轴剪力墙	上偏北	27.3	12.0	不符合
A ~ 7—8 轴剪力墙	上偏南	17.0	12.0	不符合
A ~ 5—6 轴剪力墙	上偏南	11.6	12.0	符合
A ~ 4—5 轴剪力墙	上偏北	37.1	12.0	不符合
A ~ 3—4 轴剪力墙	上偏北	9.1	12.0	符合
A ~ 6—7 轴剪力墙	上偏北	2.4	12.0	符合
检测说明	所测结果包含剪力墙及装饰面层的施工误差			

（3）采用电子全站仪对该建筑物 1—11 轴范围内填充墙的垂直度进行了检测，检测结果见表 4.2-24。根据表 4.2-24 的检测结果，所测该建筑物 1—11 轴范围内部分填充墙垂直度不符合验收规范要求；经现场进一步检测，上述主要是由于装饰面层不平整存在施工误差造成的，不显著影响承载力和正常使用。

填充墙垂直度检测结果　　　　　　　表 4.2-24

构件名称	倾斜方向	倾斜（mm）		结论
		实测	允许	
11 ~ A—B 轴墙	上偏西	8.3	10.0	符合
7 ~ A—B 轴墙	上偏西	7.5	10.0	符合
3 ~ A—B 轴墙	上偏西	7.1	10.0	符合
B ~ 8—9 轴墙	上偏北	13.2	10.0	不符合
B ~ 9—10 轴墙	上偏北	9.4	10.0	符合
B ~ 10—11 轴墙	上偏北	13.7	10.0	不符合
B ~ 7—8 轴墙	上偏南	8.8	10.0	符合
B ~ 5—6 轴墙	上偏北	19.1	10.0	不符合
B ~ 4—5 轴墙	上偏南	8.1	10.0	符合
B ~ 3—4 轴墙	上偏南	3.7	10.0	符合
B ~ 6—7 轴墙	上偏北	3.8	10.0	符合
检测说明	所测结果包含装饰面层的施工误差			

11）混凝土梁板挠度检测

采用电子全站仪对该建筑物 1—11 轴范围内混凝土梁板挠度进行了检测。经检测，所测该建筑物 1—11 轴范围内混凝土梁板挠度符合规范要求。

12）吊车梁起拱度检测

采用电子全站仪对该建筑物1—7～A—B轴范围内钢吊车梁起拱度进行了检测，检测结果见表4.2-25。根据表4.2-25的检测结果，所测该建筑物1—7～A—B轴范围内部分钢吊车梁起拱度不符合验收规范要求；上述主要是由于施工误差造成的，不显著影响承载力和正常使用。

吊车梁起拱度检测结果　　　　表4.2-25

构件名称	起拱度（mm）		结论
	实测	允许	
A～1—2轴吊车梁	−0.3	≤ 0.0	符合
A～2—3轴吊车梁	+0.6	≤ 0.0	不符合
A～3—4轴吊车梁	−1.2	≤ 0.0	符合
A～4—5轴吊车梁	+4.8	≤ 0.0	不符合
A～5—6轴吊车梁	−2.4	≤ 0.0	符合
A～6—7轴吊车梁	+1.9	≤ 0.0	不符合
B～6—7轴吊车梁	+2.6	≤ 0.0	不符合
B～5—6轴吊车梁	+3.3	≤ 0.0	不符合
B～3—4轴吊车梁	−2.2	≤ 0.0	符合
检测说明	"+"表示吊车梁跨中下挠，"−"表示吊车梁跨中起拱		

13）碳化深度检测

现场采用碳化深度测量仪对该建筑物7—11轴范围内现浇混凝土构件碳化深度的进行了检测，检测结果见表4.2-26。根据表4.2-26的检测结果，该建筑物7—11～A—B轴范围内现浇混凝土构件现浇混凝土墙柱和梁板的平均碳化深度分别为8.8mm、8.3mm，最大碳化深度分别为12.0mm、15.0mm，最小碳化深度分别为6.0mm、5.0mm。

碳化深度检测结果　　　　表4.2-26

构件位置	平均碳化深度（mm）	最大碳化深度（mm）	最小碳化深度（mm）
现浇混凝土墙柱	8.8	12.0	6.0
现浇混凝土梁板	8.3	15.0	5.0

14）钢筋保护层厚度检测

采用钢筋位置测定仪对该建筑物1—11轴范围内屋面梁的梁底纵向钢筋和屋面板的板底钢筋保护层厚度进行了检测。经检测所测该建筑物1—11轴范围内屋面钢筋混凝土梁、板的钢筋保护层厚度符合设计图纸及验收规范要求。

3. 鉴定结论

1）现场检测时，未发现1—11轴范围内地基基础存在明显的不均匀沉降现象；未发现 1—11 轴范围内上部承重结构和围护结构存在因地基基础不均匀沉降引起的裂缝和明显变形；未发现 1—11 轴范围内上部承重结构存在因承载力不足引起的受力裂缝及不适于继续承载的过大变形。

2）该建筑物 1—7 轴范围内主体结构的装饰装修面层表面较大面积附着油烟和烟灰，装饰装修面层无脱落现象；主体结构构件未遭受明显烧灼。

3）该建筑物 7—11 轴范围内主体结构的装饰装修面层存在大面积脱落现象。主体结构构件遭受烧灼，钢支架、钢吊车梁等存在扭曲变形、表面油漆烧光；填充墙的混凝土砌块呈浅黄色且存在大面积的非贯通裂缝，砂浆抹面大面积脱落；大部分混凝土构件表面呈灰白色，个别呈浅黄色；部分混凝土构件存在混凝土剥落，表面存在较多裂缝；大部分混凝土构件锤击反应声音较响亮，个别混凝土构件锤击反应声音发闷留下明显痕迹。建议结合检测结果及处理建议进行加固修复处理（详见 4。修复处理建议）。

4）该建筑物主体结构布置与设计图纸相符。

5）该建筑物 1—7 轴范围内和 7—11 轴范围内上部承重结构和二次结构现浇混凝土构件的混凝土强度推定值符合设计图纸要求。

6）该建筑物 1—7 轴范围内吊车梁的抗拉强度推定值符合设计 Q355 级钢的要求。

7）该建筑物剪力墙混凝土爆裂脱落处现场取样钢筋的力学性能、弯曲性能符合规范要求；钢筋重量偏差符合规范要求。

8）该建筑物 1—7 轴范围内填充墙砌筑砂浆抗压强度推定值符合设计图纸要求；该建筑物 7—11 轴范围内填充墙的内部砌筑砂浆抗压强度推定值符合设计图纸要求。

9）该建筑物 1—11 轴范围内上部承重结构现浇混凝土构件的钢筋数量和间距符合设计图纸及验收规范要求。

10）该建筑物 1—11 轴范围内上部承重结构现浇混凝土构件、钢构件的截面尺寸符合设计图纸及验收规范要求。

11）该建筑物 1—11 轴范围内部分框架柱、部分剪力墙和部分填充墙垂直度不符合验收规范要求；经现场进一步检测，上述主要是由于装饰面层不平整及混凝土柱、剪力墙存在施工误差造成的，不显著影响承载力和正常使用。

12）该建筑物 1—11 轴范围内混凝土梁板挠度符合规范要求。

13）该建筑物 1—11 轴范围内部分钢吊车梁起拱度不符合验收规范要求；上述主要是由于施工误差造成的，不显著影响承载力和正常使用。

14）该建筑物 7—11 轴范围内现浇混凝土构件现浇混凝土墙柱和梁板的平均碳化深度分别为 8.8mm、8.3mm，最大碳化深度分别为 12.0mm、15.0mm，最小碳化深度分别为 6.0mm、5.0mm。

15）该建筑物 1—11 轴范围内屋面钢筋混凝土梁、板的钢筋保护层厚度符合设计图纸及验收规范要求。

4. 修复处理建议

1）现浇混凝土构件裂缝修复处理建议

（1）建议对宽度不大于 0.20mm 的裂缝，采用封缝胶进行表面封闭处理。

（2）建议对宽度大于 0.20mm 的裂缝，采用灌缝专用胶或环氧树脂进行压力灌缝处理。

（3）为便于后续面层施工，宜在胶完全凝固前均匀撒干净的细砂（后续外抹水泥砂浆）或水泥干粉（后续外刮腻子）。

2）7-8 轴现浇混凝土构件修复处理建议

（1）对评定为 Ⅱb 级的现浇混凝土构件，清理干净混凝土表面的杂物和油灰等，剔除构件表面疏松的混凝土至密实处，凿毛增糙，界面清理干净后抹 Ⅰ 级聚合物修复砂浆恢复至原设计截面尺寸；若局部剔除深度大于 40mm，应采用无收缩强度等级不低于 C35 的高强灌浆料浇筑恢复至原设计截面尺寸。

（2）对评定为 Ⅲ 级的现浇混凝土构件（存在混凝土爆裂，钢筋外露区域）：首先，清理干净混凝土表面的杂物和油灰等，剔除构件表面疏松的混凝土至密实处，凿毛增糙且打出沟槽，沟槽深度 8 ~ 10mm，间距 100mm，不得损伤构件内原有钢筋；然后，重新调整绑扎钢筋，将新旧混凝土结合面清洗干净并充分湿润；最后，采用无收缩强度等级不低于 C35 的高强灌浆料浇筑恢复至原设计截面尺寸。浇筑新混凝土前应保证构件内原钢筋顺直，位置准确，损伤钢筋应在邻近补加 1 根相同钢筋。

（3）对评定为 Ⅲ 级的现浇混凝土构件（存在其他存在轻微损伤、裂缝等区域）：清理干净混凝土表面的杂物和油灰等，剔除构件表面疏松的混凝土至密实处，凿毛增糙，深度不小于 10mm，界面清理干净后抹 Ⅰ 级聚合物修复砂浆恢复至原设计截面尺寸。

（4）对评定为 Ⅳ 级的牛腿，建议采用置换混凝土方法进行修复处理。首先，剔除构件的混凝土至密实处，凿毛增糙且打出沟槽，沟槽深度 8 ~ 10mm，间距 100mm，不得损伤构件内原有钢筋；然后，重新调整绑扎钢筋和敷设预埋件，将新旧混凝土结合面清洗干净并充分湿润；最后，采用无收缩强度等级不低于 C35 的高强灌浆料浇筑恢复至原设计截面尺寸。浇筑新混凝土前，应保证构件内原钢筋顺直、位置准确，损伤钢筋应在邻近补加 1 根相同的钢筋。

（5）保护层厚度偏小构件修复处理建议

建议对保护层偏小的构件，表面抹聚合物砂浆进行耐久性处理，其厚度不小于 5mm，且与实测保护层厚度之和不小于保护层厚度设计值。

3）钢构件修复处理建议

建议对评定为 Ⅳ 级钢吊车梁及连接板拆除后，按照原设计图纸要求重新恢复施工。

4）填充墙修复处理建议

（1）建议对评定为 Ⅲ 级的 B ~ 7—11 轴、11 ~ A—B 轴填充墙，综合考虑工期、造价等因素，对上述填充墙及其二次结构采取加固修复处理或拆除重建两个方案，选择其中的一个方案实施。

方案一：采用单面钢丝网砂浆面层对建筑物 B ~ 7—11 轴、11 ~ A—B 轴填充墙进行补强处理。钢丝网采用Φ 8@600 的 L 形锚筋呈梅花状布置固定于墙体、混凝构造柱和圈梁上，L 形锚筋植筋深度不小于 120mm，与柱交接处竖向间距为 200mm；钢丝网外保护层厚度不应小于 10mm，钢丝网片与墙面的空隙不应小于 5mm。水泥砂浆强度等级采用 M10；钢丝网砂浆面层的厚度宜为 25mm；钢丝网的钢筋直径宜为 4mm，网格尺寸为 200mm × 200mm。

方案二：将该建筑物 B ~ 7—11 轴、11 ~ A—B 轴填充墙及其二次结构现浇混凝土构件拆除后，按照原设计图纸要求重新恢复施工。

（2）建议对评定为Ⅳ级的 7 ~ A—B 轴填充墙及其二次结构现浇混凝土构件拆除后，按照原设计图纸要求重新恢复施工。

4.3　钢结构工程检测鉴定实例

4.3.1　某轻钢结构厂房施工质量鉴定

1. 工程概况

某厂房为地上一层三跨门式刚架结构房屋，跨度均为 26.60m，1—4 轴和 7—10 轴范围内各设置 2 台工作级别为 A4 中级 5t 电动单梁吊车，4—7 轴范围内设置 1 台工作级别为 A4 中级 10t 电动单梁吊车和 1 台工作级别为 A4 中级 20t 电动单梁吊车，平面尺寸为 80.68m × 89.98m，室内外高差为 0.30m，檐口处高度为 11.50m，屋脊处高度为 13.50m，总建筑面积为 7259.59m^2。

该工程建筑结构安全等级为二级，结构重要性系数为 1.0，设计使用年限为 50 年，建筑抗震设防类别为标准设防类，抗震设防烈度为 7 度，设计地震分组为第三组，设计基本加速度为 0.10g，场地类别为Ⅲ类，设计基本雪压为 0.35kN/m^2，设计基本风压为 0.45kN/m^2，屋面恒荷载值 0.30kN/m^2，屋面活荷载值 0.50kN/m^2。该工程基础垫层的设计混凝土强度等级为 C20，基础的设计混凝土强度等级为 C30，基础采用钢筋混凝土独立基础，刚架采用 Q355B 级钢实腹式焊接型截面 H 型钢，钢节点采用大六角头摩擦型高强度螺栓，性能等级为 10.9 级，连接接触面的摩擦系数不小于 0.50。

该工程因故长时间停工后重新开始施工，委托对该工程主体结构工程进行检测鉴定。

2. 调查检测结果

1）资料核查

经核查，该工程施工验收资料齐全完整、有效，各种施工试验、施工记录等符合规范要求。

2）结构布置情况核查

根据委托单位提供的设计图纸并结合现场实际情况，我单位技术人员对该建筑物的结构布置情况进行了现场核查，结果如下：该工程柱距、跨度、层高等尺寸与设计图纸相符；钢柱、钢梁、抗风柱、柱间支撑、屋面水平支撑、刚性系杆、檩条、隅撑、拉条等结构构件布置与设计图纸相符。

3）结构上作用调查

（1）该工程 1—4 轴范围内设置 1 台 2.8t 电动单梁吊车，与原设计 2 台工作级别为 A4（中级）5t 电动单梁吊车相比，起重荷载减小。

（2）该工程 4—7 轴范围内设置 1 台 10t 工作级别为 A4 中级电动单梁吊车和 1 台工作级别为 A4（中级）20t 电动单梁吊车与原设计相符。

（3）该工程 7—10 轴范围内设置 1 台 10t 电动单梁吊车，与原设计 2 台工作级别为 A4（中级）5t 电动单梁吊车相比，吊车最大轮压增大，应限制起重荷载，最大起重荷载不得超过 5t。

4）宏观情况检测

至现场检测时，未发现地基基础存在明显的不均匀沉降现象；未发现上部承重结构和围护结构存在因地基不均匀沉降引起的裂缝和明显的变形。未发现钢梁、钢柱等主受力构件存在因承载力不足引起的明显变形；未发现梁柱节点、梁梁节点以及杆件对接焊缝存在因承载力不足引起的开裂现象；钢结构构件外观质量较好，未发现钢材表面存在锈蚀、麻点、划伤等外观缺陷；焊缝外形均匀、焊缝饱满，未发现焊缝表面有咬边、焊瘤、裂纹等缺陷。

5）钢构件截面尺寸检测

采用钢卷尺和钢板测厚仪对部分钢柱、钢梁、节点板的截面尺寸进行了检测。经检测，所测钢构件的截面尺寸偏差满足规范要求。

6）钢柱垂直度检测

采用电子全站仪对部分钢柱垂直度进行了检测，检测结果见表 4.3-1。根据表 4.3-1 的检测结果，所测部分钢柱的垂直度不满足规范要求。

钢柱垂直度检测结果   表 4.3-1

构件名称	倾斜方向	倾斜值（mm）		结论
		实测	允许	
1～C 轴柱	上偏西	11.4	10.0	不符合
	上偏北	9.4	10.0	符合
4～C 轴柱	上偏西	13.3	10.0	不符合
	上偏北	8.4	10.0	符合
4～D 轴柱	上偏西	9.0	10.0	符合
	上偏北	25.0	10.0	不符合

续表

构件名称	倾斜方向	倾斜值（mm）		结论
		实测	允许	
1～D 轴柱	上偏西	13.3	10.0	不符合
	上偏南	10.0	10.0	符合
1～E 轴柱	上偏东	8.8	10.0	符合
	上偏北	5.6	10.0	符合
4～J 轴柱	上偏西	8.9	10.0	符合
	上偏南	3.6	10.0	符合
7～J 轴柱	上偏西	10.1	10.0	不符合
	上偏南	23.5	10.0	不符合
7～K 轴柱	上偏西	8.4	10.0	符合
	上偏北	28.1	10.0	不符合
7～L 轴柱	上偏西	5.9	10.0	符合
	上偏北	26.4	10.0	不符合
10～B 轴柱	上偏东	14.0	10.0	不符合
	上偏北	8.1	10.0	符合
10～C 轴柱	上偏西	8.8	10.0	符合
	上偏北	3.7	10.0	符合
10～D 轴柱	上偏西	12.3	10.0	不符合
	上偏南	4.9	10.0	符合
7～C 轴柱	上偏西	0.5	10.0	符合
	上偏北	33.6	10.0	不符合
7～B 轴柱	上偏西	10.3	10.0	不符合
	上偏北	4.6	10.0	符合
7～D 轴柱	上偏西	9.2	10.0	符合
	上偏北	1.0	10.0	符合

7）屋面梁侧向挠曲检测

采用电子全站仪对部分屋面梁的侧向挠曲变形进行了检测，检测结果见表 4.3-2。根据表 4.3-2 的检测结果，所测部分屋面钢梁侧向挠曲不满足规范要求。

钢柱垂直度检测结果　　　　　　　　　　表 4.3-2

构件名称	侧向挠曲（mm）		结论
	实测值	允许值	
K～7—10 轴屋面梁	24.9	26.6	符合
J～7—10 轴屋面梁	24.8	26.6	符合
G～7—10 轴屋面梁	11.8	26.6	符合

续表

构件名称	侧向挠曲（mm）		结论
	实测值	允许值	
E～7—10轴屋面梁	32.9	26.6	不符合
F～7—10轴屋面梁	19.9	26.6	符合
D～1—4轴屋面梁	29.7	26.6	不符合
E～1—4轴屋面梁	33.2	26.6	不符合
L～4—7轴屋面梁	38.1	26.6	不符合
K～4—7轴屋面梁	33.6	26.6	不符合
H～4—7轴屋面梁	25.0	26.6	符合
F～4—7轴屋面梁	25.4	26.6	符合

8）吊车梁起拱度检测

采用电子全站仪对部分吊车梁的起拱度进行了检测。经检测，所测吊车梁的起拱度满足规范要求。

9）钢材强度检测

现场采用 HLN-11 型里氏硬度计对部分钢柱、钢梁的里氏硬度值进行了检测。经检测，所测构件里氏硬度值满足 Q355 级钢的要求。

10）防腐涂层厚度检测

采用漆膜测厚仪对部分钢构件防腐涂层厚度进行了检测。经检测，所测钢构件防腐涂层厚度满足设计和验收规范的要求。

11）高强度螺栓扭矩检测

采用扭矩扳手对该工程采用 10.9 级 M20 摩擦型高强度螺栓扭矩进行检测。经检测，所测构件高强度螺栓连接副施工检查扭矩偏差满足验收规范要求。

12）焊缝内部缺陷检测

采用金属超声波检测仪对该工程钢板对接焊缝的内部缺陷进行了检测。经检测，该工程钢板对接焊缝的焊接质量等级符合二级焊缝质量要求。

3. 复核验算

该工程部分钢柱垂直度、屋面钢梁侧向挠曲不符合规范要求。对所测钢柱和钢梁，考虑钢柱垂直度和钢梁挠曲变形检测值及设计图纸其他参数，进行了复核验算。经复核验算，在正常使用情况下，该工程钢柱和钢梁的承载力、长细比满足规范要求。

4. 鉴定结论

1）该工程施工验收资料齐全完整、有效，各种施工试验、施工记录等符合规范要求。

2）该工程柱距、跨度、层高等尺寸与设计图纸相符；钢柱、钢梁、抗风柱、柱间支撑、屋面水平支撑、刚性系杆、檩条、隔撑、拉条等结构构件布置与设计图纸相符。

3）该工程 1—4 轴范围内设置 1 台 2.8t 电动单梁吊车，与原设计 2 台工作级别为

A4（中级）5t 电动单梁吊车相比，起重荷载减小。该工程 4—7 轴范围内设置 1 台 10t 工作级别为 A4 中级电动单梁吊车和 1 台工作级别为 A4（中级）20t 电动单梁吊车与原设计相符。该工程 7—10 轴范围内设置 1 台 10t 电动单梁吊车，与原设计 2 台工作级别为 A4（中级）5t 电动单梁吊车相比，吊车最大轮压增大，应限制起重荷载，最大起重荷载不得超过 5t。

4）至现场检测时，未发现地基基础存在明显的不均匀沉降现象；未发现上部承重结构和围护结构存在因地基不均匀沉降引起的裂缝和明显的变形。未发现钢梁、钢柱等主受力构件存在因承载力不足引起的明显变形；未发现梁柱节点、梁梁节点以及杆件对接焊缝存在因承载力不足引起的开裂现象；钢结构构件外观质量较好，未发现钢材表面存在锈蚀、麻点、划伤等外观缺陷；焊缝外形均匀、焊缝饱满，未发现焊缝表面有咬边、焊瘤、裂纹等缺陷。

5）该工程钢构件截面尺寸、吊车梁起拱度、钢材强度、防腐涂层厚度、高强度螺栓扭矩检测、焊缝内部缺陷符合设计及验收规范要求。

6）该工程部分钢柱垂直度、屋面钢梁侧向挠曲不符合规范要求。对所测钢柱和钢梁，考虑钢柱垂直度和钢梁挠曲变形检测值及设计图纸其他参数，进行了复核验算。经复核验算，在正常使用情况下，该工程钢柱和钢梁的承载力、长细比满足规范要求。

4.3.2　某在建电器公司生产车间倒塌倾覆原因鉴定

1. 工程概况

某电器公司生产车间为单层三跨双坡的门式钢结构厂房，每跨跨度为 24.00m，纵向柱距为 6.00m，南北向长 131.34m，东西向宽 72.50m，建筑檐口高度为 8.70m，建筑面积为 9522.00m²，屋面坡度为 1:15。该建筑物是钢梁、钢柱的设计使用年限为 50 年，屋面板、墙面板、檩条设计使用年限为 25 年，建筑物安全等级为二级，地基基础设计等级为丙级，抗震设防烈度为 6 度，设计基本地震加速度值为 0.05g，设计地震分组为第三组，抗震设防类别为标准设防类，场地类别为 Ⅱ 类。该建筑物基础采用钢筋混凝土独立基础，刚架采用 Q355B 级实腹式焊接型截面，节点采用大六角头摩擦型高强度螺栓，性能等级为 10.9 级，连接接触面的处理采用喷砂处理。抗风柱材质为 Q355B，锚栓、支撑、隔撑、拉条、系杆材质为 Q235B。基础的设计混凝土强度等级为 C30，基础垫层设计混凝土强度等级为 C15。

该建筑物现处于刚架安装施工过程中，于某日下午 6 时左右突遇大风，于某日下午突遇 9 级大风（参照当地气象资料：风速 20.8m/s），随即已完成安装的 1—12 轴的 12 榀刚架全部倒塌（图 4.3-1），委托对该建筑物的倒塌原因进行检测鉴定。

2. 倒塌现场情况勘查

该厂房倒塌事故发生后现场保护完好，经现场勘查：事故发生时 1—12 轴的 12 榀刚架处于施工安装阶段，仅完成了刚架梁柱、部分水平系杆及柱脚锚栓的安装工作，柱间支撑、檩条、隔撑、屋面水平支撑为安装，柱脚底板处四角未设置钢垫板，锚栓处于悬空状态；且现场施工过程中，未采取设置临时支撑和揽风绳等安全措施。根据上述情况对倒塌前已完成安装刚架情况进行了复原，如图 4.3-2 所示。

图 4.3-1　刚架倒塌后现状

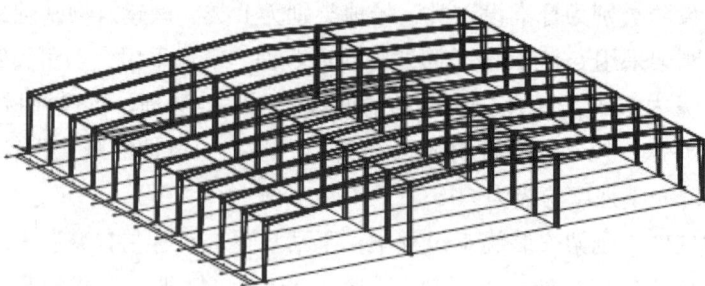

图 4.3-2　整体倾覆倒塌前刚架结构复原示意图

该厂房的现场破坏情况如下：已完成安装的 12 榀刚架从北往南依次叠加倒塌；大部分柱脚处的 4 个锚栓中，北侧两个锚栓被拉断破坏，南侧两个锚栓被压弯破坏；大部分钢梁存在严重的扭曲变形；钢柱从北往南依次叠加且存在轻微的弯曲变形；大部分刚性系杆端部连接板的对接焊缝存在撕裂开裂现象，少数刚性系杆端部的两个连接螺栓被完全剪断。刚架已完成安装各构件的典型破坏情况如图 4.2-3 ~图 4.2-6 所示。

图 4.3-3 钢柱破坏情况

图 4.3-4 钢梁破坏情况

图 4.3-5 柱脚破坏情况

图 4.3-6 刚性系杆破坏情况

3. 倒塌原因分析

通过对事故现场的勘察情况分析，该厂房正处于刚架施工的安装阶段。倒塌前，整个建筑物沿纵向未设置柱间支撑、檩条、隅撑、屋面水平支撑等构件，只是在相邻两榀刚架之间用刚性系杆连接，柱脚底板处锚栓处于悬空状态近似于铰接状态，而刚性系杆与钢柱和钢梁也是铰接连接，已完成安装的 12 榀刚架结构沿纵向是一个不稳定体系，不满足《门式刚架轻型房屋钢结构技术规范》GB 51022—2015 第 14.2.5 条"门式刚架轻型房屋钢结构在安装过程中，应根据设计和施工工况要求，采取措施保证结构整体稳固性"的规定。

由于完成安装的 12 榀刚架结构是一个不稳定体系，且每榀刚架都单独承担其所受的风荷载，当刚架的柱脚锚栓无法提供有效的约束时，刚架在平面外就会失稳塌，整个结构就会发生连锁倒塌破坏。下面就选取 1 榀刚架就其承受的风荷载进行内力计算，验证风荷载的破坏作用。

1）风荷载取值

依据当地气象资料 9 级大风的风速为 20.8m/s，空气密度取 1.146kg/m³；根据《建筑结构荷载规范》GB 50009—2012 附录 E 式（E.2.4-1）：

$$W_0 = \frac{1}{2}\rho v_0^2 = 0.25\text{kN/m}^2$$

根据《门式刚架轻型房屋钢结构技术规范》GB 51022—2015 第 4.2.1 条及式（4.2.1）：$w_k = \beta\mu_s\mu_z w_0 = 1.1 \times 1.3 \times 1.0 \times 1.05 \times 0.25 = 0.37\text{kN/m}^2$

2）荷载统计

根据该厂房的设计图纸和现场实际情况，现场抽取 1 榀刚架对其钢柱和钢梁的荷载进行计算，刚架的计算简图如图 4.2-7 所示。

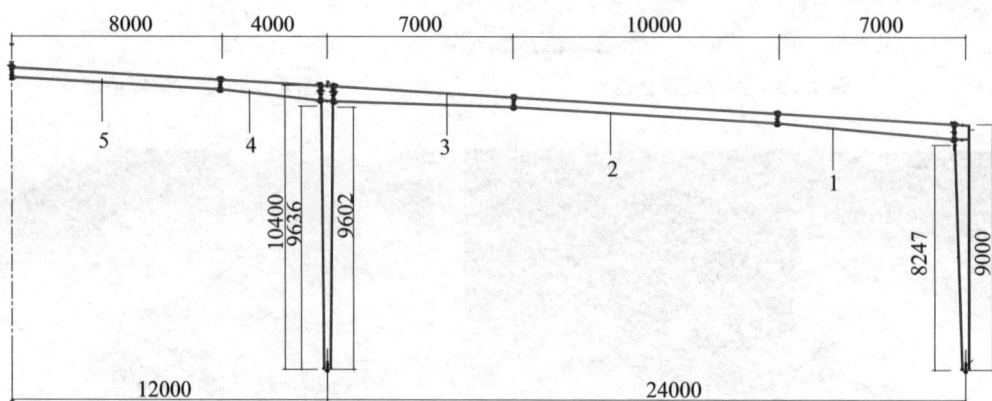

边柱截面尺寸：（570～320）×200×12×8；
中柱截面尺寸：（490×320）×200×10×8；
1 段梁、3 段梁、4 段梁截面尺寸：（590×400）×180×10×8；
2 段梁、5 段梁截面尺寸：400×180×8×8

图 4.3-7　刚架计算简图

刚架各构件的迎风面面积：

边柱 $S_{边柱}$=4.0m²；中柱 $S_{中柱}$=4.2m²；1 段梁 S_1=3.5m²；2 段梁 S_2=4.0m²；
3 段梁 S_3=3.5m²；4 段梁 S_4=2.0m²；5 段梁 S_5=3.2m²

刚架各构件的迎风面风荷载设计值：

边柱 $F_{边柱}$=1.4×$S_{边柱}$×w_k=2.1kN；中柱 $F_{中柱}$=1.4×$S_{中柱}$×w_k=2.2kN；

1 段梁 F_1=1.4×S_1×w_k=1.8kN；2 段梁 F_2=1.4×S_2×w_k=2.1kN；

3 段梁 F_3=1.4×S_3×w_k=1.8kN；4 段梁 F_4=1.4×S_4×w_k=1.1kN；

5 段梁 F_5=1.4×S_5×w_k=1.7kN

刚架各构件自重标准值：

边柱 $N_{边柱}$=11.5kN；中柱 $N_{中柱}$=8.6kN；1 段梁 N_1=7.7kN；2 段梁 N_2=14kN；

3 段梁 N_3=7.9kN；4 段梁 N_4=4.4kN；5 段梁 N_5=7.5kN

边柱和中柱的柱脚根部竖向压力值：

$N_{边柱脚}$ = （11.5+7.7+7）kN=26.2kN；

$N_{中柱脚}$ = （8.6+7+7.9+4.4+7.5）kN=35.4kN

边柱和中柱的柱脚根部倾覆力矩值：

$M_{边柱脚}$ = （2.1×4.65+1.8×9.4+0.5×2.1×9.75）kN·m=36.9kN·m；

$M_{中柱脚}$ = （2.2×5.25+0.5×2.1×9.75+1.8×10.2+1.1×10.7+1.7×10.9）kN·m=70.4kN·m

3）柱脚锚栓承载力复核验算

根据该刚架的现场实际情况，边柱和中柱柱脚锚栓均承担刚架自重和平面外的风荷载。柱脚的受力图如图 4.3-8 所示。

锚栓的截面特性：Q235 级钢，锚栓型号 M24，E=206×10³N/mm²，直径 d=24mm，有效直径 d_e=20.1mm，截面面积 A=452.2mm²，有效截面面积 A_e=317.0mm²，毛截面抵抗矩 W=1357.5mm³，净截面抵抗矩 W_e=797.4mm³，回转半径 r=6mm，计算长度为 l_0=400mm，长细比为 l_0/r=66.7，等效弯矩系数 β_{mx} = 1.0，N'_{Ex}=187.7kN，稳定系数 φ_x=0.855。

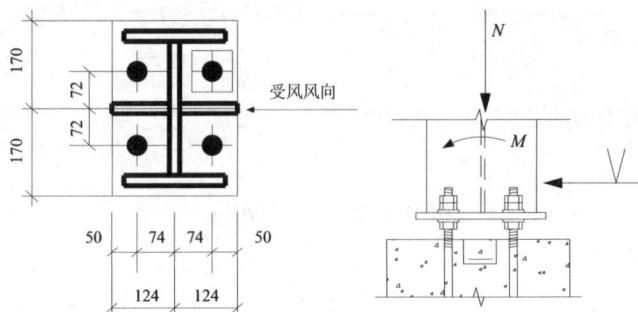

图 4.3-8　柱脚断面图

（1）柱脚迎风面锚栓最大拉力计算

在刚架平面外的风荷载作用下，刚架的边柱和中柱柱脚绕背风面的锚栓转动（图 4.3-8），边柱和中柱柱脚迎风面的锚栓承受最大拉力，计算结果如下：

单个锚栓的最大拉力设计值：N_b=$f_t×A_e$=（140×362.87）kN=50.8kN

边柱迎风面单个锚栓最大拉力值：

$N_{max边柱}$=[（$M_{边柱脚}×y_i$)/（2×y_i^2)–（0.9×$N_{边柱脚}$/4）]kN=[（36.9×0.148）/（2×0.148²)–（0.9×26.2/4）]kN=118.8kN

$N_{max边柱}/N_b$=118.8/50.8=2.34

中柱迎风面单个锚栓最大拉力计算：

$N_{max边柱}$=[（$M_{中柱脚}×y_i$)/（2×y_i^2)–（0.9×$N_{中柱脚}$/4）]kN=[（70.4×0.148）/（2×0.148²)–（0.9×35.4/4）]kN=229.9kN

$N_{max边柱}/N_b$=229.9/50.8=4.55

根据上述计算结果，可得边柱迎风面的锚栓承担的最大拉力为设计值的 2.34 倍，中柱迎风面的锚栓承担的最大拉力为设计值的 4.55 倍，均远大于锚栓拉力的设计值。

（2）柱脚背风面锚栓承载力验算

根据该厂房的现场实际施工情况，柱脚锚栓的受力状态可以作为悬臂构件考虑，悬臂长度为螺栓外露长度 200mm，二次浇筑混凝土厚度为 50mm，如图 4.3-8 所示。边柱单个锚栓承受的压力 $N_边=M_{边柱脚}/（2×0.158）+26.2/4=123.3kN$，剪力 $V_边$ $=4.95/4=1.24kN$，柱脚剪力 $V_边$ 产生的附加弯矩 $M_边=6.2×10^{-2}kN·m$；中柱单个锚栓承受的压力 $N_中=M_{中柱脚}/（2×0.158）+35.4/4=231.6kN$，剪力 $V_中=7.85/4=1.96kN$，柱脚剪力 $V_中$ 产生的附加弯矩 $M_中=9.8×10^{-2}kN·m$。

根据《钢结构设计标准》GB 50017，锚栓作为悬臂压弯构件进行计算，并将有关数据带入式中，计算结果如下：

边柱锚栓的计算结果：

强度计算：$\dfrac{N}{A_n}+\dfrac{M_x}{r_x W_{nx}}=453.7MPa \geqslant f=205MPa$

稳定性计算：$\dfrac{N}{\varphi_x A}+\dfrac{\beta_{mx} M_x}{r_x W_{1x}(1-0.8\dfrac{N}{N'_{Ex}})}=399.5MPa \geqslant f=205MPa$

中柱锚栓的计算结果：

强度计算：$\dfrac{N}{A_n}+\dfrac{M_x}{r_x W_{nx}}=833.0MPa \geqslant f=205MPa$

稳定性计算：$\dfrac{N}{\varphi_x A}+\dfrac{\beta_{mx} M_x}{r_x W_{1x}(1-0.8\dfrac{N}{N'_{Ex}})}=4358.5MPa \geqslant f=205MPa$

根据上述计算结果，可得边柱和中柱背风面锚栓的强度和稳定性均大于规范限值，特别是中柱背风面的锚栓强度，远大于规范限值要求。

4. 倾覆原因分析

综合上述计算结果，可得边柱迎风面的锚栓承担的最大拉力为设计值的 2.34 倍，中柱迎风面的锚栓承担的最大拉力为设计值的 4.55 倍，均远大于锚栓拉力的设计值；边柱和中柱背风面锚栓的强度和稳定性均不满足规范限值，特别是中柱背风面的锚栓强度，远大于规范限值要求。

在风荷载作用下，刚架柱脚处迎风面的锚栓发生断裂破坏，背风面的锚栓发生压弯破坏，使钢柱柱脚失去有效约束，随即发生倾覆破坏，这与厂房的现场破坏情况基本一致，如图 4.2.3-1 所示。由于各刚架之间设置刚性系杆存在相互拉动作用，当 1 榀刚架发生倾覆破坏后形成连锁反应，造成整个结构瞬间倒塌倾覆。

5. 鉴定意见

通过该门式刚架轻钢结构厂房发生倒塌事故原因分析表明，在施工过程中应严格遵守国家的相关规范和规程，施工前应制定详细的安全施工方案并严格执行。安装顺序宜先从设置柱间支撑的两榀刚架开始。首先，对其钢柱和屋面梁进行吊装并设置缆风绳，调整其垂直度；然后，安装柱间支撑、檩条、隔撑、屋面水平支撑等构件，已完成安装的柱脚处底板与基础顶面之间放置可靠的钢楔块或及时进行二次混凝土浇筑，形成一个空间稳定结构；最后，再向两侧顺序安装。此外，在施工过程中应加强安全管理，及时排除安全隐患，避免此类事故的发生。

4.3.3　某办公楼会议中心屋面网架结构杆件屈曲变形原因鉴定

1. 工程概况

某办公楼会议中心屋面网架，建于 2012 年 8 月，平面形状为矩形的正放四角锥平板网架，采用上弦周边支承，杆件采用螺栓球节点，平面尺寸为 24.00m×28.60m，网架失矢高为 1.50m，网格尺寸为 2400mm×2400mm，网架平面面积为 707.60m²，屋面板为 100mm 厚的钢骨架轻型板。

该屋面网架结构设计使用年限为 50 年，结构安全等级为二级，结构重要性系数为 1.0，抗震设防烈度为 6 度，设计基本地震加速度值为 0.05g，设计地震分组为第二组，基本风压为 0.5kN/m²，基本雪压为 0.35kN/m²，上弦恒荷载为 2.05kN/m²，上弦活荷载为 0.5kN/m²，下弦恒荷载为 0.5kN/m²。网架杆件采用 Q235B 级高频焊接钢管，钢球采用 45 号钢，螺栓、螺钉采用 40Cr 钢；屋面排水方式为采用支托找坡。

在该网架屋面渗水检修过程中，委托单位发现部分网架上弦杆件存在压曲变形现象，随即搭设脚手架进行了临时支承。为保证该网架的使用安全，委托单位委托我院对阳信县会议中心屋面网架结构的安全性进行检测鉴定。

2. 调查检测结果

1）宏观情况检测

（1）现场检测时，发现网架屋面的细石混凝土层存在较大面积的疏松劣化现象，排水孔存在堵塞情况；每个排水口屋面女儿墙存在明显的水印，排水孔屋面汇流高度内水印高度为 15～20cm，可初步判断降雨时屋面存在明显积水现象。

（2）现场检测时，发现部分网架支座安装不到位，存在悬空现象，未与周边支承混凝土构件紧密接触，具体情况如下：

网架上弦西侧支座：北数第 1～3、5、6、8～10、12 个支座安装不到位，存在悬空现象。

网架上弦南侧支座：西数第 2、4、6、8～10 个支座安装不到位，存在悬空现象。

网架上弦东侧支座：南数第 2、9 个支座安装不到位，存在悬空现象。

网架上弦北侧支座：东数第 3～5、7～10 个支座安装不到位，存在悬空现象。

（3）现场检测时，发现部分网架上弦杆件存在因承载力不足引起的压弯曲变形，具体情况如下所示：

网架上弦平面西数第三个网格的东西向杆件：北数第 4 个东西向杆件存在明显的

向上侧向弯曲变形，最大侧向挠曲位移约为150mm；北数第5个东西向杆件存在明显的向下侧向弯曲变形，最大侧向挠曲位移约为140mm（图4.3-9）；北数第6个东西向杆件存在明显的向下侧向弯曲变形，最大侧向挠曲位移约为200mm（图4.3-10）；北数第7个东西向杆件存在明显的向上侧向弯曲变形；北数第8～11个东西向杆件存在明显的向下侧向弯曲变形。

图4.3-9　上弦杆侧向挠曲变形　　　　图4.3-10　上弦杆侧向挠曲变形

网架上弦平面西数第四个网格的东西向杆件：北数第3个东西向杆件存在明显的向上侧向弯曲变形。

网架上弦平面东数第三个网格的东西向杆件：北数第9个东西向杆件存在明显的向下侧向弯曲变形；北数第8个东西向杆件存在明显的水平侧向弯曲变形；北数第7个东西向杆件存在明显的向上侧向弯曲变形；北数第6个东西向杆件存在明显的向下侧向弯曲变形。

（4）现场检测时，除第（3）款中所列的杆件外，未发现其他网架杆件存在因承载力不足引起的明显变形；未发现网架螺栓球节点存在因承载力不足引起的破坏现象；钢结构构件外观质量较好，未发现钢材表面存在锈蚀、麻点、划伤等外观缺陷；焊缝外形均匀、焊缝饱满，未发现焊缝表面有咬边、焊瘤、裂纹等缺陷。

2）结构布置情况检测

根据委托单位提供的设计图纸并结合现场实际情况，我单位技术人员对该网架的结构布置情况进行了现场勘察，勘察结果如下：该网架的平面尺寸、网格尺寸、跨度、失高等尺寸与设计图纸相符；该网架的支座、网架杆件、节点球等构件布置与设计图纸相符。

3）荷载布置情况检测

（1）屋面建筑做法

现场检测时，采用钻芯法选取两个位置对网架屋面的建筑做法进行了抽样检测。根据屋面芯样情况，可得出屋面网架的建筑做法为：100mm厚天基板+2层SBS卷材防水层+40mm厚的细石混凝土层，总厚度约为160mm。

（2）网架下弦荷载布置

该网架下弦平面处全部布置石膏板和铝合金吊顶。

该网架下弦平面布置有检修用的钢结构马道，马道通过角钢直接悬挂在下弦杆上，马道平面布置情况如图 4.3-11 所示。

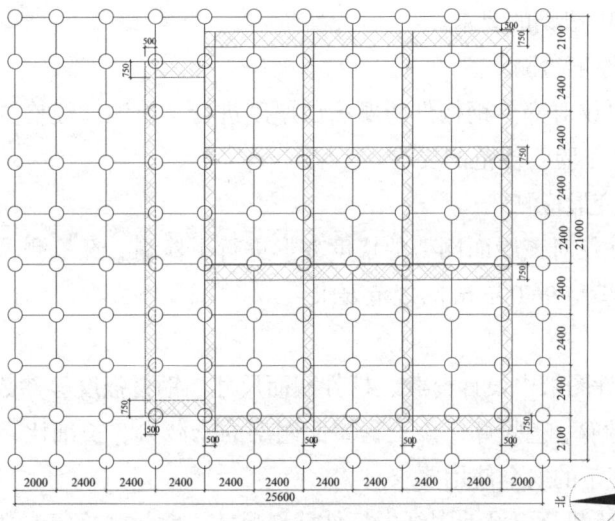

图 4.3-11　网架下弦马道平面布置示意图

该网架下弦平面布置有空调通风系统管道，管道通过吊杆悬挂于下弦杆件或直接放置在下弦杆上，布置情况如图 4.3-12 所示。

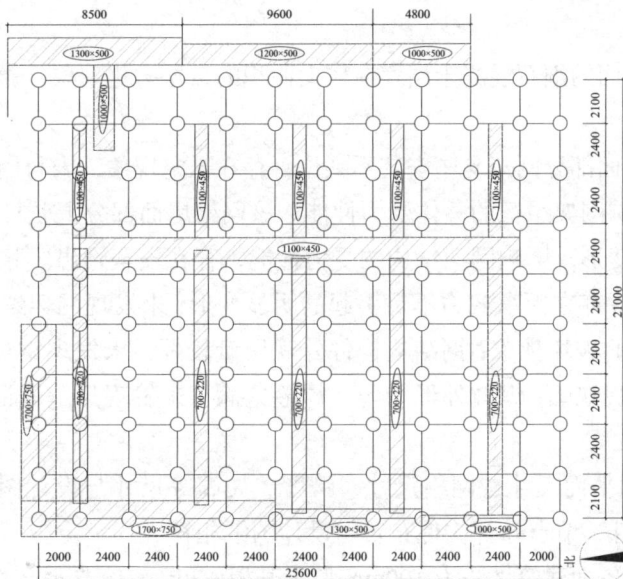

图 4.3-12　网架下弦空调通风系统管道平面布置示意图

4）杆件截面尺寸检测

采用游标卡尺量测了网架杆件的直径，用钢板测厚仪量测其壁厚。经检测，所测网架杆件的截面尺寸满足规范的允许偏差要求。

5）钢材强度检测

现场采用里氏硬度计对部分杆件的里氏硬度值进行了检测。经检测，所测构件里氏硬度值满足 Q235 级钢的要求。

6）防腐涂层厚度检测

采用漆膜测厚仪对部分钢构件防腐涂层厚度进行了检测。经检测，所测杆件防腐涂层厚度满足设计和验收规范的要求。

7）网架挠度变形检测

采用电子全站仪对该屋面网架的挠度变形进行了检测。经检测，该网架挠度变形为 144.50mm，不满足 96.00mm 的规范要求。

3. 复核验算

1）根据原设计图纸中设计荷载、杆件截面尺寸、钢材强度等参数，对该工程屋面网架进行了复核验算；经验算，该工程屋面网架的承载力、长细比、挠度变形符合建造时的设计规范规定的安全使用要求。

2）根据实测荷载及原设计图纸中杆件截面尺寸、钢材强度等参数，对该工程屋面网架进行了复核验算；经验算，该工程屋面网架的承载力、长细比、挠度变形基本符合建造时的设计规范规定的安全使用要求。

3）根据实测荷载并考虑存在的积水荷载 1.75kN/m² 及原设计图纸中杆件截面尺寸、钢材强度等参数，对该工程屋面网架进行了复核验算；经验算，该工程屋面网架的承载力、长细比、挠度变形严重不符合建造时的设计规范规定的安全使用要求。

4. 原因分析

1）该网架屋面的细石混凝土层存在较大面积的疏松劣化现象，影响屋面的耐久性和使用性。

2）该网架屋面部分网架支座安装不到位，存在悬空现象，未与周边支承混凝土构件紧密接触，影响网架结构的整体受力性能。该网架屋面部分上弦杆件存在因承载力不足引起的压曲变形，影响网架结构的受力性能，存在安全隐患。除上述杆件外，未发现其他网架杆件存在因承载力不足引起的明显变形；未发现网架螺栓球节点存在因承载力不足引起的破坏现象；钢结构构件外观质量较好，未发现钢材表面存在锈蚀、麻点、划伤等外观缺陷；焊缝外形均匀、焊缝饱满，未发现焊缝表面有咬边、焊瘤、裂纹等缺陷。

3）该网架的平面尺寸、网格尺寸、跨度、矢高等尺寸与设计图纸相符；该网架的支座、网架杆件、节点球等构件布置与设计图纸相符。

4）该网架的屋面建筑做法为 100mm 厚天基板 +2 层 SBS 卷材防水层 +40mm 厚的细石混凝土层（总厚度约为 160.00mm），承载力复核验算时应按照该实际做法予以考虑荷载；下弦平面有石膏板和铝合金吊顶、马道和空调通风系统管道，承载力复核验算时应考虑上述荷载。

5）该工程实测网架杆件的截面尺寸、钢材强度、防腐涂层厚度满足设计及规范的允许偏差要求。

6）该工程实测屋面网架短向跨度方向的挠度不满足规范要求，影响网架结构的承载力及使用性，建议结合网架加固修复处理方案一并采取处理措施。

7）根据原设计图纸中设计荷载、杆件截面尺寸、钢材强度等参数，对该工程屋面网架进行了复核验算。经验算，该工程屋面网架的承载力、长细比、挠度变形符合建造时的设计规范规定的安全使用要求。

8）根据实测荷载及原设计图纸中杆件截面尺寸、钢材强度等参数，对该工程屋面网架进行了复核验算。经验算，该工程屋面网架的承载力、长细比、挠度变形基本符合建造时的设计规范规定的安全使用要求。

9）根据实测荷载并考虑存在的积水荷载 $1.75kN/m^2$ 及原设计图纸中杆件截面尺寸、钢材强度等参数，对该工程屋面网架进行了复核验算。经验算，该工程屋面网架的承载力、长细比、挠度变形严重不符合建造时的设计规范规定的安全使用要求。

综上所述，并结合现场情况，该工程网架杆件屈曲变形主要是由于降雨后屋面排水不畅产生的积水荷载导致所受荷载效应增大共同引起的。

5. 鉴定结论

根据上述检测结果，该工程网架杆件屈曲变形主要是由于降雨后屋面排水不畅产生的积水荷载导致所受荷载效应增大共同引起的。部分支座存在悬空现象、部分上弦杆存在压曲变形、网架短向跨度挠度偏大等问题，影响网架结构整体受力性能，存在安全隐患，建议按照实际使用荷载对该网架进行承载力复核验算，并根据验算结果采用相应的处理措施。

4.3.4 某水泥厂回转窑筒体断裂破坏后鉴定

1. 工程概况

某水泥厂回转窑建于 2011 年，规格为 $\phi4.0m \times 60.0m$，斜度 4%，转速 4.2～4.3r/min，采用三挡支撑，熟料产量可达 3200～3300t/d。筒体采用 Q235B 级钢板卷制成圆形焊接而成，内壁沿周长贴砌 200mm 厚耐火砖层用于隔热防护。该水泥回转窑二挡与三挡间筒体于某日突然发生断裂破坏（图 4.3-13）。为给后续处理提供依据，委托对该水泥回转窑筒体断裂情况进行检测鉴定。

2. 调查检测结果

1）初步情况调查

据委托单位技术人员介绍：该水泥回转窑于 11 月 18 日停产。停产后，未发现筒体存在明显的裂缝。该水泥回转窑运行时，二挡与三挡之间筒体的内部温度约为1400℃，筒壁钢板温度在 350～380℃之间。该水泥回转窑二挡与三挡之间的筒体断裂时，

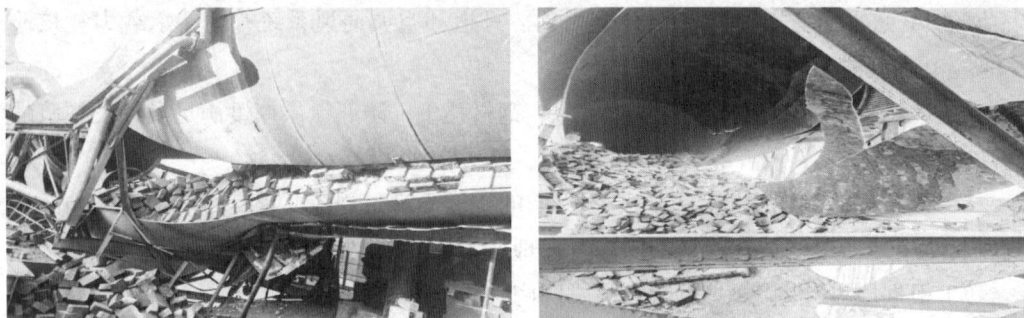

（a）断裂筒体外观现状　　　　　　　　　　（b）断裂筒体内部情况现状

图 4.3-13　回转窑二挡与三挡间断裂筒体现状

当天最低温度约为 –4℃。该水泥回转窑实际熟料产量可达 3200 ~ 3300t/d。

2）宏观状况检测

现场对该水泥回转窑二挡与三挡之间的筒体断裂情况进行了检测，具体结果如下。

该水泥回转窑筒体裂缝分布：靠近二挡端部为沿筒体环向整体断裂；二挡与三挡之间的中部筒体裂缝多为纵向螺旋形裂缝，个别为水平向裂缝。该水泥回转窑筒体裂缝均为钢板断裂，断口照片如图 4.3-14、图 4.3-15 所示。钢板在断裂失效前无明显塑形变形，断口平齐，呈亮灰色，有明显的结晶颗粒，周边无剪切唇，具有典型的脆性断裂特征。

图 4.3-14　钢板断口截面典型照片　　　　**图 4.3-15　钢板断口截面典型照片**

3）筒体截面尺寸检测

采用激光测距仪对筒体的直径进行了检测；采用钢板测厚仪对钢板厚度进行了检测。经检测，该工程筒体直径和钢板厚度符合设计及验收规范要求。

4）焊缝内部缺陷检测

采用金属超声波检测仪对该工程钢板对接焊缝的内部缺陷进行了检测。经检测，该工程钢板对接焊缝的焊接质量等级符合一级焊缝的质量要求。

5）钢材力学性能检测

现场从断裂钢板取样制作标准试件对钢材力学性能进行了检测，检测结果见

表 4.3-3。根据表 4.3-3 的检测结果，所测钢板抗拉强度、屈服强度、断后伸长率和弯曲试验满足《碳素结构钢》GB/T 700—2006 的要求；所测钢板冲击吸收功不满足《碳素结构钢》GB/T 700—2006 的要求。

钢材力学性能检测结果　　　　　　　　　　　　　表 4.3-3

样品编号	检测项目	标准要求	检测结果	结论
2039-1 号试样	抗拉强度（N/mm²）	370～500	394	合格
	屈服强度（N/mm²）	≥225	280	合格
	断后伸长率（%）	≥25	27.0	合格
2039-2 号试样	抗拉强度（N/mm²）	370～500	408	合格
	屈服强度（N/mm²）	≥225	275	合格
	断后伸长率（%）	≥25	34.0	合格
2039-3 号试样	抗拉强度（N/mm²）	370～500	399	合格
	屈服强度（N/mm²）	≥225	276	合格
	断后伸长率（%）	≥25	34.0	合格
2039-4 号试样	冲击吸收功 20℃（J）	≥27	9.2	不合格
2039-5 号试样	冲击吸收功 20℃（J）	≥27	7.8	不合格
2039-6 号试样	冲击吸收功 20℃（J）	≥27	8.2	不合格
2039-7 号试样	弯曲试验（D=a，弯曲角度 180°）	试样完好	试样完好	合格
2039-8 号试样	弯曲试验（D=a，弯曲角度 180°）	试样完好	试样完好	合格
2039-9 号试样	弯曲试验（D=a，弯曲角度 180°）	试样完好	试样完好	合格

6）钢材 C、S、P 化学成分检测

现场从断裂钢板取样，通过试验室化学成分分析方法，对钢板中 C、S 和 P 元素的含量进行测定，检测结果见表 4.3-4。根据表 4.3-4 的检测结果，所测钢板中 C、S、P 的含量满足《碳素结构钢》GB/T 700—2006 的要求。

钢材 C、S、P 化学成分含量检测结果　　　　　　　　表 4.3-4

试样名称	检测结果（质量分数，%）		
	C	S	P
2039-10 号试样	0.14	0.024	0.027
2039-11 号试样	0.14	0.023	0.028
《碳素结构钢》GB/T 700—2006 限值	≤0.20	≤0.045	≤0.045

7）钢材晶粒度和显微组织分析

现场从断裂钢板取样制作试件，经磨光、抛光后用4%硝酸酒精腐蚀试样，对钢板晶粒度和显微组织进行了检测，检测结果如图4.3-16、图4.3-17所示。根据图4.3-16、图4.3-17的检测结果，钢板晶粒度评定为8.0级；钢板显微组织为铁素体+珠光体，未见其他非正常组织。

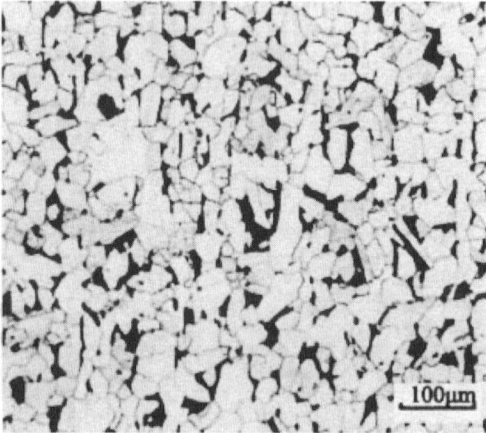

图4.3-16　晶粒度检测结果

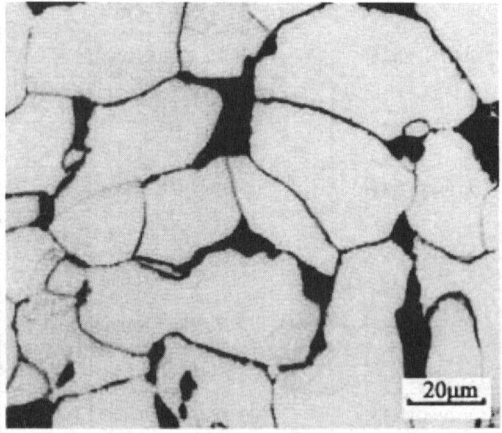

图4.3-17　显微组织检测结果

3. 原因分析

1）该筒体钢板抗拉强度、屈服强度、断后伸长率和弯曲试验满足《碳素结构钢》GB/T 700—2006的要求；C、S、P的含量满足《碳素结构钢》GB/T 700—2006的要求；晶粒度评定为8.0级；显微组织为铁素体+珠光体，未见其他非正常组织。筒体钢板冲击吸收功不满足《碳素结构钢》GB/T 700—2006的要求，导致材料韧性降低，抵抗脆性断裂的能力变弱。

2）回转窑二挡与三挡之间筒体的耐火砖内衬，很难把炙热的腐蚀性气体、碱性物料与筒体钢板完全隔离，生产过程中产生的氯、氟、磷、小分子聚合物等腐蚀性气体、碱性物料会通过砖缝与筒体钢板接触而发生化学反应，腐蚀筒体。据相关研究资料表明，回转窑筒体壁厚年腐蚀量超过0.5mm；经过长时间使用后，筒体钢板厚度减小量可达30%左右，极易发生应力腐蚀破坏。

3）回转窑为热工设备，运行时二挡与三挡之间筒体的内部温度可达到1400℃；虽有耐火砖内衬保护，但筒壁钢板温度仍可达到350~380℃。长期高温运行降低了筒壁钢材的力学性能，腐蚀麻坑易产生应力集中，使筒壁钢板产生裂纹破坏。

4）金属材料在长时间的一定的温度和受力状态下，即使所受应力小于其屈服强度，随着时间的增长，会发生缓慢的塑形变形，这种现象称为蠕变。据相关研究资料表明，对于一般金属，蠕变变形只有在高温条件下才明显表现出来；碳素钢在300~400℃和一定应力作用下时，能明显的出现蠕变变形；当温度高于400℃时，即使应力不大，也会出现较大速率的蠕变变形。经过长期蠕变变形的累积，使金属部件发生过量的塑形变形不能使用，或者蠕变进入加速发展阶段导致部件失效发生蠕变断裂。

5）回转窑长期处于高温和物料负荷的作用，受温度不均匀分布、零部件磨损、安装时中心线不正、变形下挠等多种因素的影响，会使回转窑中心线不直。中心线不直会造成筒体受力不均匀，各挡支撑荷载分布不均，同挡支撑各托轮之间荷载分布不均匀。二挡作为筒体应力最高和横截面圆度最差的薄弱部位，中心线不直会导致二挡位置整体受力增大，同时也加剧了二挡位置前后交变应力作用，经过较长时间的作用会导致筒体产生裂纹或发生突然断裂的疲劳破坏。

综上所述，东阿山水东昌水泥有限公司水泥回转窑二挡和三挡间筒体断裂主要是由于筒体应力腐蚀、力学性能降低、过量蠕变变形、筒体中心线不直、疲劳损伤等因素的综合作用，使筒体发生脆性断裂破坏。

4. 鉴定结论

1）该筒体钢板抗拉强度、屈服强度、断后伸长率和弯曲试验满足《碳素结构钢》GB/T 700—2006 的要求；C、S、P 的含量满足《碳素结构钢》GB/T 700—2006 的要求；晶粒度评定为 8.0 级；显微组织为铁素体＋珠光体，未见其他非正常组织。筒体钢板冲击吸收功不满足《碳素结构钢》GB/T 700—2006 的要求，导致材料韧性降低，抵抗脆性断裂的能力变弱。

2）东阿山水东昌水泥有限公司水泥回转窑二挡和三挡间的筒体断裂，主要是由于筒体应力腐蚀、力学性能降低、过量蠕变变形、筒体中心线不直、疲劳损伤等因素的综合作用，使筒体发生脆性断裂破坏。

4.3.5 某职工食堂钢屋架屋面安全性鉴定

1. 工程概况

某职工食堂建于 1988 年，为地上二层框架结构和砖混结构的混合结构房屋，基础采用现浇钢筋混凝土独立基础和条形基础，上部承重结构采用砌体墙和混凝土梁板柱混合承重，楼面板和屋面板采用现浇钢筋混凝土板（除二层 1—11 ~ B—F 轴区域内屋面采用梯形钢屋架＋预应力槽形混凝土板外）。该工程餐厅和加工间为二层，一层和二层层高均为 6.60m，室内外高差为 0.60m，建筑高度为 13.80m（至檐口）；主副食库为三层，一 ~ 三层高为 3.30m，室内外高差为 0.60m，建筑高度为 10.50m；总建筑面积为 6421.30m²。

该工程基础垫层的设计混凝土强度等级为 C10，基础和上部承重结构现浇混凝土梁板柱的设计混凝土强度等级均为 C20；上部承重墙体采用 75 号机制砖和 25 号混合砂浆砌筑，墙厚为 240mm 和 370mm；二层 1—11 ~ B—F 轴区域内屋面采用梯形钢屋架＋预应力混凝土板，梯形钢屋架共 9 榀，跨度均为 18.00m，柱间距均为 6.00m，预应力槽形混凝土板东西向搁置于钢屋架和两端山墙上。

现在，由于该工程二层拟进行整修改造，为了解该工程现状情况，委托对该工程二层 1—11 ~ B—F 轴区域屋面的安全性进行检测鉴定。

2. 调查检测结果

1）建筑及结构核查

委托单位提供的该工程建筑和结构设计施工图纸齐全；根据上述设计图纸并结合现场实际情况，对该工程二层 1—11 ~ B—F 轴区域屋面的建筑、结构情况进行了核查，核查结果如下：

（1）该工程二层 1—11 ~ B—F 轴区域屋面梯形钢屋架、预应力槽型混凝土板和钢屋架上下弦水平支撑、垂直支撑、刚性系杆等布置，与设计图纸相符。

（2）该工程二层 1—11 ~ B—F 轴区域屋面的使用功能和使用环境，与设计图纸相符；主体结构未见存在拆建、改造等痕迹。

（3）该工程二层 1—11 ~ B—F 轴区域屋面吊顶已拆除；8—11 ~ B—F 轴区域内屋面新铺设一层 SBS 卷材防水，其余区域内屋面建筑做法与设计图纸相符；屋架上新加自动喷淋管道。

2）宏观情况检测

对该工程二层 1—11 ~ B—F 轴区域屋面周边支承结构构件、钢屋架及预应力槽形混凝土板等宏观情况进行了普查，具体情况如下：

（1）至现场检测时，未发现二层 1—11 ~ B—F 轴区域屋面周边支承的上部承重结构存在因地基不均匀沉降引起的裂缝和明显的变形。

（2）至现场检测时，未发现二层 1—11 ~ B—F 轴区域屋面周边支承的上部承重结构存在因承载力不足引起的受力裂缝及不适于继续承载的过大变形。

（3）未发现钢屋架及支撑的受力构件存在因承载力不足引起的明显变形；未发现杆件连接节点焊缝存在漏焊和因承载力不足引起的开裂现象。

（4）现场检测时，发现二层 1—11 ~ B—F 轴区域部分预应力混凝土屋面板存在损坏情况；部分系杆、支撑杆件存在变形或损坏现象；部分屋面防水层存在龟裂裂缝、起鼓等现象。详细检测结果如表 4.3-5 所示。

宏观情况检测结果 表 4.3-5

构件名称	检测结果
3—4 ~ B—F 轴区域内屋面板	南数第 3 块板北板肋混凝土局部损伤，钢筋外露。 南数第 5 块板北板肋混凝土局部损伤，钢筋外露。 北数第 4 块板南板肋混凝土局部损伤，钢筋外露。 北数第 2 块板南板肋混凝土局部损伤，钢筋外露，如图 4.3-18 所示
4—5 ~ B—F 轴区域内屋面板	北数第 5 块板南板肋混凝土局部损伤，钢筋外露。 南数第 2 块板南板肋混凝土局部损伤，钢筋外露
5—6 ~ B—F 轴区域内屋面板	南数第 4 块板南板肋混凝土局部损伤
6—7 ~ B—F 轴区域内屋面板	北数第 2 块板南板肋混凝土局部损伤，钢筋外露
7—8 ~ B—F 轴区域内屋面板	南数第 2 块板南板肋混凝土局部损伤

构件名称	检测结果
8—9～B—F 轴区域内屋面板	北数第 5 块板南板肋混凝土局部损伤，钢筋外露
	北数第 2 块板北板肋混凝土局部损伤
9—10～B—F 轴区域内屋面板	北数第 2 块板北板肋混凝土局部损伤，钢筋外露。 南数第 3 块板北板肋混凝土局部损伤，钢筋外露。 南数第 4 块板南板肋混凝土局部损伤，钢筋外露。 南数第 2 块板西第 2 个板肋混凝土局部损伤
10—11～B—F 轴区域内屋面板	南数第 3 块板南板肋混凝土局部损伤，钢筋外露
9—10～B—F 轴区域内下弦南 1 "X" 支撑	单角钢支撑局部损坏，如图 4.3-19 所示
8—9～B—F 轴区域内	下弦中间单角钢系杆存在明显侧向挠曲
6—7～B—F 轴区域内	下弦中间单角钢系杆存在明显侧向挠曲
4—5～B—F 轴区域内	下弦中间单角钢系杆存在明显侧向挠曲
3—4～B—F 轴区域内	下弦中间单角钢系杆存在明显侧向挠曲
1—8～B—F 轴区域内屋面防水层	部分屋面防水存在龟裂裂缝、起鼓

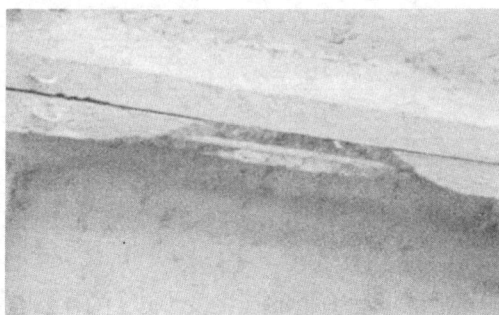

图 4.3-18　板肋混凝土局部损伤和钢筋外露　　　　图 4.3-19　支撑局部损伤

3）截面尺寸检测

采用钢板测厚仪和钢卷尺对该工程二层 1—11～B—F 轴区域屋面钢屋架的杆件截面尺寸进行了检测。经检测，所测该工程钢屋架杆件的截面尺寸符合设计及规范要求。

4）钢材抗拉强度检测

采用 HLN-11 型里氏硬度计对该工程二层 1—11～B—F 轴区域屋面钢屋架杆件的抗拉强度进行了检测。经检测，所测该工程屋面钢屋架杆件的抗拉强度推定值符合设计要求。

5）钢结构涂层厚度检测

采用漆膜测厚仪对该工程二层 1—11～B—F 轴区域屋面钢屋架杆件防腐涂层厚度进行了检测。经检测，所测该工程屋面钢屋架杆件防腐涂层厚度符合验收规范的要求。

6）钢屋架挠度变形检测

采用电子全站仪对该工程二层 1—11～B—F 轴区域屋面钢屋架的挠度变形进行了

检测。经检测，所测该工程屋面钢屋架符合规范要求。

7）钢屋架垂直度检测

采用电子全站仪对该工程二层 1—11 ~ B—F 轴区域屋面钢屋架的垂直度进行了检测，检测结果见表 4.3-6。根据表 4.3-6 的检测结果，所测该工程屋面大部分钢屋架的垂直度不符合验收规范要求。

钢屋架跨中垂直度检测结果 表 4.3-6

序号	构件名称	垂直度（mm）		结论
		实测	允许	
1	3 ~ B—F 轴钢屋架	19.1	11.6	不符合
2	4 ~ B—F 轴钢屋架	2.1	11.6	符合
3	5 ~ B—F 轴钢屋架	19.2	11.6	不符合
4	6 ~ B—F 轴钢屋架	27.4	11.6	不符合
5	7 ~ B—F 轴钢屋架	14.5	11.6	不符合
6	8 ~ B—F 轴钢屋架	13.2	11.6	不符合
7	9 ~ B—F 轴钢屋架	21.4	11.6	不符合
8	10 ~ B—F 轴钢屋架	17.6	11.6	不符合
检测说明	所测钢屋架跨中的垂直度包含施工偏差			

8）屋面板挠度变形检测

采用电子全站仪对该工程二层 1—11 ~ B—F 轴区域屋面板的挠度变形进行了检测。经检测，所测该工程屋面板的挠度变形符合规范要求。

3. 承载力复核验算

根据委托方提供的资料的装修及使用荷载，依据国家相关规范标准和现场实测结果，屋面恒荷载取 2.30kN/m²，不上人屋面活荷载取 0.50kN/m²，基本风压取 0.40kN/m²，基本雪压取 0.35kN/m²，室内烟道取 0.80kN/m，因喷淋管道直径变化，其取值范围为 0.125 ~ 1.25kN/m。采用 PKPM 钢结构设计软件 10 版 V5.2.0，对该钢屋架承载力进行了复核验算。经验算，该工程二层 1—11 ~ B—F 轴区域内钢屋架和屋面板的承载力满足规范要求；钢屋架的 2 根杆件及其对称杆件长细比不满足规范要求。

4. 安全性鉴定

根据上述检测结果，依据《民用建筑可靠性鉴定标准》GB 50292—2015 的相关规定，根据结构承载功能评级、结构整体性评级以及结构侧向位移评级，对该工程二层 1—11 ~ B—F 轴区域内屋面安全性进行评定。

1）结构承载功能等级评定

根据钢构件承载能力、构造以及不适于承载的位移或变形三个检查项目进行确定，具体评定结果见表 4.3-7。

结构承载功能安全性鉴定评级表　　　　　　　　　　表 4.3-7

结构系统名称	检查项目	构件	评定结果
屋面系统	屋面（主要构件集）	钢屋架	B_u
	屋面（一般构件集）	混凝土板	B_u

根据表 4.3-7 的评定结果，该工程二层 1—11 ~ B—F 轴区域内屋面的结构承载功能安全性等级评定为 B_u 级。

2）结构整体牢固性等级评定

未发现该工程二层 1—11 ~ B—F 轴区域屋面周边支承的上部承重结构存在因承载力不足引起的受力裂缝及不适于继续承载的过大变形；未发现钢屋架及支撑受力构件存在因承载力不足引起的明显变形；未发现杆件连接节点焊缝存在漏焊和因承载力不足引起的开裂现象。根据结构布置及构造、支撑系统的构造和结构、构件间的连系三个检查项目进行确定，具体评定结果见表 4.3-8。

结构整体牢固性鉴定评级表　　　　　　　　　　表 4.3-8

结构系统名称	检查项目	检查结果	评定结果
屋面系统	结构布置及构造	结构布置合理，可形成完整体系；结构选型及结构传力路线清晰；基本符合国家现行设计规范的规定	A_u 级
	支撑系统的构造	连接构造符合国家现行设计规范规定，能形成完整的支撑系统，能传递各种侧向作用。 个别系杆存在明显的侧向挠曲变形；钢屋架个别杆件长细比超限 7.3%；个别下弦支撑存在损伤	B_u 级
	结构、构件间的连系	设计合理、无疏漏，锚固、拉结、连接方式正确、可靠。 个别系杆存在侧向挠曲变形；个别下弦支撑存在损伤	B_u 级

根据表 4.3-8 的评定结果，该工程二层 1—11 ~ B—F 轴区域内屋面的结构整体性牢固等级评定为 B_u 级。

3）结构侧向位移等级评定

未发现该工程上部结构存在不适于承载的侧向位移变形，结构侧向位移等级评定为 A_u 级。

综合上述结构承载功能评级、结构整体性评级以及结构侧向位移评级的评定结果，该工程二层 1—11 ~ B—F 轴区域内屋面安全性评定为 B_u 级。

5. 鉴定结论

根据上述检测鉴定结果，依据《民用建筑可靠性鉴定标准》GB 50292—2015 的相关规定，该工程二层 1—11 ~ B—F 轴区域内屋面安全性评定为 B_u 级，满足安全使用要求；建议对长细比超限的钢屋架杆件、存在损伤的预应力槽形屋面板、存在明显侧向挠曲变形的系杆和存在明显龟裂、起鼓的屋面防水采用修复处理措施。在后续使用过程中，未经技术鉴定或设计许可，不得擅自改变结构布置、使用用途及环境，并加强维护和检查；若在后续对屋面进行改造，屋面荷载不应超过设计荷载。

6. 修复处理建议

1）建议对存在损伤的预应力槽型屋面板，采用工具清理干净混凝土表面的杂物和油灰等，剔除构件表面疏松的混凝土至密实处，凿毛增糙，界面清理干净后抹 I 级聚合物修复砂浆恢复至原设计截面尺寸。

2）建议对存在明显侧向挠曲变形的系杆按照原设计图纸要求进行更换。

3）建议对存在明显龟裂、起鼓的屋面防水进行局部修复处理或整体更换。

4）建议对 9 榀钢屋架的 10 号、11 号杆件及其对称杆件采用粘贴 Q235B 级钢板增大截面进行加固处理，具体加固处理方法如下：

在新增 80×8 的钢板上预先成孔（本工程采用 M12 高强度螺栓，成孔直径为 13.5mm）；将成好孔的新增 80×8 钢板采用人工涂胶的方式粘贴于原等边双角钢的上翼缘，涂胶厚度为 5mm。待结构胶强度达到设计强度后，沿新增钢板孔在原等边角钢上成孔，成孔完毕后采用 M12 高强度螺栓将新增钢板与原等边角钢固定，并将高强度螺栓拧至设计值。

4.3.6 某钢材加工配送中心仓库柱间支撑破坏原因鉴定

1. 工程概况

某钢材加工配送中心仓库，建于 2009 年，为地上一层三跨门式刚架结构厂房，每跨跨度均为 27.00m，A—B 轴和 B—C 轴范围内各设置 2 台工作级别为 A5 级 25t 吊车，C—D 轴范围内设置 1 台工作级别为 A5 级 10t 吊车和 1 台工作级别为 A5 级 16t 吊车，建筑平面尺寸为 153m×81m，建筑高度为 12.00m（至檐口处），建筑面积约为 12393.00m²。

该工程建筑结构安全等级为二级，结构重要性系数为 1.0，设计使用年限为 50 年，建筑抗震设防类别为标准设防类，抗震设防烈度为 6 度，设计地震分组为第三组，设计基本加速度为 0.05g，场地类别为 III 类，设计基本雪压为 0.30kN/m²，设计基本风压为 0.45kN/m²，屋面恒荷载值 0.25kN/m²，屋面活荷载值 0.50kN/m²。该工程基础垫层的设计混凝土强度等级为 C15，基础的设计混凝土强度等级为 C30，基础采用钢筋混凝土独立基础，刚架采用 Q355B 级钢实腹式焊接型截面 H 型钢，钢节点采用大六角头摩擦型高强度螺栓，性能等级为 10.9 级，连接接触面的摩擦系数不小于 0.45；柱间支撑、屋面支撑、屋面系杆以及檩条采用 Q235B 级钢。柱间支撑采用 Q235B 级；下柱间支撑采用格构式角钢支撑，角钢为 2∟100×80×10，缀条采用∟80×8，间距为 1300mm。

现由于该仓库大部分下柱间支撑出现明显弯曲变形和端部焊缝开裂情况，对该仓库下柱间支撑破坏原因进行鉴定。

2. 调查检测结果

1）结构布置情况核查

根据委托单位提供的设计图纸并结合现场实际情况，我单位技术人员对该建筑物的柱间支撑结构布置情况进行了现场核查，结果如下：

（1）该工程柱间支撑的布置位置、尺寸、形式与设计图纸相符；

（2）该工程下柱间支撑缀板的平均间距为 1.50m，且支撑中间交接处均未设置缀板，与设计图纸不符，如图 4.3-20 所示。

2）宏观情况

现场检测时，发现该仓库大部分下柱间支撑出现明显弯曲变形和端部焊缝开裂情况，B 轴及 C 轴破坏情况尤为严重，如图 4.3-21 所示。

图 4.3-20　交接处未设置缀板　　　图 4.3-21　柱间支撑端部焊缝开裂

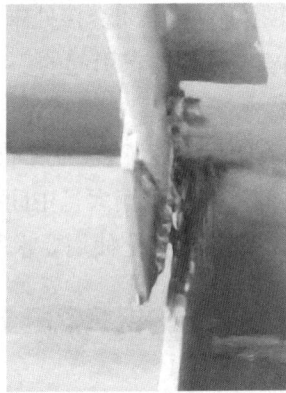

3）截面尺寸检测

采用钢卷尺和钢板测厚仪对下柱间支撑构件的截面尺寸进行了检测。经检测，所测下柱间支撑构件的截面尺寸偏差满足规范要求。

4）钢材抗拉强度检测

现场采用里氏硬度计对下柱间支撑构件的里氏硬度值进行了检测。经检测，所测下柱间支撑构件里氏硬度值满足 Q235 级钢的要求。

3. 复核验算

1）根据原设计图纸中设计截面尺寸、钢材强度、缀板间距和设计荷载等参数，对该工程下柱间支撑进行了复核验算；经验算，该工程下柱间支撑强度、长细比、稳定符合建造时的设计规范规定的安全使用要求。

2）根据原设计图纸中设计截面尺寸、钢材强度、设计荷载等参数和实测缀板间距，对该工程下柱间支撑进行了复核验算；经验算，该工程下柱间支撑长细比、稳定符合建造时的设计规范规定的安全使用要求。

4. 原因分析

1）该工程柱间支撑的布置位置、尺寸、形式与设计图纸相符；该工程下柱间支撑缀板的平均间距为 1.50m，且支撑中间交接处均未设置缀板，与设计图纸不符。下柱间支撑的截面尺寸、钢材强度符合设计及验收规范要求。

2）根据原设计图纸中设计截面尺寸、钢材强度、缀板间距和设计荷载等参数，对该工程下柱间支撑进行了复核验算；经验算，该工程下柱间支撑强度、长细比、稳定符合建造时的设计规范规定的安全使用要求。

3）根据原设计图纸中设计截面尺寸、钢材强度、设计荷载等参数和实测缀板间距，对该工程下柱间支撑进行了复核验算；经验算，该工程下柱间支撑长细比、稳定符合建造时的设计规范规定的安全使用要求。

综上所述，该工程下柱间支撑出现明显弯曲变形和端部焊缝开裂情况，主要是由于下柱间支撑间距偏大且中间交接处未设缀板，导致其长细比和稳定不符合建造时的设计规范规定的安全使用要求引起的。

5. 鉴定结论

根据上述检测结果，该工程下柱间支撑出现明显的弯曲变形和端部焊缝开裂情况，主要是由于下柱间支撑间距偏大且中间交接处未设缀板，导致其长细比和稳定不符合建造时的设计规范规定的安全使用要求所引起。

4.3.7 某窑尾框架结构钢管混凝土柱胀裂破坏情况鉴定

1. 工程概况

某窑尾框架，建于 2003 年，为地上 7 层现浇钢筋混凝土框架结构和钢管混凝土柱框架—支撑结构，1 层层高为 8.10m，2 层高度为 13.13m，3 层高度为 13.32m，4 层层高为 13.50m，5 层和 6 层层高为 13.00m，7 层层高为 12.00m，室内外高差为 0.15m，总建筑高度为 86.20m。该工程基础采用现浇钢筋混凝土独立基础，设计混凝土强度等级为 C30；1 层采用现浇钢筋混凝土框架结构，梁板柱设计混凝土强度等级为 C30；2～7 层采用钢管混凝土柱框架—支撑结构，框架柱采用直径 720mm 和 850mm 的钢管混凝土柱，内部浇筑 C40 混凝土，标高 47.550m 及以下框架梁、柱及支撑采用 Q355B 级钢，其余构件均采用 Q235B 级钢；钢管内混凝土采用立式手工浇捣法，在主楼面安装完毕后进行混凝土浇灌，前五层混凝土浇灌到楼面以上 0.5m 处，最后一层浇灌到距柱顶管口 0.05m 处，封顶盖板。待混凝土强度达到 50% 后，通过顶盖板上预留孔用 M50 膨胀水泥砂浆压力灌注密实，直至水泥砂浆从孔内溢出，随即用 0.6cm 厚钢板电焊封死预留孔洞；柱脚在第一层钢结构安装校正合格后采用 C30 混凝土浇筑；钢管及节点上剖口焊缝质量不低于二级焊缝。

经了解，该工程有正规的建设单位、设计单位、施工单位、监理单位。现由于委托单位工作人员在日常巡检过程中，发现三层（标高 20.73～34.05m 范围内）和四层（标高 34.05～47.55m 范围内）1～D 轴柱、3～A 轴柱的钢管出现严重裂缝，为查明裂缝开裂原因并对后续加固处理提供依据，委托对上述开裂钢管混凝土柱胀裂破坏进行检测鉴定。

2. 钢管混凝土柱的开裂情况

该工程已使用近 20 年，每年底至次年初都进行停产检修，物料荷载已全部卸除。在 2021 年 1 月下旬巡检过程中，发现三层和四层角部的 1～D 轴柱、3～A 轴柱的钢管出现严重纵向裂缝见图 4.3-22 和图 4.3-23，裂缝有脆断特征，裂缝处有明显的渗水痕迹且混凝土润湿情况沿裂缝两边逐渐减轻。

查阅工程的竣工验收资料，3 层（标高 20.73～34.05m 范围内）和 4 层（标高 34.05～47.55m 范围内）的施工日期约为 2003 年 8～9 月左右。查阅当地气象资料，该时期内两个月降雨累计天数为 27d。

经查阅 2021 年 1 月份的气象资料，1 月份上旬该地区出现持续低温，最低温度为 –17.4℃。考虑到山区、风等因素影响，实际最低温度低于 –17.4℃。

经结构工程实体质量检测，钢管的直径、厚度、钢材抗拉强度符合设计要求；取样钢管的钢材化学成分及冲击性能符合设计要求。

图 4.3-22　钢管混凝土柱裂缝典型照片　图 4.3-23　钢管裂缝断口典型照片

3. 问题分析

从现场检测情况来看，3 层和 4 层角部 1～D 轴柱、3～A 轴柱出现明显的局部倾斜；钢管存在严重纵向裂缝，裂缝多分布在钢管柱中部且内部混凝土有压酥现象，端部裂缝较少且开裂相对轻；开裂严重的钢管柱，端部梁柱节点处也存在竖向裂缝；大多数裂缝底部有明显的渗水痕迹；绝大多数裂缝为纵向螺旋形裂缝，个别为竖向裂缝，最大裂缝宽度约为 0.02m；裂缝严重处钢材有外凸现象；裂缝处断口平齐、无明显变形，呈有光泽的晶粒状，见图 4.3.8-2；裂缝及周边处混凝土存在严重的疏松劣化、不密实情况，且混凝土处于潮湿状态；未开裂区域钢管与混凝土存在局部脱空区。

钢管混凝土柱发生了冻胀破坏，结合实际工程分析钢管混凝土柱发生冻胀开裂的主要成因如下：

1）根据相关研究，当钢管混凝土柱的钢管与混凝土间无有效连接，只是简单地在钢管内部浇筑混凝土时，钢管内部存在先天性的构造不足。该工程钢管内表面未设置栓钉等构造措施，与内部混凝土的结合仅靠两者之间微弱的粘结力。由于钢材的热膨胀系数为 1.2×10^{-5}mm/℃，普通混凝土的平均热膨胀系数是 1.0×10^{-5}mm/℃，钢材的热膨胀系数比混凝土约大 20%；正常使用过程中随着外界气温的季节和昼夜变化，钢材与混凝土的热膨胀和冷收缩存在差异，变形不一致，导致钢管内壁与混凝土脱开。当外界温度高于钢管混凝土柱施工成型的温度时，钢管首先受热膨胀，内部混凝土受热滞后于钢管，且膨胀变形也小于钢管，导致局部钢管内壁与内部混凝土脱开；当外界温度低于钢管混凝土柱施工成型的温度时，钢管收缩变形大于内部混凝土，钢管箍紧混凝土，在钢管内产生较大的环向拉应力。

2）工程钢管吊装后，一次性浇筑混凝土，抛落高度大，易产生离析和泌水，水化反应不充分，造成自由水的含量高。按照水参与化学物理结合作用的性质来分，分为化学结合水、物理—化学结合水和物理结合水；化学结合水是强结合水，不参与混凝土和外界湿度的交换，该部分水冰点温度极低，不可能结冰；物理—化学结合水易水分蒸发而破坏结合，一般不可能结冰；物理结合水是存在于混凝土的晶格或毛细孔中的自由水，称为自由水，结合强度低，为可结冰水。当冬季温度降至低于 0℃时，钢管混凝土柱内部存在混凝土水化反应后的自由水，在冬季易结冰发生冻融循环。且该工程施工时为降雨季节，施工防护措施不当导致外界雨水侵入钢管内。当冬季温度降至低于 0℃时，此部分自由水也易于结冰发生冻融循环。

3）工程钢管混凝土柱内部存在混凝土水化反应后的自由水和外界侵入的水分，在密闭钢管内无法排出。在外界高温或温度上升较快时，外层钢管膨胀较快，因此钢管与混凝土两者间隙增长较快，并且形成了负压区域，此区域容易将附近游离的自由水吸进来；在外界低温或温度下降较快时，外层钢管收缩较快，钢管与混凝土间的空气被排出，间隙中存在的自由水被挤入混凝土孔隙。随着这两个过程在钢管混凝土柱内部不断循环，也就形成了所谓的"呼吸效应"。随着使用年限增长，反复发生冻融循环，水分逐步向钢管与混凝土间的脱空区、不密实区域积聚。当冬季温度降至低于 0℃时，积聚在钢管与混凝土间脱空区、不密实区域内的水开始结冰膨胀，体积增大到原来的1.09 倍，受到钢管约束产生冻胀力，在钢管内产生环向拉力；随着冻融循环作用，脱空区、不密实区域内积聚的水分逐年增多，产生的环向拉力也逐渐增大。在低温天气条件下，钢材收缩变形越大约束越强，冻胀力就越大，冻胀力和荷载作用叠加对钢管产生的环向应力超过薄弱面处极限拉应力后，就将发生低温脆性裂缝。由于钢管混凝土柱上、下都有较强的环向约束，因此在柱中部首先开裂，并逐步向柱上下两端扩展。

4. 冻融循环下温度应力分析

采用 ANSYS 作为有限元模拟软件来对钢管混凝土柱冻融循环中温度场及温度应力进行分析计算。

1）热分析简介

ANSYS 软件的热分析遵循热力学第一定律，即能量在传递与转化的过程中总能量不改变。热对流是指固体的表面温度与他周围所接触的流体温度不同，存在有温差，因此引发了能量交换。这里，采用牛顿冷却方程的热对流计算公式。

$$q^* = h_f\,(T_s - T_B)\qquad\text{式（4.3.8-1）}$$

式中　h_f——为对流换热系数；

　　　T_s——为固体的表面温度；

　　　T_B——为周围流体温度。

关于 ANSYS 的热分析，主要有两种：一种是稳态热分析，另一种是瞬态热分析。稳态热分析是指热能的流动与时间无关，因此系统温度与热荷载也与时间无关，而瞬态热分析则与之相反。此处的模型中，温度随时间变化，温度场及温度应力与时间相关，因此采用瞬态热分析。ANSYS 中耦合分析是指需要考虑两种以上的物理场间的相互影响，这里考虑了流体—结构的耦合分析，并且采用直接法计算。在建模时，选用同时具有温度和位移自由度的 PLANE13 耦合单元。

2）ANSYS 数值模拟

结合工程，简化了冻融循环下混凝土的数值模拟问题。具体如下：模拟规格为直径 720mm 的圆柱体混凝土柱，模拟其使用中的冻融循环。为结合实际的同时缩短模拟时间，将一次的冻融循环时间设定为 80h，融化过程从 20℃ 计时，共经历 40h；冻结过程从 -20℃ 计时，同样经历 40h。由于施工时间是 9 月，将初始温度设置为 20℃。

3）混凝土温度场有限元分析

建模模型取圆柱体截面矩形进行二维的有限元模拟。材料属性定的材料热物理力学性质如表 4.3-9 所示。划分网格选用自由网格划分，在网格划分前将网格划分的粗细程度设为等级为 1 的最细网格，如图 4.3-24 所示。

混凝土热物理力学性质　　　　　　　　　　　　表 4.3-9

名称	值	单位
比热容	960	J/（kg·℃）
热导系数	1.74	W/（m·K）
密度	2200	kg/m³
换热系数	100	W/（m²·℃）
弹性模量	3.6×10^{10}	Pa
泊松比	0.2	—
线膨胀系数	10^{-5}	℃$^{-1}$

加载与计算根据实际工况，对混凝土柱上下边界约束 X 和 Y 向位移，共设置 19 个荷载步，一次冻融循环为两个荷载步，每个子步数设定为 2888，所有荷载步采用 Stepped 式加载方式，将 Automatic time 设为 ON。融化时，将对流环境温度设为 20℃，冻结设为 -20℃。Solve 命令计算从 1～19 的所有荷载步，每次增加荷载步数 1，

保证所有荷载步顺序进行。在 ANSYS 的 General Postproc 模块查看计算后结果，查看第 1、2、18 和 19 荷载步的温度场分布云图，见图 4.3-25。第 18 和 19 荷载步的温度应力分布云图，见图 4.3-26。

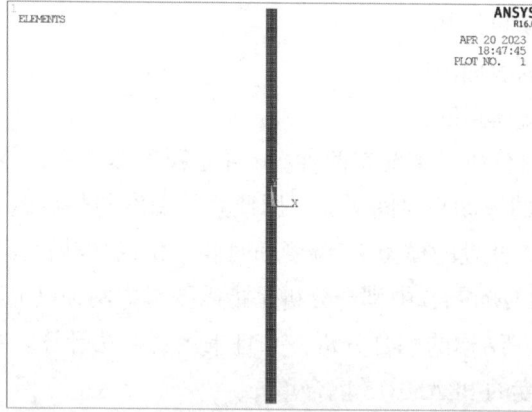

图 4.3-24　网格划分

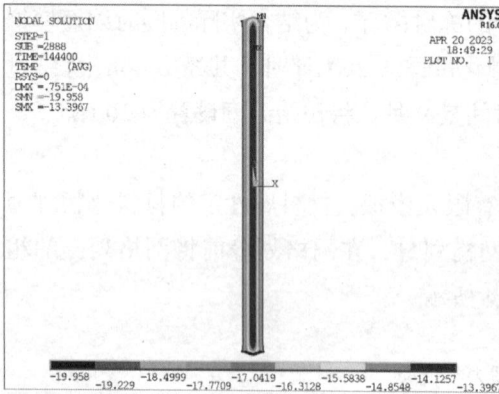

（a）第 1 荷载步温度场分布云图

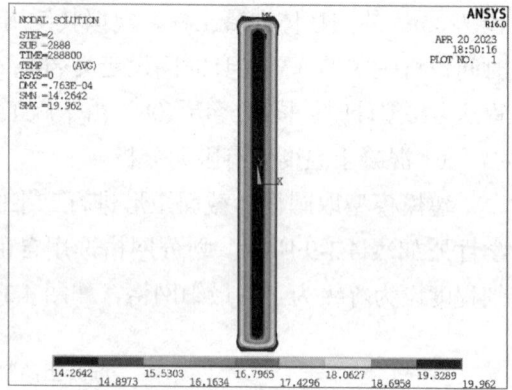

（b）第 2 荷载步温度场分布云图

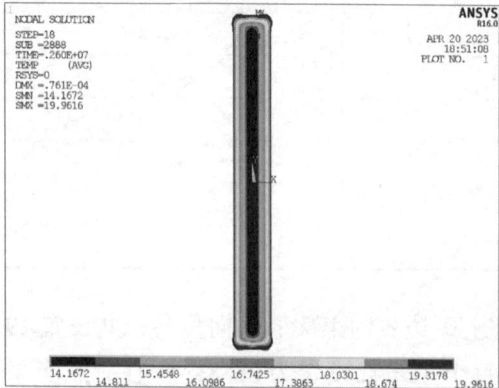

（c）第 18 荷载步温度场分布云图

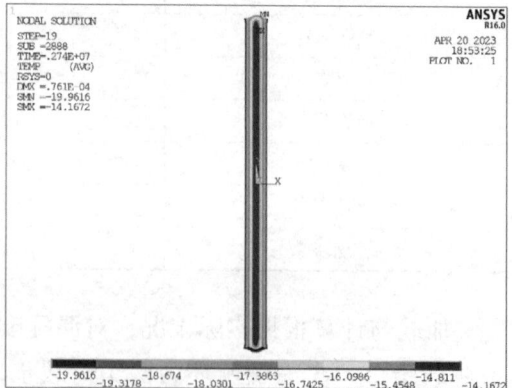

（d）第 19 荷载步温度场分布云图

图 4.3-25　温度场分布云图

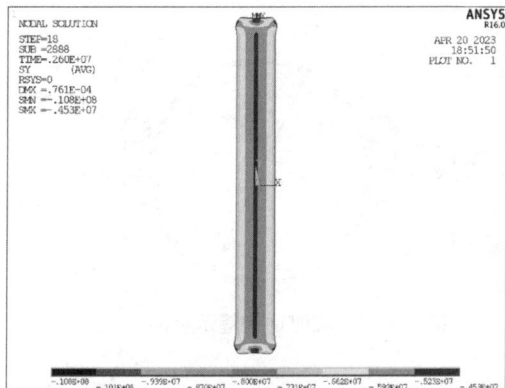

（a）第 18 荷载步温度应力分布云图　　　　（b）第 19 荷载步温度应力分布云图

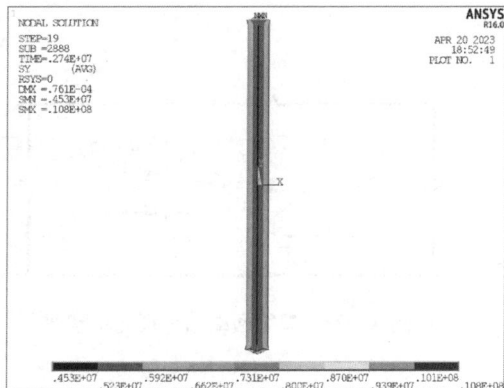

图 4.3-26　温度应力分布云图

由图 4.3-25 可知，在冻融过程中，混凝土的温度分布为双向对称的有序环状。由图 4.3-25（a）、（d）可知，混凝土的冻结过程温度变化为由外向内逐渐升高，且随着冻结次数的增加，最低温度（表面）和最高温度（中心）都在逐渐降低。由图 4.3-25（b）、（c）可知混凝土的融化过程温度变化为由外向内逐渐降低，融化过程最低和最高温度的变化不是很明显。

由图 4.3-26 可知，在冻融过程中，混凝土的温度应力分布同样呈现双向对称。由图 4.3-24（b）可知，在经历 10 次冻结后，混凝土柱 y 向的温度应力为拉应力，且应力大小沿四周表面向中心逐渐减小。而由图 4.3.26（a）可知，在经历 9 次融化后，混凝土柱 y 向的温度应力为压应力，且应力大小规律大致为沿四周表面向中心逐渐增大。

在整个冻融循环过程中，混凝土柱承受的拉压应力随冻融的进行不断交替，而混凝土的抗拉能力是远小于其抗压能力的。在低温冻结时，混凝土柱表面的拉应力最大。当最大拉应力超过混凝土能够承受的极限时，混凝土柱表面就会开裂。随着冻结次数的增加，裂缝不断延伸向内部发展，冻融破坏也不断积累。模拟结果与实际工程破坏情况一致。

5. 加固措施

1）钢管开裂后临时应急处理措施

在钢结构构件上发现裂纹时，首先采取应急处理措施见图 4.3-27，可在裂纹端部以外（0.5 ~ 1.0）t（t 为钢板厚度）处钻孔，防止裂纹的进一步急剧扩展；然后，对裂纹长度超过 1m 的钢管采用施加钢抱箍抱紧处理。钢抱箍如图 4.3-28 所示，为厚 1.6cm、宽 0.2m 的 Q355B 级钢板，采用高强度螺栓施加预紧力，间距为 1m。根据裂纹性质及扩展倾向，进一步采取修复加固处理措施。

2）钢管开裂后加固处理原则

由于上述钢管混凝土柱已发生纵向开裂破坏并出现明显的局部倾斜，钢管中部及端部出现明显裂缝，且钢管中部混凝土出现压酥现象，最大裂缝宽度约为 0.02m。钢

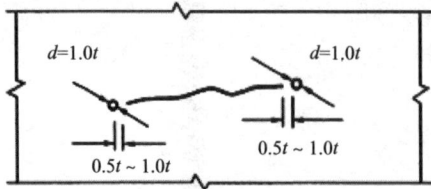

图 4.3-27　裂纹两端钻止裂孔示意图

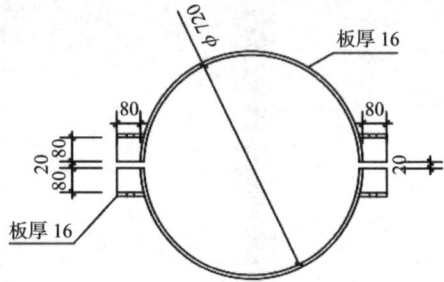

图 4.3-28　临时钢抱箍示意图

管对其内部混凝土的约束临近失效，混凝土部分已退出工作，钢管与内部混凝土共同构成的组合结构已远低于原设计要求，仅通过对裂缝进行焊接弥合处理将钢板重新合围后，已无法形成与原有组合条件相当的组合结构；而且，钢管内局部混凝土压酥无法进行有效清理，承载能力大大降低。钢管混凝土柱加固时，建议采用环氧树脂进行灌缝处理并对钢管壁进行焊接弥合后，采用全长增大截面方法进行加固处理并延伸至柱脚；加固时不考虑原钢管混凝土柱钢管作用，在原钢管外套焊接 Q355B 级 $\phi 960 \times 16$ 钢管，空腔内浇筑 C60 自密实混凝土，新加钢管与新浇筑混凝土间设置栓钉连接见图 4.3-29，以保证加固后整体构件刚度及强度不低于原有设计组合。二～七层角部 1—D 轴柱、3—A 轴柱邻近柱间支撑由单向支撑改为"X"支撑，提高结构的整体性和刚度。加固完成后，次年春季投入使用，经运行观测，加固钢管混凝土柱工作效果良好。

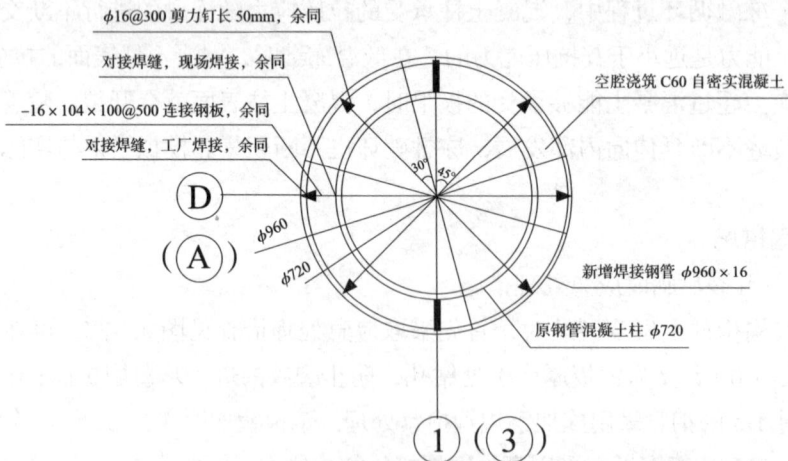

$\phi 16@300$ 剪力钉长 50mm，余同

对接焊缝，现场焊接，余同

$-16 \times 104 \times 100@500$ 连接钢板，余同

对接焊缝，工厂焊接，余同

空腔浇筑 C60 自密实混凝土

新增焊接钢管 $\phi 960 \times 16$

原钢管混凝土柱 $\phi 720$

图 4.3-29　钢管混凝土柱加固节点图

6. 结论

1）工程钢管的纵向开裂破坏主要是由于混凝土柱内部存在混凝土水化反应后的

自由水和外界侵入的水分，在密闭钢管内无法排出。随着使用年限的增长，反复发生冻融循环，造成水分逐步向钢管与混凝土间的脱空区、不密实区域积聚。当冬季温度降至低于0℃时，积聚在钢管与混凝土间脱空区、不密实区域内的水，开始结冰膨胀，受到钢管约束产生冻胀力，在钢管内产生环向拉力。冻胀力和荷载作用叠加对钢管产生的环向应力超过钢管的极限拉应力，因此钢管发生了低温脆性破坏。

2）工程钢管对其内部混凝土的约束临近失效，仅通过对裂缝进行弥合处理将钢板重新合围的措施难以恢复初始的三向受压状态。建议对钢管壁进行焊接弥合后，采用加大截面方式进行加固处理；并将角部柱间支撑由单向支撑改为"X"支撑，增加整个结构的整体性和刚度。

3）为了使钢管混凝土柱在使用过程中不会发生上述的冻胀破坏，结合有限元分析提出以下措施建议供相关工程参考：

（1）施工过程中，采取严格的防护措施，避免外界水分侵入；

（2）选取混凝土配合比时，尽可能选低水灰比，减少自由水的含量；

（3）采取可靠的混凝土浇筑方式避免产生离析和泌水，使水化反应充分进行，提高混凝土的密实度；

（4）可在钢管上合理开孔，使得钢管内部混凝土在浇筑时能够排出气体，减少混凝土内部的气孔，在养护时能够排出多余水汽，从而减少自由水的含量；

（5）在满足设计要求的情况下优先选用低强混凝土，减小混凝土的弹性模量，以减少钢管与内部混凝土间的脱空区；

（6）采取加强钢管内壁与混凝土结合处的粘结强度措施，如钢管内壁增设栓钉等措施；

（7）北方寒冷地区的空旷地带和山区，冬季气温相对较低。当钢管混凝土柱露天工作时，钢管的材质应具有与建设场地温度相匹配的低温冲击韧性。

4.3.8 某在建办公楼钢管混凝土柱胀裂破坏情况鉴定

1. 工程概况

某办公楼，地下三层、地上二十四层钢框架 - 中心支撑结构，一层层高为4.50m，二层层高为3.90m，三层至二十四层层高为3.20m，建筑高度为78.80m，建筑面积为35821.82m²。该工程结构安全等级为二级，结构重要性系数为1.0,设计使用年限为50年，抗震设防烈度为7度，设计基本地震加速度值为0.10g，设计地震分组为第三组，抗震设防类别标准设防类，场地类别为Ⅱ类，场地特征周期为0.45s。该工程十三层~十八层钢柱采用Q355B级钢，内部采用顶升法浇筑C40混凝土。

经了解，该工程有正规的建设单位、勘察单位、设计单位、施工单位和监理单位。该工程14~C轴第六节柱（16~18层）进行顶升法混凝土浇筑施工中，第五节柱（13~16层）发生胀裂及不同程度的鼓曲现象，委托对13~17层14~C轴钢柱损伤情况进行检测鉴定。

2. 调查检测结果

1）初步情况调查

经委托单位相关人员介绍，该工程每3层钢管柱安装完成后，采用顶升法浇筑完成其3层的混凝土浇筑；现场已完成第六节柱（16~18层）的安装及楼面钢结构安装和钢筋绑扎。由于现场施工疏忽，该工程14~C轴第五节柱（13~16层）内部漏浇筑混凝土。在14~C轴第六节柱（16~18层）进行顶升法混凝土浇筑施工时，浇筑的混凝土先下落至第五节柱（13~16层）内部；第五节柱（13~16层）内部浇筑完成后，顶升至17层顶板标高时，第五节柱在13层底部发生胀裂破坏，其余部位发生明显鼓曲变形。施工单位随后在第五节柱周边施加临时抱箍进行应急处理；经过72h持续观测后，钢管柱未发生明显变化。

2）宏观缺陷检测

（1）现场检测时，发现13层14~C轴钢柱接头以上钢柱存在胀裂的现象，钢柱西北角上端开裂至梁底下部100mm处，下段开裂至接头上部190mm处，裂口宽度约为57mm，长度约为1210mm，呈撕裂状，现场照片见图4.3-30；钢柱西南角上端开裂至梁底下部100mm处，下段开裂至接头上部230mm处，裂口宽度约为52mm，长度约为1190mm，呈撕裂状，现场照片见图4.3-31；钢柱东北角接头以上竖向对接焊缝存在变形、漆膜脱落的现象，长度约为1500mm，现场照片见图4.3-32；钢柱东南角接头以上存在焊缝变形、漆膜脱落，长度约为1500mm，现场照片见图4.3-33。钢柱中部鼓胀最大值约为45mm。

（2）14层14~C轴钢柱东北角存在竖向对接焊缝变形、漆膜脱落的现象，损伤长度约为700mm，缺陷位置距离本层结构地面的高度为200~900mm；钢柱西北角存在竖向对接焊缝变形、漆膜脱落的现象，损伤长度约为1450mm，缺陷位置距离本层结构地面的高度为0~1450mm。钢柱中部鼓胀最大值约为10mm。

（3）15层14~C轴钢柱东北角和西北角均存在竖向对接焊缝变形、漆膜脱落的现象，损伤总长度约为500mm，分两段，缺陷位置距离本层结构地面的高度为200~500mm和1230~1430mm。钢柱中部鼓胀最大值约为18mm。

（4）16层14~C轴钢柱东北角和西北角均存在竖向对接焊缝变形、漆膜脱落的现象，损伤长度约为1080mm，缺陷位置距离本层结构地面的高度为0~1080mm。钢柱中部鼓胀最大值约为13mm。

（5）17层14~C轴钢柱未发现明显的损伤和鼓胀。

3）内部缺陷检测

采用非金属超声波仪（DJUS-05）对测法以"Ⅶ"形测线对该工程14~17层钢管混凝土内部缺陷情况进行了检测。经检测，所测测点未发现明显异常的情况，混凝土内部或钢筒壁与混凝土之间无明显缺陷。

4）超声波检测焊缝内部缺陷

为判断外壁出现变形后是否会使该筒壁对接焊缝产生损伤，采用超声波探伤仪

图 4.3-30　13 层钢柱西北角开裂损伤情况　　图 4.3-31　13 层钢柱西南角开裂损伤情况

图 4.3-32　13 层钢柱东北角损伤情况　　图 4.3-33　13 层钢柱东南角开裂损伤情况

（CTS-9003 型）对存在明显外观缺陷的构件外筒壁对接焊缝进行了检测，检测结果见表 4.3-10。根据表 4.3-10 的检测结果，所测构件焊缝的焊接质量等级均不符合设计要求。

超声波检测焊缝内部缺陷检测结果　　　　　　　表 4.3-10

仪器型号	CTS-9003 型		板材材质		Q355	
探头型号	5P13 × 13K2		试块型号		CSK-1A、RB-2	
耦合剂	机油		耦合补偿		4dB	
焊缝质量等级	一级		检验等级		B 级	
被检工件焊缝部位	规格（mm）	缺陷编号	缺陷位置（mm）	缺陷长度（mm）	评定等级	结论
14 层 14 ~ C 轴柱北侧面东侧焊缝	16	1	200 ~ 900	700	4	不合格
	16	2	1240 ~ 1360	120	4	不合格
	16	3	1940 ~ 2000	60	4	不合格

续表

被检工件焊缝部位	规格（mm）	缺陷编号	缺陷位置（mm）	缺陷长度（mm）	评定等级	结论
14层14~C轴柱北侧面西侧焊缝	16	1	0~1450	1450	4	不合格
	16	2	1900~2080	180	4	不合格
15层14~C轴柱北侧面东侧焊缝	16	1	200~500	300	4	不合格
	16	2	1230~1430	200	4	不合格
15层14~C轴柱北侧面西侧焊缝	16	1	200~500	300	4	不合格
	16	2	1200~1400	200	4	不合格
16层14~C轴柱北侧面东侧焊缝	16	1	0~1080	1080	4	不合格
	16	2	1320~2030	710	4	不合格
16层14~C轴柱北侧面西侧焊缝	16	1	0~1080	1080	4	不合格
	16	2	1330~2020	690	4	不合格

5）钢材强度检测

采用 HLN-11 型里氏硬度计对钢材的抗拉强度进行了检测。经检测，所测钢柱的钢材抗拉强度推定值符合 Q355 级钢的要求。

6）钢构件截面尺寸检测

采用钢卷尺和钢板测厚仪对部分钢柱、钢梁的截面尺寸进行了检测。经检测，所测钢柱的截面尺寸偏差符合设计及规范要求。

3. 原因分析

1）13层14~C轴钢柱接头以上钢柱存在胀裂的现象，钢柱西北角上端开裂至梁底下部100mm处，下段开裂至接头上部190mm处，裂口宽度约为57mm，长度约为1210mm，呈撕裂状；钢柱西南角上端开裂至梁底下部100mm处，下段开裂至接头上部230mm处，裂口宽度约为52mm，长度约为1190mm，呈撕裂状；钢柱东北角接头以上竖向对接焊缝存在变形、漆膜脱落的现象，长度约为1500mm；钢柱东南角接头以上存在焊缝变形、漆膜脱落，长度约为1500mm。钢柱中部鼓胀最大值约为45mm。

14层14~C轴钢柱东北角存在竖向对接焊缝变形、漆膜脱落的现象，损伤长度约为700mm，缺陷位置距离本层结构地面的高度为200~900mm；钢柱西北角存在竖向对接焊缝变形、漆膜脱落的现象，损伤长度约为1450mm，缺陷位置距离本层结构地面的高度为0~1450mm。钢柱中部鼓胀最大值约为10mm。

15层14~C轴钢柱东北角和西北角均存在竖向对接焊缝变形、漆膜脱落的现象，损伤总长度约为500mm，分两段，缺陷位置距离本层结构地面的高度为200~500mm和1230~1430mm。钢柱中部鼓胀最大值约为18mm。16层14~C轴钢柱东北角和西北角均存在竖向对接焊缝变形、漆膜脱落的现象，损伤长度约为1080mm，缺陷位置距离本层结构地面的高度为0~1080mm。钢柱中部鼓胀最大值约为13mm。17层14~C轴钢柱未发现明显的损伤和鼓胀。

2）该工程 14～17 层 14～C 轴钢柱的钢材抗拉强度推定值符合 Q355 级钢的要求；钢柱的截面尺寸偏差符合设计及规范要求；所测测点未发现明显异常的情况，混凝土内部或钢筒壁与混凝土之间无明显缺陷。

3）该工程 14～17 层 14～C 轴钢柱所测构件焊缝的焊接质量等级均不符合设计要求。

4）根据委托单位提供的资料和现场检测值，考虑到应力集中的影响对该状态顶升施工时第五节柱 13 层底部钢管的角部应力进行了验算，钢管壁主要承受荷载为内部混凝土侧压力和上部钢柱及相关结构的竖向压力。经复核验算，该状态顶升施工时第五节柱 13 层底部钢管的角部应力已远超过其强度标准值。

综上所述，该工程第五节柱（13～16 层）发生胀裂及不同程度的鼓曲现象，主要是由于该工程 14～C 轴第五节柱（13～16 层）内部漏浇筑混凝土，第六节柱（16～18 层）进行顶升法混凝土浇筑施工时，造成 13 层底部钢管的角部应力已远超过其强度标准值引起的；焊接质量等级均不符合设计要求，进一步加剧了其破坏。

4. 鉴定结论

根据上述检测鉴定结果，该工程第五节柱（13～16 层）发生胀裂及不同程度的鼓曲现象，主要是由于该工程 14～C 轴第五节柱（13～16 层）内部漏浇筑混凝土，第六节柱（16～18 层）进行顶升法混凝土浇筑施工时，造成 13 层底部钢管的角部应力已远超过其强度标准值引起的；焊接质量等级均不符合设计要求，进一步加剧了其破坏。

参考文献

[1] 赵福志,李占鸿,周云.贯入法检测石灰砂浆抗压强度方法研究[J].住宅科技,2017,37(11):68-71.

[2] 彭斌,汪澜湺,李翔,等.基于贝叶斯方法的历史建筑砌体抗压强度推定[J].建筑材料学报,2015,18(5):778-783.

[3] 山东省住房和城乡建设厅.混凝土工程结构实体检测鉴定技术标准:DB37/T 5220—2022[S].北京:中国建材工业出版社,2023.

[4] 邸小坛,徐聘,陶里,等.混凝土构件强度修正系数0.88是考虑受力状态对混凝土强度的影响[J].工程质量,2001(12):38-40.

[5] 张时维.普通回弹仪和高强回弹仪在50~60MPa混凝土回弹检测中的应用[J].福建建材,2022,250(2):26-35.

[6] 张树勋,崔萌,王宁,等.里氏硬度换算建筑结构钢材强度的影响因素及相对偏差[J].福建建材理化检验物理分册,2021,57(7):6-11.

[7] 程绍革.通用规范实施后既有建筑鉴定的几点思考[J/OL].建筑结构.https://kNs.cnki.net/kcms/detail//11.2833.tu.20230105.1051.002.html.

[8] 北京市住房和城乡建设委员会.房屋结构综合安全性鉴定标准:DB11/637—2015[S].北京,2015.

[9] 上海市住房和城乡建设委员会.既有建筑抗震鉴定与加固标准:DGJ08—81—2021[S].上海:同济大学出版社,2021.

[10] 王亚勇、戴国莹.建筑抗震设计规范疑问解答[M].北京:中国建筑工业出版社,2006.

[11] 山东省住房和城乡建设厅.回弹法检测混凝土抗压强度技术规程:DB37/T 2366—2022[S].北京:中国建材工业出版社,2023.

[12] 李辉,李清洋,赵自强,等.砌体结构检测与安全鉴定的若干问题[J].第十三届建筑物建设改造与病害处理学术会议暨土木建筑专业委员会三十周年纪念活动论文集.北京,2021:41-43.

[13] 李辉,李清洋,赵自强,等.砌体结构中小墙垛受压承载力分析与评定[J].建筑结构.2021,51(6):118-125.

[14] 高小旺,邸小坛,等.建筑结构工程检测鉴定手册[M].北京.中国建筑工业出版社,2007.

[15] 罗开海,黄世敏,等.《建筑抗震设计规范》发展历程及展望[J].工程建设标准化,2015(7).75-80.

[16] 文恒武.回弹法检测混凝土抗压强度应用技术手册[M].北京.中国建筑工业出版社,2011.

[17] 朱炳寅.建筑结构设计问答及分析 [M].北京.中国建筑工业出版社，2011.

[18] 娄宇.图说钢结构疑难问题 [M].北京.中国建筑工业出版社，2022.

[19] 张国强,李自然.某门式刚架轻钢结构厂房倒塌倾覆分析 [J].工程建设与设计，2018（18）: 5-7.

[20] 张国强，黎杰，张洪霞，等.某大跨度现浇楼盖结构中框架边梁裂缝原因分析 [J].四川建筑科学研究，2024，50（2）: 63-68.

[21] 孙淑华，周扬帆，仲崇强.某石油化工企业污水池裂缝的分析与处理 [J].中国建筑金属结构.2024，23（5）: 78-80.

[22] 王佩琼，汤跃超，毛忠艺.受冻融钢管混凝土柱纵裂破坏与加固处理 [J].建筑结构，2005（1）: 34-81.

[23] 张蕊，张国强，吴思杰，等.钢管混凝土柱冻胀破坏与加固措施研究 [J].低温建筑技术，2024（9）: 122-126.